工业和信息化“十三五”
高职高专人才培养规划教材

计算机网络基础与应用 第3版

Foundation and Application of Computer Network

宋一兵 ◎ 主编

人 民 邮 电 出 版 社
北 京

图书在版编目（CIP）数据

计算机网络基础与应用 / 宋一兵主编. -- 3版. --
北京 : 人民邮电出版社, 2019.5
工业和信息化“十三五”高职高专人才培养规划教材
ISBN 978-7-115-49014-8

Ⅰ. ①计… Ⅱ. ①宋… Ⅲ. ①计算机网络－高等职业
教育－教材 Ⅳ. ①TP393

中国版本图书馆CIP数据核字(2018)第174761号

内 容 提 要

本书围绕计算机网络的基础知识和应用技巧，以网络的发展、原理、建设为主线，结合实例对计算机网络的基础知识、硬件设备及小型局域网的建设等内容进行细致的讲解。全书先分析互联网基础知识和基本应用，再详细说明如何实现各种网络服务，最后简要介绍网络安全方面的知识。

本书根据高职高专学生的学习特点，采用“项目教学”的形式，注重实践应用环节的教学训练。本书内容系统，实例丰富，图文并茂，浅显易懂，注重理论联系实际，适合作为高职高专院校计算机相关专业的教材，也可作为广大工程技术人员的技术参考书。

◆ 主　　编　宋一兵
责任编辑　马小霞
责任印制　马振武
◆ 人民邮电出版社出版发行　北京市丰台区成寿寺路 11 号
邮编　100164　电子邮件　315@ptpress.com.cn
网址　http://www.ptpress.com.cn
固安县铭成印刷有限公司印刷
◆ 开本：787×1092　1/16
印张：17.25　2019 年 5 月第 3 版
字数：441 千字　2024 年 8 月河北第 17 次印刷

定价：49.80 元

读者服务热线：(010)81055256　印装质量热线：(010)81055316
反盗版热线：(010)81055315
广告经营许可证：京东市监广登字20170147号

前言
Foreword

计算机网络的发展日新月异，已经融入社会生活的各个角落，为科学、教育、办公、娱乐、商务等各种活动提供了不可或缺的交流平台。目前，我国很多高职高专院校的计算机相关专业都将“计算机网络基础”作为一门重要的专业基础课程。为了帮助高职高专院校的教师比较全面、系统地讲授这门课程，使学生能够熟练地掌握相关技术，我们编写了本书。

本书全面贯彻党的二十大精神，以社会主义核心价值观为引领，传承中华优秀传统文化，坚定文化自信，使内容更好地体现时代性、把握规律性、富于创造性。本书围绕计算机网络的结构和应用，以网络的发展、原理、建设为主线，结合实例对计算机网络的基础知识、硬件设备以及小型局域网的建设进行详细讲解，并详细分析网络服务的原理与实现、互联网的接入、网络的安全与管理等内容。本书通过大量的实例和习题来说明网络配置与构建的具体方法，以加深学生对相关知识的理解。

为方便教师教学，本书配备了内容丰富的教学资源包，包括 PPT 课件、习题答案、教学大纲和两套模拟试题及答案。任课教师可登录人民邮电出版社人邮教育社区（www.ryjiaoyu.com）免费下载使用。

建议用 60 课时来学习本书的内容（其中教师讲授 38 课时，学生实践 22 课时），即可较好地完成教学任务。各项目的教学课时可参考下面的课时分配表。

项目	课 程 内 容	课 时 分 配	
		讲授	实践训练
项目一	计算机网络的定义、发展、分类及其最新应用	2	0
项目二	计算机网络的体系结构、OSI 和 TCP/IP 模型、IP 编址	4	0
项目三	网络数据的传输、交换、多路复用、传输控制等	4	2
项目四	网络传输介质、网卡、交换机、路由器等	4	2
项目五	局域网协议、以太网技术、无线局域网等	4	2
项目六	组建对等网、小型局域网、资源共享与发布等	4	4
项目七	Internet 基础知识、域名解析、接入方式等	4	2
项目八	Internet 信息浏览、电子邮件、论坛博客、电子商务	4	4
项目九	创建 DNS、DHCP、WWW、FTP 等网络服务	6	4
项目十	了解网络安全、使用网络命令、认识信息安全等	2	2
课 时 总 计		38	22

本书由宋一兵任主编，参加本书编写工作的还有沈精虎、黄业清、谭雪松、冯辉、计晓明、董彩霞、管振起等。由于作者水平有限，书中难免存在疏漏之处，敬请各位老师和同学指正。

编 者

2023 年 5 月

目录
Contents

项目八 互联网在生活中的应用 181

项目九 创建网络信息服务 203

项目十 网络安全与故障诊断 247

PART01

项目一

计算机网络概述

本项目主要包括以下几个任务。

- ■ 任务一　认识计算机网络
- ■ 任务二　了解计算机网络的发展
- ■ 任务三　认识计算机网络的分类

学习目标：

- ■ 了解计算机网络的定义及基本功能。
- ■ 了解计算机网络的发展过程。
- ■ 掌握计算机网络的分类方法。
- ■ 了解计算机网络的最新应用。

■ 人类社会已经进入了一个以网络为核心的信息时代，以互联网为代表的计算机网络已经深入社会的各个领域，它改变着人们的工作、学习、生活及思维方式，其应用范围越来越广，成为信息社会的命脉和发展知识经济的重要基础。世界各国都对计算机网络给予高度重视，从某种意义上讲，计算机网络的发展水平不仅反映了一个国家的计算机科学和通信技术水平，而且已经成为衡量其国力及现代化程度的重要标志之一。

任务一　认识计算机网络

在当今的信息时代，计算机网络对信息的收集、传输、存储和处理起着非常重要的作用，其应用领域已渗透到社会的各个方面。因此，计算机网络对整个信息社会有着极其深刻的影响，认识计算机网络也成为青年人必备的基本知识。

（一）计算机网络的定义

对计算机网络的定义是随着网络技术的发展而变化的，并没有一个统一的标准。目前，人们已公认的有关计算机网络的定义是：将地理位置不同的、具有独立功能的多个计算机系统，利用通信设备和线路互相连接起来，在网络操作系统、网络管理软件及网络通信协议的管理和协调下，实现资源共享和信息传递的计算机系统。

简单地说，网络（network）由若干节点（node）和连接这些节点的链路（link）组成。节点可以是计算机、交换机或路由器，甚至是另一个网络。

从以上定义可以看出，两台计算机用双绞线互连可以组成一个网络；校园中所有计算机互连在一起所组成的校园网是一个网络；Internet 也是一个网络，它是网络的网络，通过卫星、光缆、路由器、TCP/IP 等将全世界不同的网络连接在一起。

互联网时代的计算机网络具有以下几个显著的特点。

- 计算机网络是一个互连的计算机系统的群体，在地理上是分散的。
- 计算机网络中的计算机系统是自治的，即每台主机都是独立工作的，它们向网络用户提供资源和服务（称为资源子网）。
- 系统互连要通过通信设施来实现。通信设施一般都由通信线路、相关的传输、交换设备等组成（称为通信子网）。
- 主机之间和子网之间通过一系列的协议实现通信。

（二）计算机网络的基本功能

计算机网络的基本功能可以归纳为资源共享、数据通信、分布式处理和网络综合服务 4 个方面。这 4 个方面的功能并不是各自独立的，而是相辅相成的。以这些功能为基础，更多的网络应用得到了开发和普及。

1. 资源共享

资源是指构成系统的所有要素，包括软、硬件资源，例如，计算处理能力、大容量磁盘、高速打印机、绘图仪、通信线路、数据库、文件和其他计算机上的有关信息。由于受经济和其他因素的制约，这些资源并非（也不可能）所有用户都能独立拥有，所以网络上的计算机不仅可以使用自身的资源，也可以共享网络上的资源，从而增强了网络上计算机的处理能力，提高了计算机软硬件的利用率。

计算机网络建立的最初目的就是为了实现对分散的计算机系统的资源共享，以此提高各种设备的利用率，减少重复劳动，进而实现分布式计算的目标。

2. 数据通信

数据通信功能即数据传输功能，这是计算机网络最基本的功能，主要完成计算机网络中各个节点之间的系统通信。用户可以在网上传送电子邮件、发布新闻消息，进行电子购物、电子贸易、远程电子教育等。计算机网络使用初期的主要用途之一就是在分散的计算机之间实现无差错的数据传输。

节点是客户机、服务器、交换机、路由器等各种网络设备的总称。计算机网络可以抽象为节点与线路的集合。

3. 分布式处理

通过计算机网络，可以将一个任务分配到地理位置不同的多台计算机上协同完成，以此实现均衡负荷，提高系统的利用率。许多综合性的重大科研项目的计算和信息处理，可以利用计算机网络的分布式处理功能，采用适当的算法，将任务分散到不同的计算机上共同完成。同时，连网之后的计算机可以互为备份系统，当一台计算机出现故障时，可以调用其他计算机实施替代任务，从而提高了系统的安全可靠性。

4. 网络综合服务

在信息化社会里利用计算机网络可以实现对各种经济信息、科技情报和咨询服务的信息处理。计算机网络可以对文字、声音、图像、数字、视频等多种信息进行传输、收集和处理。综合信息服务和通信服务是计算机网络的基本服务功能，人们利用该功能可以实现文件传输、电子邮件、电子商务、远程访问等。

（三）计算机网络的性能指标

性能指标从不同的方面来度量计算机网络的性能，下面介绍常用的 7 个性能指标。

1. 速率

计算机发送的信号都是数字形式的。比特（bit）是计算机中数据量的单位，意思是一个“二进制数字”，就是一个 0 或 1。计算机网络的速率是指连接在计算机网络上的主机在数字信道上传送数据的速率，也称为数据率或比特率。速率的单位是 bit/s（bit per second，比特每秒），当速率较高时，也可以用 kbit/s（千，$k=10^3$）、Mbit/s（兆，$M=10^6$）、Gbit/s（吉，$G=10^9$）或 Tbit/s（太，$T=10^{12}$）。

速率是计算机网络中最重要的一个性能指标，一般指额定速率或者标称速率，意思是在非常理想的情况下才能达到的数据传送的速率，当然在实际中一般是达不到的。现在人们常用简单但不严格的说法来描述网络的速率，如 100M 以太网，而忽略了单位中的 bit/s，它的意思是速率为 100 Mbit/s 的以太网。

2. 带宽

带宽有以下两种不同的含义。

（1）某个信号具有的频带宽度，也就是该信号所包含的各种不同频率成分所占据的频率范围，一般是连续变化的模拟信号。

（2）计算机网络中，带宽用来表示网络的通信线路所能传送数据的能力，因此网络带宽表示在单位时间内从网络的一点到另一点所能通过的“最高数据率”，其单位也是 bit/s。

速率是设备发出数据的速率，带宽是单位时间内线路上跑的数据的数量。例如汽车的速率是一样的，在双车道的公路上每分钟只能通行 10 辆车，但是在 6 车道的公路上就能够通行 30 辆车，这就是带宽不同的结果。

3. 吞吐量

吞吐量表示在单位时间内通过某个网络的数据量。吞吐量经常用于对现实世界中的网络的测量，以便知道实际上到底有多少数据量能够通过网络。显然，吞吐量受网络的带宽或网络的额定速率的限制。由于诸多原因使得吞吐量常常远小于所用介质本身可以提供的最大数字带宽。决定吞吐量的因素主要有网络互连设备、所传输的数据类型、网络的拓扑结构、网络上的并发用户数量、服务器、网络拥塞等。

例如，对于一个100Mbit/s的以太网，其额定速率为100Mbit/s，那么这个数值也是该以太网的吞吐量的绝对上限值。因此，对100Mbit/s的以太网，其典型的吞吐量可能只有70Mbit/s。

4. 时延

时延指数据（一个报文或者分组）从网络（或链路）的一端传送到另一端所需的时间。时延是一个非常重要的性能指标，也可以称为延迟或者迟延。

网络中的时延由以下几部分组成。

（1）发送时延，主机或路由器发送数据帧所需要的时间。

（2）传播时延，电磁波在信道中传播一定的距离需要花费的时间。

（3）处理时延，主机或路由器在收到分组时进行处理需要花费的时间。

（4）排队时延，分组在进入路由器后在输入队列中排队等待处理需要的时间。

电磁波在自由空间的传播速率是光速，即 3.0×10^5 km/s。电磁波在网络传输媒体中的传播速率比在自由空间低一些，在铜线电缆中的传播速率约为 2.3×10^5 km/s，在光纤中的传播速率约为 2.0×10^5 km/s。

5. 时延带宽积

把以上两个网络性能的两个度量，传播时延和带宽相乘，就得到另外一个度量：传播时延带宽积，即

$$\text{时延带宽积} = \text{传播时延} \times \text{带宽}$$

例如，传播时延为20ms，带宽为10Mbit/s，则：

$$\text{时延带宽积}= 20 \times 10 \times 10^3 /1000 = 2 \times 10^5 \text{ bit}$$

这就表示，若发送端连续发送数据，则在发送的第一个比特即将达到终点时，发送端已经发送了20万个比特，而这20万个比特都在链路上向前移动。

6. 往返时间RTT

在计算机网络中，往返时间RTT也是一个重要的性能指标，表示从发送方发送数据开始，到发送方收到来自接收方的确认，总共经历的时间。对于上面提到的例子，往返时间RTT就是40ms，而往返时间和带宽的乘积是 4×10^5（bit）。

往返时间带宽积的意义就是当发送方连续发送数据时，能够及时收到对方的确认，即便如此已经将许多比特发送到链路上了。对于上述例子，假定数据的接收方及时发现了差错，并告知发送方，使发送方立即停止发送，但也已经发送了40万个比特了。

7. 利用率

利用率有信道利用率和网络利用率。信道利用率指某信道有百分之几的时间是被利用的。网络利用率则是全网络的信道利用率的加权平均值。信道利用率并非越高越好，这是因为，根据排队的理论，当某信道的利用率增大时，该信道引起的时延也就迅速增加。

【拓展阅读1】

计算机网络的非性能指标

任务二　了解计算机网络的发展

计算机网络是计算机技术与现代通信技术紧密结合的产物，

实现了远程通信、远程信息处理和资源共享。计算机网络的发展大体经历了4个阶段，但是这些阶段的划分在层次上、时间上都是有重叠的，这是因为网络的演进是逐渐的而不是在某个时间突然跃变的。

（一）集中式计算机网络

早期的计算机系统是高度集中的，所有设备都安装在单独的机房中，后来出现了批处理和分时系统，分时系统所连接的多个终端连接到主计算机上。20世纪50年代中后期，许多系统都将地理上分散的多个终端通过通信线路连接到一台中心计算机上，由此出现了第一代计算机网络。集中式计算机网络是以单个计算机为中心的远程联机系统，如图1-1所示。

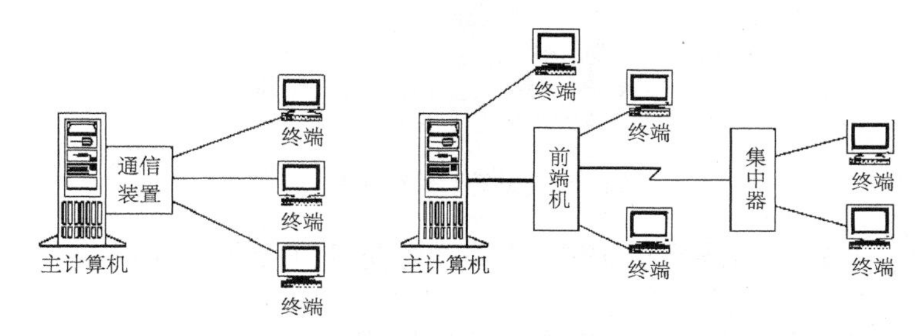

图1-1　集中式计算机网络

由于早期的计算机都非常庞大和昂贵，所以主机是共享的，它用来存储和组织数据，集中控制和管理整个系统。所有的用户都有连接系统的终端设备，用户通过这些终端设备将数据输入到主机中进行处理，然后通过集中控制的输出设备，将主机中的处理结果输出。通过专用的通信服务器，系统也可以构成一个集中式的网络环境，使用单个主机就可以为多个配有I/O设备的终端用户（包括远程用户）服务。这就是早期的集中式计算机网络，一般也称为集中式计算机模式。

集中式计算机模式的典型应用是美国航空公司与IBM公司在20世纪50年代初开始联合研究，20世纪60年代投入使用的飞机订票系统SABRE-I，它由一台计算机和全美国范围内的2 000个终端组成（这里的终端是指由一台计算机外部设备组成的简单计算机，仅包括显示器、键盘，没有CPU、内存和硬盘）。

集中式计算机网络的主要特点如下。

- 以主机为中心，面向终端，分时访问和使用中央服务器上的信息资源。
- 通过主机系统形成大部分的通信流程，构成系统的所有通信协议都是系统专有的。
- 中央服务器的性能和运算速度决定所连接终端用户的数量。
- 采用电路交换技术进行通信，线路利用率很低。

（二）分组交换式网络

20世纪60年代出现了大型主机，因而提出了对大型主机资源远程共享的要求，以程控交换为特征的电信技术的发展为这种远程通信需求提供了实现手段。第二代网络以多个主机通过通信线路互连为用户提供服务，兴起于20世纪60年代后期。

第二代网络中的主机之间不直接用线路相连，而是由接口报文处理机（IMP）转接后互连。IMP和主机之间互连的通信线路一起负责主机间的通信任务，构成通信子网。通信子网互联的主机负责运行程序，提供资源共享，组成了资源子网。为了在各主机系统之间进行信息传输，人们使用了一个功能简单的通信控制器（CCP）来处理设备间的通信，以此实现“计算机—计算机”之间的信息交流。分组交换式网络如图 1-2 所示。

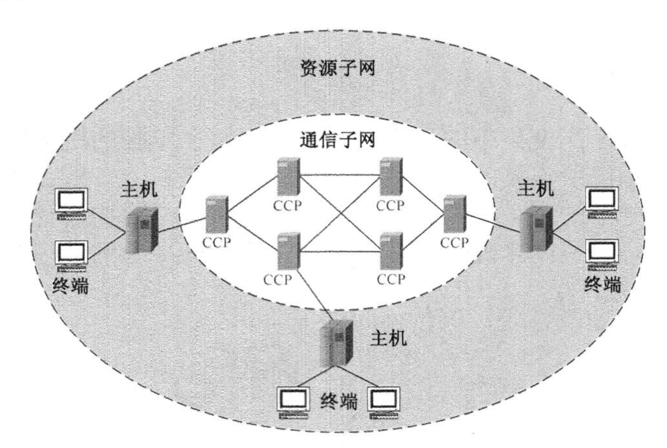

图 1-2　分组交换式网络

现代意义上的计算机网络是从 1969 年美国国防部高级研究计划局（DARPA）为军事目的而建成的 ARPAnet 实验网开始的，该网络当时只有 4 个节点，以电话线路为主干网络，两年后建成了 15 个节点，进入工作阶段后规模不断扩大，20 世纪 70 年代后期，网络节点超过 60 个，主机有 100 多台，地理范围跨越美洲大陆，连通了美国东部和西部的许多大学和研究机构，而且通过通信卫星与夏威夷和欧洲地区的计算机网络相互连通。其特点主要是：资源共享、分散控制、分组交换、采用专门的通信控制处理机、分层的网络协议。这些特点被认为是现代计算机网络的一般特征。

当两个主机间通信时，对传送信息内容的理解、信息的表示形式及各种情况下的应答信号必须遵守一个共同的约定，这就是“协议”。在 ARPAnet 中，将协议按功能分成了若干层。如何分层及各层中具体采用的协议总和，称为网络体系结构。体系结构是个抽象的概念，其具体实现是通过特定的硬件和软件来完成的。

分组交换技术是分组交换式网络的核心技术。在早期的电路交换技术网络中，每个终端都要占用一条传输线路，当用户阅读终端屏幕上的信息、用键盘输入和编辑一份文件或计算机正在进行处理而结果尚未返回时，宝贵的通信线路资源就被浪费了。而分组交换是采用“存储一转发”技术，把欲发送的报文分成一个个的“分组”在网络中传送。当分组在某段链路时，其他段的通信链路并不被目前通信的双方占用，只有当分组在此链路传送时才被占用，在各分组传送之间的空闲时间，该链路仍可被其他主机发送分组。可见分组交换技术的实质是采用了在数据通信的过程中动态分配传输带宽的策略，使通信线路资源利用率大大提高，从而能够满足更多用户的通信需求。

20 世纪 70 年代后期是通信网飞速发展的时期，各发达国家的政府部门、研究机构和电报电话公司都在发展分组交换式网络。这些网络都以实现计算机之间的远程数据传输和信息共享为主要目的，通信线路大多采用租用的电话线路，少数铺设专用线路，公用数据网和局域网的快速发展形成了网络多样化的局面。

分组交换式网络称为第二代网络，网络的概念成为“以能够相互共享资源为目的，互连起来的具有独立功能的计算机的集合体”。分组交换式网络具有如下主要特点。

- 远程大规模互连。
- 以通信子网为中心，实现了“计算机—计算机”的通信。

- ARPAnet 的出现，为 Internet 及网络标准化建设打下了坚实的基础。
- 分组交换技术的诞生。
- 公用数据网、局域网快速发展。

（三）网络标准化阶段

随着计算机网络应用领域的扩大，网络规模越来越大，通信变得越来越复杂。为此，各大计算机公司纷纷制定了自己的网络技术标准。这些网络技术标准只是在一个公司范围内有效，遵从某种标准的、能够互连的网络通信产品，只是同一公司生产的同构型设备。网络通信市场上这种各自为政的状况使得用户在投资方向上无所适从，也不利于厂商之间的公平竞争。1977 年 ISO 组织开始着手制定开放系统互连参考模型（OSI/RM）。

OSI/RM 标志着第三代计算机网络的诞生。此时的计算机网络在共同遵循 OSI 标准的基础上，形成了一个具有统一网络体系结构并遵循国际标准的开放式和标准化的网络。OSI/RM 参考模型把网络划分为七层，并规定，计算机之间只能在对应层之间进行通信，大大简化了网络通信原理。OSI/RM 参考模型是公认的新一代计算机网络体系结构的基础，为普及局域网奠定了基础。

在 OSI 参考模型与协议理论研究不断深入的同时，Internet 技术也在蓬勃发展，网络通信协议（Transmission Control Protocol/Internet Protocol，TCP/IP）得到了广泛应用。该协议具有标准开放性、网络环境相对独立性、物理无关性及网络地址唯一性等优点。随着 Internet 的广泛使用，TCP/IP 参考模型与协议最终成为了计算机网络的公认国际标准。

在这一时期的局域网领域中，以太网（Ethernet）、令牌总线（Token Bus）网和令牌环（Token Ring）网取得了突破性的发展，局域网开始向着互连高速化、管理智能化及安全可靠性方面发展。传输介质和局域网操作系统不断推陈出新，客户机/服务器（Client/Server）模式的应用使得网络信息服务的功能进一步提高。通过在局域网之间进行连接，应用更加广泛的城域网和广域网开始出现。局域网互连如图 1-3 所示。

这一阶段的网络主要有如下特点。

- 网络产品更加丰富。

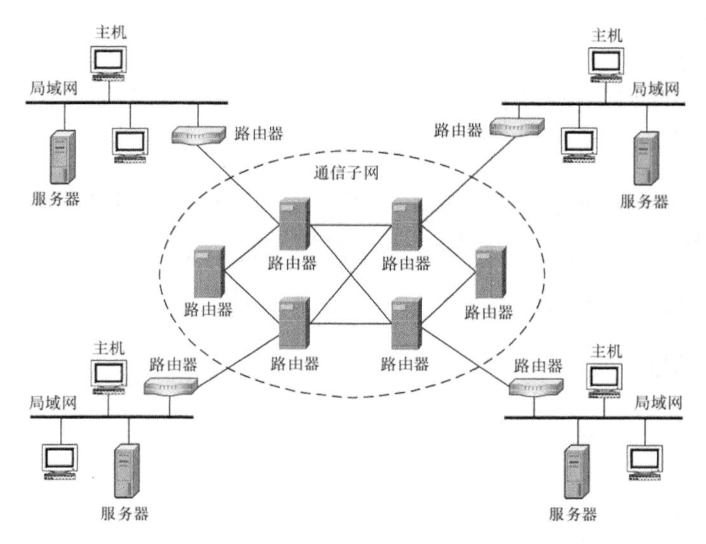

图 1-3　局域网互连

- OSI 参考模型的制定。
- TCP/IP 簇的广泛应用。
- 局域网的全面发展。

（四）互联网时代

1985 年，美国国家科学基金会（National Science Foundation）利用 ARPAnet 协议建立了用于科学研究和教育的骨干网络 NSFnet。1990 年，NSFnet 取代 ARPAnet 成为美国的国家骨干网，并且走出了大学和研究机构进入社会，从此网上的电子邮件、文件下载和信息传输受到人们的欢迎并被广泛使用。1992 年，Internet 学会成立，该学会把 Internet（因特网）定义为“组织松散的，独立的国际合作互联网络”“通过自主遵守计算协议和过程支持主机对主机的通信”。1993 年，网上浏览工具 Mosaic（后来发展为 Netscape）开发成功；同年美国宣布实施国家信息基础设施计划，从此在世界范围内展开了争夺信息化社会领导权和制高点的竞争。此后互联网以惊人的速度发展。同时，局域网技术发展成熟，出现了光纤及高速网络技术，整个网络就像一个对用户透明的、巨大的计算机系统，网络应用、网络经济得到了空前的发展。这就是现在的第四代计算机网络。

互联网时代的计算机网络定义为“将多个具有独立工作能力的计算机系统通过通信设备和线路由功能完善的网络软件实现资源共享和数据通信的系统”。

任务三　认识计算机网络的分类

计算机网络具有广泛的应用，对其分类也有多种方法，可以按照以下方法分类。

- 按照传输速率分为低速网（kbit/s 级别）、中速网（Mbit/s 级别）、高速网（Gbit/s 级别）。
- 按照通信协议分为以太网（采用 CSMA 协议）、令牌环网（采用令牌环协议）、分组交换网（采用 X.25 协议）等。
- 按照网络的传输技术分为广播式网络（共享信道）、点对点网络（独占信道）。
- 按照网络的使用对象分为公用网（由政府电信部门组建，如公共电话交换网 PSTN、数字数据网 DDN、综合业务数字网 ISDN、帧中继 FR 等）、专用网（由单位组建，不允许其他单位使用）。
- 根据计算机网络的交换方式，可以将计算机网络分为电路交换网、报文交换网和分组交换网 3 种类型。

kbit/s、Mbit/s 和 Gbit/s 分别表示网络的传输速率在千比特每秒、兆比特每秒、吉比特每秒。一般 1 个字节（byte）为 8bit。

另外，还可以按照其他方法分类。下面介绍几种最常用的网络分类方法。

（一）按覆盖范围划分

按覆盖范围划分，计算机网络可以分为以下几种。

1. 局域网

局域网（Local Area Network，LAN）是最常见、应用最广的一种网络。现在 LAN 随着整个计算机网络技术的发展和提高得到了充分的应用和普及，几乎每个单位都有自己的 LAN，甚至有的家庭中都有自己的小型 LAN。很明显，所谓 LAN 就是在局部地区范围内的网络，它所覆盖的地区范围较小。LAN 在计算机数量配置上没有太多的限制，少的可以只有两台，多的可达几百台。一般来说在企业的 LAN 中，计算机的数量在几十台到两百台之间；而网络所涉及的地理距离可以是几米至几千米。LAN 一般位于一个建筑物或一个单位内。

LAN 的特点是：连接范围窄、用户数量少、配置容易、连接速率高。速率最快的 LAN 要数现今的 10 吉比特以太网了。IEEE 的 802 标准委员会定义了多种主要的 LAN：以太网（Ethernet）、令牌环（Token Ring）网、光纤分布式数据接口（FDDI）网络、异步传输模式（ATM）网及最新的无线局域网（WLAN）。这些都将在后面的章节中详细介绍。

2. 城域网

城域网（Metropolitan Area Network，MAN）一般来说是指在一个城市，但不在同一地理范围内的计算机网络。这种网络的连接距离可以为几千米到几百千米，它采用的是 IEEE 802.6 标准。MAN 与 LAN 相比，扩展的距离更长，连接的计算机数量更多，在地理范围上可以说是 LAN 的延伸。在一个大型城市或都市地区，一个 MAN 通常连接着多个 LAN，如连接政府机构的 LAN、医院的 LAN、电信的 LAN、公司企业的 LAN 等。由于光纤连接的引入，使 MAN 中的高速 LAN 互连成为可能。

3. 接入网

接入网（Access Network）又称本地接入网和用户接入网，它是由于用户对高速上网需求的增加而出现的一种网络技术。接入网是局域网与城域网之间的一个桥接区。目前出现了多种宽带接入网技术，包括铜线接入技术、光纤接入技术、混合光纤同轴（HFC）接入技术等多种有线接入技术及无线接入技术。

4. 广域网

广域网（Wide Area Network，WAN）指的是实现计算机远距离连接的计算机网络，可以把众多的城域网、局域网连接起来，也可以把全球的区域网、局域网连接起来。广域网覆盖的范围较大，一般为几百千米到几万千米，用于通信的传输装置和介质一般由电信部门提供，能实现大范围内的资源共享。

各种网络之间的关系如图 1-4 所示。

（二）按传输介质分类

传输介质是指数据传输系统中的发送装置和接收装置之间的物理媒体，按其物理形态可以划分为有线和无线两大类。

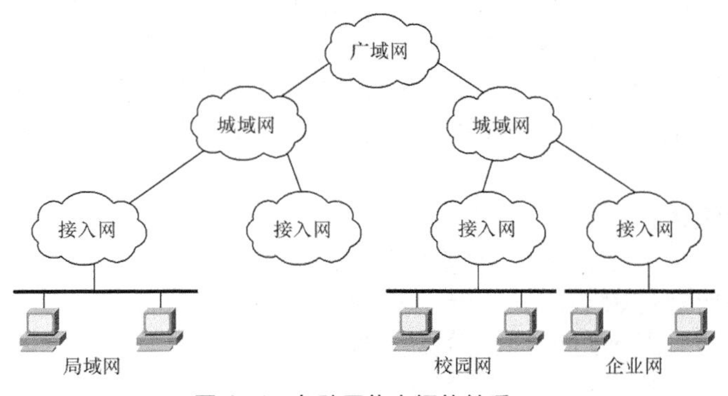

图 1-4　各种网络之间的关系

1. 有线网

采用有线传输介质连接的网络称为有线网，常用的有线传输介质有双绞线、同轴电缆和光缆。

（1）双绞线

双绞线由两根绝缘金属线互相缠绕而成，四对双绞线构成双绞线电缆。双绞线点到点的通信距离一般不能超过 100m。目前，计算机网络上使用的双绞线按其传输速率可分为 3 类、4 类、5 类、超 5 类、6 类、7 类线，传输速率是 10Mbit/s～600Mbit/s，双绞线电缆的连接器一般为 RJ-45 接头（水晶头）。

（2）同轴电缆

同轴电缆由内、外两个导体组成，内导体可以由单股或多股线组成，外导体一般由金属编织网组成。内、外导体之间有绝缘材料，其阻抗为 50Ω。同轴电缆分为粗缆和细缆，粗缆用 DB-15 连接器，细缆用 BNC 和 T 连接器。

（3）光缆

光缆分为单模光缆和多模光缆，单模光缆的传送距离为几十千米，多模光缆的传送距离为几千米。光缆的传输速率可达到几百兆比特每秒。光缆用 ST 或 SC 连接器。光缆的优点是抗干扰能力强，传输的距离也比电缆远，传输速率高。光缆的安装和维护比较困难，需要专用的设备。

2. 无线网

采用无线介质连接的网络称为无线网。目前无线网主要采用 3 种技术：微波通信、红外线通信和激光通信。这 3 种技术都以大气为传输介质。其中微波通信用途最广，目前的卫星网就是一种特殊形式的微波通信，它利用地球同步卫星作为中继站来转发微波信号，一颗同步卫星可以覆盖地球表面的 1/3 以上，3 颗同步卫星就可以覆盖地球上的全部通信区域。

（三）按拓扑结构划分

拓扑学是几何学的一个重要分支，它将实体抽象为与其形状、大小无关的点，将物体之间的连接线路抽象成与距离无关的线，进而研究点、线、面之间的关系。这种表示点和线之间关系的图被称为拓扑结构图。拓扑结构与几何结构属于两个不同的数学概念。在几何结构中，要考察的是点、线之间的位置和形状关系，如梯形、四边形、圆等都属于不同的几何结构。但是从拓扑结构的角度看，由于点、线间的连接关系相同，这些图形就具有相同的拓扑结构，即环形结构。也就是说，不同的几何结构可能具有相同的拓扑结构。

类似地，在计算机网络中，把客户机、服务器、网络设备等抽象成点，把连接这些设备的通信线路抽象成线，用网络的拓扑结构来反映网络的结构关系。

拓扑结构是局域网组网的重要组成部分，也是关系到局域网性能的重要特征。局域网拓扑结构通常分为星型、环型、总线型、树型、网状型等。下面将分别介绍各种类型的结构和性能特点。

1. 总线型拓扑结构

总线型拓扑结构是局域网的一种组成形式，如图 1-5 所示。总线型拓扑结构中的所有连网设备共用一条物理传输线路，所有的数据发往同一条线路，并能够由连接在线路上的所有设备感知。连网设备通过专用的分接头接入线路。

总线型拓扑结构的特点如下。

- 多台机器共用一条传输线路，信道利用率较高。

- 同一时刻只能有两台计算机通信。
- 某个节点的故障不影响网络的工作。
- 网络的延伸距离有限，节点数有限。

这种结构在局域网发展初期以同轴电缆为主要布线手段的时代使用较为广泛，目前使用较少。

2. 星型拓扑结构

星型拓扑结构是以一台中心处理机（通信设备）为主而构成的网络，其他连网机器仪与该中心处理机之间有直接的物理连接，所有的数据通信必须经过中心处理机。星型拓扑结构如图 1-6 所示。

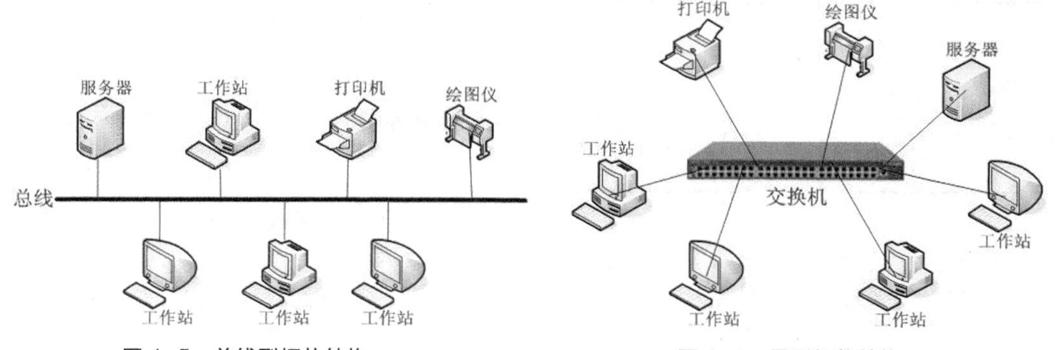

图 1-5　总线型拓扑结构

图 1-6　星型拓扑结构

星型拓扑结构的特点如下。

- 网络结构简单，便于管理（集中式）。
- 每台计算机均需要通过物理线路与中心处理机互连，线路利用率低。
- 中心处理机负载重（需处理所有的服务），因为任何两台连网设备之间交换信息，都必须通过中心处理机。
- 连网终端故障不影响整个网络的正常工作，但是中心处理机的故障将导致网络瘫痪。

这种结构配置灵活、易于扩展，是目前局域网中应用最为广泛的一种结构。

3. 环型拓扑结构

环型拓扑结构中的连网设备通过转发器接入网络，每个转发器仅与两个相邻的转发器有直接的物理线路。环形网的数据传输具有单向性，一个转发器发出的数据只能被另一个转发器接收并转发。所有的转发器及其物理线路构成了一个环状的网络系统。环型拓扑结构如图 1-7 所示。

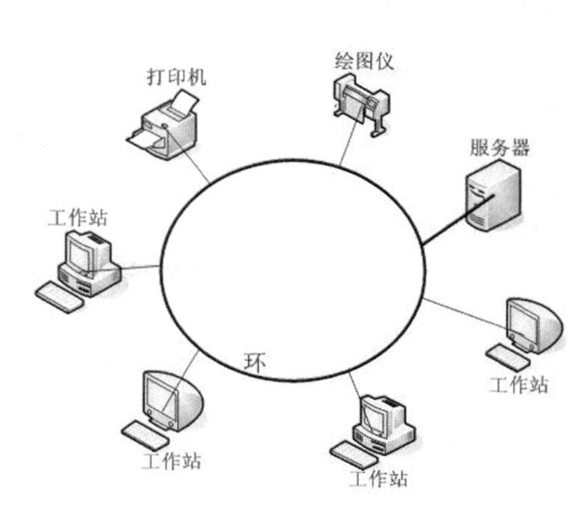

图 1-7　环型拓扑结构

环型拓扑结构的特点如下。

- 实时性较好（信息在网中传输的最大时间固定）。
- 每个节点只与相邻两个节点有物理链路。
- 传输控制机制比较简单。
- 某个节点的故障将导致整个网络瘫痪。
- 单个环网的节点数有限。

这种结构适合工厂的自动化系统。IBM 公司在 1985 年推出的令牌环网（IBM Token Ring）是其应用典范。采用这种结构的 FDDI（光纤分布式数据接口）网络也在局域网中得到了一定的应用。

4. 树型拓扑结构

树型拓扑结构从总线型拓扑结构演变而来，它是在总线网上加上分支形成的一种层次结构，其传输介质可以有多条分支，但不形成闭合回路。它将网络中的所有站点按照一定的层次关系连接起来，就像一棵树一样，由根节点、叶节点和分支节点组成。树型拓扑结构的网络覆盖面很广，容易增加新的站点，也便于故障的定位和修复，但其根节点由于是数据传输的常用之路，因此负荷较大。树型拓扑结构如图 1-8 所示。

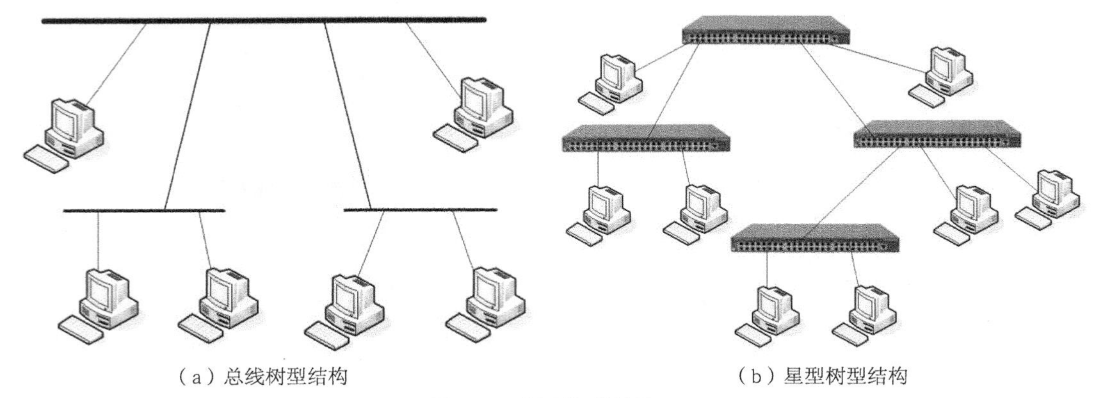

（a）总线树型结构　　（b）星型树型结构

图 1-8　树型拓扑结构

树型拓扑结构的特点如下。

- 易于扩展。
- 故障隔离较容易。
- 节点对根节点依赖性太大，若根节点发生故障，则全网不能正常工作。

5. 网状型拓扑结构

网状拓扑结构是利用专门负责数据通信和传输的节点机构成的网状网络，连网设备直接接入节点机进行通信。网状拓扑结构通常利用冗余的设备和线路来提高网络的可靠性，因此，节点机可以根据当前的网络信息流量有选择地将数据发往不同的线路。网状拓扑结构如图 1-9 所示。

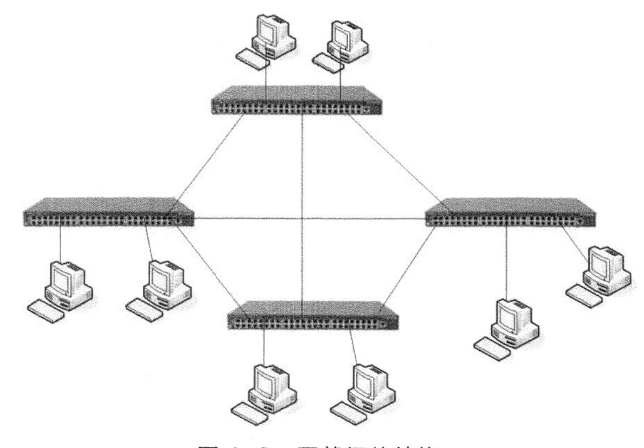

图 1-9　网状拓扑结构

网状拓扑结构是一个全通路的拓扑结构，任何站点之间均可以通过线路直接连接。它能动态地分配网络流量，当有站点出现故障时，站点间可以通过其他多条通路来保证数据的传输，从而提高了系统的容错能力，因此网状拓扑结构的网络具有极高的可靠性。但这种拓扑结构的网络结构复杂，安装成本很高，主要用于地域范围大、连网主机多（机型多）的环境，常用于构造广域网络。

网状拓扑结构的特点如下。

- 在冗余备份中此结构应用广泛，容错性能好。
- 不受瓶颈问题和失效问题的影响。
- 扩展方便。
- 故障诊断较为方便，因为网状拓扑结构的每条传输介质相对独立，所以寻找故障点较容易。
- 结构较复杂，冗余太多，其安装和配置比较困难，网络协议也很复杂，建设成本高。

6. 蜂窝拓扑结构

蜂窝拓扑结构是无线局域网中常用的结构，如图 1-10 所示。在地形复杂地区架设有线通信介质比较困难，可利用无线传输介质（微波、卫星、无线电、红外线等）点到点和多点传输的特征，组成无线网络。蜂窝拓扑结构由圆形区域组成，每一区域都有一个节点（基站），区域中没有物理连接点，只有无线介质。该拓扑结构适用于城市网、校园网、企业网，更适用于移动通信。

蜂窝拓扑结构的特点如下。

- 优点：没有物理布线问题，组网灵活方便。
- 缺点：容易受到干扰，信号较弱，也容易被监听和盗用。

这两个模型具有各自的优势，同时又各自拥有明显的缺陷。读者在学习时可以利用 OSI 模型理解通信过程的特性和协议的概念，利用 TCP/IP 模型掌握网络协议的具体实现。

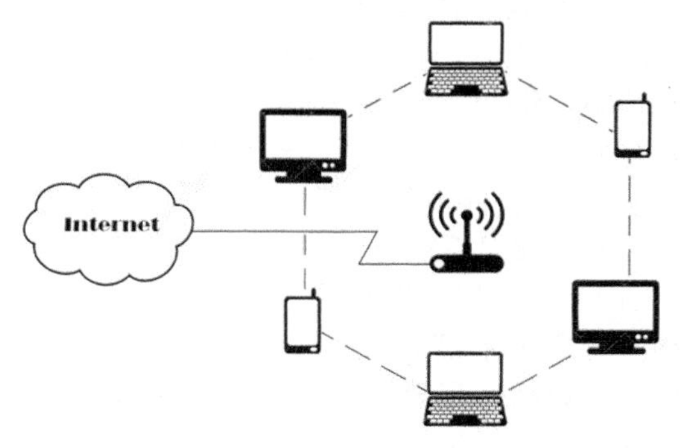

图 1-10　蜂窝拓扑结构

项目拓展　计算机网络的应用

计算机网络在资源共享、信息交换方面所具有的功能，是其他系统所不能比拟的，这也使它在各个领域获得了广泛的应用。下面介绍几个最新的应用方向。

（一）物联网

顾名思义，物联网（Internet of Things，IoT）就是物物相连的互联网，它是在互联网的基础上，利用射频识别（RFID）、无线数据通信等技术，构造的一个覆盖现实生活的实体网络。在这个网络中，通过射频识别（RFID）、红外感应器、全球定位系统、激光扫描器、气体感应器等信息传感设备，按约定的协议，把任何物品与互联网连接起来，进行信息交换和通信，以实现智能化识别、定位、跟踪、监控和管理。简而言之，物联网就是“物物相连的互联网”。

一般来讲，物联网可以划分为三层架构。

（1）感知层，由各种传感器构成，包括温湿度传感器、二维码标签、RFID 标签和读写器、摄像头、红外线、GPS 等感知终端。感知层是物联网识别物体、采集信息的来源。

（2）网络层，由各种网络，包括互联网、广电网、网络管理系统和云计算平台等组成，是整个物联网的中枢，负责传递和处理感知层获取的信息。

（3）应用层，是物联网和用户的接口，它与行业需求结合，实现物联网的智能应用。

物联网通过智能感知、识别技术与普适计算等通信感知技术，广泛应用于网络的融合中，也因此被称为继计算机、互联网之后世界信息产业发展的第三次浪潮。

（二）云计算与云存储

云计算是将计算任务分布在大量计算机构成的资源池上，使各种应用系统能够根据需要获取计算力、存储空间和各种软件服务。也就是说，云计算是通过网络按需提供可动态伸缩的廉价计算服务。

传统模式下，企业建立一套 IT 系统不仅仅需要购买硬件等基础设施，还要买软件的许可证，需要专门的人员维护，当企业的规模扩大时还要继续升级各种软硬件设施以满足需要。但是对于企业来说，计算机等硬件和软件本身并非他们真正需要的，而仅仅是完成工作、提供效率的工具而已。同样，对个人来说，使用计算机需要安装许多软件，而软件大都是收费的，对并不经常使用这些软件的用户来说购买是非常不划算的。

我们每天都要用电，但我们不是每家自备发电机，它由电厂集中提供；我们每天都要用自来水，但不是每家都有井，它由自来水厂集中提供。这种集中供应的模式极大节约了资源，方便了我们的生活。面对计算机给我们带来的困扰，我们可不可以像使用水和电一样使用计算机资源？这些想法最终导致了云计算的产生。云计算的最终目标是将计算、服务和应用作为一种公共设施提供给公众，使人们能够像使用水、电、煤气和电话那样使用计算机资源。

通俗地讲，云计算的“云”就是存在于互联网上的服务器集群上的资源，它包括硬件资源（服务器、存储器、CPU 等）和软件资源（如应用软件、集成开发环境等），本地计算机只需要通过互联网发送一个需求信息，远端就会有成千上万的计算机为用户提供需要的资源并将结果返回到本地计算机，这样，本地计算机几乎不需要做什么，所有的处理都由云计算服务提供商的计算机群来完成。

在云计算环境下，用户的使用观念也会发生彻底的变化，从“购买产品”转变为“购买服务”，这样他们直接面对的将不再是复杂的硬件和软件，而是最终的服务。用户不需要拥有看得见、摸得着的硬件设施，也不需要为机房支付设备供电、空调制冷、专人维护等费用，并且不需要等待漫长的供货周期和项目实施，只需要把钱付给云计算服务提供商，就会马上得到需要的服务。

云计算具有超大规模、虚拟化、高可靠性、通用性、高可扩展性、按需服务、成本低廉等特点，但其在安全性方面也存在潜在的危险。

云存储也属于云计算的范畴，也就是将用户的数据资源存放在网上。从用户的角度来看，云存储并不是单纯的存储设备，而是由多种类型的存储设备和服务器相结合而组成的一种设备，可以说是一种数据访问服务。作为用户，不管在什么时间、地点，都能够通过网络，访问到自己所存储的数据。在最近几年中，很多商业软件公司都结合自身的实际情况，推出了相应的云存储产品和服务，例如，百度云、腾讯云、阿里云、华为云、联想云等，还有很多公司和部门建立了自己的私有云。

（三）工业 4.0

工业 4.0 是德国政府提出的一个高科技国家战略计划。该项目由德国联邦教育及研究部和联邦经济技术部联合资助，投资预计达 2 亿欧元。旨在提升制造业的智能化水平，建立具有适应性、资源效率及人因工程学的智慧工厂，在商业流程及价值流程中整合客户及商业伙伴。

经过一百多年的发展，工业化的进程大致经历了以下几个不同的阶段。

- 工业 1.0：机械化，以蒸汽机为标志，用蒸汽动力驱动机器取代人力，从此手工业从农业分离出来，正式进化为工业。
- 工业 2.0：电气化，以电力的广泛应用为标志，用电力驱动机器取代蒸汽动力，从此零部件生产与产品装配实现分工，工业进入大规模生产时代。
- 工业 3.0：自动化，以 PLC（可编程逻辑控制器）和 PC 的应用为标志，从此机器不但接管了人的大部分体力劳动，同时也接管了一部分脑力劳动，工业生产能力得到了长足的发展。
- 工业 4.0：智能化，以物联网的应用为标志，利用物联信息系统将生产、销售和供应过程数据化，从而实现智慧生产。准确来说，生产中使用了含有信息的“原材料”，实现了“原材料（物质）=信息”，制造业终将成为信息产业的一部分，所以工业 4.0 将成为最后一次工业革命。

工业 4.0 是德国推出的概念，美国叫“工业互联网”，这两者本质内容是一致的，都指向一个核心，就是智能制造，再延伸到具体的生产而言，就是智能工厂。智能制造、智能工厂是工业 4.0 的两大目标。

那么，工业 4.0 有哪些主要特点呢？

- 互连：工业 4.0 的核心是连接，要把设备、生产线、工厂、供应商、产品和客户紧密地联系在一起。
- 数据：工业 4.0 连接产品数据、设备数据、研发数据、工业链数据、运营数据、管理数据、销售数据、消费者数据。
- 集成：工业 4.0 将无处不在的传感器、嵌入式终端系统、智能控制系统、通信设施通过 CPS 形成一个智能网络。通过这个智能网络，使人与人、人与机器、机器与机器，以及服务与服务之间，能够形成一个互连，从而实现横向、纵向和端到端的高度集成。
- 创新：工业 4.0 的实施过程是制造业创新发展的过程，制造技术、产品、模式、业态、组织等方面的创新，将会层出不穷，从技术创新到产品创新，到模式创新，再到业态创新，最后到组织创新。
- 转型：对于中国的传统制造业而言，转型实际上是从传统的工厂，从 2.0、3.0 的工厂转型到 4.0 的工厂，整个生产形态上，从大规模生产，转向个性化定制。实际上整个生产的过程更加柔性化、个性化、定制化。这是工业 4.0 一个非常重要的特征。

在未来的工业 4.0 时代，软件重要还是硬件重要，这个答案非常简单：软件决定一切，软件定义机器。所有的工厂都是软件企业，都是网络和数据公司，所有工业软件在工业 4.0 时代都是至关重要的，所以说软件定义一切，网络连通一切。

（四）互联网+

2015 年 7 月 4 日，国务院印发《关于积极推进“互联网+”行动的指导意见》，这是我国工业和信息化深度融合的成果与标志，是互联网思维的进一步实践化。

“互联网+”指的是依托互联网信息技术实现互联网与传统产业的联合，以优化生产要素、更新业务体系、重构商业模式等途径来完成经济转型和升级。通俗地说，“互联网+”就是“互联网+各个传统行业”，但这并不是简单的两者相加，而是利用信息通信技术及互联网平台，让互联网与传统行业进行深度融合，创造新的发展生态。所以，“互联网+”具有跨界融合、创新驱动、重塑结构、尊重人性、开放生态、连接一切等特征。

简单地说，我国“互联网+”主要有工业互联网、电子商务和互联网金融三个重要发展方向。

（1）互联网+工业。“互联网+工业”即指传统制造业企业采用移动互联网、云计算、大数据、物联网等信息通信技术，改造原有产品及研发生产方式，与“工业互联网”“工业 4.0”的内涵一致。2014 年，中国互联网协会工业应用委员会等国家级产业组织宣告成立，一些互联网企业联手工业企业开始了中国版“工业互联网”实践，“互联网+工业”的大幕已拉开。在这个方向上，还有“移动互联网+工业”“云计算+工业”“物联网+工业”“网络众包+工业”“互联网商业模式+工业”等新概念和经济业态。

（2）互联网+电子商务。传统产业拥抱互联网的一种方向就是主动将销售渠道互联网化，实现 B2B、B2C、F2C 等营销模式。多年来，电子商务业务伴随着我国互联网行业一同发展壮大，目前仍处于快速发展、转型升级的阶段，发展前景广阔。近年来我国电子商务市场保持着快速增长，根据 eMarketer 的数据显示，美国 2015 年的电商销售额为 3400 亿美元，大约占总零售额的 7%，而我国 2015 年的电商销售额为 6340 亿美元，占了总零售额的 15%。

（3）互联网+金融。“互联网+金融”可以整合企业经营的数据信息，使金融机构低成本、快速地了解借款企业的生产经营情况，有效降低借贷双方信息不对称程度，进而提升贷款效率，主要途径包括建立互联网供应链金融、P2P 网络信贷、众筹平台、互联网银行等。

此外，“互联网+医疗”“互联网+交通”“互联网+公共服务”“互联网+教育”等领域也都呈现方兴未艾之势，随着“互联网+”战略的深入实施，互联网必将与更多传统行业进一步融合，助力打造“中国经济升级版”，合奏经济新常态下的最强音。

思考与练习

一、选择题

1. 下面的________介质不属于常用的网络传输介质。
   A. 同轴电缆　B. 电磁波　C. 光缆　D. 声波
2. 星型网、总线型网、环型网和网状型网是按照________分类的。
   A. 网络功能　B. 网络拓扑　C. 管理性质　D. 网络覆盖
3. ________的出现，为 Internet 及网络标准化建设打下了坚实的基础。
   A. Ethernet　B. ARPAnet　C. NSFnet　D. Internet

4. 下列________拓扑结构网络的实时性较好。

A. 环型　　B. 总线型　　C. 星型　　D. 蜂窝型

二、填空题

1. 计算机网络可以划分为由________和________组成的二级子网结构。

2. 局域网的有线传输介质主要有________、________、________等；无线传输介质主要是激光、________、________等。

3. 根据计算机网络的交换方式，可以分为________、________和________3 种类型。

4. 按照网络的传输技术，可以将计算机网络分为________、________。

5. FDDI（光纤分布式数据接口）网络采用的是________网络拓扑结构。

6. 计算机网络的基本功能可以大致归纳为________、________、________、________4 个方面。

7. ________、________是工业 4.0 的两大目标。

8. 物联网可以划分为________、________和________三层架构。

9. 双绞线点到点的通信距离一般不能超过________ m。

10. 网络中的时延主要由________、________、________、________几部分组成。

三、简答题

1. 目前公认的有关计算机网络的定义是什么？

2. 计算机网络的基本功能有哪些？

3. 计算机网络有哪几种网络拓扑结构？画出相应的结构图。

4. 请简述工业化进程大致经历的几个不同阶段。

PART02

项目二

计算机网络体系结构及地址

本项目主要包括以下几个任务。

■ 任务一　认识计算机网络体系结构

■ 任务二　了解OSI参考模型

■ 任务三　了解TCP/IP模型及相关协议

学习目标：

■ 了解为什么要对网络进行分层。

■ 了解OSI模型的结构与特点。

■ 掌握TCP/IP模型的结构、各层协议的功能。

■ 掌握IP地址的分析方法、子网和掩码的功能。

■ 计算机网络是一个涉及计算机技术、通信技术等多个方面的复杂系统，为使网络系统能够正常通信，就必须建立一个统一而合理的对话规则。为了完成计算机之间的通信合作，需要把每台计算机互连的功能划分成有明确定义的层次，并固定同层次的进程通信的协议及相邻设备之间的接口及服务，这就是网络体系结构所研究的内容。本章主要讲述计算机网络体系的层次概念及相关的通信处理基本规则，使读者对计算机网络这个庞大而复杂的系统有一个初步的整体认知。

任务一　认识计算机网络体系结构

本任务介绍计算机网络的一些基本概念和特性。这些内容是计算机网络技术知识体系的基础部分，由此可以了解到计算机网络为什么会是这样的一种结构及在其中进行的通信行为的特点。

（一）网络的分层特性

对计算机网络展开研究，首先必须要回答两个问题：为什么说计算机网络是复杂的系统？计算机网络的设计与实现为什么要采用分层的设计方法？

对于第一个问题，请设想一下两台素未谋面的计算机之间的通信过程。似乎很简单，只要找到一条通信的信道就可以传输数据了。但实际上，其实现过程要复杂得多。比如，如何保证通信的信道是“通”的？这意味着必须激活该信道上的每一个中间节点，让它们都能执行“交换”的功能，或者干脆为要传递的数据预留一些资源，只要数据到了该节点就能够使用这些资源向下一个中间节点或目标节点传送。再比如，信道上的节点设备及目标主机如何识别接收到的数据？必须要有一个标准的数据格式进行转换操作。还有，计算机网络如何识别目的主机？如何识别接收数据的应用进程？如何判断接收主机已经准备好接收数据了？……对于通信过程中随处可见的一个普通问题的解决方法就如此复杂，更何况还有很多更复杂的问题存在。因此，计算机网络是一个复杂的系统。

那么，对于这样一个系统中存在的问题有什么好的处理办法呢？答案就是“分层”。早在互联网的前身 ARPAnet 进行设计的时候，科研人员就提出了分层的方法。即按照计算机网络的操作特性和数据特性，将不同的功能安排到不同模块中实现。这些模块不是并列的，而是按照数据的流向自上而下（反过来说也可以）构成的层次化的结构。层与层之间通过在标准的数据接口上交换数据来实现通信。这样，复杂的通信处理问题就转化成了若干个相对较小的层次内的局部问题，对其进行的研究和处理也就变得相对容易了。

这就类似一个公司的业务运作：两个不同的公司进行协作，总经理与总经理进行会谈，部门经理与部门经理讨论，业务员与业务员沟通，所有工作都要逐级向下安排，最后都需要由具体的办事员通过物流网络来实现，如图 2-1 所示。

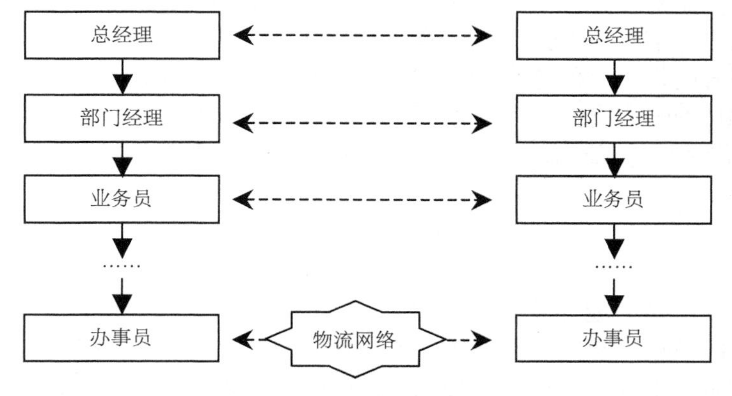

图 2-1　公司的分层业务运作

一个合理的层次结构所具有的特点和优点是：各层之间相互独立，任何层的实现结构与方法对于其他层来说是透明的，相邻层之间只需要知道接口的要求即可。因此，在不改变提供给接口的数据的前提下，各层功能的改动不会对其他层产生影响。这样，灵活性好，也易于实现和维护。尤其是这种独立分开的结构能够让每一层都采用最合适的技术来实现。此外还利于标准化工作的进行。

分层时要注意的问题是层的划分。若层数太少，就会使每一层的协议过于复杂；但层数太多又会增加在统一安排层、综合考虑各层关系时的困难。分层还是有一定的原则的，具体说分层时要保证每一层功能明确，结构清晰，相互独立，接口标准。

（二）网络体系结构的发展历程

最早提出计算机网络体系结构概念的是美国的 IBM 公司。在 1974 年，IBM 公司研究开发出了著名的网络标准——系统网络体系结构（System Network Architecture，SNA）用于公司内部网络的建设。SNA 随即成为其他组织或机构竞相效仿的模板并多次改进更新而成为世界上使用得非常广泛的一种网络体系结构。

当时，为了抢占计算机网络这个新兴的市场，不同厂商都制定了各自的标准，生产的设备是互不兼容的。这种情况严重阻碍了网络应用的发展。

为了让使用不同体系结构标准建设的计算机网络实现互连互通，国际标准化组织（International Organization for Standardization，ISO）于 20 世纪 70 年代后期提出了一个在世界范围内让各种计算机互连互通的标准框架，即开放系统互连参考模型（Open System Interconnection/Reference Model，OSI/RM）。不同厂商的计算机和网络设备及不同标准的计算机网络只要遵守 OSI 体系结构，就能够实现互相连接、互相通信和互相操作。

OSI 出现以后，好像全世界的计算机和网络马上就有了一个统一的标准，它获得了很多国家政府和商业机构的支持，前景一片光明。但是，最终 OSI 却出乎意料地失败了。失败的原因有很多，主要有以下几点。

（1）OSI 的专家们过于理想化、技术化，没有充分考虑商业的因素。

（2）OSI 标准的制定周期太长，使得 OSI 标准的设备无法及时进入市场。

（3）OSI 的协议过于复杂，运行效率低下。

（4）OSI 的层次划分不合理，很多功能重复出现。

总之，OSI 只取得了一些理论研究的成果，但在市场化方面则遭到了惨败。

在 20 世纪 80 年代，将 OSI 打败的是 TCP/IP 结构。该结构是一个网络厂商之间妥协与竞争的产物，但是对用户来说却是最实用的。受到各自商业利益的限制，TCP/IP 结构只能在各个厂商之间取得一个近似的平衡。因为不可能满足所有人的要求，所以 TCP/IP 结构有很多不完善的地方。但是它制定的时候充分考虑了网络的现实状况，并且有应用最为广泛的 TCP/IP 的强力支持，因此具有很好的实用性。目前，几乎所有的计算机网络采用的都是 TCP/IP 结构，使用的是 TCP/IP。它占有了绝对的市场份额，是计算机网络事实上的工业标准。

（三）网络协议

首先应该了解的是组成计算机网络各个节点的设备，它们在通过连接线路进行信息的传输时，为了保证数据交换的正确进行，必须要遵守一些事先商定好的规则，这些规则明确地规定了节点间交换数据的格式及同步等相关的问题。为什么通信还要遵守一些规则呢？举个日常生活中的例子来说明：两个人之间在打电话的时候，必然是一方说完以后，另一方再根据对方话语中的信息给出自己的响应，通话就是在这种不断交替的过程中进行的，这种交替就是通话的规则。设想一下，如果两个人都不遵守这个通话规则，都自说自话，那么结果就是谁也听不清对方在说什么，电话也就白打了。因此，符合通信的规则是信息正确交换的前提。计算机网络体系结构的核心问题就是这种通信规则的定义，以及为实现通信规则而进行的概念、特性的扩展。

1. 对等层通信

在分层的网络体系结构中，由于下层与上层之间是相互独立的，因此各层的功能对邻接层来说是透明的。即某个层既不知道它的下一个层是干什么的，也不知道它的上一个层是干什么的。每个层次都只处理与自己层相关的内容。这就像在两个对等层之间有一条“通道”直接把数据传送过去一样，这种情况就称为对等层通信。当然，实际上数据是在物理线路上传输的，是不存在这样的虚拟“通道”的，这只是为了描述和研究的方便提出的概念而已。

2. 协议

计算机网络中意图进行通信的节点必须要遵守一些事先约定好的规则，这些为进行数据交换而建立的规则、标准或约定称为协议（Protocol），也称为网络协议。网络协议主要由以下 3 个要素组成。

- 语法，即数据与控制信息的结构或格式。
- 语义，即需要发出何种控制信息，完成何种动作及做出何种响应。
- 同步，即事件实现顺序的详细说明。

计算机网络的协议有一个很重要的特点，就是协议必须要把所有不利的情况事先都估计到，而不能假定一切都是正常和理想的。例如，两个朋友在电话中约好下午 3 时在某公园门口见面，并且约定“不见不散”，这就是一个很不科学的协议，因为任何一方临时有事来不了而又无法通知对方时（如手机或电话都无法接通），则按照协议另一方就必须永远等待下去。

中国古代有一个的“尾生抱柱”的典故，出于《庄子·盗跖》，相传春秋时鲁国人尾生与女子约定在桥下相会，女子久久不到，水涨起来了，但尾生仍然不愿意离去，于是就抱着柱子。女子最后还是没有来，直至尾生抱柱而死。这个成语现在用来比喻坚守承诺，但却是这种不科学协议的典型例子。

协议的复杂性还可以用一个简单的例子来说明。例如在一场战斗中，占据东西两边山脊的蓝军 1 和蓝军 2 与驻守在山谷中的白军作战。单独的蓝军 1 或蓝军 2 都打不过白军，但是两部蓝军协同作战则可战胜白军。现在蓝军 1 准备于次日正午向白军发起攻击，于是发送电文给蓝军 2。但由于通信线路的不可靠信，电文可能出错或丢失，因此要求收到电文的友军必须送回一个确认电文。但此确认电文也可能出错或丢失。那么能否设计出一种协议使得蓝军能够协同作战，以保证（即 100%）战斗取得胜利？

蓝军 1 先发送“拟于明天正午向白军发起进攻，请协同作战和确认”。

假定蓝军 2 收到了电文并发回了确认。

然而现在蓝军 1 和蓝军 2 都不敢下决心进攻。因为蓝军 2 不知道此确认电文对方是否正确收到。如未正确收到，则蓝军 1 必定不会发动进攻。在此情况下，自己单独发动进攻肯定就要失败。因此，蓝军 2 必须要等待蓝军 1 发送“对确认的确认”。

假定蓝军 2 收到了蓝军 1 发来的“对确认的确认”，但蓝军 1 同样关心自己发出的确认是否已经被对方正确收到，因此还要等待蓝军 2 的“对确认的确认的确认”。

这样无限循环下去，两边的蓝军都始终无法确定自己最后发出的电文对方是否已经收到。所以，没有一种协议能够使蓝军100%获胜。
这个例子告诉我们，看似非常简单的协议，设计起来要考虑的问题是非常多的。

【拓展阅读2】

网络的几个基本概念

任务二 了解OSI参考模型

开放系统互连参考模型（OSI/RM）是由国际标准化组织ISO于1983年正式批准的网络体系结构模型，通常简称为OSI模型。该模型力图使在网络体系结构各个层之上工作的协议统一化、标准化。此处的“开放系统”指的是为了能够与其他系统进行通信而相互开放的系统，这意味着那些封闭系统不能与符合OSI/RM标准的系统进行通信。该模型建立之后得到了大量的支持，很多的计算机网络的结构都向其靠拢。虽然在最后的市场化竞争中惜败于TCP/IP模型，但是它仍然极大地促进了计算机网络技术的发展。OSI/RM七层参考模型因内容完整、结构明确，在理论学习、科学研究中得到了广泛使用。

所谓封闭系统，是指具有自己独特的通信机制而不与其他系统兼容，并且也不提供任何访问接口的系统。

（一）OSI模型中的数据流动

OSI模型将计算机网络划分成七层模型，从上至下分别是应用层、表示层、会话层、传输层、网络层、数据链路层及物理层。图2-2所示描述了OSI模型的七层结构。

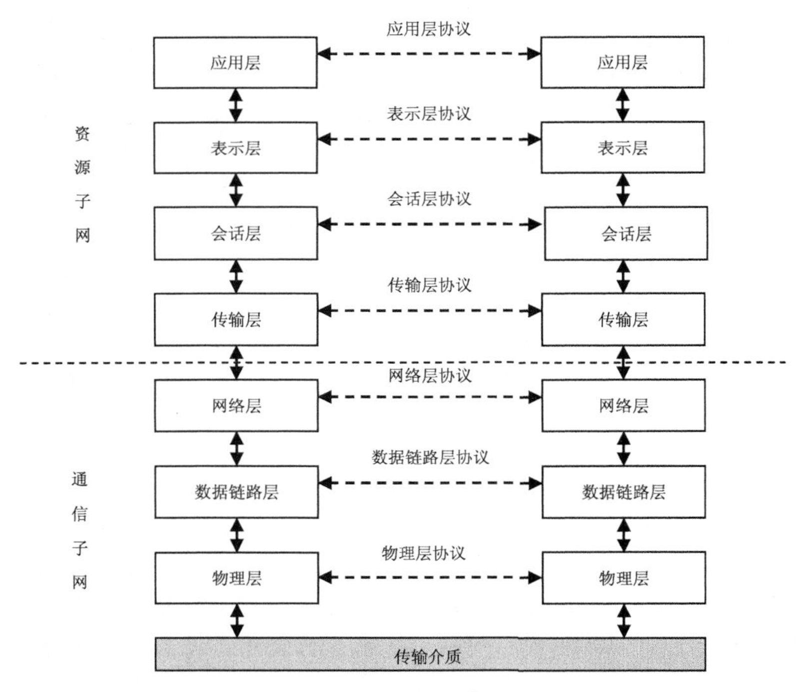

图2-2 OSI七层模型

在OSI模型中，发送数据的具体过程如下。

（1）要进行通信的源用户进程首先将要传输的数据送至应用层，并由该层的协议根据协议规范进行处理，为用户数据附加上控制信息后，形成应用层协议数据单元再送至表示层。

（2）表示层根据本层的协议规范对收到的应用层协议数据单元进行处理，给应用层协议数据单元附加上表示层的控制信息后，形成表示层的协议数据单元再传送至下一层。

（3）数据按这种方式逐层向下传送直至物理层，最后由物理层实现比特流形式的传送。

当比特流沿着传输介质经过各种传输设备到达了目标系统后，接收数据按照发送数据的逆过程传送，比特流从物理层开始逐层向上传送，在每一层都按照该层的协议规范及数据单元的控制信息完成规定的操作，然后再将本层的控制信息剥离，并将数据部分向上一层传送，依次类推，直至最终的、通信的目的用户进程。

可以用一个简单的例子来比喻上述过程。公司总经理有一封信要发送给对方公司总经理，从最高层向下传，每经过一层经理或业务员（一层）就包上一个新的信封，写上对方对应级别人员必要的地址信息。包有多个信封的信件送到对方公司后，从最底层（第一层）员工开始，每层拆开一个信封后就将信封中的信交给它的上一层，最后传到总经理手中，看到信的内容。

在此需要再次强调一下，层与层之间是独立的，每一层都不知道其他层是如何进行工作的，只知道直接相邻层的数据接口而已。此外，由于上述原因，每一层的协议实体把处理完的信息交给下一层后，对方的对等层上不久就会收到该信息，就像是对等层之间直接进行通信一样。这样的通信是虚拟通信，因为两个对等层之间不存在任何直接相连的通道。真正的通信只发生在物理层下面的通信介质上。

图 2-3 描述了用户数据在两个通信进程之间传送的过程。

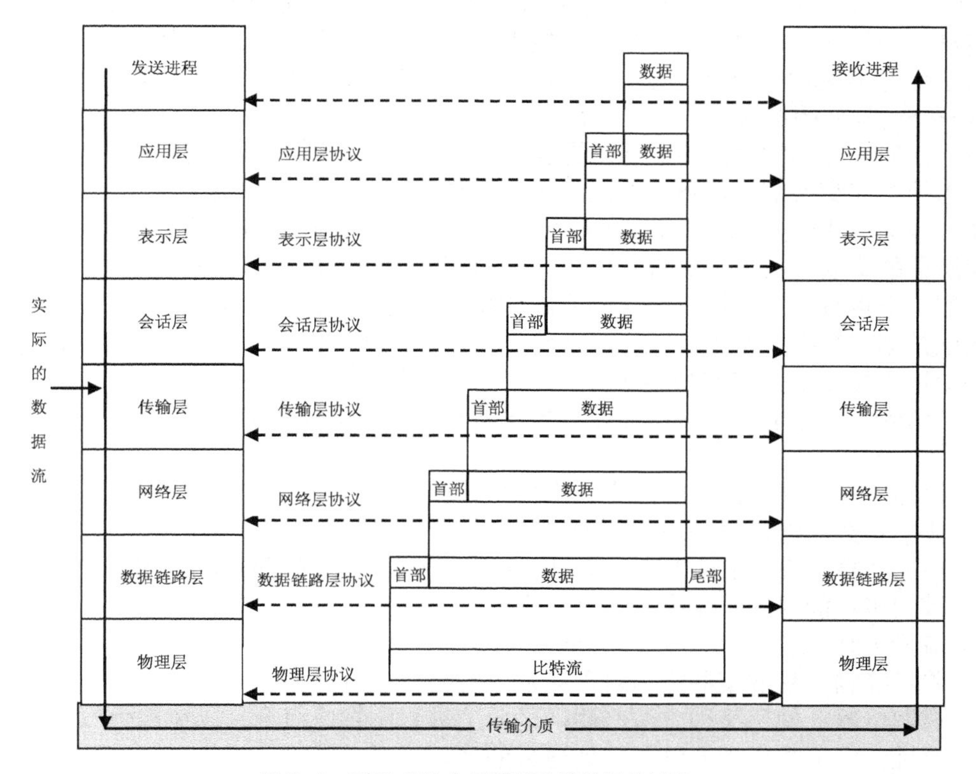

图 2-3 利用 OSI 七层模型传送数据的过程

（二）OSI 各层的功能特点

下面从最下层的物理层开始，简要描述一下 OSI 模型中每一层的功能特性。

1. 物理层

物理层是 OSI 模型中最底下的层，它直接与传输介质相连，其主要功能可以简述为在连接各种计算机的传输介质上透明地传输比特流。所谓“透明”指的是使用网络的每一台计算机可以在网络上传送由“0”和“1”组合而成的任意的二进制位串流，而实际组成计算机网络的物理设备和传输介质对其中的传送内容不会产生任何的影响。这好比自来水通过由不同材质和口径的管道，以及必要的加压等设备组成的供水系统到达每个用户的家庭，水没有产生任何的改变。实际上，组成计算机网络的物理设备千差万别，连接各种设备的物理线路又根据使用材质的不同而表现出不同的物理特性。物理层为其上一层数据链路层提供的服务就是向数据链路层屏蔽这些差别，使得数据链路层只需要专注于完成链路上数据的传送任务即可。

通过 ISO 对物理层功能特性的定义也可以看出，为建立、维护和释放数据链路实体之间的物理连接，物理层定义了传输媒介接口的机械特性、电气特性、功能特性和过程特性。该物理连接用于在数据链路实体之间进行二进制比特流的传输。这里的物理连接可以使用同步或异步的模式，通过中继系统，以全双工或半双工的方式传输二进制比特流。物理层的数据单位是比特。

2. 数据链路层

物理层上面的层叫作数据链路层，其主要功能可以简单描述为在直接相邻的两个网络节点之间的线路上无差错地传送数据，其传送的数据单位即数据链路层的协议数据单元（PDU），称为帧（Frame）。该层功能的根本目的是在不太可靠的物理线路上实现可靠的数据传输，即数据链路层提供网络中直接相邻节点之间的可靠数据通信。

为了更好地理解数据链路层的概念和特性，首先需要了解一下该层上的一些基本概念。第一个要掌握的概念是链路（link）。链路被定义为一条无源的点到点的线路段，即中间不包含任何节点的物理线路。所谓的信道就是由这样一段一段的链路及通过这些链路连接到一起的中间交换节点设备构成的。第二个重要的概念是数据链路（Data Link）。当数据要在一条物理线路上传送的时候，一定会存在一些必要的规程来控制数据传送的整个过程，即所谓的协议。数据链路就是由链路与实现上述协议的硬件和软件共同构成的。

回过头来再看一下数据链路层的目的和功能就可以知道，数据链路层关注的问题就是如何保证数据在数据链路上实现正确地传送。如果数据在构成信道的每一段链路上都能够正确地传输，那么至少在数据链路层上保证了信息传输的可行性和准确性。

为了达到在数据链路上进行无差错传输的目的，数据链路层必须实现以下几个具体的功能。

- 链路管理：数据链路的建立、维持和释放。
- 成帧：数据链路层处理的数据单位是帧。
- 信道共享：采取某种手段共享网络的通信资源，以尽可能地满足用户的需要。
- 帧同步：能够确定帧中各个信息字段的位置。
- 流量控制：控制信息收发双方的速率匹配问题。
- 差错控制：采取某些措施对可能发生的错误进行处理。
- 透明传输：使用某种方法来明确区分二进制比特位组合，以免产生二义性。
- 寻址：保证数据帧能够正确到达目的地。

在数据链路层中定义的地址通常称为硬件地址或物理地址。

3. 网络层

位于数据链路层之上的是网络层。设置该层的主要目的是实现用户数据在源端到目的端之间的传输操作。

但是前面说过，数据链路层负责的也是数据的传输工作，那么又该如何区分它们呢？其实它们的区别是很明显的，即数据链路层负责的是两个直接相连的网络节点之间的数据传输，它们之间没有任何中间节点；而网络层负责的是在通信子网中要进行通信的源节点和目的节点之间的数据传输，这里的源节点和目的节点指的是产生并发送用户数据的初始节点及最终接收用户数据的目标节点，它们之间可能会存在多个中间转接节点。

既然已经明确了网络层设置的目标，下面就简要描述一下为达到此目标该层要实现的主要功能。

首先，网络层最核心的功能是路由的选择。路由是一条从源端到目的端的路径，路由选择是为用户数据确定一条从源端到目的端的传输通路。网络层处理的数据单位，即网络层的协议数据单元称为分组或者包（Packet）。

其次，确定一条路由并不是一项简单的任务，需要考虑到分组有可能要经过不同拓扑结构、使用不同协议并且基本参数也大相径庭的异构网络。

第三，通信的链路资源是要共享的，但共享带来的问题是有可能产生拥塞。这就如同城市的道路交通一样，不可能为每一位行车的用户都专门铺设一条道路，大家只能共享道路行车。但是在某些情况下，比如上下班时段交通流量高峰时期，在某些核心路段就有可能发生堵车的现象。如何处理好拥塞问题是网络层的另一个重要工作。

上面是网络层的几个核心功能，此外该层还有复用、流量控制及差错控制等功能。

网络层所提供的服务可以分为两类：面向连接的服务和无连接的服务。

（1）面向连接的服务

面向连接的服务也称为虚电路（Virtual Circuit）服务，即网络层在开始发送分组之前必须建立连接，不同的连接由不同的标识符进行区分。一条带有标识符的连接就是一条虚电路。通信的所有分组都沿着虚电路依次进行传送，在所有分组传送完毕要释放连接（虚电路）。这种面向连接的服务提供顺序、可靠的分组传输，适用于长报文的通信，一般应用于稳定的专用网络。

（2）无连接的服务

使用无连接的服务不需要事先建立连接，各个分组携带全部信息，依据网络的实际情况，独立选择路由到达目的端。它只提供尽最大努力的服务，因此不能保证传输的可靠性。独立选择路由的模式也不能保证分组到达的顺序性。但是，其操作灵活且健壮性较强，适用于短报文传输以及对实时性和可靠性要求不高的环境。

在 OSI 七层模型中，最下面的三层（物理层、数据链路层和网络层）主要负责解决如何在网络上传输数据的问题，因此被定义为计算机网络的通信子网部分。上面的传输层、会话层、表示层和应用层这四个层，主要负责使数据在网络上传输，被称为计算机网络的资源子网部分。

4. 传输层

传输层也称为运输层，是位于网络层之上的层。它在整个网络体系结构中占据着比较重要的位置——位于资源子网的最底层并与通信子网直接相连，是面向应用的服务与面向通信的服务的转接层。

传输层的主要功能是在源主机进程和目的主机进程之间提供端到端的通信。即传输层从会话层接收数据，根据实际情况决定是否将其拆分成更小的单元，然后传递给网络层，并确保到达对方的数据正确无误。传输层处理的数据单位称为报文（Message）。对于传输层以上的各个层来讲，传输层屏蔽了硬件技术的影响。

具体来说，传输层的功能包括服务的选择、连接的管理、流量控制、拥塞控制及差错控制等。传输层各种功能的目的，一是为了向高层屏蔽通信处理的细节，二是尽可能地提高传输的服务质量。

传输层是真正的从源端到目的端的网络层。即源端主机上的某个程序的进程利用传输层报文的首部字段和控制报文与目的端主机上的目标程序进程进行对话，从而实现程序（进程）之间的信息交互。传输层协议是源端主机到目的端主机之间的协议，而传输层以下的网络层、数据链路层等各层协议都是各个直接相邻设备之间的信息交互协议，即使这个协议的作用范围是整个通信子网。

5. 会话层

会话层位于传输层之上，用于在两台不同计算机之上的用户进程间建立会话（Session）关系。会话被定义为两个不同计算机上的用户进程之间的一次信息交互，一般是进行类似传输层的数据传输，比如传递一些用户要求的数据，包括文件等内容。

会话层提供的服务之一是管理会话。这个功能包括在不同计算机上的两个用户进程之间建立、使用和结束会话。

会话层提供的第二个服务是令牌（Token）管理。令牌是一种特殊的数据，只有拥有令牌的一方才拥有执行操作的权利。网络行为顺序的判定和控制机制对于某些协议来说非常重要，因为这些协议有着严格的时序限制，不能允许通信的双方同时进行某些操作。会话层提供的令牌保证了令牌数据在通信的双方之间来回传递。

会话层提供的第三个服务是同步（Synchronization）。会话层将在信息传输的不同时刻记录会话的中间状态，称为中间点或检查点（CheckPoint）。当会话因为某些原因崩溃（比如网络突然中断等情况）的时候，会话层将从最近的检查点恢复会话关系，使得已经传输成功的数据不会白白被丢弃掉，传输过程不至于重新开始，以提高网络传输的效率。

为实现上述服务，会话层提供了 12 个功能单元，每个功能单元都提供了一种可选的工作类型。在功能单元中，提供的服务有会话连接、正常数据传送、有序释放、用户放弃及提供者等。在会话建立的时候，通信的双方可以协商这些功能单元。

6. 表示层

表示层位于会话层之上，是 OSI 模型的第六层。它用于执行某些通用的信息处理操作以减少用户工作的复杂度。在 OSI 模型中，表示层关注的是所传输信息的语法和语义，而其以下各层关注的是信息数据的正确传输，这是表示层与其下面各个层的明显区别。

表示层执行的典型通用信息处理操作之一是使用标准的方法对信息数据进行编码。计算机或设备由不同厂商生产，其遵循的标准也不尽相同，这种情况产生的结果是不同计算机或设备对于同一种信息的表示方法是不一样的。例如，常见的账户名、人名、密码、票据等信息的表现形式通常用字符型、整型、浮点型或日期型等类型的数据来表示，但是不同类型和结构的计算机或设备对于这些数据的代码表示却是不同的，常见的有 ASCII 码和 Unicode 码等字符形式及二进制反码或补码等数字形式，而且对于同一种类型数据的代码长度也可能不一样。在信息发送的过程中也存在着不同，比如先送到网上的是数据的高位还是低位等。在信息的交互过程中这些差异将会严重影响到数据所表达的含义。表示层使用了统一的抽象数据结构来定义这些数据，使用标准的编码形式传递数据，并通过编码规则定义在通信中传送这些信息所需要的传送语法从而屏蔽了这些差异，使得不同的计算机之间实现了正确的通信。

除了上述的标准化的信息数据表示方法以外，表示层还提供了数据压缩服务，以提高网络传输的效率；提供了数据加密等服务来解决传输的安全问题。

7. 应用层

应用层是 OSI 模型的最高层，提供了大量的应用协议来满足人们千差万别的网络需求。网络用户可以通过各种应用协议支持的接口来使用这些协议提供的各种网络服务、访问计算机网络的各种资源，还可以以这些协议为基础进一步开发出适合自己特殊需要的网络应用程序。

在 OSI 模型中，应用层不同的协议为特定的网络应用提供了信息访问手段。应用的双方只要符合某种协议的规范，就可以使用该协议提供的网络服务。不同的协议可以支持同一种网络应用，当然同一种协议也可以支持多种网络应用。应用层协议一方面要确定应用程序进程之间通信的性质以满足信息传输的特性需求，另一方面还要负责执行用户信息的语义表示工作，在两个通信进程之间进行语义匹配以实现信息的交互过程。

应用协议种类繁多，常用的有文件传输、访问与管理类协议、目录服务类协议、虚拟终端类协议、远程数据库访问类协议及事务处理类协议几种。随着计算机网络应用的不断深入，新的应用协议还会不断地出现。

OSI 参考模型只是一个标准的概念性框架、一个功能参考模型而已，并非具体的实现协议的描述。读者在学习过程中主要是通过这个模型建立起一个全面、系统的计算机通信知识结构的框架，从而为进一步地深入学习奠定扎实的基础。

任务三　了解 TCP/IP 模型及相关协议

因为 OSI 的 OSI/RM 七层参考模型的制定过程拖沓，协议体系结构过于复杂，层次功能重复太多，所以使 TCP/IP 体系结构逐步成为广大计算机厂商和计算机科学界共同遵循的事实工业标准。其实，这两者都是帮助我们理解网络的工具，一个理想化，一个实用化。OSI 是先有模型；TCP/IP 则是先有协议，后有模型。TCP/IP 是 OSI 协议的实体化。目前没有网络能够实现 OSI 协议，所有网络都是按照 TCP/IP 建立的。

TCP/IP 模型的名称虽然借鉴了该协议体系结构中的两个核心协议的名称，即 TCP 和 IP，但是 TCP/IP 模型不仅仅只包含这两个协议，还包含其他的重要协议。

（一）TCP/IP 模型的体系结构

TCP/IP 是一个四层的体系结构，这四层分别是应用层、传输层、网际层和网络接口层。用户数据若要使用 TCP/IP 从源计算机传送到目的计算机，则必须经过上述四层网络协议栈的处理才能在实际的物理网络中传输。但实际上，因为最下面的网络接口层没有什么具体的内容，所以 TCP/IP 体系结构只有应用层、传输层和网际层有详细的特性描述。TCP/IP 的体系结构模型如图 2-4 所示。

下面从上至下对 TCP/IP 模型的各个层及该体系结构的具体协议内容做简要的介绍。

1. 应用层

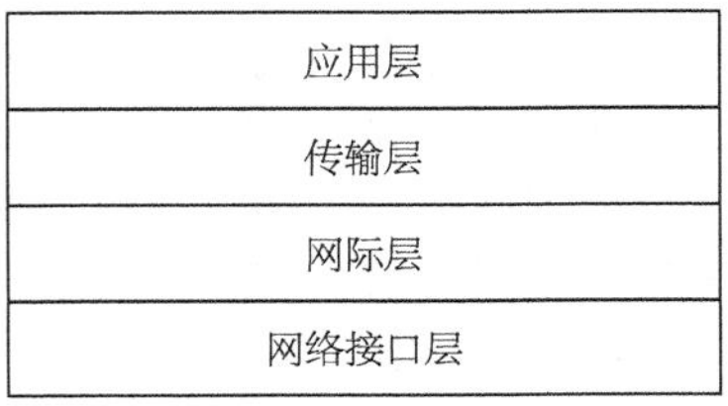

应用层（Application Layer）的功能是为用户提供网络应用，并为应用程序提供访问其他层服务的能力，即将用户的数据发送到 TCP/IP 模型下面的层并为应用程序提供网络接口。由于 TCP/IP 模型将所有与应用相关的内容都划归给应用层处理，所以在该层中存在大量的应用程序和协议。例如：用于 WWW 服务的超文本传输协议（HyperText Transfer Protocol，HTTP）、用于实现远程网络登录的网络终端协议（TELNET）、用于实现电子邮件传送的简单邮件传输协议（Simple Mail Transfer Protocol，SMTP）、用于实现网络文件传输的文件传输协议（File Transfer Protocol，FTP）等。

应用层
传输层
网际层
网络接口层

图 2-4 TCP/IP 的体系结构模型

2. 传输层

传输层（Transport Layer）负责提供可靠的、端到端的两个主机进程之间的数据传输，即一台主机上的应用程序进程到另外一台主机上的应用程序进程之间的通信。

在 TCP/IP 模型中定义了两个传输层协议，即传输控制协议（Transmission Control Protocol，TCP）和用户数据报协议（User Datagram Protocol，UDP），提供了两种不同的数据传输服务。

（1）传输控制协议

传输控制协议 TCP 提供面向连接的服务，保证端到端可靠的数据传输。为此，TCP 提供了差错检验机制检查错误，并使用超时重传等机制来恢复丢失和出错的数据。此外，TCP 还提供了流量控制和拥塞控制机制，以防止出现直接相邻的节点之间由于接收方来不及处理发送方发来的数据造成缓冲区溢出而丢失数据的现象，以及由于网络资源不足引起的拥塞现象。

（2）用户数据报协议

用户数据报协议 UDP 提供无连接的服务。它可以保证独立数据包的高效传送，网络开销较小，信息传输的健壮性较强。但是由于提供的是尽力而为的传输服务，所以不保证数据包一定能到达目的地，因此传输服务不可靠，基于 UDP 的应用程序必须自己执行错误检验和恢复操作。此外，由于数据包是独立选择传输路径的，所以不保证数据能够按顺序到达目的地。

3. 网际层

网际层（Internet Layer）可以说是 TCP/IP 模型的核心层，主要负责各种支持 TCP/IP 网络的互连互通。从遵从 802.3 协议的以太网、遵从 802.4 协议的令牌总线网、遵从 802.5 协议的令牌环网和遵从 802.11 协议的无线局域网，到 X.25、ATM、B-ISDN 和卫星网络，都可以作为网际层核心协议——IP 的工作环境。正是由于网际层 IP 良好的适应性，才使得 TCP/IP 模型得以广泛的使用并成为网络协议事实的工业标准。

具体来说，网际层的核心功能是路由选择，即根据目的主机的 IP 地址进行寻址并选择合适的路径进行数据分组传送。但是网际层的 IP 提供的是尽力而为的投递服务，即数据包经过网络时，有可能因为网络的拥塞或者其他故障而出错甚至丢失。而且 IP 只具有有限的检错能力，数据包的差错控制功能必须由传输层协议来完成。

网际层的协议包括：负责传输数据及路由选择和寻址的网际协议（Internet Protocol，IP）、用于传输各种控制信息的因特网控制报文协议（Internet Control Message Protocol，ICMP）、用于将主机的 IP 地址解析成物理地址的地址解析协议（Address Resolution

Protocol，ARP）等。通过对网际层功能的描述可以知道，在这些协议当中，IP 是最主要的协议，而其他协议起的是重要的辅助作用。IP 目前最常用的是第四版本的 IPv4，未来将被第六版本的 IPv6 所取代。

4. 网络接口层

在 TCP/IP 模型中，网络接口层（Network Interface Layer）位于整个模型的底部，负责接收从网际层传递下来的 IP 数据包并把 IP 数据包发送到网络传输介质上，以及从网络传输介质上接收数据流并抽取出 IP 数据包后提交给网际层。

TCP/IP 标准并没有定义具体的网络接口协议，其目的是要包括所有能使 TCP/IP 栈与物理网络进行通信的协议，从而增强 TCP/IP 模型针对各种网络的灵活性和适应性。

（二）网际层协议

TCP/IP 包含了传输层和网际层相关的所有协议，甚至包含了基于这些协议的众多应用层协议，因此被称为“族”。

TCP/IP 是互联网络中最常使用的网络协议，是网络协议事实上的工业标准。该协议不仅仅是 TCP 和 IP 两个协议，而是一个协议的集合，代表了一簇相关的协议。其中，TCP 和 IP 是最核心的两个网络协议。图 2-5 描述了 TCP/IP 族各协议之间的关系。

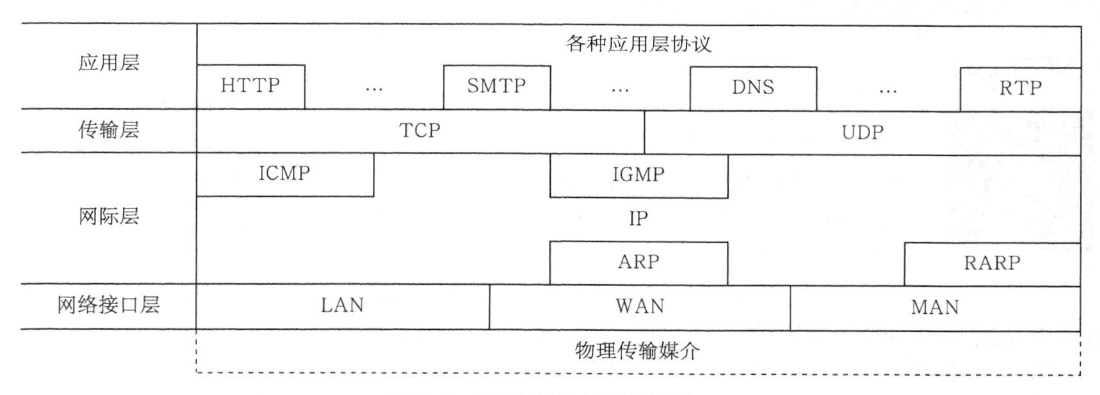

图 2-5 TCP/IP 协议间的关系

网际层协议可以说是 TCP/IP 族的基础协议,其他的协议都是基于网际层协议展开的。网际层主要实现的是通信子网内的端到端的路由发现及分组的传输等功能。为此，网际层提供了基于 IP 地址的路由选择模式及地址转换、拥塞控制等必要的支持功能。

下面对一些主要的网际层协议进行详细说明。

1. IP

IP 是 TCP/IP 族的核心协议，它主要提供的是无连接的分组传输和路由服务。

IP 的第一个任务是在网络中实现端到端的分组传输，而且 IP 提供的是非面向连接的、尽最大努力的投递服务。“非面向连接”指的是每一个用户分组都携带着到达目的地所必需的全部信息，网络根据分组携带的信息为每一个分组独立地选择到达目的地的通信路径。那么，从发送端来看，分组通信不需要预先建立连接，随时可以进行；而从接收端来看，分组的到达不具有顺序性和即时性，因此需要某些重新装配分组的措施。“尽最大努力”指的是在通信子网中的网络设备都尽可能地向前投递用户的分组。但是一旦发生了网络拥堵现象，或者网络设备出现了故障，那么就会发生用户分组被主动丢弃或者丢失的情况。也就是说，网络不能保证所有的用户分组都能够到达目的地。

IP 的第二个任务是为用户的分组找到一条从源端到目的端的通信通道，即路由。其实际实现的理论依据就是路由选择算法，具体算法包括内部网关协议和外部网关协议两大类，常用的内部网关协议有基于距离矢量的路由信息协议（Routing Information Protocol，RIP）和基于链路状态的开放最短通路优先协议（Open Shortest Path First，OSPF），常用的外部网关协议则是外部网关协议（External Gateway Protocol，EGP）。

IP 模块的基本操作过程如下。

- 首先接收由高层协议传递过来的数据，将该数据封装为 IP 分组后通过网络接口发送出去。
- 若分组的目的地在本地网络中，则直接将分组发送给目的主机，否则要将分组传送给本地路由器。
- 本地路由器首先查看该分组的目的地是否在自己连接的其他网段之上，若是这样，则把分组向目的网段进行转发，否则本地路由器就会根据路由表中的路由选择信息将分组传送给下一台路由器，而下一台路由器也将执行这个过程。

IP 分组传输就是通过这种路由器之间的逐段链路的前向投递实现的。再次强调一下，分组并不是总能够到达目的地的。若在所允许的路由步数或分组生存时间之内没有到达目的地，网络会认为目的地不可到达而直接将该分组丢弃。

【拓展阅读 3】

IP

2. ARP

当一个主机向另一个主机发送报文时，不但要知道对方的 IP 地址，还要知道对方的物理地址（即硬件地址）才能在网络上实现数据的传输。这是因为组成计算机通信网络的物理设备是通过对物理地址进行访问实现通信的，不能直接使用网际层的 IP 地址进行通信，IP 通信只是描述对等层通信的一种方法。

由此产生必须要解决的一个问题是，如果发起通信的计算机不知道目的计算机的物理地址该如何处理？解决这个问题的方法是由 ARP 提供的。

每个主机都有一个 ARP 高速缓存，存放着本地主机所知道的网络上其他主机的 IP 地址到物理地址的映射表。当主机 A 要向本地网络中的某台主机 B 发送分组时，它首先要查看本地映射表找到目标主机 B 的物理地址，然后才能将分组封装成帧进行发送。如果本地映射表中没有 B 的 IP 地址和物理地址的映射关系记录，那么 A 就在本地网络上广播一个 ARP 请求分组来请求查找 B 的物理地址。该请求分组里面包含 A 的 IP 地址和物理地址，还包含 B 的 IP 地址而缺少 B 的物理地址。本地网络所有活动状态主机的 ARP 进程都会收到这个请求分组，但是除了 B 以外，其他主机发现目的主机的 IP 地址不是自己，就会将该分组直接丢弃。但是主机 B 将返回给 A 一个响应分组并将自己的硬件地址附上。A 在收到了 B 的响应分组以后，知道了 B 的物理地址，就可以向 B 发送数据了。

3. RARP

RARP 与 ARP 处理的问题正好相反，RARP 处理的是通信设备知道自己的物理地址，但是不知道 IP 地址。这就是 RARP 要解决的问题。

RARP 要求本地网络上至少有一台 RARP 服务器，该服务器知道本地网络计算机设备的 IP 地址与物理地址的映射关系。当某个计算机设备试图使用 TCP/IP 进行通信的时候，它首先要知道自己的 IP 地址是什么才能构成网际层的分组。为此，它将向本地网络广播一个 RARP 请求并在请求中给出自己的物理地址。RARP 服务器收到该请求后，从自己保存的映射关系表中找到与该物理地址相对应的 IP 地址并将该信息返回给发出请求的计算机设备。发出请求的计算机设备收到该响应信息后，即可利用获得的 IP 地址进行通信。RARP 协议应用的典型例子是无盘工作站。

【拓展阅读 4】

ICMP

4. ICMP

ICMP 允许主机或者路由器报告差错情况并提供有关异常情况的报告。需要注意的是，虽然 ICMP 报文将作为 IP 分组的数据部分，再加上 IP 分组的首部发送，但是 ICMP 是 IP 层协议而并非高层协议。

（三）传输层协议

传输层的主要功能是面向进程提供端到端的数据传输服务，服务类型可以分为两种：一种是面向连接的虚电路式服务，另一种是无连接的尽最大努力的服务。TCP/IP 族中的传输层针对这两种传输服务类型，分别提供了传输控制协议（TCP）和用户数据报协议（UDP）。

1. TCP

TCP 是一种面向连接的协议，即它提供的是可靠的虚电路服务，用户数据可以被顺序而可靠地传输。TCP 提供的恢复机制可以有效地解决分组可能发生的丢失、破坏、重复或者乱序等各问题。

既然 TCP 是面向连接的，因此其连接过程可以分为 3 个阶段：建立连接、数据传输和终止连接。TCP 通过请求-响应的模式建立连接，并通过套接字（Socket）实现传输服务。套接字在 IP 地址和应用的端口号之间建立了对应关系，平常所说的传输层连接就是通过通信双方定义的套接字建立的。当传输过程完成后，双方都要终止各自方向的连接以确保双向通信的正确结束。此外，TCP 报文还提供了序号确认、流量控制、拥塞控制、复用及同步等功能。

【拓展阅读 5】

TCP

2. UDP

与 TCP 相对应，UDP 提供的是无连接的尽最大努力的传输服务。即 UDP 不确认报文是否到达，也不保证报文的顺序，因此 UDP 报文可能会出现丢失、重复及失序等现象。对于这些问题的处理则由上层协议解决。

UDP 通信开销小、效率高，适合要求信息传输快速、时延小但是对可靠性要求不高的应用，如多媒体通信等。

【拓展阅读 6】

UDP 报文

（四）OSI 与 TCP/IP 两种模型的比较

OSI 模型与 TCP/IP 模型虽然在表现形式上大相径庭，但是它们都是依据分层的原则，按照通信功能的分层实现来设计构造的，因此两个模型之间根据实现的功能可以进行相互的参照。图 2-6 所示描述了两者的对照关系。

首先，TCP/IP 模型的应用层囊括了 OSI 模型的应用层、表示层和会话层这三层的功能。实践证明，将表示层和会话层单独作为独立的层会使网络结构复杂、功能冗余，可以将它们的功能划归其他层实现。TCP/IP 模型在这一点上做得较好，而 OSI 模型在此处却留下了一个败笔。

其次，两个模型的传输层和网络层几乎可以完全相互参照，说明在资源子网底部端到端主机进程之间的传输与通信子网顶部网络节点间的传输应该是被明确分开的。前者关注的是主机内应用程序之间的数据访问，偏重于数据处理；后者关注的是网络节点设备或主机之间路径的选择，偏重于通信的实现。如此设计层，不但可以明确划分传输与数据处理部分各自的工作，不至于产生混淆，而且可以降低处理任务的复杂性，减轻各部分的工作负担。

第三，TCP/IP 模型只有一个未作任何定义的网络接口层，而 OSI 模型则完整地定义了数据链路层和物理层。实际上这两层是完全不同的，物理层必须处理实际的物理传输媒介的各种特性，而数据链路层只关心如何从比特流中区分名为帧的数据单元，以及如何将帧可靠地传输到目的端。TCP/IP 模型在这一点上做得不够。

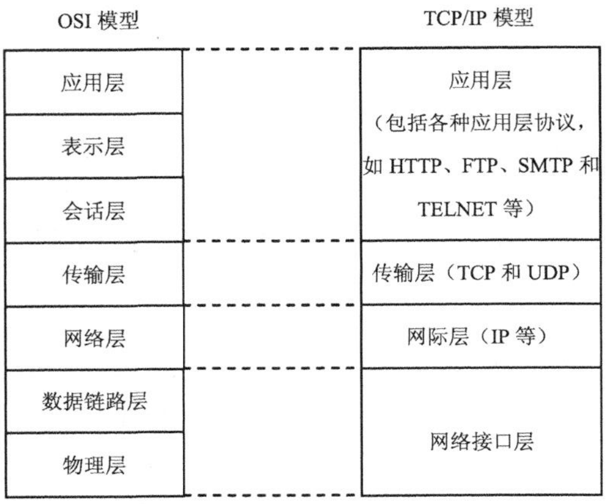

OSI 模型	TCP/IP 模型
应用层	应用层（包括各种应用层协议，如 HTTP、FTP、SMTP 和 TELNET 等）
表示层	
会话层	
传输层	传输层（TCP 和 UDP）
网络层	网际层（IP 等）
数据链路层	网络接口层
物理层	

图 2-6　OSI 模型与 TCP/IP 模型的对应关系

除上述差异之外，两个模型的特点对比还有如下几点。

- TCP/IP 模型没有明显地区分服务、接口和协议的概念，而 OSI 模型却做了详细的工作，从而符合了软件工程实践的规范和要求。
- TCP/IP 模型是专用的，不适合描述除 TCP/IP 模型之外的任何协议，而 OSI 模型是一个通用的标准模型框架，它可以描述任何符合该标准的协议。
- TCP/IP 模型重点考虑了异构网络互联的问题，而 OSI 模型开始对这一点考虑的不多。
- TCP/IP 模型提供了面向连接和无连接两种服务，而 OSI 模型开始只考虑了面向连接一种服务。
- TCP/IP 模型提供了较强的网络管理功能，而 OSI 模型后来才考虑这个问题。

这两个模型具有各自的优势，同时又各自拥有明显的缺陷。读者在学习时可以利用 OSI 模型理解通信过程的特性和协议的概念，利用 TCP/IP 模型掌握网络协议的具体实现。

项目拓展　IP 编址

TCP/IP 体系结构的主要目的是在各种网络之间提供互连互通的功能，即采用 TCP/IP 的网络中的主机可以与任何其他采用 TCP/IP 的网络中的主机进行通信。那么，怎样在网络中唯一地标识一台主机呢？可以说这是网络互联互通的根本性问题——如果无法正确地标识网络节点主机，就意味着找不到相应的网络节点，所谓的互连互通也就成了无的放矢的空想了。本小节介绍 TCP/IP 体系结构中描述网络节点的方式方法——IP 编址技术。

（一）了解 IP 地址

在网际层，TCP/IP 模型将各种由异构计算机连接到一起的网络看作是一个统一的、抽象的网络。这样做的好处是屏蔽了底层各种实际网络的差异，可以专注于网络节点的查找及通信路由的选择等工作，减轻了处理的复杂度。为此，网际层为每一个连接在网络上的设备接口分配了一个全世界独一无二的 32 位标识符作为该设备接口的唯一标识。该标识符称为 IP 地址。这样，寻址问题也就转化为如何在网络中找到代表目标主机的 32 位标识符，即查找目标主机的 IP 地址的问题。路由选择算法可以根据 IP 地址的编制和分配特性进行确定。

一个 IP 地址由 4 个字节组成，用二进制表示，正好是 32 位“0”和（或）“1”的一个组合。32 位的 IP 地址分为两个部分，分别是网络号部分（Network Identity，NID）和主机号部分（Host Identity，HID）。网络地址部分表示该主机所在的网络，而主机地址部分在该网络中唯一地标识着某台特定主机。需要注意的是，同一网络中的所有主机使用的网络地址是相同的。网际层的寻址和路由过程就是通过算法或规则逐步地找到 IP 地址中网络号部分标识的目标网络，然后再找到主机号部分标识的主机的过程。

对任何人来说，要记住 32 位的二进制位串都是比较困难的，因此将 4 个字节 IP 地址的每一个字节都用相应的十进制数表示，在这些十进制数之间用“.”号进行分隔。这样，难于记忆的 32 位二进制位串就变成了相对容易记忆的 4 个十进制数了。这种表示方法称为点分十进制记数法（Dotted Decimal Notation）。例如，IP 地址 10000000 00001011 00000011 00010111 可以表示成 128.11.3.23。

（二）IP 地址的分类

IP 地址的分类是指将 IP 地址划分成若干个固定的类别，不同的类别可以表示不同规模的网络，而不同规模的网络被设定拥有不同数量的主机。这样的划分使得 IP 地址的划分更贴近用户的实际需要，同时也可以在一定程度上减少对 IP 地址资源的浪费。

Internet 定义了 5 种类型的 IP 地址，包括 A 类、B 类和 C 类 3 个基本类型，以及多播（Multicasting）类型的 D 类地址和实验类型的 E 类地址。多播就是把消息同时发送给一群主机，只有那些已登记可以接收多播地址的主机才能接受多播数据包。E 类地址是为将来保留的，同时也用于实验，它们不能被分配给主机。每个类型的 IP 地址前面都有 1~5 位类型标识符用以表明该 IP 地址的归类。前 3 种基本类型是最为常见的 IP 地址类型，其 32 位比特位都被划分成两个字段，前一个字段是网络号，后一个字段是主机号。它们的区别在于网络号和主机号的位数是不一样的，适用于不同的网络环境。图 2-7 所示描述了这 5 类 IP 地址。

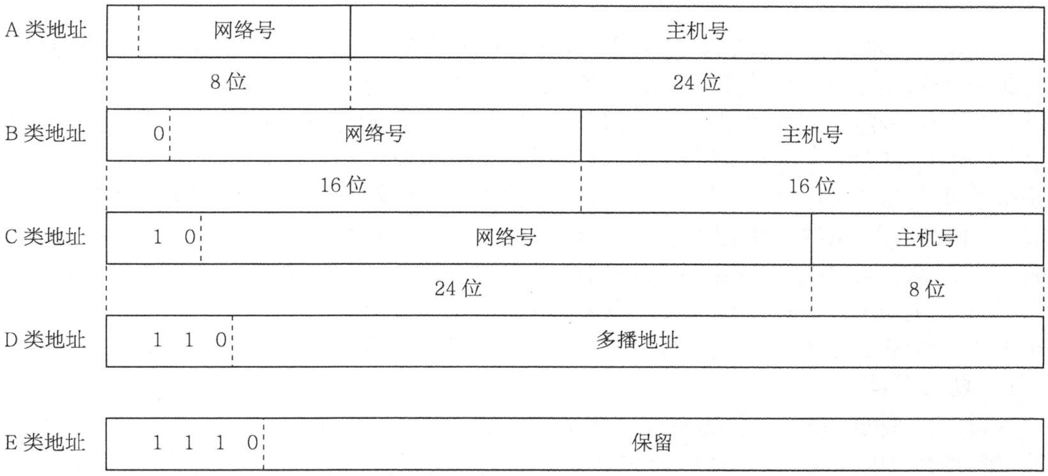

类别	标识位	字段 1	字段 2
A 类地址		网络号（8 位）	主机号（24 位）
B 类地址	0	网络号（16 位）	主机号（16 位）
C 类地址	1 0	网络号（24 位）	主机号（8 位）
D 类地址	1 1 0	多播地址	
E 类地址	1 1 1 0	保留	

图 2-7　IP 地址分类

从图 2-7 中可以看出，前 3 类地址拥有的网络数量可以通过网络号长度减去类型标识符长度后剩下的二进制位数得出，前 3 类地址拥有的主机数量可以通过主机号的二进制位数得出。需要注意的是，并不是通过简单的 2 的幂运算就可以得到结果，这是因为其中存在着一些不能够分配给用户使用的特殊的 IP 地址。表 2-1 描述了这些特殊的 IP 地址。

表 2-1　特殊的 IP 地址

网络号	主机号	说明
全 0	全 0	本网络上的本主机
全 0	主机号	本网络上的“主机号”字段指定的主机
全 1	全 1	有限广播地址，只在本网络上广播
网络号	全 1	广播地址，在“网络号”字段指定的目标网络上广播
127	任意数	用于网络软件环回测试及本机进程间通信

表 2-2 描述了上面 5 类 IP 地址的划分及特殊 IP 地址的限制、各类型 IP 地址可以表示的最大网络数、每个网络的最大主机数及 IP 地址的范围。

表 2-2　特殊 IP 地址的参数

网络类型	第一个可用的网络号	最后一个可用的网络号	最大网络数	每个网络的最大主机数	IP 地址总范围	可分配给主机的 IP 地址范围
A	1	126	$2^7-2=126$	$2^{24}-2=16\ 777\ 214$	1.0.0.0 ~ 127.255.255.255	1.0.0.1 ~ 126.255.255.254
B	128.0	191.255	$2^{14}=16\ 384$	$2^{16}-2=65\ 534$	128.0.0.0 ~ 191.255.255.255	128.0.0.1 ~ 191.255.255.254
C	192.0.0	223.255.255	$2^{21}=2\ 097\ 152$	$2^8-2=254$	192.0.0.0 ~ 223.255.255.255	192.0.0.1 ~ 223.255.255.254
D	—	—	—	—	224.0.0.0 ~ 239.255.255.255	—
E	—	—	—	—	240.0.0.0 ~ 247.255.255.255	—

（三）子网和掩码

IP 编址技术虽然可以在异构互联网络中实现目标主机的定位和通信，但是也存在缺陷。第一个缺陷是 IP 地址空间的利用率很低。IP 地址有 32 位，理论上有 2^{32} 种组合，即有近 43 亿台主机。这个数量很大，似乎 IP 地址已经足够用了，但实际上却恰恰相反。每个 A 类地址网络可容纳的主机数超千万，每个 B 类地址网络可容纳的主机数也过 6 万。但是很少出现这样的巨型网络，大部分 A 类网络和 B 类网络中的 IP 地址都是闲置的。这造成了 IP 地址资源的巨大浪费，导致 IP 地址资源很快地耗尽。第二个缺陷是 IP 地址的划分不够灵活。如果用户网络的拓扑结构发生了改动，比如增加了一个局域网络，虽然用户已分配的主机号足够使用，但却不得不再次申请一个新的网络号。越是布局庞大、结构复杂的大型组织，这样的问题越是严重。但现有的两级编址方法是无法解决这个问题的。

1. 划分子网

为此，一种新的变通方法被提了出来，这就是划分子网（Subnet）。其原理是：将原来的 IP 地址中的主机号部分重新进行规划，分成子网号和主机号两个部分。原有的网络号必须加上子网号才能唯一地标识一个物理网络。IP 编址模式从原来的网络号、主机号两级模式变为网络号、子网号和主机号三级模式。子网号的确定由使用单位决定。举例来说，某单位原有一个 C 类地址的网络，为了工作的方便，希望建设 12 个子网。由于 $2^3=8<12<2^4=16$，所以在原来的主机号中分出前 4 位作子网号，而后 4 位作子网中的主机号。

由于从主机号中分出了一部分用作子网号，主机号的位数就减少了，所以每个子网拥有的主机的数量减少了，这是使用子网的代价。此外，子网的划分完全是一个单位内部的事情，外界无权干涉也不知道是如何划分的。对于外界来说，某台主机的 IP 地址只是单纯地属于该单位拥有的网络，而无法确定其到底属于哪一个子网。

既然子网的划分是一个单位内部的事情，对外界依然表现为一个未经划分的网络，那么子网号应该由谁来进行判断呢？一般地说，子网号的判断操作由该单位与外部网络相连接的路由器来执行。该路由器在收到 IP 数据报后，按目的网络号和子网号找到目标子网，再将该数据报转交给目标主机。

这又产生了一个新的问题：按照原有的 IP 地址的设定，路由器是无法区分该 IP 地址的子网号和主机号的。为此又提出了子网掩码（Subnet Mask）的概念。子网掩码由一串二进制 1 跟着一串二进制 0 组成，长度与 IP 地址长度相同。1 的数目与 IP 地址中的网络号和子网号的位数相同，剩下的 0 的数目与主机号的位数相同。在本单位的路由器中设定本单位的子网掩码。当收到一个 IP 数据报后，路由器用子网掩码与 IP 数据报首部的目的 IP 地址字段值进行“与”操作，得到的就是目的网络号和目的子网号。将子网掩码的二进制反码（即 0 变 1，1 变 0）与该 IP 地址进行“与”操作，得到的就是目的主机号。通过这种方式，路由器就可以区分子网号了。

需要注意的是，为了处理方便，以及处理过程的通用化和标准化，通常也为未进行子网划分的 IP 地址网络设置子网掩码。此外，为了记忆方便，也使用点分十进制记数法表示子网掩码。

例如，C 类地址的子网掩码为 255.255.255.0，以二进制的方式表示为 11111111 11111111 11111111 00000000。若有一个 C 类 IP 地址 193.68.8.25，以二进制的方式表示为 11000001 01000100 00001000 00011001。将二进制子网掩码与该二进制 IP 地址进行逻辑“与”操作，可得网络号和子网号为 193.68.8，以二进制的公式表示为 11000001 01000100 00001000 00000000。将子网掩码的二进制反码与二进制 IP 地址进行逻辑“与”操作，可得主机号为 25，以二进制的公式表示为 00000000 00000000 00000000 00011001。

2. 超网

虽然划分子网的方法在一定程度上延缓了 IP 地址的消耗速度，但是随着网络规模的急速膨胀，网络又面临着路由表项数扩张过快的问题。网络规模的膨胀增加了要交换的路由信息的数量，增加了查询的工作时间，影响了路由的速度，最终降低了路由设备的效能。其解决的办法是无分类域间路由选择（Classless Inter-Domain Routing，CIDR）。

CIDR 的主要特点之一是消除了原有 IP 地址中“类”的概念，也消除了子网划分的概念，取而代之的是允许以可变长前缀（Prefix）的方式分配网络数。CIDR 不使用 A 类、B 类和 C 类地址的网络号及子网号，也不划分子网。它将 32 位的 IP 地址前面连续的若干位指定为网络号，而后面的位则指定为主机号，网络号的位数可以自由定义。与传统的 IP 编址方案相比，CIDR 无疑具有更大的灵活性，对 IP 地址的浪费也减少了很多。CIDR 用斜线标记法对 IP 地址进行表示，即在 IP 地址的后面加上一个斜线“/”，再加上一个代表网络前缀的位数的数字。例如，196.15.46.38/12 表示该地址前 12 位表示的是网络号，后 20 位表示的是主机号。

CIDR 的另一个重要特点是将网络前缀相同的连续地址组成地址块，地址块用该地址块的起始地址与地址块中的地址数表示。例如，196.15.44.0/23 表明该地址块共有 2^9 个地址，起始地址为 196.15.44.0，结束地址为 196.15.45.255。图 2-8 所示为 CIDR 地址举例。

地址：11000100 00001111 00101100 00000000

掩码：11111111 11111111 11111110 00000000

地址个数（2^9）

起始地址：11000100 00001111 0010110***0*** ***00000000***

结束地址：11000100 00001111 0010110***1*** ***11111111***

图 2-8　CIDR 地址举例

由于一个地址块可以表示多个 IP 地址，所以路由表可以利用地址块来查找目标网络。这样使得一条路由表项可以顶替过去的多条传统 IP 地址的路由表项，这种方式称为路由聚合（Route Aggregation），也称为构造超网（Supernet）。构造超网减少了路由表条项的数目，减少了路由器之间路由信息的交换，提高了网络的性能，从而大大地缓和了网络规模扩大带来的矛盾，为 IPv6 的普及增加了不少的过渡时间。

（四）IPv6

无论采用什么样的办法对 IP 地址进行优化，IPv4 编址方式带来的 IP 地址耗尽问题都是无法彻底解决的。对此人们只能寄托于 IPv6 的出现来彻底解决这个严重影响计算机网络发展的绊脚石。互联网工程任务组（Internet Engineering Task Force，IETF）早在 1992 年就提出要制定下一代 IP。现在，1998 年提出的描述 IPv6 内容的 RFC2460～RFC2460 文档已经成为互联网草案标准协议。虽然 IPv6 受到各方利益冲突的阻碍而进展缓慢，但是它终将替代 IPv4 成为新一代的网络基础协议。

IPv6 与 IPv4 相比，出现了很大的变化：拥有更大的地址空间，地址位数从 32 位增加到了 128 位；拥有灵活的首部格式，通过基本首部和扩展首部的定义，可以提供更多的功能，提高路由器的效率；允许协议继续扩充，可以很好地适应新的应用要求；支持自动配置和资源预分配。

IPv6 的数据报格式如图 2-9 所示。可以看到，IPv6 数据报有一个固定大小的基本首部，后面允许有零个或多个扩展首部（Extension Header）。需要注意的是，所有的扩展首部都不属于 IPv6 数据报的首部，而是与数据部分共同被定义为有效载荷（Payload）或净负荷。

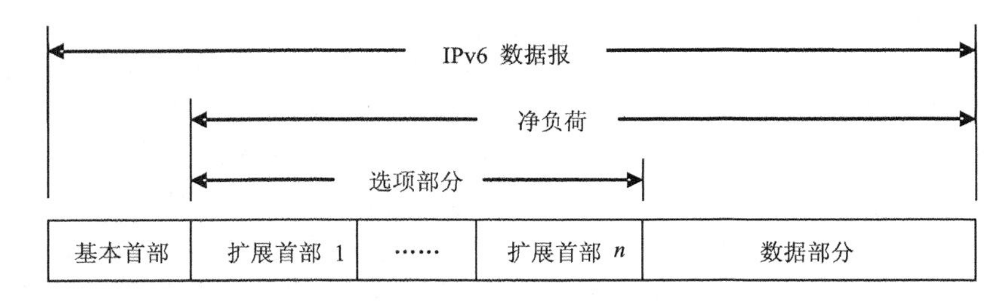

图 2-9　IPv6 数据报格式

图 2-10 显示了 IPv6 的基本首部结构。

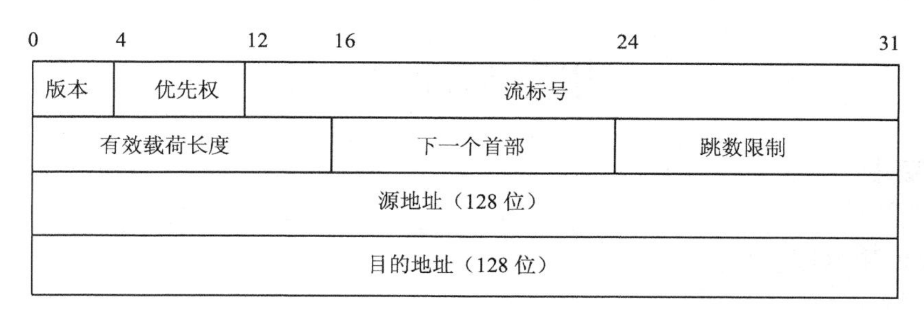

图 2-10　IPv6 的基本首部结构

（五）IP 地址和 MAC 地址的关系

在数据链路层的讲解中曾经提到过，在数据链路层也存在着网络硬件地址的概念。虽然 TCP/IP 模型没有定义网际层以下的网络接口层的内容，但实际上从功能角度看，网络接口层相当于数据链路层和物理层的集合。那么 IP 地址和硬件地址之间有什么样的关系呢?

从层的角度看，MAC 地址（又称物理地址）是数据链路层和物理层使用的地址，而 IP 地址是网络层和以上各层使用的地址，是一种逻辑地址。图 2-11 说明了这两种地址的关系。

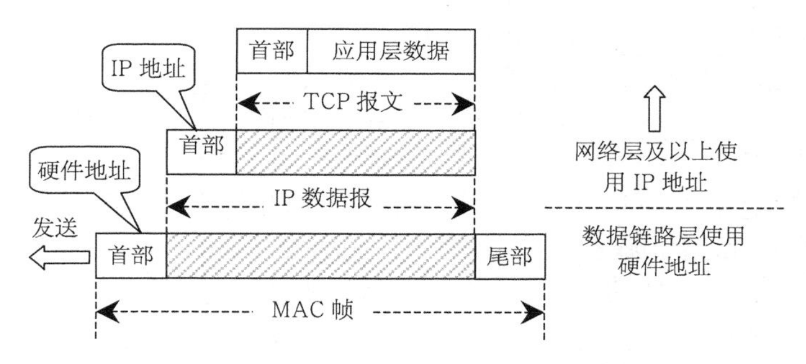

图 2-11　IP 地址与硬件地址的关系

在发送数据时，数据从高层下到低层，然后才到通信链路上传输。使用 IP 地址的数据报一旦交给了数据链路层，就被封装成 MAC 帧。MAC 帧在传送时使用的源地址和目的地址都是硬件地址，这两个硬件地址都写在 MAC 帧的首部中。

连接在通信链路上的设备（主机或路由器）在接收 MAC 帧时，根据的是 MAC 帧首部中的硬件地址。在数据链路层看不见隐藏在 MAC 帧的数据中的 IP 地址，只有在剥去 MAC 帧的首部和尾部、把 MAC 层的数据上交给网络层后，网络层才能在 IP 数据报的首部中找到源 IP 地址和目的 IP 地址。

总之，IP 地址放在 IP 数据报的首部，硬件地址放在 MAC 帧的首部。在网络层和网络层以上使用的是 IP 地址，在数据链路层及以下使用的是硬件地址。根据网络体系结构的分层原则，数据链路层“看不见”数据报的 IP 地址，而网际层也看不见硬件地址。

MAC 地址是固化在网络适配器 ROM 中的 6 字节（48bit）标识符，其中前 3 个字节是公司标识符，后 3 个字节是设备标识符。每台网络设备的 MAC 地址都是全球唯一的。在讨论地址问题时，名字指出我们所要寻找的那个资源，地址指出它在哪里，路由告诉我们如何到达。

思考与练习

一、填空题

1. 协议主要由________、________和________ 3 个要素组成。

2. OSI 模型分为________、________、________、________、________、________及________等 7 个层。

3. 物理层定义了________、________、________和________ 4 个方面的内容。

4. 数据链路层处理的数据单位称为________。

5. 数据链路层的主要功能有________、________、________、________、________、________、________、________等。

6. 在数据链路层中定义的地址通常称为________或________。

7. 网络层所提供的服务可以分为两类：________服务和________服务。

8. 传输层的功能包括________、________、________、________及________等。

9. 相对于 OSI 先有模型，TCP/IP 是先有________，后有________。

10. TCP/IP 体系结构的四层分别是________、________、________和________层。

11. 在 TCP/IP 模型，TCP 和 UDP 两个协议是属于________的协议。

12. 路由选择是________层的核心功能。

13. IP 是 TCP/IP 族的核心协议，它主要提供________和________。

14. IP 地址由________个字节组成，MAC 地址由________个字节组成。

15. 152.163.25.130 是一个________类地址。

16. CIDR 标记法 196.15.46.38/12，表示该地址所在网络的掩码为________，具有________个 B 类地址，范围是________到________。

17. IPv6 的地址位数增加到了________位，即________个字节。

18. MAC 地址是________和________使用的地址，又称________地址；而 IP 地址是________和以上各层使用的地址，是一种________地址。

二、名词解释

同步　协议　实体　对等层　服务　CIDR　MAC 地址

三、简答题

1. 为什么要采用分层的方法解决计算机的通信问题？

2. 请描述一下通信的两台主机之间通过 OSI 模型进行数据传输的过程。

3. 请画出 TCP/IP 模型的结构图。

4. 请说明 ARP 的主要含义。

5. 什么是 IP 地址？IP 地址由哪些部分组成？

6. IP 地址与硬件地址的区别是什么？

7. 对于传统的 IP 地址而言，请说明 127.0.0.4 和 190.233.255.255 的含义是什么？

8. 某单位拥有一个 B 类地址网络。现欲在其中划分 7 个子网，则子网掩码是什么？每个子网最多可以有多少台主机？

9. 128.14.32.0/20 包含多少个地址？其最大地址和最小地址是什么？

10. 请简述 TCP/IP 模型与 OSI 模型的区别。

PART03

项目三

计算机网络数据通信

本项目主要包括以下几个任务。

■ 任务一　了解数据通信的基本概念

■ 任务二　了解数据的传输

■ 任务三　认识交换技术

■ 任务四　认识多路复用技术

学习目标：

■ 认识数据通信的一些基本术语。

■ 了解数据传输的模式、信号的调制和同步技术。

■ 了解电路交换、报文交换、分组交换的概念。

■ 了解多路复用技术的原理与基本方法。

■ 掌握路由技术的基本概念。

■ 数据通信技术是人们利用电信网络和计算机网络传递数据，从而达到交流信息的目的的基础技术。本任务主要介绍数据通信理论中的基本概念和主要技术，包括信道实现技术、传输控制技术、路由选择技术及提高信道利用率技术等，为读者更好地理解网络相关理论和技术内容奠定基础。

任务一　了解数据通信的基本概念

数据通信是一种很宽泛的技术，包含了大量的通信专业知识。本任务简要介绍关于数据通信的一些基本概念和主要的技术指标。

（一）信息、数据与信号

1. 信息

对“信息”这一概念，从不同的角度出发可以有不同的定义。从信息论的角度出发，可以将信息定义为“对消息的界定和说明”。实际上，人们通常把信息理解成所关注的目标对象的特定知识。例如，通过对某只股票浮动曲线的观察，能够得知该股票的涨跌情况，而涨跌情况就是人们所关注的该只股票的信息。

2. 数据

数据是对关注对象进行观察所得到的结果或某个事实的结果，可以是数字、字母或者各种符号。数据能够被记录在物理介质上，并通过特定设备传输和处理。数据的例子随处可见，对于计算机来说，由一串二进制的 0 或者 1 组成的序列就是数据。它能够被外部存储器或者内部存储器存储，能通过计算机网络或主机内部的线路进行传输，并且能够被 CPU 处理。

3. 信号

信号是通信系统实际处理的具体对象。在通信系统中，依据承载信号的介质的不同，信号可以分为有线信号和无线信号两种类型。一般来说，有线信号是指各种各样的随时间变化的电压或者电流，它们的承载介质是各种有线电缆。而无线信号基本上都是各种电磁波，它们的承载介质是自由空间。比较特别的是：当光信号在光纤中传输时属于有线信号，当光信号在自由空间中传输时属于无线信号，中国数千年前就有的烽火信号就是后者最明显的例子。

4. 信息、数据和信号的关系

对于信息、数据和信号这 3 个数据通信中的基本概念，只有厘清三者之间的关系，才能更好地理解它们的含义。简单地说，数据蕴含着信息，而信号是数据的具体表现。数据是客观的数字或字符的组合，其本身不具有任何的意义。但将其放入特定的知识系统中进行考察，它们内部蕴含的意义就会显露出来，而这个“意义”，就是所谓的信息。

例如，对于 19880606 这样一组数字，单独地看它们只是阿拉伯数字的一个组合，并没有任何意义。但是把它当作日期系统的一个输入，就可能意味着是某个人的生日信息——出生于 1988 年 6 月 6 日；如果把它当作认证系统的一个输入，就可能意味着是某个账户的密码信息。

总之，客观的数字或符号组成的数据与某个特定对象联系在一起，就可以反映出某种特定的信息。

对于通信系统来说，即使再智能化，它也只能依据预设的规程处理符合自己特性的各种信号，而无法理解人类根据自己的思维方式定义的信息和数据的概念。最常见的通信系统只能接受特定幅度的电压信号，例如 ± 5V、± 12V 等，而不会理解什么是“0”，什么是“1”。因此，为了让通信系统能够存储、传输和处理数据，必须要在数据和信号之间构造一个映射关系，即以什么样的信号表示什么样的数据。例如，以什么样的信号表示 0 和 1，一种可能的方案是以+5V 电压表示“1”而以 - 5V 的电压表示“0”。简而言之，信号就是数据的特定表现。

（二）数据通信系统的基本结构

数据通信系统一般由数据终端设备 DTE、传输信道和数据电路终接设备 DCE 3 部分构成。其中，数据终端设备又由数据输入/输出设备和通信控制器两部分构成。图 3-1 显示了数据通信系统的基本模型。

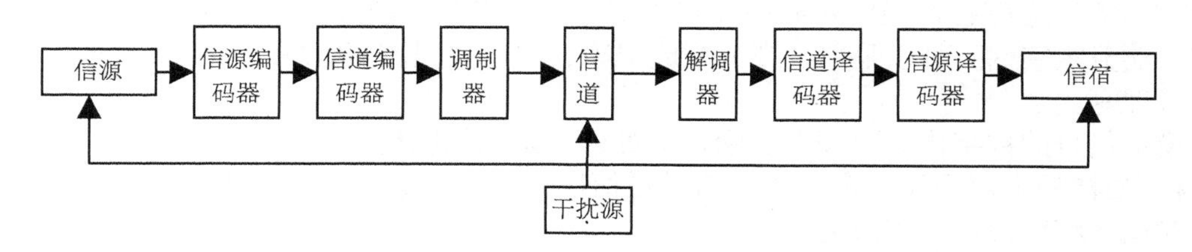

图 3-1　数据通信系统模型

在图 3-1 中，数据输入/输出设备分别指的是信源和信宿，通信控制器指的是信源/信道的编/译码器，数据电路终接设备指的是调制/解调器。

- 信源：发出信号的一方，信源的输出可以是模拟信号，也可以是数字信号。
- 信源编码器：将模拟或者数字信源的输出表示成二进制数字序列。
- 信道：信息的通道，也就是将信息的发送端和接收端连接在一起并且能够传输信号的物理介质。
- 信道编码器：在信源编码器输出的二进制数字序列中加入一些冗余的编码，在接收方通过某种方式的计算以提高接收数据的准确度和可靠性。
- 调制器：将信道编码器传输过来的加入了冗余编码的二进制数字序列转换为适合通信信道传输特性的电磁波信号波形。
- 解调器：还原出二进制数字序列，该还原后的序列应该与信道编码器传送给调制器的加入了冗余编码的二进制数字序列等同。
- 信道译码器：将还原后的二进制数字序列，根据信道编码器所使用的冗余编码重构成初始的二进制数字序列，该二进制数字序列应该与信源编码器产生的二进制数字序列等同。
- 信源译码器：将信道译码器还原的二进制数字序列重构成由信源发出的原始信号。
- 信宿：信宿与信源相对应，是通信系统中信号的接收者。
- 干扰源：干扰源在这里是指在信号产生和传输的过程中，外界对信号本身的不利影响。干扰的类型包括人为的噪声和自然噪声等。

（三）数字信号与模拟信号

根据信号方式的不同，通信可分为模拟通信和数字通信。前者传输的是模拟信号，后者传输的是数字信号。

- 模拟数据（Analog Data）是由传感器采集得到的连续变化的值，例如温度、压力数据，以及目前在电话、无线电和电视广播中的声音和图像。
- 数字数据（Digital Data）则是模拟数据经量化后得到的离散的值，例如在计算机中用二进制代码表示的字符、图形、音频与视频数据。

数字通信与模拟通信相比具有明显的优点。

（1）抗干扰能力强。模拟信号在传输过程中和叠加的噪声很难分离，噪声会随着信号被传输、放大，严重影响通信质量。数字通信中的信息是包含在脉冲的有无之中的，只要噪声绝对值不超过某一门限值，接收端便可判别脉冲的有无，以保证通信的可靠性。

（2）远距离传输仍能保证质量。因为数字通信采用再生中继方式，能够消除噪声，再生的数字信号和原来的数字信号一样，可以继续传输下去，这样，通信质量便不受距离的影响，可高质量地进行远距离通信。

（3）能够适应各种通信业务的要求（如电话、电报、图像、数据等），便于实现统一的综合业务数字网，可以采用大规模集成电路，便于实现加密处理，便于实现通信网的计算机管理等。

模拟信号的数字化需要3个步骤，即抽样、量化和编码。

- 抽样是指用间隔一定时间的信号样值序列来代替原来在时间上连续的信号，也就是在时间上将模拟信号离散化。
- 量化是用有限个幅度值近似表示原来连续变化的幅度值，把模拟信号的连续幅度变为有限数量的有一定间隔的离散值。
- 编码则是按照一定的规律将量化后的值用二进制数字表示，然后转换成二值或多值的数字信号流。

这样得到的数字信号可以通过电缆、微波干线、卫星通道等数字线路传输。在接收端则与上述模拟信号数字化过程相反，经过后置滤波处理后又恢复成原来的模拟信号。上述数字化的过程又称为脉冲编码调制。

信道是信号的传输媒质，可分为有线信道和无线信道两类。信道和电路不同，信道一般用来表示向某个方向传送数据的媒体，一个信道可以看成是电路的逻辑部件，而一条电路至少包含一条发送信道或一条接收信道。

（四）信道传输速率与容量

数据通信系统的技术指标指的是能够反映数据通信系统传输特性及性能优劣的各种因素的评判标准。可使用的参数有很多，以下只列举具有代表性的几个主要指标进行说明。

1. 码元速率

在通信系统中经常用时间间隔相同的信号表示一位或者多位数据位，这样的时间间隔内的信号称为码元，这个时间间隔被称为码元宽度。码元是使得通信系统能够正确识别信号的最小单位。码元速率又称为调制速率、波特率，指的是单位时间内信道传输的码元数量，单位是Baud（波特）。

2. 信息速率

信息速率又称为信息传输率、比特率，指的是单位时间内信道传送的信息量的大小，单位是bit/s（比特每秒）。例如人们常说的1兆上网速率，1兆指的就是1Mbit/s。

在这里需要注意的是比特率和波特率的关系问题。例如，对于二进制通信系统来说，允许信号电压有高、低两个值，高电位表示数据“1”，低电位表示数据“0”，即可知该通信系统有两个码元，1个码元承载1bit的信息量，则在这种情况下比特率和波特率是相同的。再比如对于八进制的通信系统来说，允许信号电压有8个值，每个电压值都对应着从“000”到“111”的8个二进制编码串中的一个。这意味着每当系统成功传输1个码元信号电压，就相当于成功传输了3bit的数据信息。此时，信息速率就变成了码元速率的3

倍大小。因此，对于 M 进制的通信系统来说，一般有：信息速率=码元速率 × M。

3. 数据传输速率

数据传输速率是单位时间内传送数据码元的个数。在数字通信时为每秒钟传输二进制码元的个数，称为比特率，单位为比特/秒（bit/s）；在调制信号传输时为每秒钟传输信号码元的个数，又称波特率，单位为波特（Bd）。

数据传输速率计算公式：

$$R = (1/T)\times \log_2 N \ (\text{bit/s})$$

其中：T 为一个数字脉冲信号（码元）的宽度或重复周期，单位为秒； N 为一个码元所取的有效离散值个数，一般取 2 的整数次方值。若一个码元可取 0 和 1 两种离散值，则该码元只能携带一位（bit）二进制信息；若一个码元可取 00,01,10,11 四种离散值，则该码元就能携带两位二进制信息。以此类推，若一个码元可取 N 种离散值，则该码元能携带 $\log_2 N$ 位二进制信息。当 N=2 时，数据传输速率的公式就可简化为：R=1/T，表示数据传输速率等于码元脉冲的重复频率。

数据传输速率不仅与发送的比特数有关，而且与差错控制方式、通信规程及信道差错率有关，即与传输效率有关。因此，实际的数据传送速率总是小于理论速率的。

数据传输速率也是人们常说的“倍速”数。单倍数传输时，每秒可以传输 150KB 数据;四倍速传输时，每秒可以传输 600KB 数据；40 倍速传输时，每秒可以传输 6MB 数据，以此类推。目前市场上常见的光盘光驱动器多为 40 倍速到 50 倍速。但要注意在实际使用中，受光盘读取速度和 CPU 传输本身的影响，上述速率会大打折扣，而且倍速越高，所打折扣越大。通常，平均传输速率能达到 3MB~4MB 就不错了。

4. 信道传输容量

几十年来，通信领域的学者一直在努力寻找提高数据传输速率的途径，这个问题很复杂，因为任何实际的信道都不是理想的，在传输信号时会产生各种失真。从概念上讲，限制码元在信道上的传输速率的因素主要有两个。

（1）信道能够通过的频率范围

1924 年，奈奎斯特（Nyquist）就推导出著名的奈氏准则，说明在任何信道中，码元传输的速率是有上限的，传输速率超过此上限，就会出现严重的码间串扰问题，使接收端对码元的识别成为不可能。如果信道的频带越宽，就能够通过更多的信号高频分量，也就能够在合理的速率下传送更多的码元。

（2）信噪比

噪声存在于所有的电子设备和通信信道中。噪声会影响接收端对码元的识别，影响信号传输。但是如果信号相对较强，那么噪声的影响就相对较小，因此信噪比很重要。所谓信噪比就是信号的平均功率和噪声的平均功率之比，常记为 S/N，单位为分贝（dB）。

1948 年，信息论的创始人香农（Shannon）推导出著名的香农公式，指出信道的极限信息传输速率 C 为：

$$C = W\log_2(1+S/N) \qquad (\text{bit/s})$$

其中，W 为信道的带宽，S 为信道内所传信号的平均功率，N 为信道内部的高斯噪声功率。

香农公式表明，信道的带宽或信道中的信噪比越大，信息的极限传输速率就越高，说明只要信息传输速率低于信道的极限信息传输速率，就一定可以找到某种方法来实现无差错的传输。但这要在工程中实现却非常艰难。

任务二　了解数据的传输

前一节主要介绍了数据通信的一些基本概念，构建了一个数据通信系统的结构模型，并针对其中的信息传输通路和传输内容的特性进行了详细的阐述，关于通信的重要基本元素都已经涉及了。本任务将在上述基础之上描述数据内容以什么样的形式在信息通道上传播，即介绍上述那些基本元素在通信过程中的行为方式和表现形式。

（一）数据的传输模式

数据传输的方式决定了信息以什么样的形式在线路上实现传播。数据传输模式依据划分标准的不同可以分成许多种类。

1. 按传输的介质分类

（1）有线信道

有线信道最明显的特征是线缆的存在。线缆主要包括电缆和光缆两种，其中电缆又包括双绞线和同轴电缆。对于电缆来说，电信号在电缆中的导线表面进行传输；对于光缆来说，光信号在光缆中的光导纤维内部传输。有线信道是人们开发最早并且应用最为广泛的信道形式，技术成熟，能量损失小；原材料及敷设施工成本也较低廉。利用有线信道进行数据传输的方式称为有线传输。

（2）无线信道

所谓无线信道就是以自由空间作为传输媒体，一般是以辐射的方式传输信号，也可以使用定向天线定向地传输信号。这种信道有以下优点。

- 不需要敷设复杂的线路，只需要建设一定的发射和接收站点即可，网络构造比使用有线信道灵活。
- 随着技术的不断进步，无线信道站点的建设费用和运行维护费用不断降低，与有线信道方式相比，它逐渐显示出成本的优势。
- 根据传输信号的波长，可以将无线信道分为长波、中波、短波、超短波、微波、红外线、可见光等几种。
- 无线信道的主要缺点是由于采用了信号向整个空间辐射的通信方式，使得信号能量衰减较大，难以进行远距离传输。即使采用了定向发送和接收天线，其单段传输距离也无法和有线信道相媲美。还有一个问题是辐射式传输不利于信息的安全与保密。

2. 按允许通过的信号类型分类

（1）模拟信道

能够传输模拟信号的信道称为模拟信道。模拟信号的电平随时间连续变化，语音信号是典型的模拟信号。一般来说，各种传输介质都可以传输模拟信号。利用模拟信道进行模拟信号传输的方式称为模拟传输。

（2）数字信道

与模拟信道的概念相对应，传输离散的数字信号的信道称为数字信道。数字信号的变化不是连续的，在它的整个信号中只有两种状态，高电平与低电平，高电平代表了逻辑 1，低电平代表了逻辑 0。利用模拟信道或者数字信道进行数字信号传输的方式称为数字传输。

一般地，如果直接传送计算机内部的数字信号，受到信号衰减的影响，传输距离不会很远。如果在模拟信道的两端加上调制解调器（Modem），将输入的数字信号转换为适当的模拟信号进行传输，并在输出端将模拟信号还原成数字信号，模拟信道就可以传送数字信号了。此时，模拟信道就转变成为数字信道。

3. 按数据传输的方向和时序关系分类

（1）单工信道

单工信道就是单向信道，即数据只能向一个方向传输，而不能反向传输。利用单工信道进行数据传输的方式称为单工传输。生活中有许多单工信道的例子，如收音机只能收听电台播放的广播节目而不能向广播电台发送信息等。

（2）半双工信道

半双工信道从名字上看就知道其已经具有了双向通信的特征，但是这种双向通信是有条件的，即通信的双方不允许同时进行数据传输，某个时刻只能有一方进行传输。利用半双工信道进行数据传输的方式称为半双工传输。半双工信道的例子也有很多，最常见的就是步话机。

（3）全双工信道

在全双工信道中，数据可以同时双向传递。利用全双工信道进行数据传输的方式称为全双工传输。例如电话信道就是全双工信道。

4. 按传输信号频率分类

（1）基带信道

计算机或者其他数字设备直接产生的二进制数字信号称为基带信号，直接传输基带信号的信道称为基带信道，而在信道中直接传输这种基带信号的传输模式称为基带传输。计算机局域网络通常使用基带传输模式，它具有实现简单、费用低、传输速率高的优点，但其信号随传输距离的增加而迅速衰减，因此不适合远距离传输环境。

（2）频带信道

远距离通信信道多为模拟信道，这种信道不适合直接用于传输频率范围很宽、但能量集中在低频段的数字基带信号。因此人们想到先将数字基带信号转换成适于在模拟信道中传输的、具有较高频率范围的模拟信号（这种信号就是所谓的频带信号），再将这种模拟信号置于模拟信道中传输。这种传输模式称为频带传输，进行频带传输的信道称为频带信道。将基带信号转换为频带信号的操作称为调制，它的逆过程称为解调。频带传输曾经是计算机网络远距离传输的主要模式。

5. 并行传输与串行传输

并行传输与串行传输这种分类方法主要考虑的是数据位信号的发送方式。在主机或设备之间传送的信息都将被编码，而一个字符的编码通常使用多个二进制位表示，例如，用ASCII码编码的符号就是由8位二进制数表示的。并行传输的通信模式意味着这多个二进制位的信号将同时由发送方传送往接收方，于是需要为每一个传输的二进制位信号都设立一个信道，各二进制位信号在各自的信道中同时传输，互不干扰。与此相对，串行传输模式则是将表示一个字符的多个二进制位信号在同一个信道上依次传输。

从理论上讲，并行传输模式由于同时发送多个信号，所以其数据率比串行传输模式的数据率要高；串行传输模式由于只需要一个信道，所以其建设和管理维护成本比并行传输模式低。但是随着计算机技术的不断发展，由于采用了有效的差分编码方法等新的措施，目前在很多环境下串行传输模式的数据率却比并行传输模式的数据率高，比如SATA硬盘和USB接口等。与此同时，并行传输模式由于存在着各信道时钟同步困难等问题，其技术发展遇到了瓶颈。并且随着对数据率的要求不断提高，并行传输模式并没有找到特别行之有效的方法，其困境也越来越严重。

6. 异步传输与同步传输

异步传输与同步传输这两种方法主要考虑的是传输实现的方式。

（1）异步传输

异步传输指的是只要发送方有数据要发送，就可以随时向信道发送信号，而接收端则通过检测信道上电平的变化自主地决定何时接收数据。异步传输模式在发送信息之前需要发送一小段具有特定格式的数据，该数据信号的作用是让接收方做好接收的准备工作。准备工作主要是让接收方读取数据的控制脉冲与发送数据信号的频率一致，不至于读错。在信息发送完毕后，还要发送一小段具有特定格式的数据，告诉接收方该信息段传输结束。异步传输模式又称为起止式传输方式。

异步传输模式的优点是传输灵活、控制简单，它的缺点是同步数据开销大、效率低。

（2）同步传输

同步传输模式与异步传输模式有明显的区别，它要求建立精确的同步系统，接收端接收信息位的行为都要和发送端的发送行为保持准确的同步。在信道上，各个码元占据同等的码元宽度，顺序且不间断地进行传输。以同步传输模式传输数据时，一般先构造一个较大的、具有一定格式的数据块然后再传输，该数据块称为帧。收发双方不仅要求保持码元（位）同步的关系，而且还要求保持帧（群）同步的关系。

同步传输模式的优点是传输效率高、速度快，它的缺点是控制技术较为复杂。

（二）数字信号的调制

信号可以分为模拟信号和数字信号两种类型，信道也可以分为模拟信道和数字信道两种类型。利用模拟信道传输模拟信号及利用数字信道传输数字信号这两种情况相对较简单，但是利用模拟信道传输数字信号和利用数字信道传递模拟信号这两种情况则比较复杂，这是由信号的特性与信道的特性不相符造成的。后两种情况都涉及了信号的调制和解调技术，而且该技术是实现这两种通信模式的基础。

通信的目的是远距离传送信息。数据信号经过信源和信道编码后还不能直接放到信道上进行传输，因为每种信道都有其固有的电气特性，只适合于传输特定的电磁波信号。因此，需要将待传输的数据信号转换成适合在信道上传输的信号形式，这个过程称为调制。在信道的接收端，需要将信道上传输的信号还原成与送入信道发送的原始信号等同的数据信号，这个逆变换的过程称为解调。在数据通信系统模型中，执行调制任务的组件称为调制器，执行解调任务的组件称为解调器。

最常见的利用模拟信道传送数字信号的应用就是计算机利用公共电话网络连接到Internet。通常的做法是将计算机连接到调制解调器上，再将调制解调器与电话线相连接，启动计算机后通过拨号工具拨通相应的网络服务提供者（ISP），从而实现网络的连接功能。

在整个通信的过程中，调制解调器起着非常重要的连接作用。它实际上就是调制器和解调器的集合组件，一方面它将计算机产生的基带数字信号的波形变换成适合于电话线路的模拟信号的波形；一方面它又将电话网络传过来的模拟信号的波形转换为计算机能够理解的数字信号的波形。因此，从本质上说，调制器就是一个波形变换器，解调器就是一个波形识别器，所谓调制就是进行波形变换。

需要注意的是，并不是基带信号经过变换后产生了模拟信号波形，然后在电话网络的模拟信道上传递。实际上电话信道中始终保持着一个模拟信号波形，该信号是 1000Hz～2000 Hz 的交流连续波，叫作正弦载波，其作用主要是承载话音信号及解决基带信号的衰减与延迟畸变问题。所谓的调制实际上是根据基带数字信号的波形特征去改变正弦载波对应函数的某些分量，使得原来均匀变化的正弦载波显现出与基带数字信号波形相一致的变化特征。

根据改变的正弦载波函数分量的不同，可以将数字调制技术分为以下 3 种类型。

（1）调幅

以数字基带信号去调节正弦载波信号的振幅，使得载波信号的振幅随数字基带信号的变化而变化即为调幅（Amplitude Modulation，AM）。例如，“0”使得载波信号无振幅，“1”使得载波信号正常传输，没有任何改变。

（2）调频

以数字基带信号去调节正弦载波信号的频率，使得载波信号的频率随数字基带信号的变化而变化即为调频（Frequency Modulation，FM）。例如，用原始载波频率信号表示“0”，用两倍的原始载波频率信号表示“1”。

（3）调相

以数字基带信号去调节正弦载波信号的相位，使得载波信号的相位随数字基带信号的变化而变化即为调相（Phase Modulation，PM）。例如，“0”对应于相位 0°，“1”对应于相位 180°。

图 3-2 分别显示了调幅、调频和调相这 3 种调制方法。

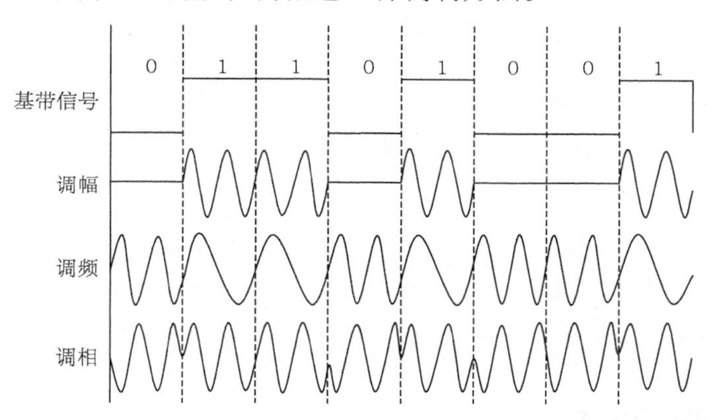

图 3-2　数字信号的 3 种调制方法

（三）模拟信号的调制

在现实生活中，电话技术日趋成熟，千家万户都可以通过电话这种耗费低廉的工具相互联系。简而言之，电话网络已经成为现代社会不可或缺的基础通信网络，对于电话网络及其承载信号的研究是通信系统研究工作的重要组成部分。

每一门电话都通过两根铜质线路与电话站相连，称为用户环路（Subscriber Loop）。在这个环路上存在着模拟信号，即正弦载波。话音信号通过正弦载波的调制后才能向远端传输。但是各用户线路在电话端汇聚后，如何在支线和干线上同时传输成千上万甚至数十万、数百万门电话的数据就成为了人们必须要解决好的一个重要问题。这时候模拟技术就显现出技术复杂、多门话路并行传输成本高、传输质量低下的缺点。

随着计算机和通信技术的不断进步，数字通信技术逐步显示出模拟通信不可比拟的优势：数据处理和传输操作简单灵活，运营管理成本较低，传输速率高，扩展容易。这使得远距离干线话音传输技术不得不向数字传输技术靠拢。

在这里需要解决的基础问题是：如何将终端用户的模拟信号置入数字信道中。这个问题的实质就是如何将模拟信号调制成数字信道允许的信号并进行传输。该问题的解决一般分以下几个步骤。

（1）采样

采样就是在单位时间内，从语音的模拟信号中等时间间隔地抽取一部分离散的信号值。理论上已经证明：只要采样频率不低于电话信号的最高频率的两倍，就可以从采样脉冲信号中无失真地恢复出原有的语音信号。

（2）量化

采样操作完成后，获得的一系列离散信号值还无法被数字通信系统直接使用，因为数字通信系统往往只能处理二进制数据信号。因此必须把每个信号值数字化成二进制位串才能提供给数字通信系统使用，这个过程称为量化。

（3）成帧

既然要求多路数字化的模拟语音信号同时在数字化干线上传输，那么就必须找到一种各路电话数据的组合方式，使得接收端可以很容易地区分出数据块中哪些数据位属于哪路电话信道，同时还要能够传送一些数字信道必要的管理与控制信息。这样的多路电话数据的集成单元称作帧。

经过以上步骤，模拟语音信号就可以在数字干线信道上传输了。需要说明的是，以上几步只是通用的步骤，有些通信系统还会在其中加入一些特殊的操作。比如量化过程结束后，可能会再次进行编码，目的是压缩数据量或者提高传输质量。此外，接收端的通信系统需要反向执行上述步骤，将数字化的语音信号重新转变为模拟信号并传递到目标用户的最终线路上去。因为目标用户的终端电话线路与源用户的终端电话线路一样，只能发送和接收模拟语音信号。

在北美和日本广泛使用的T1线路由24个话音信道复用而成，总的数据传输率为193×8 000=1.544（Mbit/s）。在我国和欧洲普遍使用的E1线路由30个话音信道复用而成，总的数据传输率为256×8 000=2.048（Mbit/s）。

（四）数据传输的同步技术

同步技术从本质上说蕴含的是时序的思想。即当发送方发出的数据信号序列到达接收端时，接收端能够通过某种手段调整自己的接收触发脉冲，使得自己的接收触发脉冲的频率与生成数据信号序列的发送端的生成（发送）频率一致。数据信号序列在信道中传输时，其信号宽度不会发生改变，因此序列中的数据信号依次到达接收端的频率与发送端的生成（发送）频率相等。读取频率和生成频率保持一致保证了接收端读取数据的正确性，既不会发生多读的现象，也不会发生漏读的现象。

从上面的论述可以看出，同步技术是数据通信系统中的一个重要技术。它直接影响了通信系统的可用性，是通信系统是否能够正常工作的关键。如果同步措施使用不当，目的用户无法正确接收数据，那么即使信道带宽再大、数据传输率再高也是没有任何功效的。

1. 同步技术的分类

同步技术的划分标准有很多，在此以最常用的标准进行划分。按照接收方收到的信号类型可以将同步技术分为如下两类。

（1）码元的分组及译码所需的同步

为了接收报文，一般要对码元序列进行分组，因此需要知道数据帧或者信息包的起止时间，否则只能接收到一串乱码而无法识别出信息的内容。这种同步技术是群同步。

在计算机通信系统中，传输的数据位常常被组织成有意义的数据块，这种数据块是计算机网络应用的基础。在信道中这种数据块表现为各种码元序列，而群同步技术的目的就是判断这些码元序列的开始与结束的位置。该技术保证了接收端能够正确接收这种数据块。

（2）数据信号的解调所需的同步

这种同步技术是数据接收的基础，只有正确解调发送过来的数据信号才能进一步地判断其中蕴含的信息到底是什么，否则再有价值的信息也只是一堆杂乱无章的信号。这种同步技术包括载波同步和位同步两种。

- 载波同步

载波同步对于模拟传输来说是一种必须的技术。该技术从接收信号中提取解调所需的参考载波。该参考载波要求与接收信号的被调载波同频同相。

- 位同步

位同步技术就是在接收端产生一个与发送端码元速率相同，且时间上对准最佳采样点的脉冲序列。在数字通信系统中，接收端接收的解调信号都将或多或少地受到各种干扰的影响而产生失真。将这种失真的信号还原成初始的基带信号必须要对其进行准确地采样。在发送方码元总是按一定的速率等时间间隔地依次传送，若接收方能够正确读出数据，则接收方的读取频率与发送方的发送频率必相等，而该读取频率即为接收方的采样频率。除了要确定采样的频率外，接收方还要确定一个最佳的采样时间，使得即使信号波形存在失真也能够正确恢复原始信号。在确定了准确的采样频率和最佳的采样时间后，接收方就可以正确地接收数据了。由此可知，位同步技术是数字通信系统中最基本的信号判读技术。

2. 同步技术实现的方法

同步技术实现的方法根据同步技术应用环境的不同而有所差异。一般来说，有以下 3 种实现方法。

（1）统一时间标准

统一时间标准方法要求信息的发送方和接收方都受到同一个标准时间源的控制。这样，信息的传输行为不会在时间上产生差异，自然就达到了同步的要求。这种方法技术复杂但效果好，常用于对同步要求比较高的大型数据通信网络。

（2）使用独立的同步信号

使用独立的同步信号方法是将一个特殊的同步信号或者导频（一种已知频率的正弦波）与数据信号一同传输，接收方通过判读同步信号或者导频来获取同步信息。

（3）自同步

自同步方法是接收方根据数据流本身的特性提取同步信息的方法。该方法不需要精准的时钟，也不需要独立的同步信号，可以将全部功率和带宽分配给数据传输。

任务三　认识交换技术

通过网络进行通信并不是不需要做任何准备，直接将已调信号从源端沿着一条早已存在并且准备好的线路向目的端发送就行了，通信过程还需要很多的知识来支持。后续几节将介绍为了实现通信，通信网络尤其是计算机网络所必须实现的一些主要技术。下面简单介绍一下信道的实现技术。

（一）什么是数据交换

要想将数据从源端正确地发送到目的端，除了先期进行必要的数据准备（包括信源/

信道编码和调制等操作）外，还需要准备好一条通信的信道。通信信道建立所需的重要基础技术是交换技术。

为了更好地理解交换技术的本质和特性，需要简单回顾一下通信系统的发展历史。

诞生于 1851 年的电报是人类最早利用电能传递信息的通信系统。此后，许多人都对利用电信号进行信息承载的远距离通信手段进行探索和研究，结果是在不断改善电报通信的服务和质量的同时，新的利用电能的通信方式——电话出现了。

电话出现后就有了大量的需求。但是当时的电话是通过市场成对销售的，人们只能在买了电话后自己在两部电话机之间进行连线。这样，一个用户如果要和 n 个朋友通话，他就得自己为这 n 个朋友拉 n 条电线，而且自己的家中或办公室里要挂着 n 个电话机。结果在电话出现几个月之后，城市中就遍布了乱七八糟的电话线。这意味着，在所有通信的节点之间实现全连接通信是不可取的，也是不恰当的。

电话的发明人贝尔看到了这一点，为此他组建了贝尔公司，并且于 1878 年在美国康涅狄格州的纽黑文市创办了第一个交换局。贝尔公司为每一位公司的客户从其家中或办公室里到交换局的接线台之间架设一条电话线。接线台上是一排排 1/4 英寸的插座，前面还有电话线，每个插座都是一路客户电话线路的端点。当客户打电话的时候，需要先摇动电话机上的手柄。此时交换局接线台上对应该电话线路的插座附近的灯就会亮起来，提醒接线员注意该用户需要接通电话。接线员随即询问该用户通信的对象，然后将呼入用户电话线路插座前的电话线的另一头插入目的用户的电话线路插座，目的用户的电话即开始响铃，接线员的任务就完成了。

在这里需要注意的是，接线员将一条电话线的一端插入呼入用户的电话线路插座，而将另一端插入目的用户的电话线路插座，在呼入用户和目的用户之间构造了一条电话通信的通路，即信道。这个动作叫作交换（Switching），这就是交换最原始的定义。现在的交换技术不过是利用计算机或其他设备替代了接线员的手工操作而已，其根本的目的并没有任何的变化——在通信的双方之间构造通信的信道。

贝尔公司的交换局获得了巨大的成功，很快在很多地方都开办了交换局。人们也随之提出了在不同的城市之间打电话的要求。与前述电话推广时类似的情况又出现了，如何处理各地交换局的连接成为了一个必须面对的重要问题。解决的方法还是与解决电话连接的措施类似——在交换局之上设立二级交换局。随着电话业务的不断拓展，这个结构以后又扩展到了 5 级。至此，现代通信系统的主要组成元素用户环路、交换局和局间干线都已具备了。终端用户的通信就是通过这个分层结构的交换局逐段“交换”构造成的通信信道来实现的。

目前的电话交换技术已经与早期的手动交换技术大相径庭了。而“交换”这个技术概念也逐步从人工走向了数字化、自动化的阶段。终端用户的电话信道完全通过交换机自动转接实现，再也不需要人工的干预了。

通过上面的描述可以知道，交换技术来源于电话网络并扩展到了计算机网络中。但是无论是在哪一种网络里，交换的本质并没有改变。从通信资源分配的角度来看，交换的本质就是按照某种方式动态地分配传输线路的资源。在电话网络里分配的是电话线路的资源，在计算机网络里分配的是数据传输线路的资源，它们的目的都是利用这种分配方式实现从源端到目的端的通信信道，进而进行信息的传输。

理解了交换概念的产生、发展和本质特性后，下面将阐述的是交换技术的分类。交换技术的分类标准有很多，现将主要的分类方式及简单定义列举如下。

1. 按同步方式划分

- 同步交换：交换设备在转发多路数据帧的过程中，定时地在一个时隙内转接固定的某一路数据帧，这种交换模式称为同步数据交换。

- 异步交换：交换设备可以动态地分配时隙。只要交换机时隙空闲，而输入端有数据帧要转发，即可将此时隙分配给该路数据帧使用。这种交换模式称为异步交换。

2. 按差错控制的方式划分

- 分组交换：在源端到目的端之间构建的通信信道中的每一台节点交换设备，都要保证接收的信息帧中没有差错。一旦出现差错即要求发送方重新发送。
- 快速分组交换：在源端到目的端之间构建的通信信道中的每一台节点交换设备，只要知道了数据传输的目的地址即立刻开始转发数据，而不是等到数据全部到达并接收下来，检验无错后再转发。

3. 按存储转发的信息单位划分

- 报文交换：节点交换设备将整个传输的报文全部接收下来，再进行转发的交换技术。
- 分组交换：传输前先将报文分割成小的分组，然后再进行传输。节点交换设备将到达的分组接收下来再进行转发。

4. 按占用信道的方式划分

- 电路交换：在整个通信的过程中，通信的双方占用着整个信道的资源，直至通信完毕释放信道。通信期间其他用户无法使用该信道资源。
- 分组交换：节点交换设备可以为多对用户提供分时的信道占用服务。

5. 按交换的信号类型划分

- 数字交换：节点交换设备传输和交换的信号是数字信号，即其操作的对象是时分复用的数字信号。
- 模拟交换：节点交换设备传输和交换的信号是模拟信号，是早期电话交换网使用的主要交换技术。

下面对几类比较重要的交换技术进行详细阐述。

（二）电路交换技术

电话网络已经出现了 100 余年，电路交换是电话网络的基础。回顾一下人工接线员为客户接通电话的例子，将终端用户打电话的过程列举如下。

（1）呼叫的发起者将电话机的话筒拿起并摇动电话机上的摇把。摇动摇把是为电话通信提供所需的电流。当时有的家用电话内部装有电池，当拿起话筒时也会为通信提供电流。后来随着技术的进步，在 1882 年出现了供电式电话机，这种电话机不需要手摇发电机或电池，通话所用的电流由电话公司的交换机供给。这种集中供电的思想一直延续到现在。

（2）在交换局的接线台上，代表该呼叫用户的插座旁边的灯发出亮光，提醒接线员注意该用户有呼叫请求。接线员将自己持有的电话与该用户的电话线路相连接，即在接线员和呼叫用户之间构造了一条通信信道，接线员就可以和呼叫用户通话了。

（3）当接线员问明呼叫用户的通信对象后，若该通信对象在本交换局服务范围内，则使用一根双插头的转接电话线接通呼叫用户和其通信对象的电话线路插座；若该通信对象不在本交换局服务范围内，则将呼叫用户连入一个交换电路，由相应的接线员负责响应该用户的连接请求。

（4）不管经过了几个接线员，最终都会有一根转接电话线将目的用户的电话线路插座与接入电路连接起来。这时，目的用户的电话机即刻开始响铃。当目的用户拿起话筒的时候，从源用户到目的用户之间的一条通信电路就建立起来并可以进行通话了。

（5）双方通话结束，用户挂机使得通信电路在端点处断开。接线员看到用户电话线路插座的灯光熄灭，即知道用户通信过程已经结束，就可以将电话转接线拔下给其他呼叫用户使用了。

根据以上对电话通信过程的描述，可以将电路交换（Circuit Switching）定义为在通话前通过用户的呼叫（即拨号），由网络预先给用户分配传输资源（带宽）。若呼叫成功，则从主叫端到被叫端建立起了一条物理通路，双方即可通话。

此外，根据上述过程，还可以将电路交换分为如下 3 个阶段。

1. 建立连接阶段

利用电话交换技术传输数据，首先需要在通信的双方之间建立一条连接电路。若需经过多个节点交换设备，则必须要在每个节点交换设备上为该连接预留通信资源，譬如预留带宽、预留时隙等。

2. 连接维持阶段

电路建立之后，即在通信双方之间构建了一条全双工的信道。数据可以沿着这条信道快速、顺序地传输，延迟小、无阻塞，不会改变传输的路径。

3. 释放连接阶段

当数据传输完毕后，由某一端发送连接释放请求到另一端。当电路被释放后才能够被其他用户使用。

进一步分析上述通信的过程，可以发现电话通信的实现主要依赖于是否能够先构造出一条实际的电路。譬如上述通信电路的结构为：源用户电话机——源用户电话线路——接线台相应插座——接线员的转接电话线——目的用户电话线路的接线台插座——目的用户电话线路——目的用户电话机。一旦建立了连接，双方的语音信号通过电路上的电流承载即可快速进行双向传输。但是，这个过程中呼叫等待的时间是比较长的。此外，在通话的过程中，若电路在任意一点断开，比如接线员将其中的某根电话转接线拿走给别的用户使用，则整个通信电路就会断开，话音数据的传输就会终止。这一点还可以认为是被其他用户抢占了通信资源——电话转接线代表的一段通信线路。这意味着电话通信的线路必须由通信双方独占，不能提供给别人分享，当然这种模式也带来了无竞争、数据直达、延迟极短的优点。

综上所述，电路交换技术具有如下特点。

- 在通话的全部时间之内，用户始终占用端到端的固定传输带宽。
- 数据传输速度快，传输延迟小。
- 数据按序传输。
- 当通路中的任意一点断开时，必须重新建立拨号连接，连通性不强。
- 建立连接所花费的时间太长，不适合传送少量的数据，否则耗费太大。
- 如果将电路交换应用到计算机数据的传输环境中，由于计算机数据是突发传输的，那么大部分时间内线路是空闲的，这是对通信资源的重要组成部分——线路资源的极大浪费，即线路利用率低下。
- 由于计算机和各种终端的传送速率并不一致，因此不同类型、不同规格和不同速率的终端之间很难进行相互通信。

图 3-3 所示为呼叫用户与目的用户利用电路交换技术进行的连接。

分别以英文字母和阿拉伯数字表示 3 台电话交换机的接口，以粗线表示通信信道。可以看到，确实存在着由多段通信电缆和交换设备内部线路相互连接构成的一条电路。该通信电路可表示为：呼叫用户——电话交换机 1.1——电话交换机 1.C——电话交换机 2.2

——电话交换机 2.D——电话交换机 3.1——电话交换机 3.C——目的用户。各段电线之间的连接由节点交换设备（电话交换机）完成。这种通信实现技术即为电路交换。

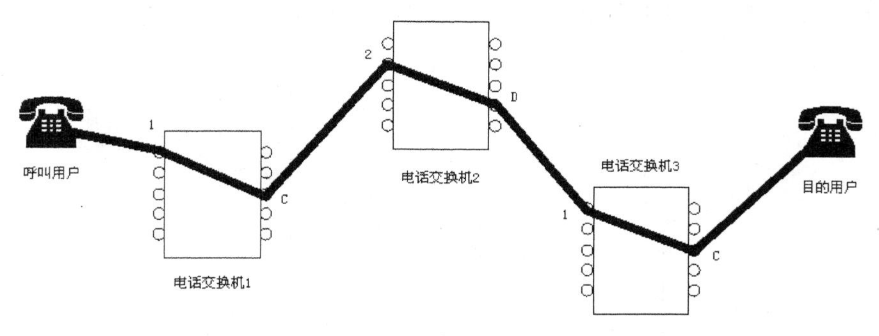

图 3-3 电路交换

（三）报文交换技术

说到报文交换，就必须要提及电报系统。1844 年 5 月 24 日，莫尔斯用其历经多年才研制成功的电报机发出了人类历史上的第一份电报。随后通过不断地改进，发报速度不断提高，电报机在实际通信中得到广泛应用，并在 20 世纪初出现了更为方便快捷的无线电报。

电报的原理是在发射设备上利用“开关”（电报的按键）来控制载波输出的长短、数量及输出的间隔时间。这样，在单位时间内即可输出一组开关信号。一般来说，习惯将短信号称为“嘀”，将长信号称为“嗒”。若干个由“嘀”和“嗒”组成的信号称为“电码”。将不同的电码与不同的字符和数字相对应并制成编码/译码本，就可以此为标准，将一系列的电码组成有意义的“电文”，即“电报”。

上述电报机按键产生的信号是直流信号，该直流信号经过载波的调制，即可通过有线或者无线的方式传送到对方的接收机上，接收方将收到的调制信号进行逆向地翻译就完成了电报的传送过程。如果源端和目的端无法直达，就必须要经过中间局的转发。比如微波只能沿直线进行传输，在采用地面传输方式时，其传输距离受地表曲率的限制，一般只有 50km。因此，为了实现大于 50km 的远距离通信，就必须要每隔 50km 修建一座转发塔。转发塔的接收天线直接对着前一个发射设备的发送天线，其发送天线则直接对着下一个接收设备的接收天线，中间都不能有障碍物阻挡。如果使用微波作为电报的无线载波信号，那么电报信号就必须要经过这样的一座座转发塔，先被接收天线接收下来，然后再被发送天线发送往下一个接收设备。有线信道的情况也是如此。总之，电报传送的信道也是通过中间节点设备的转接，即交换来实现的。

在电报系统中，报文指的是用户交给电报局接待员的要进行传输的信息。从数据通信的角度来看，报文（Message）就是指要发送的整块数据，而报文交换（Message Switching）指的是中间节点将传输的整个报文从接收线路上接收下来，再转发到相应的目的线路上去的一种信道实现技术。可见，报文交换技术是电报通信系统采用的主要的信道实现技术。

报文交换的理论基础是存储转发（Store and Forward）原理。该原理指的是每当有数据到达时，线路的中间节点设备首先都要将到达的数据存储下来。其后可能会对数据及承载信号进行一些操作，比如数据的校验检错、信号的整形滤波及再生放大等，也可能不做任何操作。最后根据网络的实际状况，比如是否拥堵及数据首部的目的信息确定其转发的方向。其本质是在数据通信的过程中采用断续，或者说是动态分配传输带宽的策略。其根本目的是尽可能地为用户搭建通信的信道，提高系统的利用率和传输的质量，最终为用户提供更好的服务。

图3-4所示是分处两个城市的用户A和用户B利用电报传输信息的情形。

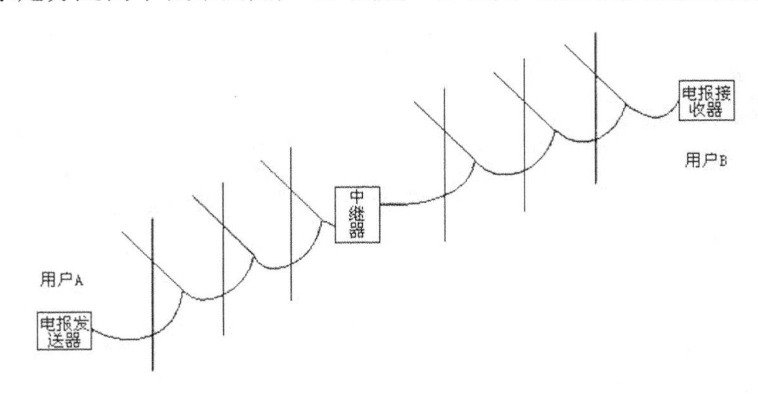

图3-4 报文交换

报文交换具有如下特点。

- 采用的是存储转发原理，使得有限的通信线路资源可以被所有用户使用，线路利用率高。
- 可以为用户的报文设定优先级，在通信量增大时，能灵活地应对各种可能的情况。
- 可以进行不同速率、不同码型的交换，进而实现不同类型终端之间的数据通信。
- 报文通过通信网络的延迟时间较长，不适合实时的或者交互式的数据通信业务。

（四）分组交换技术

自1946年美国制造出了人类历史上的第一台数字电子计算机ENIAC以来，计算机在人类的生活中起着越来越重要的作用。以往耗费大量的人力和时间的海量数据处理工作，比如大气研究、核能研究还有太空研究等领域的数据处理工作，交由计算机处理后都可以很快地得到人们想要的结果。所花费的不过是一点点的电力消耗和存储数据的费用。信息的处理能力问题解决后，信息的传输能力成为了制约信息使用的主要障碍。例如，即使利用计算机能很快地计算出外地分公司的年度分析报表，也得等办事人员拿着数据乘坐交通工具到达母公司的所在地后才能使用。

为了解决这个日益严重的问题，研究人员立即开始构思并设计计算机数据的快速传输方案。受到电报和电话通信系统的启发及其技术的影响，一种从电话网络中成长起来，又不断显示出新特性的计算机网络随着时间的推移逐步走向成熟，并迸发出惊人的活力。

当前的计算机网络从本质上看与电报、电话网络并没有什么不同，都是为了更好地传输用户的数据而存在的。只不过各种网络根据处理对象的不同特性，在信息的表示形式和处理方式等方面有些不同而已。很多重要的基础技术都是可以相互借鉴甚至通用的，其中就包括通信信道的实现技术。

当前计算机网络通信信道的实现也采用了存储转发的原理，即计算机网络的中间节点设备将计算机发出的数据先存储下来，再根据网络的实际情况转发向下一个设备。每转发一次，数据就离目的地近了一步。这就是说，计算机网络通信信道的实现技术采用的也是与电报、电话网络类似的交换技术。

下面将讨论当前的计算机网络交换技术中的一个基础问题——数据传输单元问题。

既然采用了对通信线路利用率更高的存储转发模式，那么下一步就必须要考虑存储和转发操作的对象是什么，即数据操作的基本单位是什么。数据传输基本单位的选择既要符合数据的特性，也要符合传输网络的特性。计算机传送数据具有突发性的特点，而且很少只传递少量的数据，往往是一次性传送较多的数据。这意味着在计算机网络上出现的都是离散的、随机的、较大的数据块。从这一点上就可以知道，适合低速、连续数据流的电路交换模式并不适用于计算机数据的传输。

考虑到计算机的高速处理速度，计算机网络也应该保持比较快速的传输模式，也就是要尽量减小传输时间与主机本身处理数据时间的差异，为此要尽可能地消除所有可能出现的数据传输延迟的产生条件。

从数据传输单位的角度看，随着传输单位的增大，数据通过网络的延迟也逐步增加。若传输单位增大到整个报文大小，则网络的性能就变得和报文交换网络类似了，都具有较长的报文传输延迟时间。而且一般来说，计算机传输的数据块要比电报网络的报文大的多，因此延迟也要长的多。较长的报文在网络上传输，意味着数据因为受到干扰而出现错误的可能性也大了很多。一旦出现了错误，计算机采取的策略是让发送方重新传送（这将在后面差错控制部分详细讲解）。结果长报文重新发送，又进一步增加了本已严重的通信延迟。

综上所述，计算机网络适合传输的不是整个数据报文，而是相对较小的报文分段，即分组（Packet）。具体地说，分组指的是报文经过划分形成的若干小数据段，在其首部再加上包含传输的目的地址和源地址等重要控制信息而形成的数据传输单元。报文经过切分形成的数据段一般都是等长的，只有最后一个数据段可能与前面的数据段不等长。当网络的传输单位设定为分组的时候，由数据长度引发的通信延迟问题就可以很好地解决了。需要注意的是，分组的方法只是在理论上解决了数据长度引发的通信延迟问题，实际应用中到底要把分组设定为多大才合适则没有一个严格的规定，主要是按照网络协议参数的设置来确定。

通过上面的说明，现在可以对当前计算机网络使用的交换技术进行定义。当前的计算机网络使用的交换技术可以称为分组交换（Packet Switching）技术，也可以称为包交换技术，该技术的特点是将要传输的报文分成若干段依次传送。每当有分段的报文片到达通信线路的中间节点时，节点设备都采用先将该分段的报文片接收并存储下来然后再根据情况转发往下一个节点的处理策略。分组交换技术可以说是当前计算机网络的核心技术。

采用交换技术的计算机通信网络的核心设备是节点交换机（Node Switch）。这种设备在过去曾经被称为接口报文处理机（Interface Message Processor），现在一般都被称作路由器（Router），其作用是网络分段链路的连接及网络信息的分段转接。具体地说，节点交换机的工作一是维持与和它通过链路相连的其他节点交换机或者主机之间的连通性，并通过一些控制措施保证网络的正常运行；二是每当收到一个信息单元，即根据该信息单元包含的目的地址信息和服务控制信息及链路的实际情况，决定是将该信息单元转发向哪一条目标链路还是将其丢弃。节点交换机是实现存储转发思想的主要设备，也是体现交换概念的主要设备。

节点交换机是一种理论上的称谓，在实际应用中确实有交换机这种设备，它与这里所说的节点交换机（实际应用中叫作路由器）工作在网络的不同层之上，是不同的两种设备。

图 3-5 描述的是用户 A 与用户 B 之间通过计算机网络传送数据的过程。

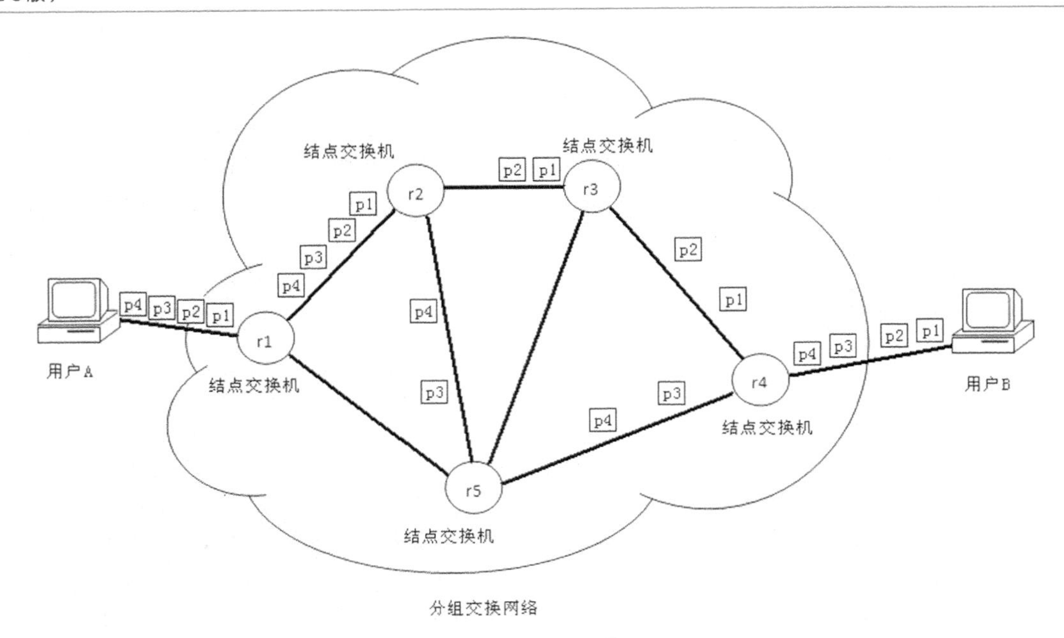

图 3-5　分组交换

用户 A 向用户 B 发送了 4 个分组，编号分别为 p1 至 p4。p1 号和 p2 号分组通过节点交换机 r1、r2、r3 和 r4 传送到了用户 B。p3 和 p4 号分组到达 r2 后，r2 将 p3 和 p4 号分组存储下来，根据它们的目的地选择下一个节点交换机。这时，r2 发现通往 r3 的线路发生了拥塞，因此就选择 r5 作为 p3 和 p4 号分组的转发对象。r5 再将 p3 和 p4 号分组转发至和用户 B 直接相连的节点交换机 r4，完成了本次的传输任务。

通过上述对于分组交换技术的论述和分析，可以看出该技术具有以下特点。

- 采用存储转发原理，通信电路的选择可以根据情况改变，通信可靠性高。
- 采用了较短的、标准化的分组，对网络设备来说所需的处理工作相对简单，降低了网络设备的复杂性，从而降低了网络设备的成本。
- 采用短分组的思想，降低了通信的延迟时间，提高了传输的速度。
- 通过分组的定义，实现了多路传输的复用，提高了通信的效率。
- 通过存储转发技术和标准化的接口，实现了不同速率、不同码型的各种类型终端之间的通信。
- 分组交换网的主干网一般都是高速链路，可以传送大量的计算机数据。
- 分组交换技术相对比较复杂，还不能做到严格的实时传输。

（五）三种交换技术的比较

图 3-6 所示为电路交换、分组交换和报文交换这 3 种交换技术在具有 3 个中间节点的环境中的比较。

在图 3-6 中，将数据传输的时间定义为从源端发出数据的第一比特开始，直至最后一比特数据到达目的端所耗费的时间。由此可知电路交换所需时间最短，分组交换所需时间次之，报文交换所需时间最长。这充分体现了电路交换的优势——电路交换体现的是一种信道专用的思想。在这种情况下，网络的全部通信资源都为通信的用户所使用，在数据传输开始之前就已经为其建立好了从源端到目的端的一条通道。在数据传输的过程中，除了电磁波在线路上传递所产生的固有的传播延迟以外，根本不会产生任何其他的延迟。报文交换由于采用了存储转发技术，所以数据将在各节点交换设备之间逐段地进行传递。而且报文交换是将整个报文作为传输的基本数据单位，所以数据传输的时间是数据在各个数据通道段上传输的时间，以及在经过的每一个节点设备中的处理时间的总和。同样采用存储转发原理的分组交换虽然也像报文交换一样，数据将在各节点交换设备之间逐段地进行传递，但是由于采用了较小的分组，使得分组传输可以并行实现，即在线路 B-C 上传递分组 P_1 并不影响在线路 A-B 上传递分组 P_2。从整个网络线路资源的分配角度来看，这体现了信道资源复用的思想，因为提高网络的运行效率是计算机网络设计的一个基本目标。

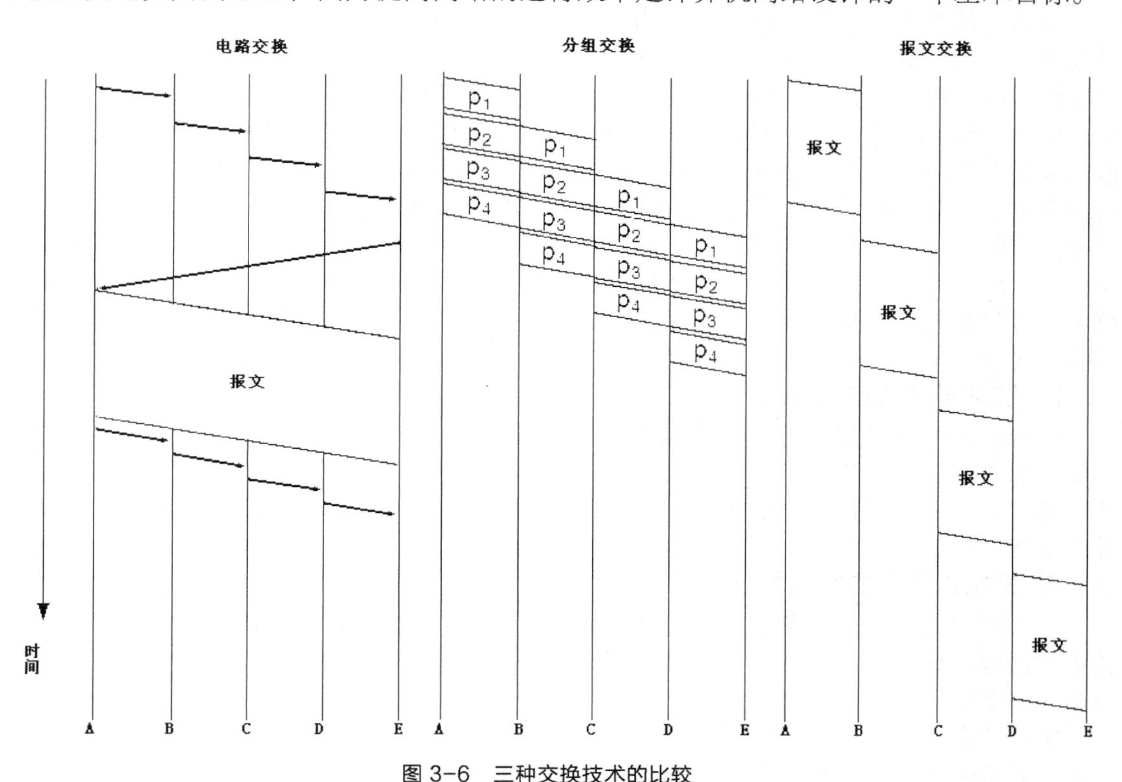

图 3-6　三种交换技术的比较

再考察一下全部通信所需的时间。该时间值包括数据传输的时间、数据在中间节点设备上的停滞时间，以及可能的为传输数据做准备的连接建立时间和连接释放时间。从这个参数的角度来看，分组交换所需时间最短，电路交换所需时间次之，报文交换所需时间最长。这一点充分体现了分组交换的灵活性——分组交换不需要预先建立连接，也不需要释放连接，因此与电路交换相比，分组交换少了连接建立和连接释放两个阶段所需的时间。报文交换虽然也不需要建立连接和释放连接，但是它将数据的传输在各个通信信道段之间串行化了，因此反而比电路交换要花费更多的时间。由此可见，减少通信所需的步骤、尽量使得数据传输操作并行化的措施能够很好地提升数据传输的效能，进而极大地提升通信的服务质量。

任务四　认识多路复用技术

一般来说，通信的线路资源是一种有限的资源，那么以通信线路为实现基础的信道资源，尤其是干线信道资源也就成为了一种有限的通信资源，需要通信系统合理地进行调度或者分配。

多路复用技术就是把多个低信道组合成一个高速信道的技术，它可以有效地提高数据链路的利用率，从而使得一条高速的主干链路同时为多条低速的接入链路提供服务。我们平时上网最常用的电话线就采取了多路复用技术，所以在上网的同时还可以打电话。

（一）什么是多路复用

网络通信系统一般都存在着多个用户同时利用网络传递信息的情况，这样就会出现两个或者多个用户同时对某一条通信链路发出请求，从而产生冲突。为了更有效地利用网络的链路资源，更好地为用户提供网络传输服务，在通信系统中往往将这两个或者两个以上用户的信号组合起来，使它们通过同一个物理线缆或者无线链路，在同一个信道上进行传输以满足所有用户的通信要求。这种策略从用户的角度来看叫作信道共享技术（对于某个用户来讲，是和其他用户共享同一条信道），从通信系统的角度来看叫作信道复用技术（对于通信系统来讲，是把信道分给不同的用户共同使用），两个概念的本质其实是一样的。

在实际应用中，能够共享信道的信号类型有很多，包括音频信号、视频信号、计算机数字信号和其他各种形式的信号，根据各种信号的特点，信道共享有很多具体的实现技术。下面将简要介绍一下多路复用技术的分类。

1. 按信号分割方式划分

信号分割就是利用信号的某个类型的参数，为各路信号进行特征标记。接收端根据特征标记的不同来区分组合到一起的各路信号，要求所选择的信号的某个类型的参数能够使各路信号有明显的差别。一般来说，根据信号频率、时间、波长及码型的不同，可以将信道共享技术分为频分复用、时分复用、波分复用和码分复用等几种类型。

2. 按接入信道的方式划分

多个用户必然要通过某种方式与通信链路相连接。连接的方式一般有两种：一种是通过集中器与高速链路相连接；另一种是用一条公共信道把所有的用户连接到一起，称为多点接入或多址（Multiple Access）。

集中器是一种特殊的专门负责通信控制的计算机。它拥有多个用户接口，每个用户接口与一条低速用户线路相连接，负责接收或发送用户数据。它还拥有一个高速链路接口，该接口连接了一条高速的主干链路，负责传输多个用户的复用帧。集中器负责整合与其连接的各个用户的数据，包括数据排队、选择路由及差错控制等。在集中器里可以使用上述的各种复用技术，常用的有时分复用和频分复用两种。

多点接入是目前计算机局域网最常见的连接方式。连接到公共信道的所有主机共同享有公共信道的使用权。依据使用信道的控制方法，可以分为竞争式随机接入和令牌式受控接入两种类型。而受控式接入按照控制模式又可细分为集中式控制和分散式控制两种。

3. 按共享策略的实施时间划分

第三种多路复用技术分类方法的依据是执行信道共享策略的时机。如果信道共享策略在网络开始运行之前就已制定好，网络开始运行后该策略的执行就不做任何的改变，那么这种类型的多路复用技术称为静态复用技术。如果信道共享策略的执行随着运行情况的变化而不断改变，即信道共享策略可以动态地适应网络运行的情况，那么这种类型的多路复用技术称为动态接入技术。前面所说的时分复用、频分复用、波分复用和码分复用都属于静态复用技术，而多点接入和统计时分复用则属于动态接入技术。

下面将根据上述分类的情况，对一些重要的信道共享技术做详细介绍。

（二）静态复用技术

静态复用技术主要包括频分复用、时分复用、波分复用和码分复用几类。它们的共同特征是信道共享策略与网络实际运行情况无关，策略的执行不会随着网络运行情况的变化而发生任何改变。

1. 频分复用

首先了解一个概念——带宽。顾名思义，带宽就是指频带的宽度。信道的带宽指的是信道允许通过的信号的频率范围。带宽与信道的数据传输率有关。粗略地讲，带宽越大，数据传输率越高。

频分复用（Frequency Division Multiplexing，FDM）是一种比较简单的复用方式。通信系统为每个用户预先分配一定带宽的通信频带，在整个通信过程中用户始终占用着这个频带，这就是频分复用的通信模式。频分复用的特点是所有用户在同样的时间内占用不同的带宽资源。

【拓展阅读 7】

频分复用

举例来说，电话系统为一路话音通道分配 4kHz 的带宽，包括人类声音所需的 3.1kHz 频带，以及该频带两侧用于和其他话音通道相间隔的两个 450Hz 保护频带。若采用频分复用方式的电话系统允许 24 路电话同时传输，则意味着该电话系统信道的宽度为 4kHz 的 24 倍，即 96kHz。这 24 路话音通道所使用的频带在该电话系统的信道上是预留出来的，即使该话音通道没有语音信号，相应的频带也依然为其保留，不分配给其他话音数据使用。

常用的无线路由器就是一种典型的频分多路复用设备，如图 3-7 所示。

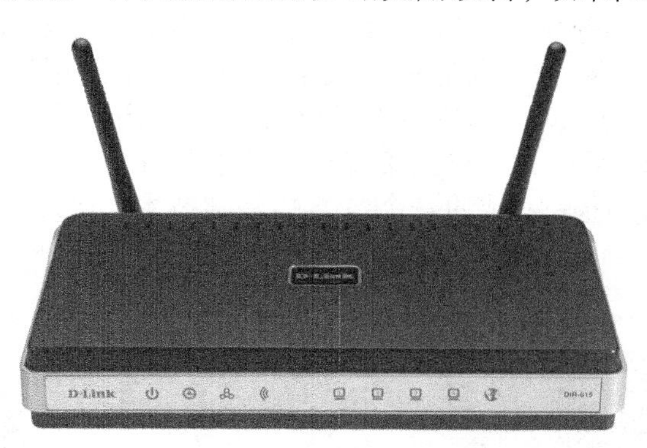

图 3-7　无线路由器

2. 时分复用

【拓展阅读 8】

时分复用

时分复用（Time Division Multiplexing，TDM）的信道共享技术是将整个频带的信道按时间划分成等长的时分复用帧。每个时分复用帧按照用户的数目再划分成等长的时隙。将一个时分复用帧的各个时隙按顺序编号，则每一位时分复用的用户都将占有一个编号的时隙。而且对于任意一个时分复用帧来说，一个特定的用户所占用的时隙的编号是固定的。也就是说，对于一个特定的用户而言，在每一个时分复用帧中都有一个固定的时间片专门为其提供信道的使用服务。由此可知，一个用户所占用的时隙是周期性地出现的，因此时分复用信号也称为等时信号。时分复用的特点是所有用户在不同的时间占用同样的频带宽度。

举例来说，脉冲编码调制规定每秒采样 8 000 次，即采样周期是 125μs，那么对于时分复用系统来说就是每隔 125μs 生成一个时分复用帧。如果该系统有 100 位用户，则每位用户在一个时分复用帧中分配到的时隙宽度就是 125μs/100=1.25μs；如果该系统有 1 000 位用户，则每位用户在一个时分复用帧中分配到的时隙宽度就是 125μs/1 000=0.125μs。虽然看起来时间很短暂，但是在这个短暂的时间片中用户将占有整个信道的带宽，因此也能够获得较高的数据传输率。

3. 波分复用

波分复用的对象是光信号，实际上就是光的频分复用。虽然光纤信道的数据传输率很高，一根单模光纤即可达到 2.5Gbit/s，但是这时候光传输的一个特有问题——色散就变得非常严重了。光也是电磁波的一种，因此根据傅利叶变换理论可以认为光信号是由许多频率不同的分量共同组成的。色散是指光信号在传递的过程中，由于光波的不同频率分量的传输速度不同，使得接收端的信号失真而产生误码。光信号的色散问题随着传输速率的增高而不断恶化。为了突破光纤信道传输这个瓶颈，人们参照频分复用的思想，在同一根光纤内同时传送多个频率接近的光载波信号，使得光纤的传输速率获得了极大的提高，这就是光的波分复用（Wavelength Division Multiplexing，WDM）。之所以起这个名字是因为光载波信号的频率十分高，所以人们习惯用光的波长来表示光载波信号。随着技术的不断进步，同一根光纤上可以复用的信号越来越多。当一根光纤上复用的光载波信号大于等于 80 路时，波分复用技术被称为密集波分复用（Dense Wavelength Division Multiplexing，DWDM）技术。

【拓展阅读 9】

波分复用

4. 码分复用

码分复用（Code Division Multiplexing，CDM）是最近几年比较热门的信道共享技术。实际上它就是我们日常使用的移动电话技术的一种——码分多址（Code Division Multipl Access，CDMA）。这种技术产生于美国，最早用于军事通信。在 20 世纪 80 年代进入了民用领域，并且随着技术的不断进步，设备的体积不断减小、价格不断下降，最终成为移动通信领域的一个主要的基础技术。图 3-8 是几种常见的 CDMA 通信设备。

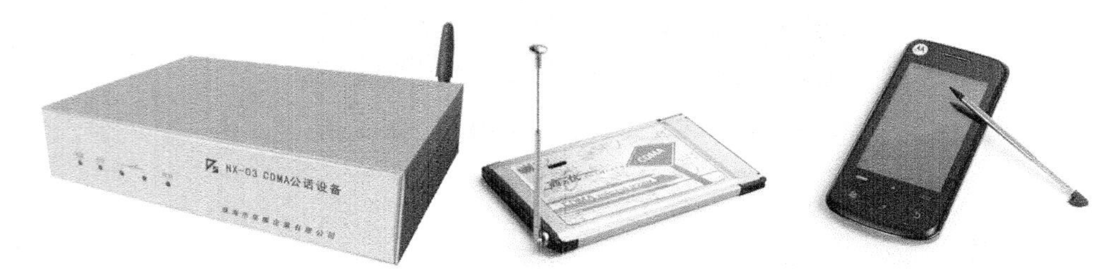

图 3-8　常见的 CDMA 通信设备

码分复用的基本原理简单地说就是在发送端使用各不相同的、相互（准）正交的伪随机地址码调制其所发送的信号；在接收端则采用同样的伪随机地址码从混合信号中解调检测出相应的信号。下面对此进行详细的解释。

码分复用的传输系统采用了扩频技术，即将原始信号的带宽变换为比原始带宽宽的多的传输信号，以提高通信系统的抗干扰性。这里涉及了码分复用系统对传输的信息数据及通信节点的表示方法。在码分复用系统中，传输 1bit 的时间被划分成了 m 个短的时间间隔，称为码片（Chip）。码分复用系统为加入系统的每一个通信站点都分配一个唯一的 m

位二进制码片序列。当站点要传送数据“1”时，它将发送自己的码片序列；当站点要发送数据“0”时，它将发送自己码片序列的反码。这样，若该站点的信息速率为 b bit/s，则其实际的数据传输速率已经达到了 mb bit/s。此时该站点占用的频带宽度也扩大到原来的 m 倍。这种通信方式就叫作扩频通信。

【拓展阅读 10】

码分复用

（三）动态复用技术

动态复用技术与静态复用技术的最大区别在于：动态复用技术对信道资源的请求是随着用户通信的要求而发出的，系统不会为用户预设资源，具有环境适应性；而静态复用技术采用的策略则是预先将信道的使用为系统用户准备好，即预先为用户分配信道资源，系统一旦开始运行就不再做任何的改变，因此不具有运行环境的适应性，这也是“静态”一词的来源。

1. 统计时分复用

前面讲的时分复用系统，为每一个系统用户都分配了一个固定的时隙。这种做法带来的问题是，如果用户很长时间没有使用信道的需要，那么为其分配的多个时隙就浪费了，而这个时候如果其他用户有大量的数据要传送，但是单凭分配给他的时隙却远远不能满足数据传送的需要，即使出现了这种情况，按照时分复用系统预先定义的信道复用策略，也只能眼睁睁地看着空闲的时隙被白白浪费掉而无法使用。

为了解决这个问题，人们对时分复用技术进行了改进，提高了信道的利用效率。这种改进后的时分复用技术称为统计时分复用（Statistic Time Division Multiplexing，STDM）。该技术的工作原理是复用帧不再依照系统的用户数量划分时隙，时隙与系统用户不再有一一对应的关系，时隙的数量要少于系统用户的数量。系统依次对各条用户的输入线路进行扫描，如果扫描到的线路上有要传送的数据，则立刻将其填入复用帧空闲的时隙中。每当一个复用帧的所有时隙被填满后就立刻发送，然后系统再生成一个空的复用帧等待用户数据的填充。

通过上面的描述可以看出，统计时分复用是一种按照用户的需求动态分配复用帧（信道）时隙资源的策略，因此属于动态的信道共享技术，这是与传统的时分复用技术最根本的不同。与传统的时分复用技术相比，统计时分复用技术减少了信道的空闲时间，因此提高了信道的利用率。由于一个用户占用的时隙是随机的而不是周期性出现的，所以统计时分复用又称为异步时分复用，而传统的时分复用称为同步时分复用。

2. 随机接入

【拓展阅读 11】

统计时分复用

第二种动态信道共享技术是随机接入技术。随机接入指的是用户只要有数据就可以向公共信道传送。随机接入蕴含着竞争的思想，即公共信道资源谁先抢上谁使用。目前广泛使用的计算机局域网络就使用了这种技术，下面将以此为例说明随机接入技术的特性。

一般来说，在一个小范围内的多台计算机，比如在一个办公室内的几台办公用机，都是通过双绞线连接到一台集线器或者交换机上，从而形成一个局域网络。而交换机或者集线器再通过线路连接到骨干网，从而实现了本地局域网络与外部网络的连接。计算机局域网络的这种连接方式从拓扑学的角度来看是多台计算机共同接入了一个公共信道，这就涉及了一个信道的使用问题。在以太网中，采用的策略是竞争性随机接入的策略，具体说就是载波监听多点接入加上冲突检测（Carrier Sense Multiple Access/Collision Detection，CSMA/CD）。

载波监听指的是每一台计算机在发送数据之前要监听信道上是否有信号存在，若有信号存在，则意味着有其他计算机在传送数据，需要退避一段时间再次监听以免发生数据碰撞；若没有信号存在，则意味着信道正处于空闲阶段，本地主机就开始发送数据。

多点接入说明这是一个总线型的网络，即多台计算机通过网络适配器和网线与总线设备相连接，总线设备就是上面所说的集线器或交换机。

冲突指的是总线上的两台计算机传输的数据的时间有所重叠，结果使传输的数据在总线上相遇进而互相影响，信号严重失真而无法正确接收。冲突又称为碰撞。冲突产生的根本原因是电信号在总线上传输要花费一定的时间，而传输时间较长的两台计算机无法感知总线上已经存在了信号，这段时间称为争用期。可以知道，冲突是无法完全避免的。

冲突检测又称为碰撞检测，它是检测总线上是否发生了冲突的一种方法。一般的检测方法是计算机边发送边接收，如果接收到的信号与发送的信号相比，其电压值摆动太大以致超过了一定的阈值，就认为产生了冲突。一旦检测到了冲突的发生，数据的发送方立刻停止发送数据并且发出特定编码和长度的扰码信息，告知网络上其他的主机发生了冲突，请暂缓发送数据以免加重冲突。随后，数据发送主机也将退避一段时间，然后重新开始监听信道发送信息。

3. 受控接入

受控接入技术不像随机接入技术那样通过计算机之间的竞争获取信道的使用权，而是采用某种机制来控制公共信道的分配。但是用户依然按照自己的需求使用信道，只是必须要符合某种控制机制的要求而已，系统也不会为用户预留任何的信道资源。因此，从本质上看受控接入技术依然是一种动态分配通信资源的动态信道共享技术。按照公共信道访问控制机制的不同，可将受控接入技术分为采用集中式控制机制的接入技术和采用分散式控制机制的接入技术两种类型。

【拓展阅读 12】

受控接入

项目拓展　路由技术

前面介绍的数据交换技术实质上是信道的实现技术，即从源端到目的端的通信通道的构成技术，并指明了信道是通过传输网络中的节点交换设备将源端到目的端之间的一段段的线路连接起来构成的。但是节点交换设备之间的连接是多对多的网络关系，它们是如何知道应该与哪一个设备相连接才是通往目的地的正确道路的呢？本实训项目将介绍的就是通信信道整个通路的发现技术，即路由技术的原理和特性分类的。

首先要明确的是路由的概念。路由就是从源端到目的端的一条路径。这条路径是由源端主机和目的端主机、源端到目的端之间的节点设备及连接这些主机和设备的线路构成的。如果在源端主机和目的端主机之间找到了一条路径，也就意味着找到了一条可能的从源端到目的端的数据传输通道，即信道。之所以说是“可能的”，是因为节点交换设备之间的连接是网状的，从源点到目的点之间的通路不一定只有一条，而且这条通路的情况不一定适合远端主机和目的端主机进行通信。比如说这条通路上的数据量非常大，已经出现了拥塞的现象，那么很显然不适合选择这条通路。

通过上述介绍可以明确：路由技术是在源端和目的端之间选择一条合适的路由，交换技术则是将路由具体地实现。选择一条合适的信息传输的路径就是路由技术根本的目的。

（一）路由算法的基本要求

路由选择的核心是路由算法，即需要何种算法来获得路由表的信息。一个理想的路由算法应具有如下一些基本特点。

（1）算法必须是正确的和完整的，也就是说，沿着各路由表所指引的路由，分组一定能够最终到达目的网络和目的主机。

（2）算法在计算上应简单，这样就不会使网络的通信量增加太多。

（3）算法应能适应通信量和网络拓扑的变化，也就是说，要有自适应性。当网络中的通信量发生变化时，算法能够自适应地改变路由以均衡各链路的负载。当某个节点或链路发生故障不能工作时，算法能够及时地改变路由。这种自适应性也称为“稳健性”或“鲁棒性”。

（4）算法应具有稳定性。在网络通信量和网络拓扑相对稳定的情况下，路由算法应收敛于一个可以接受的解，而不应使计算出的路由不停变化。

（5）算法应是公平的，对所有用户（除少数优先级高的用户）都是平等的。

（6）算法应是最佳的，以使分组平均时延最小而网络的吞吐量最大。

当然，实际的路由选择是一个非常复杂的问题，首先，它是网络中所有节点共同协调工作的结果；其次，路由选择的环境往往是不断变化的，而这种变化有时无法事先知道，例如网络中出现某些故障；此外，当网络发生拥塞时，需要有能够缓解这种拥塞的路由选择策略，但是在这时，反而很难从网络中的各节点获得所需的路由选择信息。

依照路由技术能否根据网络的实际情况动态地调整路由选择的策略，可以将路由技术划分为静态路由选择和动态路由选择两大类。

（二）静态路由选择

静态路由选择不考虑网络的实际情况而只是根据预设的参数进行路由的选择，也叫作非自适应路由选择。其特点是简单、开销较小，但不能及时适应网络状态的变化。对于简单的小网络，完全可以采用静态路由选择，人工配置每一条路由。现将主要的静态路由选择方法简介如下。

1. 洪泛法

洪泛法（Flooding）的基本思想是：当某个节点收到了一个分组且这个分组的目的地不是本地节点的时候，该节点就将这个分组向所有该节点连接的链路进行转发。这个过程将持续下去，直到该分组到达目的地为止。当然，转发的目的链路不包括分组的来源链路。

该方法思想简单，非常易于实现，但是存在一个严重的问题：随着分组信息不断地扩散，网络中的重复信息将以几何级数的方式增长而形成广播风暴，最终使网络负载过大而出现拥塞现象。

2. 流量分散法

流量分散法的基本思想是：每个中间转接节点都为自己的各条链路预设一个概率值范围。每当一个新的分组到达时，节点即生成一个随机数，然后节点将考察随机数值落在哪一条目的链路的概率值范围内，即将新到达的分组向那条目的链路转发。

概率值的确定可以通过网络运行前对各条连接链路性能的判断得出，性能好的链路被分配给较大的概率范围，性能差的链路被分配给较小的概率范围。这样，可以使网络的传输更加合理，具有一定的负载平衡效能。

3. 固定路由法

固定路由法的基本思想是：在网络运行之前为每一个节点交换设备建立一张路由表，该表中明确规定了若要去往某个站点，则分组的下一个转发站点是谁。

这种算法要求对网络中节点的位置和连接情况有清楚的了解，而且还要预先计算出任意两点之间的最短通路来构成路由表信息，因此此方法是一种全局最优的解决方法，适合于网络拓扑稳定不变的环境。

（三）动态路由选择

动态路由选择能够根据网络的情况对路由选择策略进行调整，也叫作自适应路由选择。其特点是能够较好地适应网络状态的变化，但实现起来较为复杂，开销比较大。因此，动态路由选择适用于较复杂的大网络。

按照调整策略决策者的不同，可以将其分为集中式路由选择、分布式路由选择及混合式路由选择3种类型。

1. 集中式路由选择

集中式路由选择的基本思想是：在网络中设立一个网络控制中心处理路由相关事宜。网络控制中心负责收集整个网络的状态信息，通过对这些信息的处理，为每个节点计算好到其他节点的路由并将这些信息分发到各个节点。

2. 分布式路由选择

分布式路由选择的思想与集中式路由选择不同。这种方法要求网络节点自己进行信息的收集与处理、路由的发现及路由策略的执行操作。因为各个节点的信息处理能力有限，所以节点之间往往采取互相协作的方式完成上述任务。虽然此路由选择方法一般不能得到全局的、最优的路由信息，但是网络负载比较均衡，不会出现明显的失效点，即路由策略的健壮性比集中式策略强。此外也不需要特意对某个设备进行大量的投资，成本耗费较低。常用的分布式路由选择策略主要有距离矢量法和链路状态法两种。

（1）距离矢量法

距离矢量法的基本思想是：让每个网络节点设备维护一张路由信息表，表中给出了本节点所知道的到达每个目的地的最短距离及这个最短距离路线上的下一个节点。每个网络节点设备定期与其邻居节点交换路由信息表来更新自己表中的路由信息。

（2）链路状态法

链路状态法的基本操作如下。

首先，通过广播HELLO分组发现其邻居节点。邻居节点的应答信息包里含有应答者的全网唯一的标识符信息。

其次，通过特殊的ECHO分组测量到达每个邻居节点的延迟或者其他开销。

再次，将测量的结果告知其他所有的网络节点。

最后，计算到达每个网络节点的最短路径。

【拓展阅读13】

认识传输控制技术

说明：链路状态法与距离矢量法的不同之处在于，它考虑了链路的状态信息并且减少了信息的记录量。这两个不同之处使得链路状态法逐步替代了距离矢量法，成为分布式路由选择策略的主要算法。

思考与练习

一、填空题

1. 按使用的传输介质划分，信道可以分为________和________两类。

2. 按允许通过的信号类型划分，信道可以分为________和________两类。

3. 按数据传输的方向和时序关系分类，信道可以分为________、________和________三类。

4. 按传输信号频谱分类，信道可以分为________和________两类。

5. 数据通信系统的主要技术指标有________、________、________、________、________、________和________。

6. 常用的数字传输系统的标准有________和________。

7. 按同步方式划分，交换可以分为________和________两种类型。

8. 按存储转发的信息单位划分，交换可以分为________和________两种类型。

9. 按占用信道的方式划分，交换可以分为________和________两种类型。

10. 按交换的信号类型划分，交换可以分为________和________两种类型。

11. 按信号的分割方式划分，信道共享技术分为________、________、________和________四种类型。

12. 按接入信道的方式划分，信道共享技术分为________和________两种类型。

13. 按共享策略的实施时间划分，信道共享技术分为________和________两种类型。

14. 采用交换技术的计算机通信网络的核心设备是________。

15. 路由选择算法的自适应性也称为________或________。

二、简答题

1. 请简述信息、数据和信号这 3 个概念之间的关系。
2. 通信系统的结构是怎样的？
3. 信道编码和信源编码有何不同？
4. 全双工模式与半双工模式的区别是什么？
5. 模拟信号能否在数字信道上传输？数字信号能否在模拟信道上传输？
6. 波特率和比特率的区别是什么？
7. 请说明并行传输和串行传输的区别。
8. 请解释同步传输和异步传输的区别。
9. 请简述模拟信号调制的过程。
10. 交换是什么意思？有什么作用？
11. 什么是电路交换？电路交换分为哪几个阶段？
12. 电路交换的特点是什么？可否连接不同传输速率的设备？为什么？
13. 什么是报文？什么是报文交换？
14. 存储转发的原理是什么？
15. 报文交换的特点是什么？
16. 什么是分组？什么是分组交换？
17. 分组交换的特点是什么？
18. 请简要说明分组交换与快速分组交换的区别。
19. 同样环境下，分组交换所需的时间为什么比报文交换和电路交换所需的时间短？
20. 为什么要使用信道共享技术？
21. 时分复用和频分复用各自的特点是什么？有什么样的不同？
22. 若计算机局域网采用集线器连接各台主机，这些主机将采用什么方式使用信道？
23. 请说明动态路由选择和静态路由选择各自的特点及两者的区别。
24. 请说明动态路由选择和静态路由选择算法的分类。

PART04

项目四

网络设备与线缆

本项目主要包括以下几个任务。

- 任务一　认识网络传输介质
- 任务二　认识网卡
- 任务三　认识交换机
- 任务四　了解路由器
- 任务五　了解其他网络设备

学习目标：

- 认识双绞线、同轴电缆、光纤等传输介质。
- 掌握网卡的功能与配置方法。
- 了解交换机的功能与基本应用。
- 了解路由器的功能与工作原理。
- 通过实训掌握双绞线和信息插座的制作方法。

■ 在构建局域网时，应根据需要选择合适的传输介质和网络设备。传输介质与网络设备是局域网的硬件基础，正是它们的共同作用，实现了网络通信和资源共享。传输介质一般包括双绞线、同轴电缆、光纤和无线传输介质，网络设备可分为物理层设备（如中继器、集线器等）、数据链路层设备（如网桥、交换机等）、网络层设备（如路由器、三层交换机等）和应用层设备（如网关、防火墙等）。

任务一　认识网络传输介质

传输介质是网络中传输数据、连接各网络节点的实体，可以分为有线传输介质和无线传输介质两大类。

（1）有线传输介质

利用金属、玻璃纤维及塑料等介质传输信号，一般金属导体被用来传输电信号，通常由铜线制成，双绞线和大多数同轴电缆就是如此，有时也使用铝，最常见的应用是有线电视网络覆以铜线的铝质干线电缆；玻璃纤维通常用于传输光信号的光纤网络；塑料光纤（POF）用于速率低、距离短的场合。

（2）无线传输介质

不利用介质，信号完全通过空间从发射器发射到接收器。辐射介质有时被称为无线介质。只要发射器和接收器之间有空气，就会导致信号减弱及失真。

（一）双绞线

双绞线是局域网最基本的传输介质，由具有绝缘保护层的 4 对 8 线芯组成，每两条按一定规则缠绕在一起，称为一个线对。两根绝缘的铜导线按一定密度互相绞在一起，可降低信号干扰的程度，每一根导线在传输中辐射的电波会被另一根线上发出的电波抵消。不同线对具有不同的扭绞长度，从而能够更好地降低信号的辐射干扰。

双绞线一般用于星型拓扑网络的布线连接，两端安装有 RJ45 头，用于连接网卡与交换机，最大网线长度为 100 m。如果要加大网络的范围，可在两段双绞线之间安装中继器，最多可安装 4 个中继器，连接 5 个网段，最大传输范围可达 500 m。

1. 双绞线的类型

双绞线可分为非屏蔽双绞线（Unshielded Twisted Pair，UTP）和屏蔽双绞线（Shielded Twisted Pair，STP）。

（1）非屏蔽双绞线

UTP 原先是为模拟语音通信而设计的，主要用来传输模拟声音信息，但现在同样支持数字信号的传输，特别适用于较短距离的信息传输。在传输期间，信号的衰减比较大，并且会产生波形畸变。采用 UTP 双绞线的局域网带宽取决于所用导线的质量、长度及传输技术。只要精心选择和安装 UTP 双绞线，就可以在有限距离内达到每秒几百万位的可靠传输率。一般五类以上 UTP 双绞线的传输速率可以达到 100 Mbit/s。UTP 双绞线的外观如图 4-1 所示，结构如图 4-2 所示。

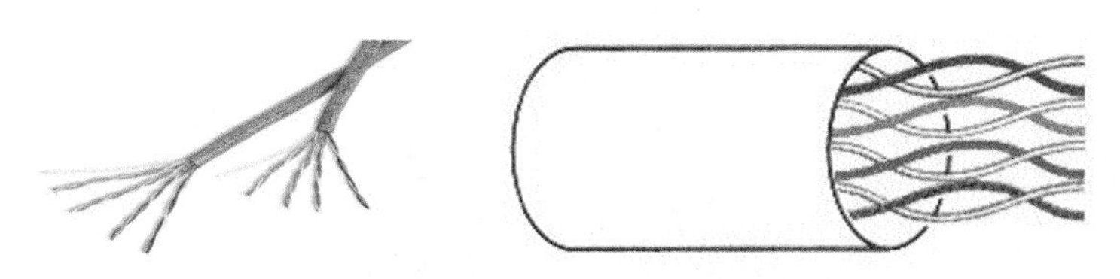

图 4-1　非屏蔽双绞线外观

（2）屏蔽双绞线

STP 需要一层金属箔即覆盖层把电缆中的每对线包起来，有时候利用另一覆盖层把多对电缆中的各对线包起来或利用金属屏蔽层取代这层包在外面的金属箔。覆盖层和屏蔽层有助于吸收环境干扰，并将其导入地下以消除这种干扰。屏蔽双绞线又包括以下两种类型。

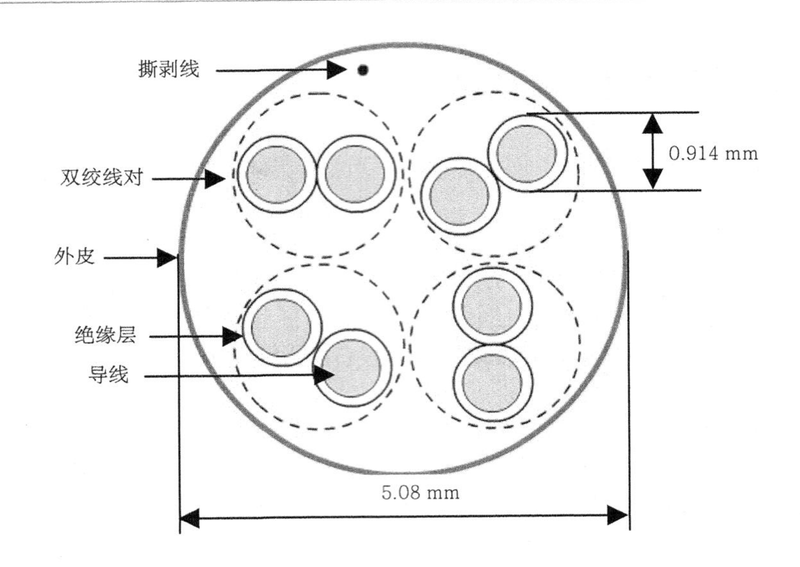

图 4-2　五类 4 对非屏蔽双绞线结构

- 铝箔屏蔽的双绞线：带宽较大、抗干扰性能强，具有低烟无卤的特点。六类线及之前的屏蔽系统多采用这种形式。
- 独立屏蔽双绞线：每一对线都有一个铝箔屏蔽层，4 对线合在一起后外面还有一个公共的金属编织的屏蔽层。这是七类线的标准结构，适用于高速网络的应用。

屏蔽双绞线价格相对较高，安装时要比非屏蔽双绞线电缆困难。类似于同轴电缆，它必须配有支持屏蔽功能的特殊连接器和相应的安装技术。但它有较高的传输速率，100 m 内传输速率可达到 155 Mbit/s。屏蔽双绞线的外观如图 4-3 所示，结构如图 4-4 所示。

在实际应用中，目前一般以非屏蔽双绞线电缆为主，它具有以下优点。

- 无屏蔽外套、直径小、节省空间。
- 重量轻、易弯曲、易安装。
- 将串扰减至最小甚至消除。
- 具有阻燃性。
- 具有独立性和灵活性，适用于结构化综合布线。

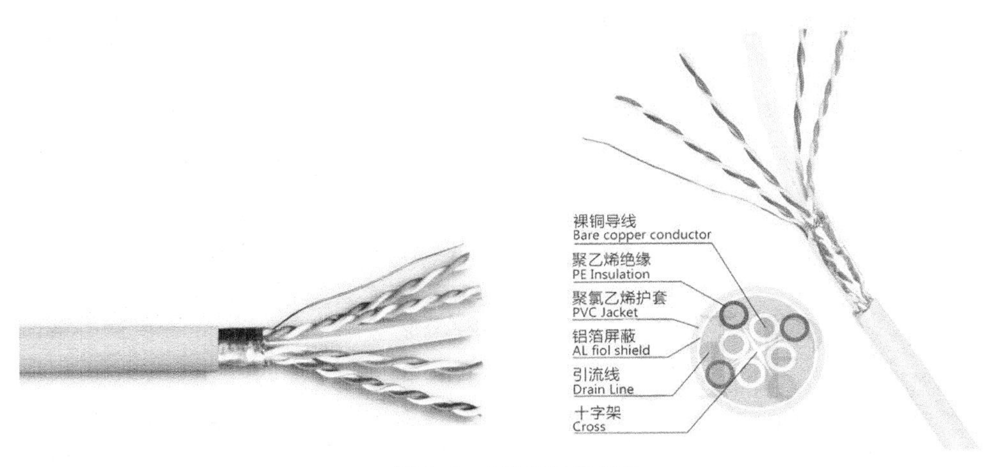

图 4-3　屏蔽双绞线外观

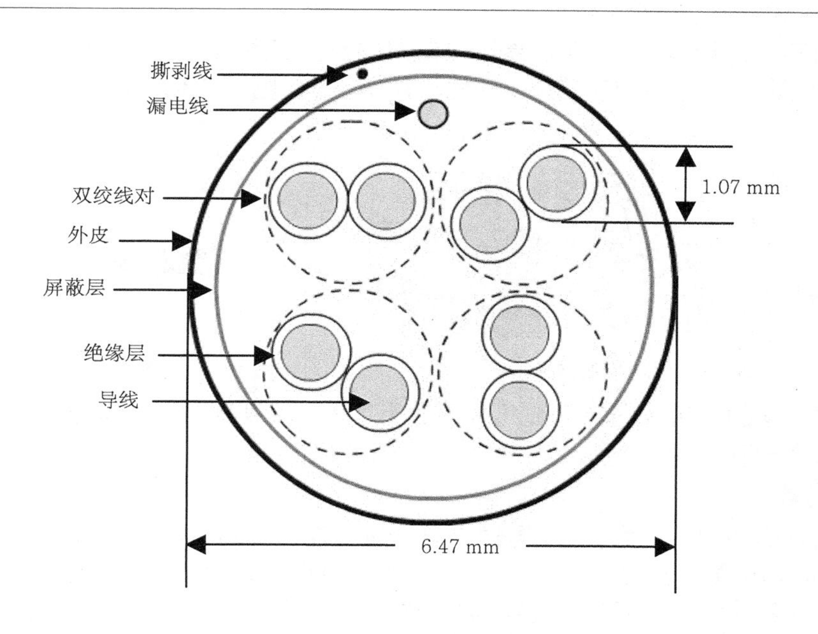

图 4-4　五类 4 对屏蔽双绞线结构

2. 双绞线的型号

EIA/TIA（美国电子和通信工业协会）为双绞线电缆定义了 5 种不同规格的型号。

- 一类线：主要用于传输语音（一类标准主要用于 20 世纪 80 年代之前的电话线缆），不用于数据传输。
- 二类线：传输频率为 1 MHz，用于语音传输和最高传输速率为 4 Mbit/s 的数据传输，常见于使用 4 Mbit/s 规范令牌传递协议的旧令牌网。
- 三类线：指目前在 ANSI 和 EIA/TIA 568 标准中指定的电缆。该电缆的传输频率为 16 MHz，用于语音传输及最高传输速率为 10 Mbit/s 的数据传输，主要用于 10base－T 网络。
- 四类线：该类电缆的传输频率为 20 MHz，用于语音传输和最高传输速率为 16 Mbit/s 的数据传输，主要用于令牌网和 10base－T/100base－T 网络。
- 五类线：该类电缆增加了绕线密度，外套一种高质量的绝缘材料，传输速率为 100 Mbit/s，用于语音传输和最高传输速率为 100 Mbit/s 的数据传输，主要用于 10base－T/100base－T 网络，这是最常用的以太网电缆。

五类非屏蔽双绞线是在对现有五类屏蔽双绞线的部分性能加以改善后出现的电缆，不少性能参数，如近端串扰、衰减串扰比、回波损耗等都有所提高，但其传输速率仍为 100 Mbit/s。在 100 Mbit/s 网络中，用户设备的受干扰程度只有普通五类线的 1/4。

在使用双绞线组建网络时，必须遵循“5－4－3”规则，即网络中任意两台计算机间最多不超过 5 段线（集线设备到集线设备或集线设备到计算机间的连线）、4 台集线设备、3 台直接连接计算机的集线设备。

（二）同轴电缆

同轴电缆是局域网中较早使用的传输介质，主要用于总线型拓扑结构的布线，它以单根铜导线为内芯（内导体），外面包裹一层绝缘材料（绝缘层），外覆密集网状导体（外屏蔽层），最外面是一层保护性塑料（外保护层）。同轴电缆结构如图 4-5 所示，实物如图 4-6 所示。

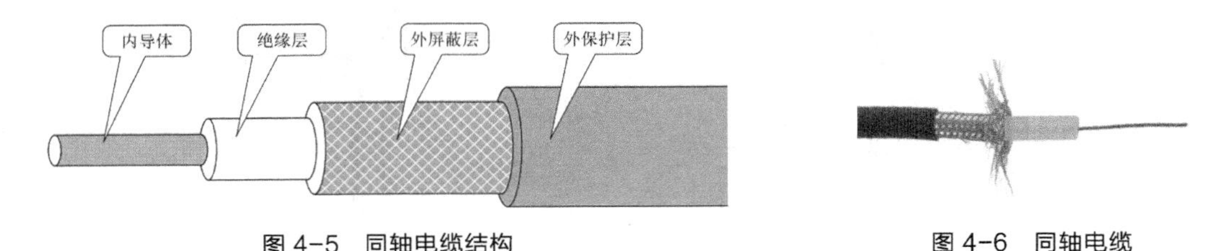

图 4-5　同轴电缆结构　　图 4-6　同轴电缆

由于外屏蔽层的作用，同轴电缆几乎不会出现困扰 UTP 及其同类电缆的信号衰减问题，抗扰能力优于双绞线。

1. 规格分类

同轴电缆有两种：一种为 75 Ω 同轴电缆；另一种为 50 Ω 同轴电缆。

- 75 Ω 同轴电缆：常用于 CATV（有线电视）网，故称为 CATV 电缆，传输带宽可达 1 Gbit/s，目前常用的 CATV 电缆传输带宽为 750 Mbit/s。
- 50 Ω 同轴电缆：常用于基带信号传输，传输带宽为 1 Mbit/s～20 Mbit/s。总线型以太网使用 50 Ω 同轴电缆。

2. 网络应用

同轴电缆一般用于总线型网络布线连接，如图 4-7 所示。

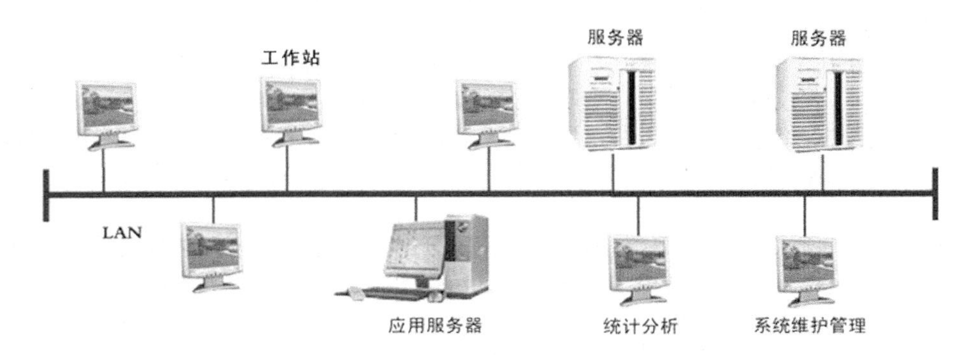

图 4-7　总线型网络

粗缆适用于较大局域网的网络干线，布线距离较长，可靠性较好。用户通常采用外部收发器与网络干线连接。粗缆网络每条干线的长度可达 500 m，如要拓宽网络范围，则需要使用中继器，采用 4 个中继器连接 5 个网段后最大传输范围可达 2 500 m。用粗缆组建局域网，如果直接与网卡相连，网卡必须带有 AUI 接口（15 针 D 型接口）。粗缆网络虽然各项性能较高，具有较远的传输距离，但是网络安装和维护等方面比较困难，且造价较高。

细缆利用 T 型 BNC 接口连接器连接 BNC 接口网卡，同轴电缆的两端需安装 50 Ω 终端电阻器。细缆网络每段干线长度最大为 185 m，每段干线最多可接入 30 个用户，如采用 4 个中继器连接 5 个网段，最大传输范围可达 925 m。细缆网络安装较容易，而且造价较低，但因受网络布线结构的限制，其日常维护不是很方便，一旦某个用户出现故障，便会影响其他用户的正常工作。

由于受到双绞线的强大冲击，同轴电缆已经逐渐退出了局域网布线的行列，随着综合布线的展开，同轴电缆的应用将最终成为历史。

（三）光纤

自从 1966 年高锟博士提出光纤通信的概念以来，1970 年美国康宁公司首先研制出衰减为 20 dB/km 的单模光纤，从此以后，世界各国纷纷开展光纤通信的研究和应用。

1. 光纤结构与原理

光纤（光导纤维）的结构一般是双层或多层的同心圆柱体，用透明材料做成纤芯，在它周围采用比纤芯的折射率稍低的材料做成包层。

- 纤芯：纤芯位于光纤的中心部位，由非常细的玻璃（或塑料）制成，直径为 4 μm～50 μm。一般单模光纤为 4 μm～10 μm，多模光纤为 50 μm。
- 包层：包层位于纤芯的周围，是一个玻璃（或塑料）涂层，直径约为 125 μm。
- 涂覆层：光纤的最外层为涂覆层，包括一次涂覆层、缓冲层和二次涂覆层，由分层的塑料及其附属材料制成，用来防止潮气、擦伤、压伤和其他外界带来的危害。

光纤的结构如图 4-8 所示。

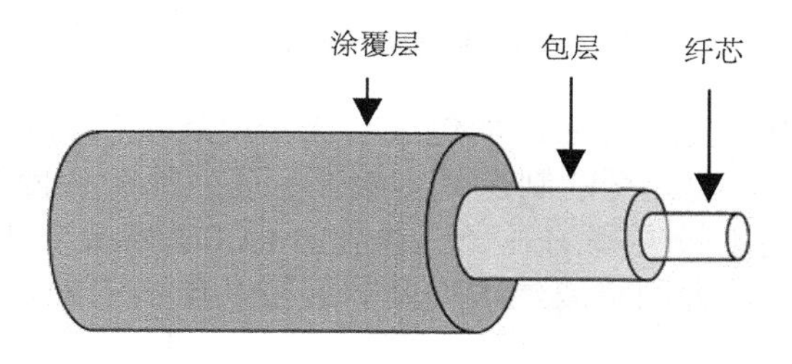

图 4-8 光纤结构

由于纤芯的折射率大于包层的折射率，故光波在界面上形成全反射，使光只能在纤芯中传播，实现通信，如图 4-9 所示。

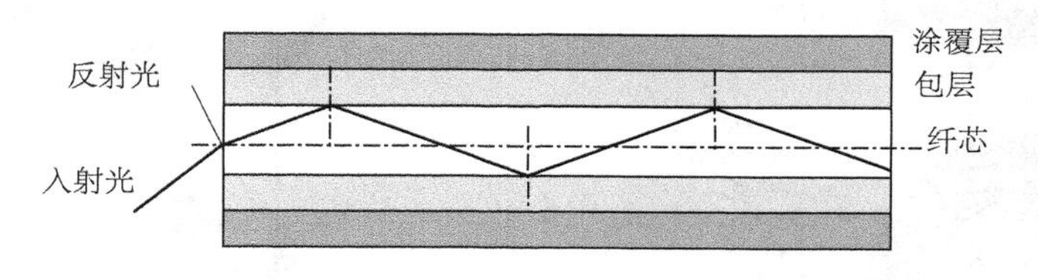

图 4-9 光纤通信原理

2. 光纤的分类

根据光纤传输模数的不同，光纤主要分为两种类型，即单模光纤（SingleMode Fiber，SMF）和多模光纤（MultiMode Fiber，MMF）。

（1）多模光纤

图 4-9 只画出了一条光线。实际上，只要从纤芯中射到纤芯表面的光线的入射角大于某一个临界角度，就可以产生全反射。因此，可以存在多条不同角度入射的光线在同一条光纤中传输。这种光纤称为多模光纤，如图 4-10 所示。

由于要多次反射，所以光脉冲在多模光纤中传输时会逐渐失真，因此多模光纤只适合近距离传输。一般 1 000 Mbit/s 多模光纤的传输距离为 220 m ~ 550 m，常用于中、短距离的数据传输网络及局域网络。

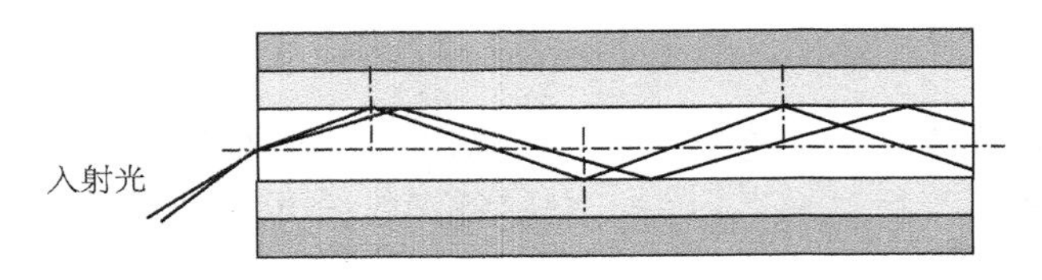

图 4-10　多模光纤通信原理

（2）单模光纤

若光纤的直径减小到只有一个光的波长，则光纤就只能容纳一个光线从中心射入，向前直线传播，而不会发生反射，这样的光纤称为单模光纤，如图 4-11 所示。

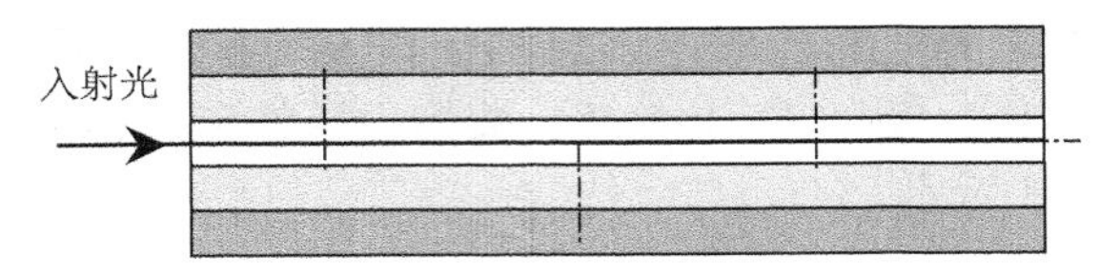

图 4-11　单模光纤通信原理

单模光纤纤芯直径仅为几个微米，加包层和涂覆层后也仅为几十个微米到 125 μm，纤芯直径接近波长，所以单模光纤的制造成本较高，而且光源要使用比较昂贵的半导体激光器，而多模光纤可以使用较便宜的发光二极管。1 000 Mbit/s 单模光纤的传输距离为 550 m～100 km，常用于远程网络或建筑物间的连接及电信中的长距离主干线路。

3. 光缆

因为光纤本身比较脆弱，所以在实际应用中都是将光纤制成不同结构形式的光缆。光缆由一根或多根光纤或光纤束制成，符合光学机械和环境特性的结构，如图 4-12 所示。

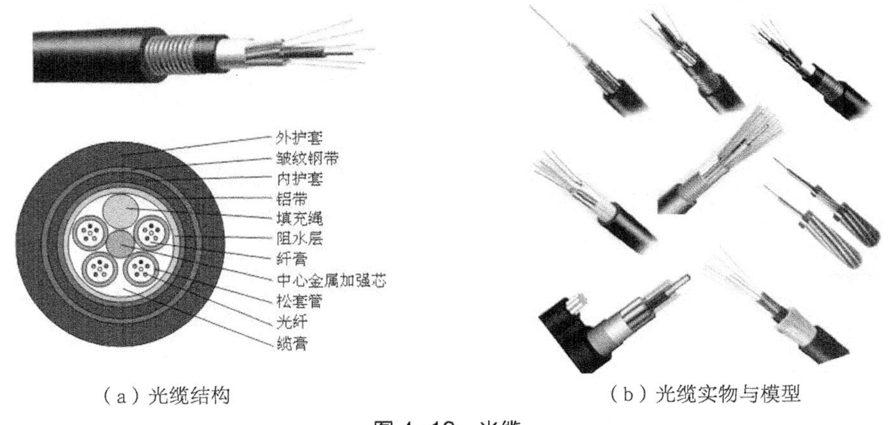

（a）光缆结构　　（b）光缆实物与模型

图 4-12　光缆

光缆能够容纳多条光纤，其机械性能和环境性能好，能够适应通信线缆直埋、架空、管道敷设等各种室外布线方式。

4. 优缺点

光纤在电信领域之所以能够被广泛利用，是因为其许多独有的优点，但由于其玻璃质的结构，也给应用带来不少困难，图 4-13 所示为光纤的优缺点示意图。

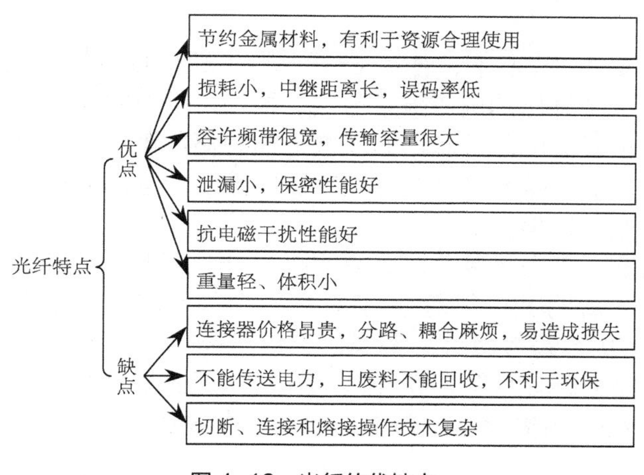

图 4-13　光纤的优缺点

（四）无线传输介质

无线传输介质不使用金属或玻璃纤维导体进行电磁信号的传递。从理论上讲，地球上的大气层为大部分无线传输提供了物理数据通路。由于各种各样的电磁波都可用来携载信号，所以电磁波被认为是一种介质。

1. 微波通信

微波通信是在对流层视线距离范围内利用无线电波进行传输的一种通信方式，频率范围为 2 GHz～40 GHz。微波通信与通常的无线电波不一样，是沿直线传播的，由于地球表面是曲面，所以微波在地面的传播距离与天线的高度有关，天线越高传播距离越远，但超过一定距离后就要用中继站来接力。两微波站的通信距离一般为 30 km～50 km，长途通信时必须建立多个中继站。中继站的功能是变频和放大，进行功率补偿，逐站将信息传送下去，微波通信的工作原理如图 4-14 所示。

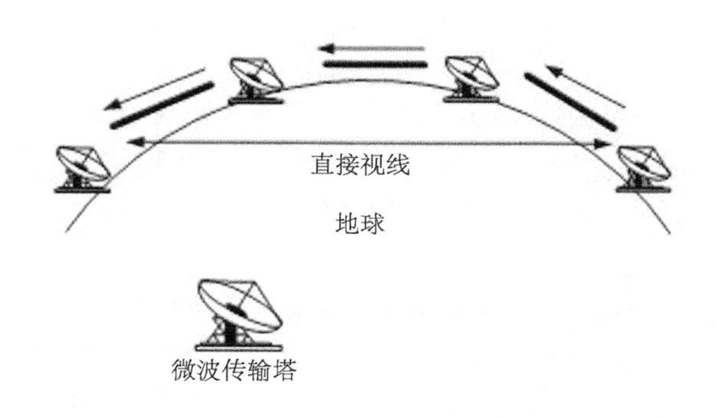

图 4-14　微波通信示意图

微波通信分为模拟微波通信和数字微波通信两种。模拟微波通信主要采用调频制，每个射频波道可开通 300、600 至 3 600 个话路。数字微波通信主要采用相移键控（PSK），目前国内长途干线使用的数字微波主要有 4 GHz 的 960 路系统和 1 800 路系统。微波通信的传输质量比较稳定，影响质量的主要因素是雨雪天气对微波产生的吸收损耗以及不利地形或环境对微波造成的衰减。

2. 卫星通信

卫星通信原理如图 4-15 所示，它以人造卫星为微波中继站，是微波通信的特殊形式。卫星接收来自地面发送站发出的电磁波信号后，再以广播方式用不同的频率发回地面，为地面工作站接收。卫星通信可以摆脱地面微波通信距离的限制。一个同步卫星可以覆盖地球的 1/3 以上表面，3 个这样的卫星就可以覆盖地球上的全部通信区域了，这样地球上的各个地面站之间都可互相通信了。

卫星的信道频带宽，可采用频分多路复用技术分为若干个子信道，有些用于由地面发送站向卫星发送信号（称为上行信道），有些用于由卫星向地面接收站转发信号（称为下行信道）。卫星通信的优点是容量大、距离远，缺点是传播延迟时间长。从发送站通过卫星转发到接收站的传播延迟时间为 270 ms（这个传播延迟时间是和两点间的距离无关的），这对地面电缆约 6 μs/km 的传播延迟来说，相差几个数量级。

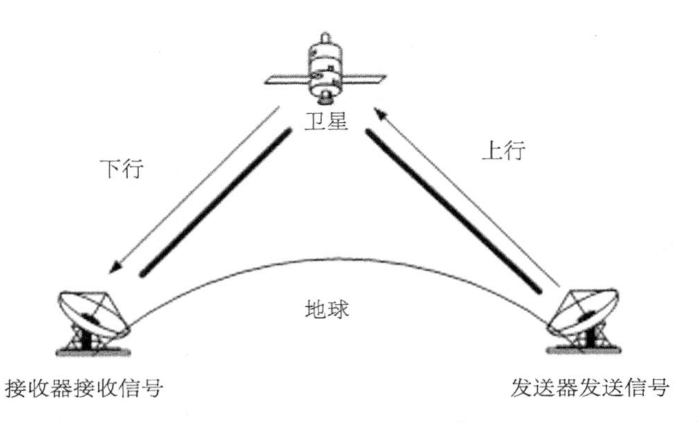

图 4-15　卫星通信原理示意图

3. 红外通信

红外系统采用光发射二极管（LED）或激光二极管（ILD）来进行站与站之间的数据交换。红外设备发出的红外光信号（即常说的红外线）非常纯净，一般只包含电磁波或小范围电磁频谱中的光子。传输信号可以直接或经过墙面、天花板反射后，被接收装置收到。

红外线没有能力穿透墙壁和其他一些固体，而且每一次反射后信号都要衰减一半左右，同时红外线也容易被强光源给盖住。红外线的高频特性可以支持高速率的数据传输，它一般可分为点到点式与广播式两类。

（1）点到点式红外系统

这是最常见的方式，如大家常用的遥控器。红外传输器使用光频（100 GHz～1000 THz）的最低部分。除高质量的大功率激光器较贵以外，一般用于数据传输的红外装置都非常便宜。然而它的安装必须绝对精确到点对点。目前它的传输速率一般为几 kbit/s，根据发射光的强度、纯度和大气情况，信号衰减有较大的变化，一般传输距离为几米到几千米不等。

（2）广播式红外系统

广播式红外系统把集中的光束，以广播或扩散方式向四周散发。这种方法常用于遥控和其他一些消费设备上。利用这种设备，一个收发设备可以与多个设备同时通信，其工作原理如图 4-16 所示。

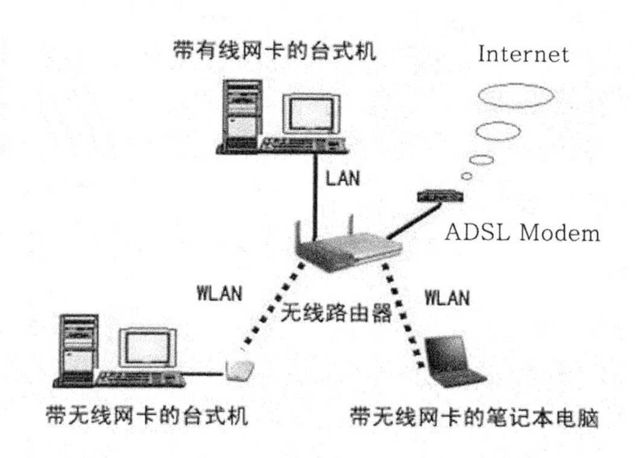

图 4-16 广播式红外系统工作原理示意图

红外通信和激光通信也像微波通信一样，有很强的方向性，是沿直线传播的。这3种技术都需要在发送方和接收方之间有一条视线（Line-of-sight）通路，有时统称这三者为视线媒体。所不同的是，红外通信和激光通信把要传输的信号分别转换为红外光信号和激光信号，直接在空间传播。

任务二 认识网卡

计算机与外界局域网的连接是通过在主机箱内插入的一块网络接口板（或者是在笔记本电脑中插入的一块 PCMCIA 卡），它们实现了计算机和网络电缆之间的物理连接，为计算机之间相互通信提供一条物理通道，并通过这条通道进行高速数据传输。

（一）网卡的功能与分类

网络接口板又称为通信适配器、网络适配器（adapter）或网络接口卡 NIC（Network Interface Card），现在最通俗的叫法是“网卡”，如图 4-17 所示。

图 4-17 网卡

1. 网卡的功能

网卡能够完成物理层和数据链路层的大部分功能，包括网卡与网络电缆的物理连接、介质访问控制（如实现 CSMA/CD 协议）、数据帧的拆装、帧的发送与接收、错误校验、数据信号的编/解码（如曼彻斯特代码的转换）及数据的串行/并行转换等功能。

网卡上面装有处理器和存储器（包括 RAM 和 ROM）。网卡和局域网之间的通信是通过电缆或双绞线以串行传输方式进行的，而网卡和计算机之间的通信则是通过计算机主板上的 I/O 总线以并行传输方式进行的。因此，网卡的一个重要功能就是进行串行/并行转换。由于网络上的数据率和计算机总线上的数据率并不相同，因此在网卡中必须装有对数据进行缓存的存储芯片。

在安装网卡时必须将管理网卡的设备驱动程序安装在计算机的操作系统中，这个驱动程序将告诉网卡如何将局域网传送过来的数据存储下来。

网卡并不是独立的自治单元，因为网卡本身不带电源，所以必须使用配套计算机的电源，并受该计算机的控制，因此网卡可看成一个半自治的单元。当网卡收到一个有差错的帧时，它会将这个帧丢弃而不必通知计算机；当网卡收到一个正确的帧时，它使用中断来通知计算机并交付给协议栈中的网络层；当计算机要发送一个 IP 数据包时，它由协议栈向下交给网卡，组装成帧后发送到局域网。

随着集成度的不断提高，网卡上的芯片个数在不断减少。网卡的功能大同小异，主要功能有以下 3 个。

- 数据的封装与解封：发送时将网络层传递的数据加上首部和尾部，组成以太网的帧；接收时将以太网的帧剥去首部和尾部，然后送交网络层。
- 链路管理：主要是实现 CSMA/CD 协议。
- 编码与译码：一般使用曼彻斯特编码与译码。

2. 网卡的分类

网卡的种类非常多，按照不同的标准，可以作不同的分类。最常见的是按传输速率、总线接口和连接器接口进行分类。

（1）按传输速率分类

按传输速率可分为 10 Mbit/s、100 Mbit/s、10/100 Mbit/s 自适应及 1 000 Mbit/s 网卡。图 4-18 所示为两种不同速率的网卡。

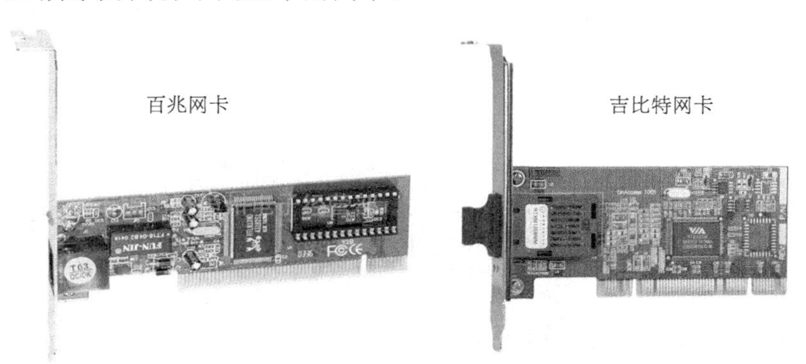

图 4-18　百兆网卡和吉比特网卡

（2）按接口类型分类

网卡的接口种类繁多，早期的网卡主要分 AUI 粗缆接口和 BNC 细缆接口两种，如图 4-19 所示。随着同轴电缆淡出市场，这两种接口类型的网卡也基本被淘汰。

目前网卡主要有 RJ45 接口和光纤接口两种类型，一般十兆网卡、百兆网卡用 RJ45 接口，吉比特网卡用光纤接口。

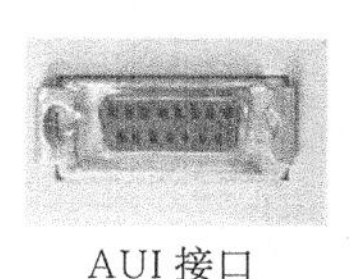

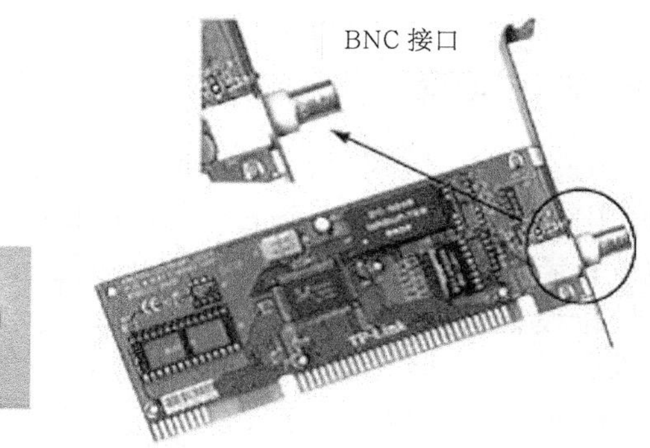

图 4-19　AUI 接口和 BNC 接口网卡

（3）按总线插口类型分类

ISA 总线网卡已经基本消失，PCI 总线网卡是现在市场上的主流，而 PCI-X 总线网卡具有更快的数据传输速率，一般应用在服务器上。一般百兆以下网卡采用 PCI 总线网卡，吉比特网卡采用 PCI-X 总线网卡。

USB 网卡一般是外置式的，具有支持热插拔和不占用计算机扩展槽的优点，安装更为方便。这类网卡主要为了满足没有内置网卡的笔记本电脑用户。目前常用的是 USB 2.0 标准的网卡，传输速率可达 480 Mbit/s，如图 4-20 所示。

PCMCIA 接口网卡用于笔记本电脑，如图 4-21 所示。

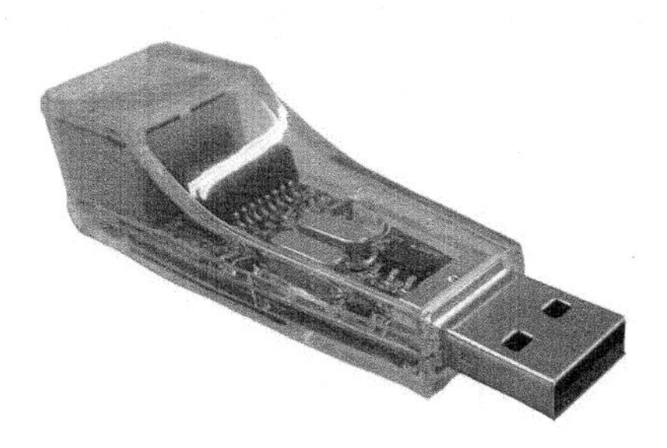

图 4-20　USB 网卡

图 4-21　PCMCIA 接口网卡

在无线网络中，计算机使用的是无线网卡，如图 4-22 所示。

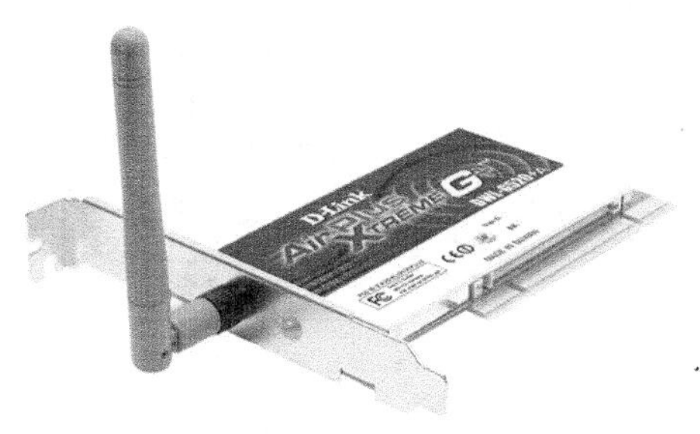

图 4-22　无线网卡

一般来讲，每块网卡都具有 1 个以上的 LED 指示灯，用来表示网卡的不同工作状态，以方便用户查看网卡是否工作正常。典型的 LED 指示灯有 Link/Act、Full、Power 等，Link/Act 表示连接活动状态；Full 表示是否全双工（Full Duplex）；Power 表示电源指示。

（二）配置网卡的 IP 地址

计算机若想连接到局域网上，必须拥有正确的 IP 地址，也就是为网卡定义 IP 地址。若局域网中使用的是 DHCP（动态主机配置协议），则计算机每次启动时都能够自动获得动态的 IP 地址；若使用的是静态地址，则必须进行设置。下面以 Windows 7 操作系统为例，说明 IP 地址设置过程。

【任务要求】

设置 IP 地址为“192.168.0.100”、子网掩码为“255.255.255.0”、默认网关为“192.168.0.1”、首选 DNS 服务器为“192.168.0.10”。

【操作步骤】

（1）在计算机桌面上，鼠标右键单击【网络】图标，在弹出的快捷菜单中选择【属性】命令，打开【网络和共享中心】窗口，如图 4-23 所示。

在【本地连接】图标上出现叉号时，说明当前网卡没有连接网线，这不影响 IP 地址的设置。设置好以后，连接上网线，该叉号就会自动消失。

（2）单击【更改适配器设置】项，出现【网络连接】对话框，其中包含一个【本地连接】图标。

（3）用鼠标右键单击【本地连接】图标，在弹出的快捷菜单中选择【属性】命令，弹出【本地连接 属性】对话框，如图 4-24 所示。

图 4-23 【网络和共享中心】窗口

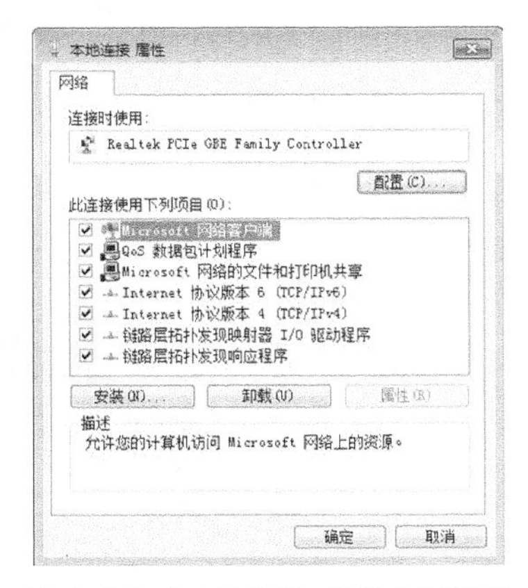

图 4-24 【本地连接 属性】对话框

（4）点击选择【Internet 协议版本 4（TCP/IPv4）】，然后单击 属性(R) 按钮，弹出【Internet 协议版本 4（TCP/IPv4）属性】对话框，如图 4-25 所示。

（5）点选【使用下面的 IP 地址】单选项，并在各文本框中输入对应的数值，如图 4-26 所示。

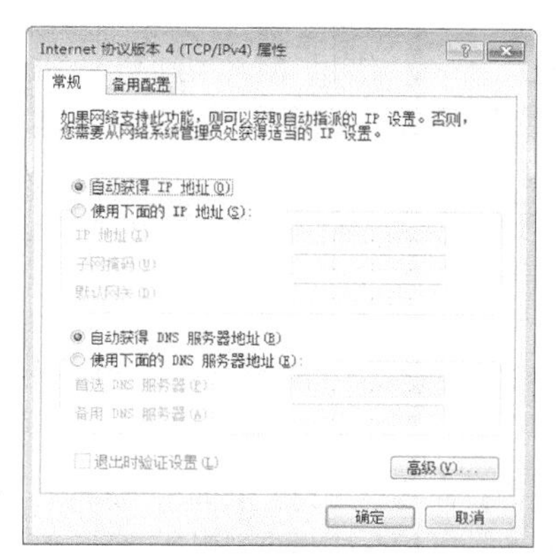

图 4-25 【Internet 协议版本 4（TCP/IPv4）属性】对话框

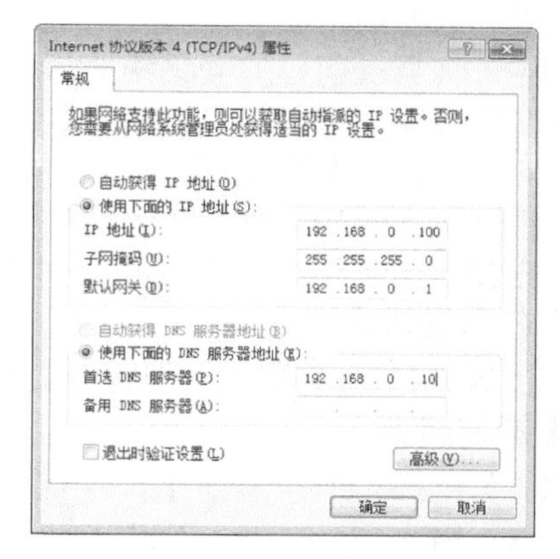

图 4-26 设置 IP 地址

默认网关是指计算机连接因特网所经过的 ISP 计算机。本机在本网段之外的所有通信都必须由默认网关转发出去。如果把一个局域网比作一栋大楼，则楼门就是网关。局域网内部的访问就是在楼内进行串门，不需要经过网关（楼门），但是若要访问其他网络（不同的楼），就必须经由楼门离开。

（6）单击【确定】按钮，关闭对话框。计算机的 IP 地址设置完成。

（7）为网卡连上网线，现在计算机可以顺利访问局域网了。

子网掩码有时候也用位数来表示，如 IP 地址为“192.168.0.100”、子网掩码为“255.255.255.0”，则可以表示为“192.168.0.100/24”，表示该 IP 地址的子网掩码为 24 bit。因为子网掩码也是用 4 段 8 bit（共 32 bit）来表示，所以 24 bit 掩码表示其前 3 段均为“255”，最后 1 段为“0”。

（三）查看网卡的 MAC 地址

MAC（Media Access Control，介质访问控制）地址也称为物理地址（Physical Address），是内置在网卡中的一组代码，由 12 个十六进制数组成，每个十六进制数的长度为 4 bit，总长为 48 bit。每两个十六进制数之间用冒号隔开，如“08:00:20:0A:8C:6D”。其中前 6 个十六进制数“08:00:20”代表网络硬件制造商的编号，它由 IEEE 分配，后 6 个十六进制数“0A:8C:6D”代表该制造商所制造的某个网络产品（如网卡）的系列号。每个网络制造商必须确保它所制造的每个以太网设备都具有相同的前 3 个字节（每个字节包含两个十六进制数）及不同的后 3 个字节。这样，从理论上讲，MAC 地址的数量可高达 2^{48} 个，这样就可保证世界上每个以太网设备都具有唯一的 MAC 地址。

对于 MAC 地址的作用，可简单地归结为以下两个方面。

（1）网络通信基础

网络中的数据以数据包的形式进行传输，每个数据包又被分拆成很多帧，用以在各网络设备之间进行数据转发。在每个帧的帧头中包含了源 MAC 地址、目标 MAC 地址和数据包中的通信协议类型。在数据转发的过程中，帧会根据帧头中保存的目标 MAC 地址自动将数据帧转发至对应的网络设备中。由此可见，如果没有 MAC 地址，数据在网络中根本无法传输，局域网也就失去了存在的意义。

（2）保障网络安全

网络安全目前已成为网络管理中最热门的关键词之一。借助 MAC 地址的唯一性和不易修改的特性，可以将具有 MAC 地址绑定功能的交换机端口与网卡的 MAC 地址绑定。这样可以使某个交换机端口只允许被拥有特定 MAC 地址的网卡访问，而拒绝被其他 MAC 地址的网卡访问。这种安全措施对小区宽带、校园网和无线网络尤其适合。另外，将 MAC 地址跟 IP 地址绑定可以有效防止 IP 地址的盗用问题。

【任务要求】

以 Windows 7 操作系统为例，说明如何查看网卡的 MAC 地址。

【操作步骤】

（1）选择【所有程序】/【附件】/【命令提示符】命令，打开【命令提示符】窗口。

（2）输入“ipconfig /all”命令并按 Enter 键，则窗口中出现本机的地址信息，如图 4-27 所示。

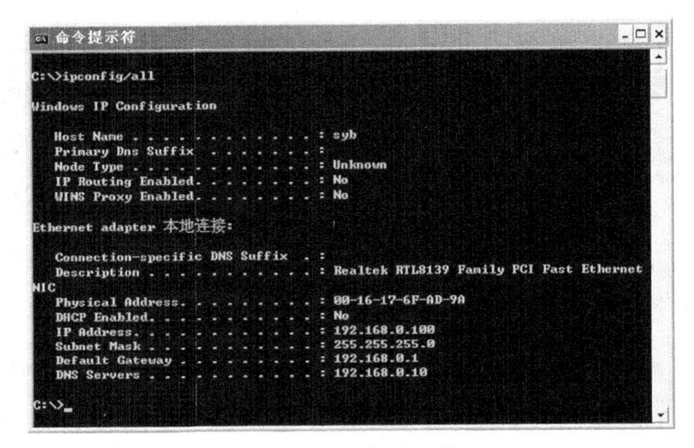

图 4-27　本机的地址信息

其中包含的信息如下。

- Description：网卡型号。
- Physical Address：网卡的 MAC 地址。
- IP Address：网卡 IP 地址。
- Subnet Mask：子网掩码。
- Default Gateway：默认网关。
- DNS Servers：DNS 服务器的 IP 地址。

任务三　认识交换机

交换机（Switch）是一种用于电信号转发的信息设备，是局域网中最重要的网络设备之一。其英文原意为“开关”，用于电话线路的人工接续与分拆。随着电子技术的发展，电话交换机实现了自动化的电路接续。在网络应用中，交换设备用于实现信息的接入、整形、汇集与转发等基本网络通信功能。

（一）集线器

集线器（Hub）与网卡、网线等传输设备一样，属于局域网中的基础设备，如图 4-28 所示。集线器在 OSI 参考模型中属于物理层，英文“Hub”是“交汇点”的意思。

集线器的主要功能是对接收到的信号进行再生、整形和放大，以扩大网络的传输距离，同时把所有节点集中在以它为中心的节点上。集线器与中继器是同类型设备，其区别仅在于集线器能够提供更多的端口服务，所以集线器又叫多口中继器，它最初是为优化网络布线结构、简化网络管理而设计的，主要用于小型局域网的连接。

集线器属于纯硬件网络底层设备，不具有“记忆”和“学习”的能力。它发送数据时没有针对性，采用广播方式发送。也就是说当它要向某端口发送数据时，不是直接把数据发送到目的端口，而是把数据包发送到集线器的所有端口，如图 4-29 所示。

图 4-28　集线器

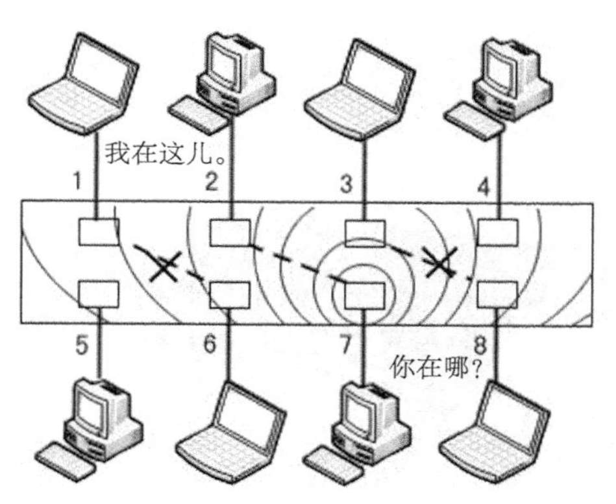

图 4-29　广播方式数据传输

这种广播发送数据方式的不足之处如下。

- 用户数据包向所有节点发送，很可能致使数据通信不安全，一些别有用心的人很容易就能非法截获他人的数据包。
- 所有数据包向所有节点同时发送，再加上以上介绍的共享带宽方式，就更可能造成网络阻塞，降低网络执行效率。
- 集线器在同一时刻每一个端口只能进行一个方向的数据通信，而不能像交换机那样进行双向双工传输，网络执行效率低，不能满足较大型网络通信需求。

随着交换机价格的不断下降，集线器仅有的价格优势已不再明显，集线器的市场越来越小，目前已经基本被市场所淘汰。

（二）交换机的特点与分类

集线器的共享介质传输、单工数据操作和广播发送数据方式等特性，决定了其无法满足用户对速度和性能上更高的要求。因此，一种功能更强的集线设备——交换机（Switch）得到广泛应用。交换机完全克服了集线器的种种不足，成为局域网中最基础也最重要的网络设备。在网络中心、办公室甚至家庭中，到处都可以看到交换机的身影。它在提升网络性能、扩大网络应用等方面具有重要的作用。

交换机是集线器的升级换代产品，从外观上看与集线器相似，都是带有多个端口的长方形盒状体，如图 4-30 所示。

交换机是按照通信两端传输信息的需要，用人工或设备自动完成的方法，把要传输的信息送到符合要求的相应路由上的技术统称。广义的交换机就是一种在通信系统中完成信息交换功能的设备。

1. 交换机的主要特点

- 从 OSI 体系结构上来看，交换机属于数据链路层上的设备，它不仅对数据的传输起到同步、放大和整形作用，而且还能在数据传输过程中过滤短帧和碎片等，不会出现数据包丢弃、传送延时等现象，保证了数据传输的正确性。

- 从工作方式上来看，交换机检测到某一端口发来的数据包，根据其目标 MAC 地址，查找交换机内部的“端口-地址”表，找到对应的目标端口，打开源端口到目标端口之间的数据通道，将数据包发送到对应的目标端口上，如图 4-31 所示。当不同的源端口向不同的目标端口发送信息时，交换机就可以同时互不影响地传送这些信息包，并防止传输碰撞，隔离冲突域，有效地抑制广播风暴，提高网络的实际吞吐量。

图 4-30　交换机

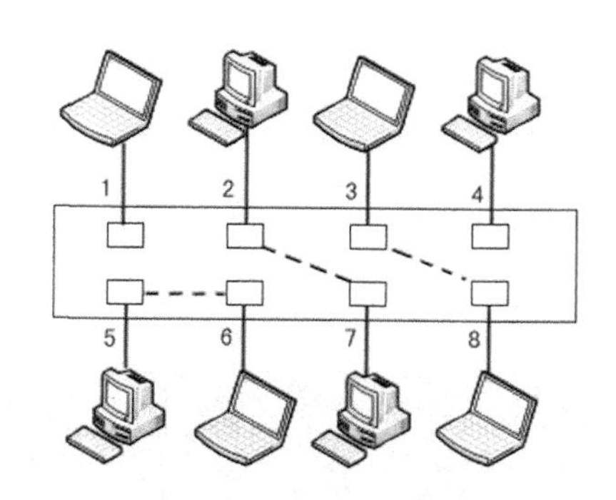

图 4-31　交换方式数据传输

- 从带宽上来看，交换机上每个端口都独占带宽，对 12 个 10 Mbit/s 端口的交换机，总带宽为 12×10=120 Mbit/s。同时交换机还支持全双工通信。
- 交换机上的每个端口属于一个冲突域，不同的端口属于不同的冲突域，交换机上所有的端口属于同一个广播域。
- 从维护角度上来看，交换机的维护比较简单。通过交换机上的指示灯就能确定哪些端口上的计算机网卡或网线有故障，并予以排除。

2. 交换机的分类

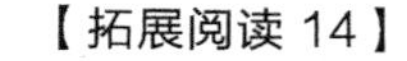

【拓展阅读 14】

交换机的分类

由于交换机具有许多优越性，所以它的应用和发展非常迅速，出现了各种类型的交换机，以满足各种不同应用环境的需求。

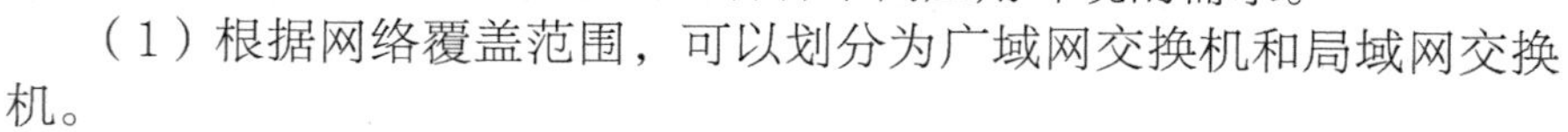

（1）根据网络覆盖范围，可以划分为广域网交换机和局域网交换机。

（2）根据传输介质和传输速度，可以划分为以太网交换机、快速以太网交换机、吉比特以太网交换机、十吉比特以太网交换机和 ATM 交换机等。

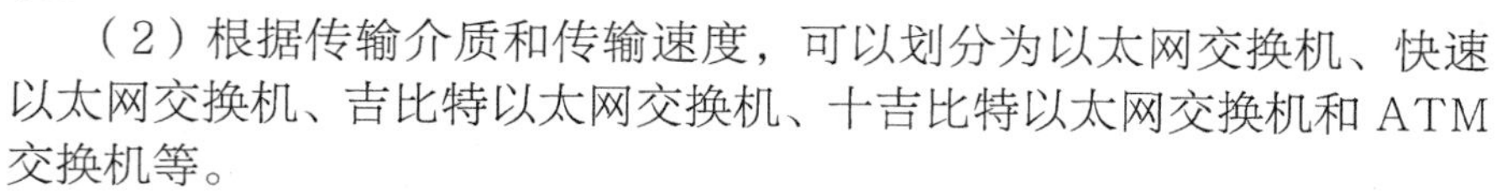

（3）根据应用层次，可以划分为企业级交换机（如图 4-32 所示）、部门级交换机（如图 4-33 所示）、工作组交换机和桌面型交换机等。

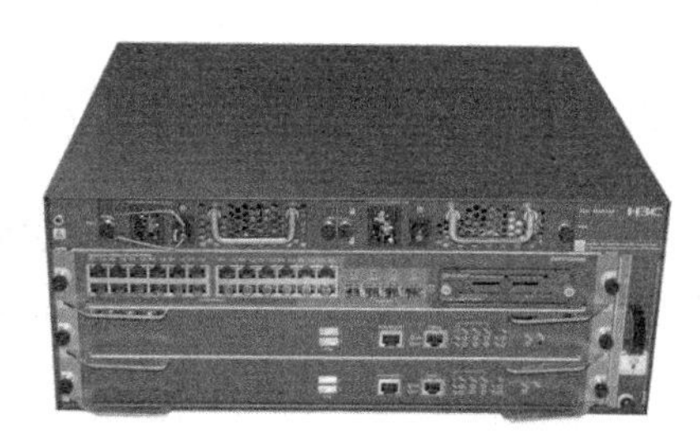

图 4-32　企业级交换机

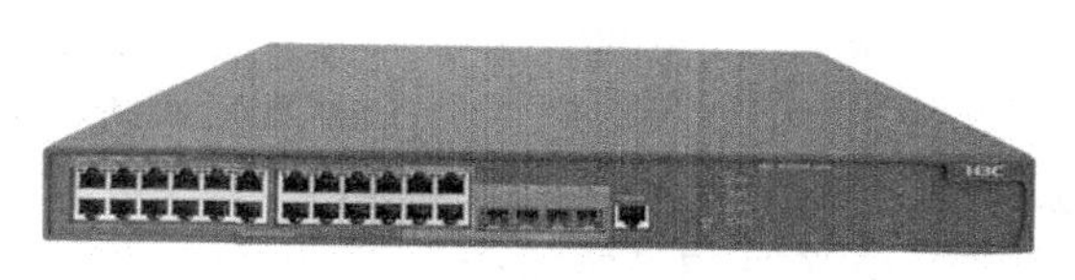

图 4-33　部门级交换机

（4）按交换机的端口结构，可以划分为固定式交换机和模块化交换机。

模块化交换机在价格上要比固定端口交换机贵很多，但拥有更大的灵活性和可扩充性，用户可任意选择不同数量、不同速率和不同接口类型的模块，以适应千变万化的网络需求，模块化交换机所使用的模块如图 4-34 所示。

一般来说，企业级交换机和骨干交换机应考虑其扩充性、兼容性和排错性，因此，应当选用模块化交换机。工作组交换机由于任务较为单一，可采用简单明了的固定式交换机。

RJ45 模块

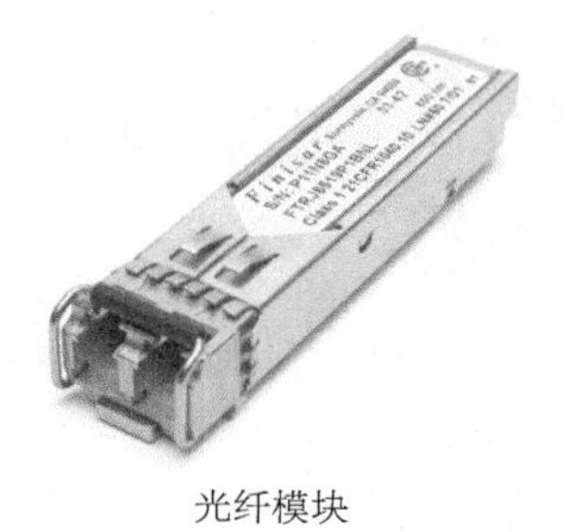

光纤模块

图 4-34　模块化交换机

（三）理解交换机的工作原理

交换机在数据通信中完成两个基本的操作，一是构造和维护 MAC 地址表；二是交换数据帧。下面介绍这两个操作的原理。

1. 构造和维护 MAC 地址表

在交换机中，有一个 MAC 地址表，记录着主机 MAC 地址和该主机所连接的交换机端口号之间的对应关系。MAC 地址表由交换机通过动态自学习的方法构造和维护。

【任务要求】

举例说明交换机是如何生成交换地址表的。

【操作步骤】

（1）交换机在重新启动或手工清除 MAC 地址表后，MAC 地址表中没有任何 MAC 地址的记录，如图 4-35 所示。

（2）假设主机 A 向主机 C 发送数据包，因为现在 MAC 地址表为空，所以端口 E0 将从数据包中提取源 MAC 地址，将此 MAC 地址记录到 MAC 地址表中，同时向其他所有的端口发送此数据包，如果某一主机接收到此数据包，它将提取目标 MAC 地址，并与自己网卡的 MAC 地址进行比较，如果相等，则接收此数据包；否则丢弃此数据包，如图 4-36 所示。

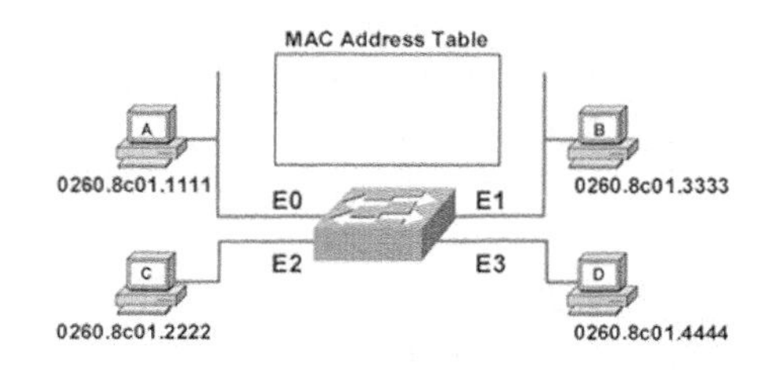

图 4-35　MAC 地址表为空

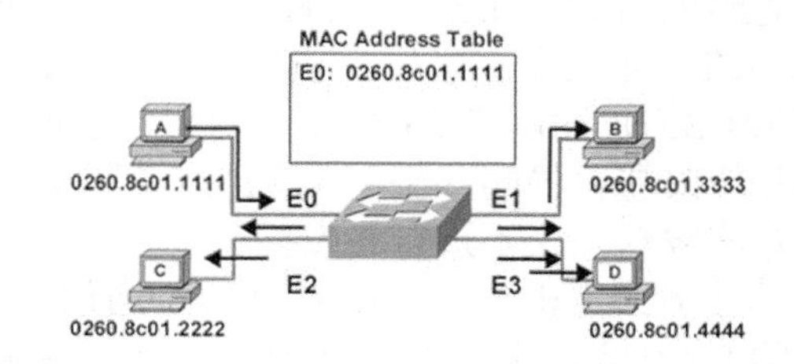

图 4-36　从接收到的数据帧中学习源 MAC 地址

（3）如果主机 A、B、C、D 都已经向其他主机发送数据包，则 MAC 地址表将会有 4 条记录，如图 4-37 所示。

（4）现在假设主机 A 向主机 C 发送数据包，交换机会提取数据包的目的 MAC 地址，通过查找 MAC 地址表，发现有一条记录的 MAC 地址与目的 MAC 地址相等，而且知道此目的 MAC 地址所对应的端口为 E2，此时 E0 端口会将数据包直接转发到 E2 端口，如图 4-38 所示。

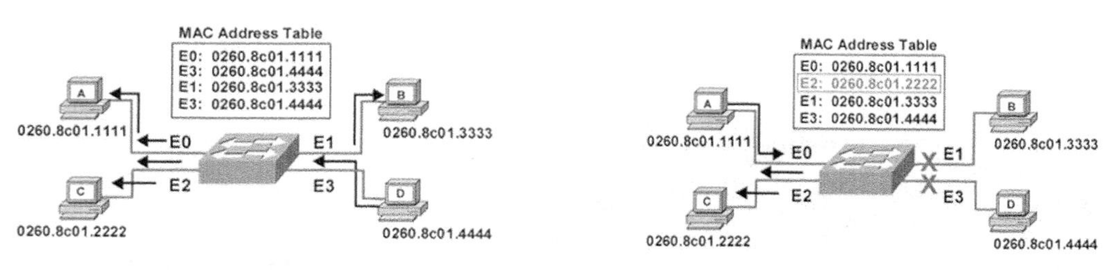

图 4-37　MAC 地址表学习完毕

图 4-38　查找已有的 MAC 地址表项

在交换地址表项中有一个时间标记，用以指示该表项存储的时间周期。当地址表项被使用或被查找时，表项的时间标记会被更新。如果在一定的时间范围内地址表项仍然没有被引用，此地址表项就会被移走。因此，交换地址表中所维护的是最有效和最精确的 MAC 地址与端口之间的对应关系。

2. 交换数据帧

交换机在转发数据帧时，遵循以下规则。

- 如果数据帧的目的 MAC 地址是广播地址或者组播地址，则向交换机所有端口（除源端口）转发。
- 如果数据帧的目的 MAC 地址是单播地址，但这个 MAC 地址并不在交换机的地址表中，则向所有端口（除源端口）转发。
- 如果数据帧的目的 MAC 地址在交换机的地址表中，则打开源端口与目标端口之间的数据通道，把数据帧转发到目标端口上。
- 如果数据帧的目的 MAC 地址与数据帧的源 MAC 地址在一个网段（同一个端口）上，则丢弃此数据帧，不发生交换。

【任务要求】

举例说明交换机的数据帧交换过程。

【操作步骤】

（1）当主机 1 发送广播帧时，交换机从 E1 端口接收到目的 MAC 地址为“ffff.ffff.ffff”的数据帧，则向 E2、E3 和 E4 端口转发该数据帧。

（2）当主机 1 与主机 3 通信时，交换机从 E1 端口接收到目的 MAC 地址为“0011.2FD6.3333”的数据帧，查找交换地址表后发现“0011.2FD6.3333”不在表中，因此交换机向 E2、E3 和 E4 端口转发该数据帧。

（3）当主机 4 与主机 5 通信时，交换机从 E4 端口接收到目的 MAC 地址为“0011.2FD6.5555”的数据帧，查找交换地址表后发现“0011.2FD6.5555”位于 E4 端口，即源端口与目的端口相同（E4），说明主机 4、主机 5 处于同一个网段内，则交换机直接丢弃该数据帧，不进行转发。

（4）当主机 1 再次与主机 3 通信时，交换机从 E1 端口接收到目的 MAC 地址为“0011.2FD6.3333”的数据帧，查找交换地址表后发现“0011.2FD6.3333”位于 E3 端口，交换机打开源端口 E1 与目标端口 E3 之间的数据通道，把数据帧转发到目标端口 E3 上，这样主机 3 即可接收到该数据帧。

（5）当主机 1 与主机 3 通信时，主机 2 也向主机 4 发送数据，交换机同时打开端口

E1 与 E3、E2 与 E4 之间的数据通道，建立两条互不影响的链路，同时转发数据帧。只不过到 E4 时，要向此网段所有主机广播，所以主机 5 也侦听到，但不接收。

一旦传输完毕，相应的链路也随之被拆除。整个数据帧交换过程如图 4-39 所示。

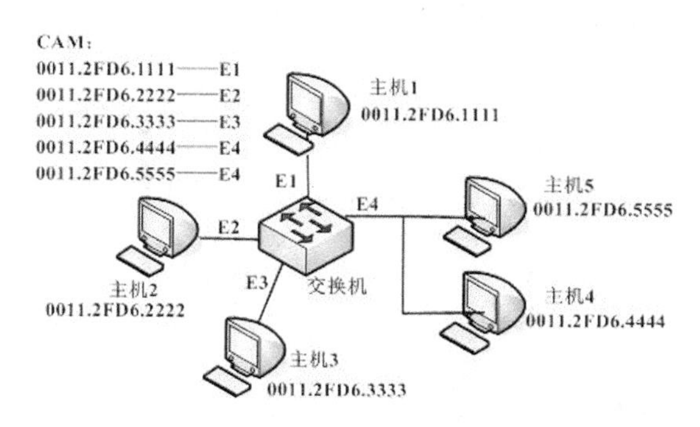

图 4-39　数据帧交换过程

3. 帧交换技术

目前应用最广的交换技术是以太网帧交换技术，它通过对传输介质进行分段，提供并行传送机制，减小冲突域，获得高带宽。常用的帧交换方式有以下两种。

（1）直通交换方式

当交换机在输入端口检测到一个数据帧时，检查该数据帧的帧头，读出帧的前 14 个字节（7 个字节的前导码、1 个字节的帧首码、6 个字节的目标 MAC 地址），得到目标 MAC 地址后，查找交换地址表，得到对应的目标端口，打开源端口与目标端口之间的数据通道，开始将后续数据帧传输到目标端口上。

直通交换方式的优点如下。

- 由于不需要存储，所以延迟时间非常短、交换速度快。

直通交换方式的缺点如下。

- 不支持不同速率的端口交换。
- 缺乏帧的控制、差错校验，数据的可靠性不足。

（2）存储转发方式

存储转发方式是计算机网络领域应用最为广泛的方式。交换机先从输入端口接收到完整的数据帧（串行接收），把数据帧存储起来（并行存储），再把整个帧保存在该端口的高速缓存中。进行一次数据校验，若数据帧错误，则丢弃此帧，要求重发；若数据帧正确，则取出目标 MAC 地址，查找交换地址表，得到对应的目标端口，打开源端口与目标端口之间的数据通道，将存储的数据帧传输到目标端口的高速缓存上，再“由并到串”输出到目标计算机中，进行第二次数据校验。

存储转发方式的优点如下。

- 支持不同速率端口间的转换，保持高速端口和低速端口间协同工作。
- 交换机对接收到的数据帧进行错误检测，保证了数据的可靠性，在线路传输差错率大的环境下，能提高传输效率。

存储转发方式的缺点如下。

- 数据帧处理的时延长，要经过串到并、校验、并到串的过程。

（四）交换机的应用

交换机是一个灵活的网络设备，一般用于构造星型网络拓扑结构，如图 4-40 所示，也可用于构造树型、环型等各种类型拓扑结构。

为增加端口数量，扩大用户使用数，在局域网环境中常常将多台交换机集中起来管理。常用的方式是交换机的级联和堆叠。级联能使多台跨距离的交换机形成互连；堆叠能将在同一机柜内的多台交换机互连而形成同一个管理单元。

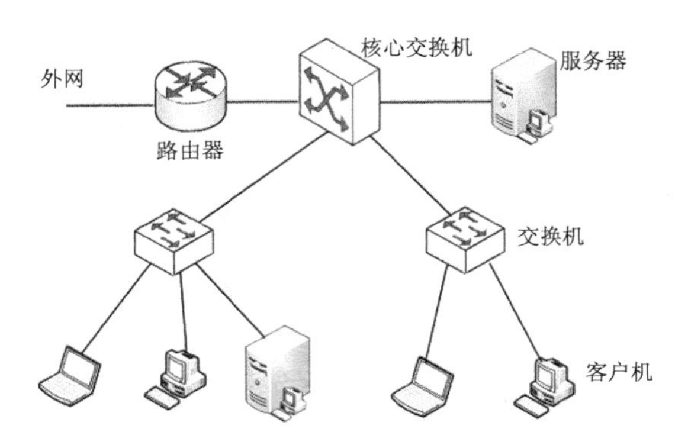

图 4-40　星型网络拓扑结构

1. 交换机级联

级联是将两台或两台以上的交换机通过一定的拓扑结构进行连接。多台交换机可以形成总线型、树型或星型的级联结构。

交换机之间级联的层数有一定限制，任意两站点之间的距离不能超过传输介质的最大跨度。在 10Base - T、100Base - TX、1 000Base - T 以太网中，级联线可达到 100 m。为确保交换机之间的中继链路具有足够的带宽，级联时可采用全双工技术和端口汇聚技术。

- 全双工技术可以使级联交换机相应端口的吞吐量和中继距离增加。
- 端口汇聚技术可以提供更高的带宽、更好的冗余度，实现负载均衡。

级联能够方便地扩充端口数量、快速延伸网络直径。

（1）双绞线端口的级联

级联既可使用普通端口也可使用特殊端口（Uplink 端口）。当两个普通端口级联时使用交叉双绞线，当普通端口与特殊端口级联时使用直通双绞线，如图 4-41 所示。目前有很多交换机的端口具有线序自适应能力，在端口上标注“Auto MDI/MDIX”表示其能够识别直通线和交叉线，自动在两种工作模式之间进行切换，以保证网络的正常连通。

（2）光纤端口的级联

光纤端口的级联主要用于骨干交换机之间、核心交换机与骨干交换机之间的连接，光纤端口没有堆叠能力，只能级联，如图 4-42 所示。

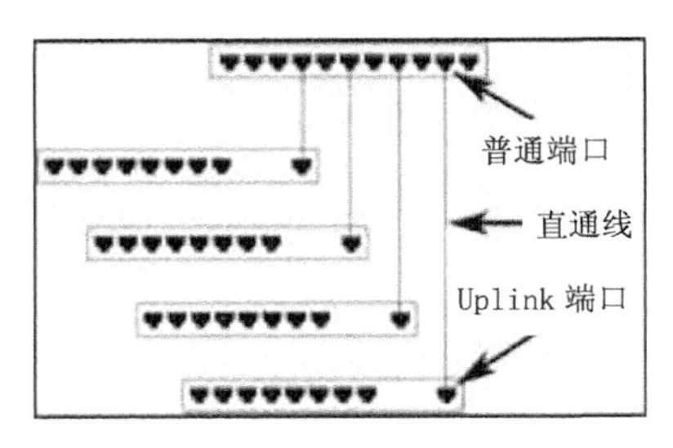

图 4-41　双绞线端口的级联

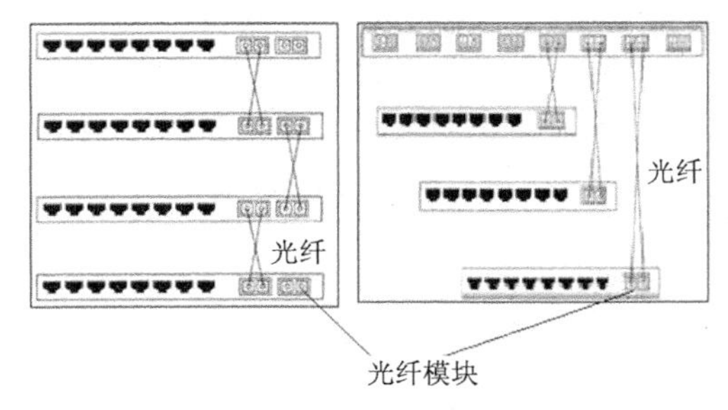

图 4-42　光纤端口的级联

所有交换机的光纤端口都是两个，分别用于接收和发送，因此，必须对应两根光纤芯线，否则端口之间将无法进行通信。当交换机通过光纤端口级联时，必须将光纤线两端的收发对调，当一端交换机连接“接收”端时，另一端交换机必须连接“发送”端。如果光纤线的两端均连接“接收”或“发送”端，则该端口的 LED 指示灯不亮，表明连接失败；当光纤端口连接正确时，LED 指示灯才转为绿色。

光纤线进行端口的级联时，要与光纤模块配套，如光纤端口为 1 000Base-SX 标准时，必须使用多模光纤，多模光纤有 62.5/125 μm 和 50/125 μm 两种类型，级联使用的光纤类型必须相同。

2. 交换机堆叠

堆叠技术是目前用于扩展交换机端口最常用的技术。具有堆叠端口的多台交换机堆叠之后，相当于一台大型模块化交换机，可作为一个对象进行管理，所有堆叠的交换机处于同一层，其中有一台管理交换机，只需赋予其一个 IP 地址，就可通过该 IP 地址进行管理，从而大大减小了管理的强度和难度，节约了管理成本。堆叠的带宽是交换机端口速率的几十倍，堆叠后多台交换机之间的带宽达到吉比特以上。

【拓展阅读 15】

交换机堆叠

堆叠需要专用的堆叠线和堆叠模块，必须使用同一品牌的交换机，不同品牌的交换机支持堆叠的层数不同。堆叠技术是一种非标准化技术，一台交换机能否支持堆叠，取决于其品牌、型号等，各个厂商之间的产品不支持混合堆叠，堆叠模式也由各厂商自行制定。

目前流行的堆叠模式有菊花链模式（如图 4-43 所示）和星型模式两种。

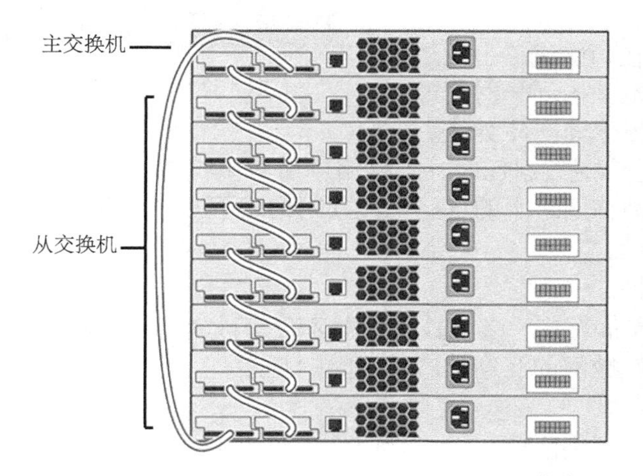

图 4-43　菊花链堆叠

3. 级联和堆叠之间的差异

堆叠可以看作是级联的一种特殊形式，两者有如下不同之处。

- 级联的交换机可以相距很远（在传输介质允许范围之内），如一组计算机离交换机较远，超过了双绞线传输的最长允许距离 100 m，则可在线路中间增加一台交换机，使这组计算机与此交换机相连。而一个堆叠单元内的多台交换机之间的距离必须很近（几米范围之内）。
- 级联一般采用普通端口，而堆叠一般采用专用的堆叠模块（专用端口）和堆叠线缆。

- 一般来说，不同厂家和不同型号的交换机可以互相级联，而堆叠则必须在可堆叠的同类型交换机（至少应该是同一厂家的交换机）之间进行。
- 级联是交换机之间的简单连接，级联线的传输速率将是网络的瓶颈。例如，两个百兆比特交换机通过一根双绞线级联，则它们的级联带宽是百兆比特。这样不同交换机之间的计算机要通信，都只能共享这百兆的带宽。堆叠使用专用的堆叠线缆，提供高于1 GB的背板带宽，堆叠的交换机的端口之间通信时，基本不会受到带宽的限制。当然，目前也有一些级联新技术产生，如链路聚合等，成倍地增加了级联的带宽。
- 级联的各设备在逻辑上是独立的，如果要管理这些设备，必须依次连接到每个设备才行。堆叠则是将各设备作为一台交换机来管理，两个24口交换机堆叠起来的效果就像是一个48口的交换机。
- 级联一般都要占用网络端口，而堆叠采用专用堆叠模块和堆叠总线，不占用网络端口。
- 级联的层数理论上没有限制，但实际上受线缆的跨距限制；堆叠由厂家的设备和型号决定了最大堆叠个数。

任务四　了解路由器

路由器是网络中进行网间互连的关键设备，工作在OSI模型的第3层（网络层），主要作用是寻找Internet之间的最佳路径，如图4-44所示。

路由器具有路由转发、防火墙和隔离广播的作用，不会转发广播帧。路由器上的每个接口属于一个广播域，不同的接口属于不同的广播域和不同的冲突域。

图4-44　路由器

- 冲突域：如果两个工作站同时在网络线路上发送数据，就会产生冲突。因此在此网络范围内同一时间最多只能有一个工作站发送数据，表明属于同一冲突域。
- 广播域：当一台主机向外发送广播数据包时，若网络中所有主机都要接收该广播数据包，并检查广播数据包的内容，则称网络上的这些主机共同构成了一个广播域。

（一）路由器的功能与分类

路由器能够真正实现网络（子网）间互连，多协议路由器不仅可以实现不同类型局域网间的互连，而且可以实现局域网与广域网的互连及广域网间的互连。

1. 路由器的主要功能

路由器的主要功能包括网络互连、网络隔离、网络管理等，如图4-45所示。

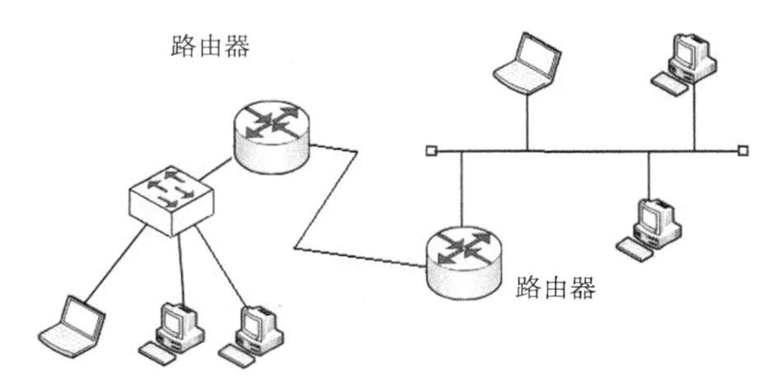

图4-45　网络互连

（1）网络互连

- 地址映射：实现网络地址（IP 地址）与子网物理地址（以太网地址）之间的映射。
- 数据转换：由于经过路由器互连的不同网络的最大传输单元（MTU）不同，因此路由器需要解决数据单元分段和重组问题。
- 路由选择：在路由器互连的各个网络间传输信息时，需要进行路由选择。每个路由器保持一个独立的路由表，路由选择协议不同，路由表项不同，选择最佳路由的规则也不同。通常对每个可能到达的目的网络，该表都给出应该送往下一个路由器的地址及到达目的主机的距离。路由表可以是静态的也可以是动态的，而且可以根据需要增删路由表项。由于各种网络拓扑结构可能发生变化，因此路由表必须及时更新，路由选择协议将定时更新时间。网络中的每个路由器按照路由协议规则动态地更新它所保持的路由表，以便保持有效的路由信息。
- 协议转换：多协议路由器可以连接不同通信协议的网络段，因此还必须完成不同的网络层协议之间的转换（例如 IP 与 IPX 之间的转换）。

（2）网络隔离

路由器不仅可以根据局域网的地址和协议类型，而且可以根据网络号、主机的网络地址、子网掩码、数据类型（如高层协议是文件传输 FTP、远程登录 Telnet 还是电子邮件 Mail）来监控、拦截和过滤信息，因此，路由器具有更强的网络隔离能力。这种隔离功能不仅可以避免广播风暴，提高整个网络的性能，更主要的是有利于提高网络的安全保密性。因为路由器连接的网络是彼此独立的子网，因此路由器可以用于将一个大网分割为若干独立子网，以便进行管理和维护。

路由器可以抑制广播报文。当路由器接收到一个寻址报文（如 ARP）时，该报文的目的地址是广播地址，路由器不会将其向全部网络广播，而是将自己的 MAC 地址发送给源主机，使之将发送报文的目标 MAC 地址直接填写为路由器该端口的 MAC 地址。这样就会有效地抑制广播报文在网络上的不必要传播。

另一方面，在路由器上可以应用防火墙技术，实现安全管理。

（3）网络管理

路由器有很强的流量控制能力，可以采用优化的路由算法来均衡网络负载，从而有效地控制拥塞，避免因拥塞引起网络性能下降。

路由器还能通过身份认证、加密传输、分组过滤等手段对路由器自身及所连网络提供安全保障；对进出网络的信息进行安全控制；同时还具有安全管理功能，包括安全审计、追踪、告警和密钥管理等。

2. 路由器的分类

（1）按性能档次划分，路由器可以划分为高、中、低档路由器，如图 4-46 所示。

通常将背板交换能力大于 40 Gbit/s 的路由器称为高档路由器，背板交换能力在 25 Gbit/s ~ 40 Gbit/s 的路由器称为中档路由器，低于 25 Gbit/s 的是低档路由器，还有一类家用路由器。当然这只是一种宏观上的划分标准，实际上路由器档次的划分有一个综合指标，而不仅仅以背板带宽为依据。

（2）按结构划分，路由器可分为模块化结构与非模块化结构。模块化结构可以灵活地配置路由器，以适应企业不断增加的业务需求；非模块化结构只能提供固定的端口。通常中高端路由器采用模块化结构，低端路由器采用非模块化结构。图 4-47 所示为模块化结构路由器。

（a）高档路由器

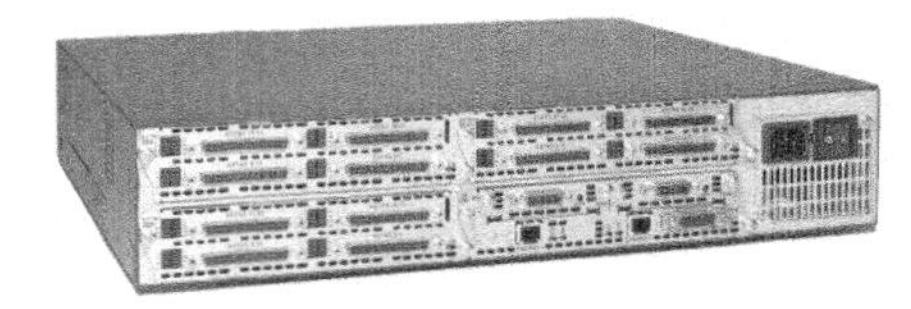

（b）中档路由器

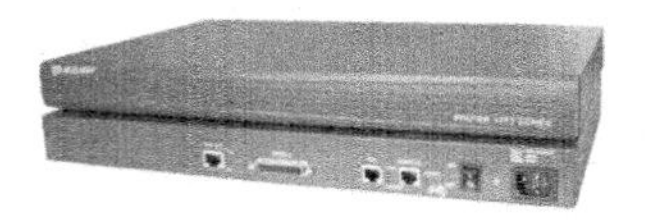

（c）低档路由器

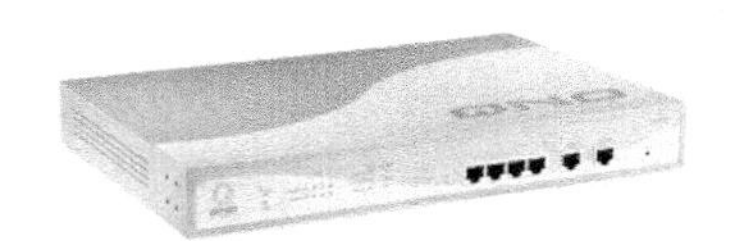

（d）家用路由器

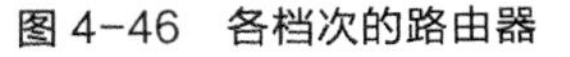

图 4-46　各档次的路由器

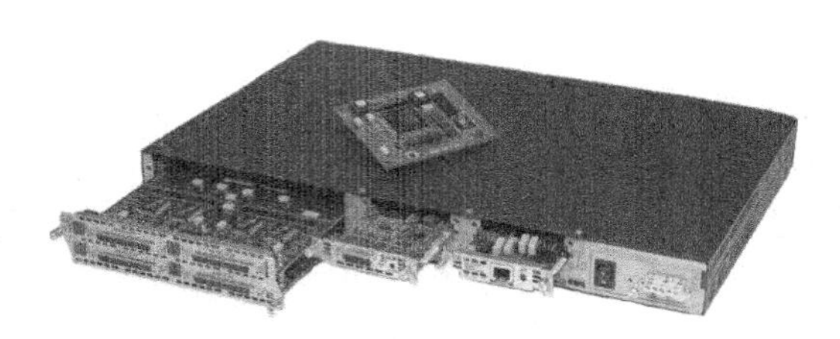

图 4-47　模块化结构路由器

（3）按功能划分，路由器可分为核心层（骨干级）路由器、分发层（企业级）路由器和访问层（接入级）路由器。

（4）按应用划分，路由器可分为通用路由器与专用路由器。一般所说的路由器都是通用路由器。专用路由器通常为实现某种特定功能而对路由器的接口或硬件等进行专门优化。例如，VPN 路由器用于为远程 VPN 访问用户提供路由，它需要在隧道处理及硬件加密等方面具备特定的能力；宽带接入路由器则强调接口带宽及种类。

（5）按所处网络位置划分，路由器可分为边界路由器和中间节点路由器两类。边界路由器处于网络边缘，用于不同网络路由器的连接；中间节点路由器处于网络中间，用于连接不同的网络，起到数据转发的桥梁作用。由于各自所处的网络位置有所不同，其主要性能也有相应的侧重。如中间节点路由器因为要面对各种各样的网络，所以如何识别这些网络中的各个节点是个重要问题，这就要靠中间节点路由器的 MAC 地址记忆功能。基于上述原因，选择中间节点路由器时就需要更加注重 MAC 地址记忆功能，也就是要选择缓存更大，MAC 地址记忆能力较强的路由器。而边界路由器由于可能要同时接收来自许多不同网络路由器发来的数据，所以要求背板带宽要足够宽，当然这也要由其所处的网络环境决定。虽然这两种路由器在性能上各有侧重，但其发挥的作用却是一样的，都起到网络路由和数据转发的功能。

（二）路由器的工作原理

路由器用于连接多个逻辑上分开的网络，逻辑网络代表一个单独的网络或子网。路由器上有多个端口，用于连接多个 IP 子网。每个端口对应一个 IP 地址，并与所连接的 IP 子网属同一个网络。各子网中的主机通过自己的网络把数据送到所连接的路由器上，再由路由器根据路由表选择到达目标子网所对应的端口，将数据转发到此端口所对应的子网上。

【任务要求】

举例说明路由器的工作原理。

路由器 R1、R2、R3 连接“10.1.0.0”“10.2.0.0”“10.3.0.0”和“10.4.0.0”4 个子网，路由器的各端口配置、主机 A、主机 B 的配置及网络拓扑结构如图 4-48 所示。

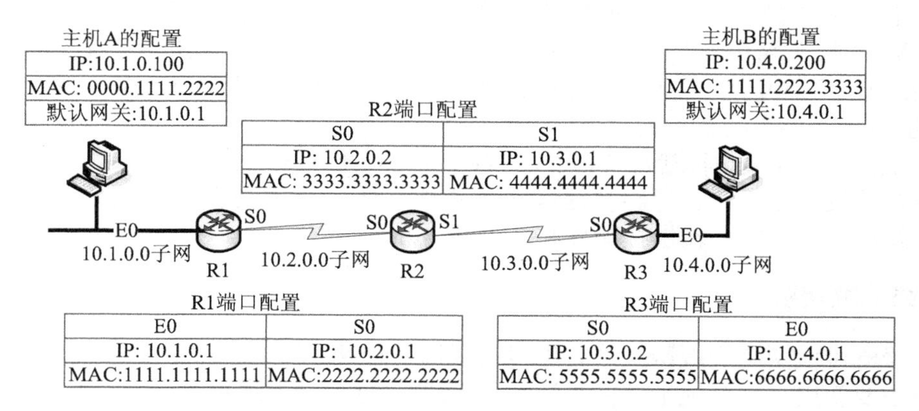

图 4-48 主机、路由器接口的 IP 地址和 MAC 地址

根据路由协议，路由器 R1、R2、R3 的路由表如图 4-49 所示。

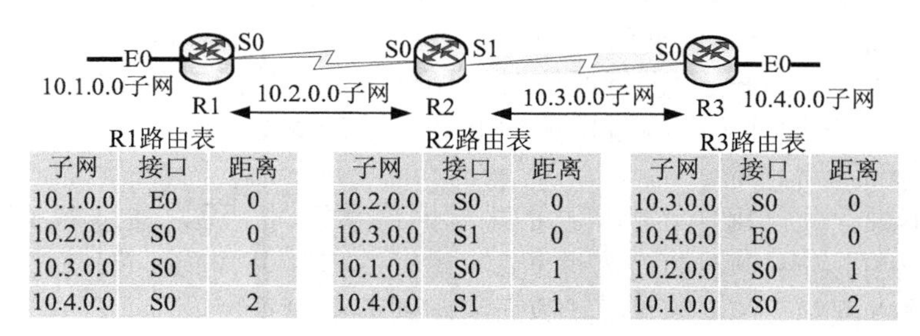

R1路由表

子网	接口	距离
10.1.0.0	E0	0
10.2.0.0	S0	0
10.3.0.0	S0	1
10.4.0.0	S0	2

R2路由表

子网	接口	距离
10.2.0.0	S0	0
10.3.0.0	S1	0
10.1.0.0	S0	1
10.4.0.0	S1	1

R3路由表

子网	接口	距离
10.3.0.0	S0	0
10.4.0.0	E0	0
10.2.0.0	S0	1
10.1.0.0	S0	2

图 4-49 路由器 R1、R2、R3 的路由表

【操作步骤】

当“10.1.0.0”网络中的主机 A 向“10.4.0.0”网络中的主机 B 发送数据时各路由器的工作情况如下。

（1）主机 A 在应用层向主机 B 发出数据流，数据流在主机 A 的传输层上被分成各个数据段，这些数据段从传输层向下进入到网络层。

（2）在网络层，主机 A 将数据段封装为数据包，将源 IP 地址“10.1.0.100”（主机 A 的 IP 地址）和目的 IP 地址“10.4.0.200”（主机 B 的 IP 地址）都封装在 IP 包头内。主机 A 将数据包下传到数据链路层上进行帧的封装。封装形成数据帧，其帧头中源 MAC 地址为“0000.1111.2222”（主机 A 的物理地址），目的 MAC 地址为“1111.1111.1111”（默认网关路由器 R1 的 E0 接口的物理地址）。将数据帧下传到物理层，通过线缆送到路由器 R1 上。

（3）数据帧到达路由器 R1 的 E0 接口后，校验并拆封，取出其中的数据包，路由器 R1 根据数据包头的目的 IP 地址“10.4.0.200”，查找自己的路由表，得知子网“10.4.0.0”要经过路由器 R1 的 S0 接口，再跳过两个路由器才能到达目标网络，从而得到转发该数据包的路径。路由器 R1 对数据包进行封装形成数据帧，其帧头中源 MAC 地址为

“2222.2222.2222”（路由器R1的S0接口的物理地址），目的MAC地址为“3333.3333.3333”（默认网关路由器R2的S0接口的物理地址）。将数据帧从路由器R1的S0接口发出去。

（4）在路由器R2和路由器R3中的处理与路由器R1相同。路由器R3接到从自己的S0接口得到的数据帧后，校验并拆封，取出其中的数据包，路由器R3根据数据包头的目的IP地址“10.4.0.200”，查找自己的路由表，得知子网“10.4.0.0”就在自己直接相连的E0接口上。路由器R3对数据包进行封装形成数据帧，其帧头中源MAC地址为“6666.6666.6666”（路由器R3的E0接口的物理地址），目的MAC地址为“1111.2222.3333”（主机B的MAC地址），这个地址是路由器R3发出一个ARP解析广播，查找主机B的MAC地址后，保存在缓存中的。

（5）主机B收到数据帧后，首先核对帧中MAC地址是否为自己的MAC地址，然后进行数据帧的校验和拆封，得到数据包交网络层处理。网络层拆卸IP包头，将数据段向上传给传输层处理。在传输层按顺序将数据段重新组成数据流。

（三）网络地址转换

路由器既可使两个局域网互连，也可将局域网连接到Internet。路由器在局域网的网络互连中主要使用其网络地址转换（NAT）功能。这个功能适用于以下场合。

（1）将局域网连接到Internet或其他外网，以解决日益短缺的IP地址问题。

每个单位能申请到的Internet IP地址非常有限，单位内部上网的计算机数量却越来越多，可利用路由器的网络地址转换功能，完成内网与外网的交互。在网络内部，可根据需要随意定义IP地址，而不需要经过申请，各计算机之间通过内部的IP地址进行通信。当内部的计算机要与Internet进行通信时，具有NAT功能的路由器负责将其内部的IP地址转换为合法的IP地址（即经过申请的Internet IP地址）与外部进行通信。

（2）隐藏内部网络结构。

当某单位不想让外部用户了解自己的内部网络结构时，可以通过NAT将内部网络与Internet隔开，使外部用户不知道通过NAT设置的内部IP地址。如果外部用户要访问内网的邮件服务器或网站，NAT可将其访问定向到某个设备上。

任务五　了解其他网络设备

除了上面介绍的主要网络设备外，还有其他一些网络设备也可能在网络组建中用到，如中继器、光纤收发器等，下面进行简单介绍。

（一）中继器

由于存在损耗，所以在线路上传输的信号功率会逐渐衰减，衰减到一定程度时将造成信号失真，从而导致接收错误。中继器就是为解决这一问题而设计的。中继器（RP repeater）是连接网络线路的一种装置，常用于两个网络节点之间物理信号的双向转发。它是最简单的一种网络互连设备，主要完成物理层的功能，负责在两个节点的物理层上按位传递信息，完成信号的复制、调整和放大功能，以此来延长网络的长度。

如图4-50所示，中继器扩展了网络的范围，使一个远程的设备或网络能够接入到某个网络中。集线器就是一种多端口的中继器。

由于在信号复制和放大的同时也会放大噪声，因此要限制网络中中继器的个数，超过这个限制，就难保证正确地接收信号了。例如在10 Mbit/s总线型以太网中，5－4－3规则指的是网络中可划分 5 个网段，可用 4 个中继器连接，最多只有 3 个网段允许连接计算机或其他设备，其他 2 个网段只是延长网络传输距离。在 100 Mbit/s 以太网中，最多可用 2 个中继器。中继器能延长网络传输距离，但由于时间的延迟，中继器不能用于连接远程网络。

通常中继器的两端连接的是相同的介质（此时的效率最高），按介质的不同有光纤、双绞线、同轴电缆等不同类型的中继器，如图 4-51 所示是一款光纤中继器，主要实现光信号在光纤与光纤介质之间的透明传输，延长光信号的传输距离。

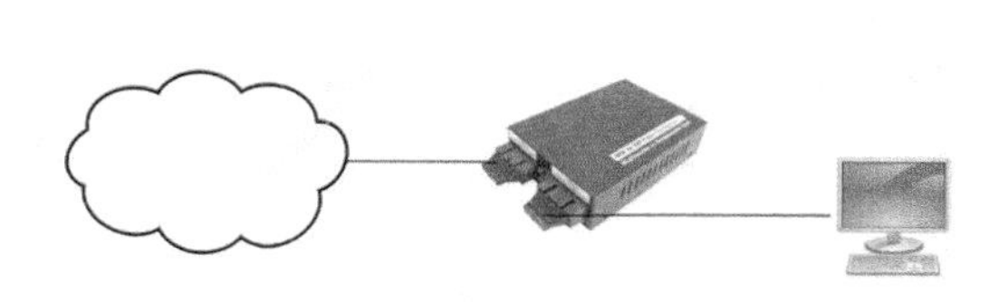

图 4-50　中继器连接示意

图 4-51　光纤中继器

不同厂家的光纤中继器（分单模或多模）所能延长的传输距离各不相同。单模中继器一般在 20 km ~ 200 km，多模中继器一般在 2 km ~ 25 km，理论上光纤中继器的个数不受限制，但在实际应用中最多能使用一个光纤中继器。

中继器所连接的网络在同一冲突域和同一广播域内。

（二）光纤收发器

光纤收发器是一种将短距离的双绞线电信号和长距离的光信号进行互换的以太网传输介质转换单元，在很多地方也被称为光电转换器。产品一般应用在以太网电缆无法覆盖，必须使用光纤来延长传输距离的实际网络环境；或某建筑内只有少量用户，不值得为交换机配备光纤模块的情况。光纤收发器简单小巧、品种齐全、价格低廉，远比交换机的光纤模块便宜，如图 4-52 所示。

光纤收发器在数据传输上打破了以太网电缆的距离局限性，依靠高性能的交换芯片和大容量的缓存，在真正实现无阻塞传输交换性能的同时，还提供了平衡流量、隔离冲突和检测差错等功能，保证了数据传输的高安全性和稳定性。

图 4-52　光纤收发器

项目实训　制作双绞线和信息插座

双绞线是局域网中最常用的网络线缆。根据应用的不同，可以分为直通线、交叉线和全反线。利用专用网线制作工具，能够方便制作各种类型的网线。

（一）认识网线制作工具

制作双绞线线缆的材料和工具包括双绞线、RJ45 接头、剥线钳、双绞线专用压线钳等。

1. RJ45 接头

RJ45 接头又称为"水晶头"，具有金属针脚和塑料卡簧，它的外表晶莹透亮。双绞线的两端必须都安装 RJ45 接头，以便插在网卡、集线器或交换机的 RJ45 端口上。图 4-53

所示为 RJ45 接头的正反面，图 4-54 所示为一段网线的 RJ45 接头，图 4-55 所示为 RJ45 接头的护套。

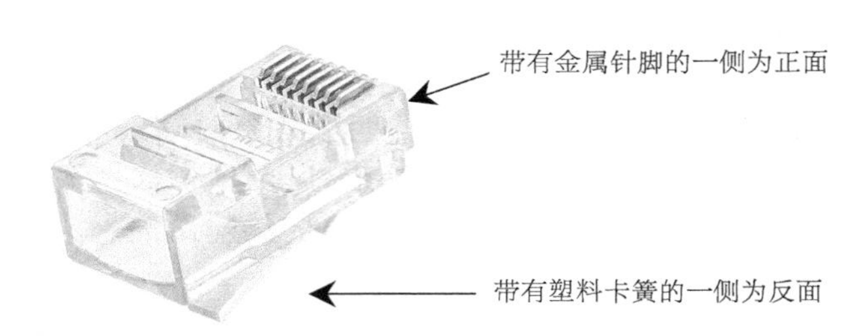

图 4-53　RJ45 接头

图 4-54　网线的 RJ45 接头

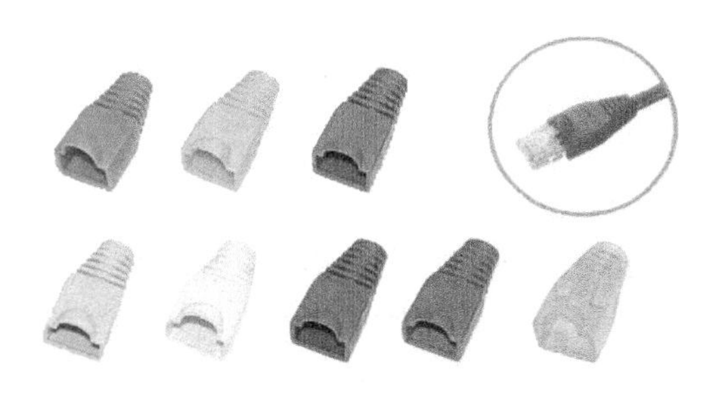

图 4-55　RJ45 接头的护套

2. 压线钳

在双绞线的制作过程中，需要有一把压线钳，如图 4-56 所示。它具有剪线、剥线和压线等 3 种用途。

在购买压线钳时一定要注意选对种类，因为压线钳针对不同的线材会有不同的规格，一定要选用双绞线专用的压线钳才可用来制作双绞以太网线。

3. 打线钳

信息插座与模块是嵌套在一起的，埋在墙中的网线通过信息模块与外部网线进行连接，墙内部的网线与信息模块的连接通过把网线的 8 条芯线按规定卡入信息模块的对应线槽中实现。线芯的卡入需要用一种专用的卡线工具，称为“打线钳”，如图 4-57 所示。它能够将芯线卡入到信息模块的金属线槽中，同时将外侧多余的芯线切断。

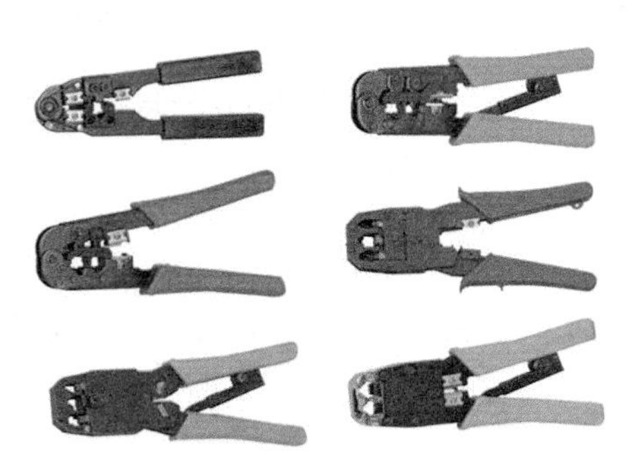

图 4-56　压线钳

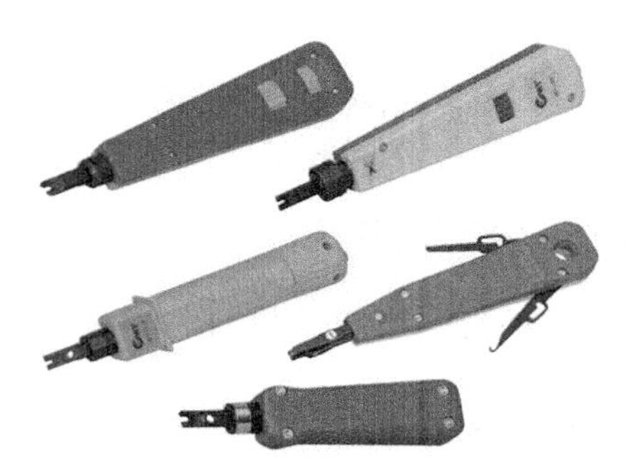

图 4-57　打线钳

4. 电缆测试仪

电缆测试仪能够对电缆或同轴电缆进行测试和故障诊断，包括对电缆串扰问题定位，测试环路损耗，测试长度、传输时延、时延差，测试衰减、衰减串扰比、远端衰减串扰比等。每一根网线做好以后，必须通过测试。电缆测试仪如图 4-58 所示。

（二）制作双绞线

制作双绞线是局域网组建最基础和最重要的环节之一。双绞线制作的好坏，对网络的传输速率和稳定性等具有很大的影响。

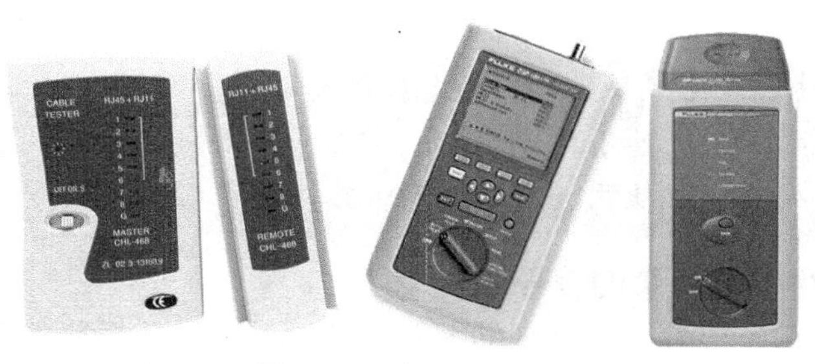

图 4-58 电缆测试仪

1. 双绞线的线序

1985 年年初，计算机工业协会（CCIA）提出对大楼布线系统标准化的倡议，美国电子工业协会（EIA）和美国电信工业协会（TIA）开始标准化制定工作。1991 年 7 月，ANSI/EIA/TIA 568 标准（以下简称 EIA/TIA568 标准）即《商业大楼电信布线标准》问世。1995 年底，EIA/TIA 568 标准正式更新为 EIA/TIA 568A。EIA/TIA 的布线标准中规定的两种双绞线的线序 568A 与 568B，如表 4-1 所示。

表 4-1 568A 与 568B 线序

双绞线线序	1	2	3	4	5	6	7	8
568A	绿白	绿	橙白	蓝	蓝白	橙	棕白	棕
568B	橙白	橙	绿白	蓝	蓝白	绿	棕白	棕

在整个网络布线中应使用同一种线序方式。实际应用中，大多数布线都使用 568B 的标准，通常认为该标准对电磁干扰的屏蔽更好。

对 568B 的线序，有一个简单的口诀便于记忆：绿蓝橙棕，白为先锋；三五交换，外皮压线。

根据网线两端连接网络设备的不同，双绞线又分为直通（Straight - through）、交叉（Cross - over）和全反（Rolled）3 种线序方式，如表 4-2 所示。

表 4-2 双绞线的线序方式

线序方式	连接方式	应用场合
直通线 （平行线）	568A-568A 568B-568B	一般用来连接两个不同类型的设备或端口，如： 计算机-集线器、计算机-交换机、集线器-集线器（UP Link 端口）、路由器-交换机、路由器-集线器、交换机-交换机（UP Link 端口）

续表

线序方式	连接方式	应用场合
交叉线	568A-568B	一般用来连接两个性质相同的设备或端口，如： 计算机-计算机、路由器-路由器、计算机-路由器、 集线器-集线器、交换机-交换机
全反线	一端的顺序是 1～8，另一端的顺序是 8～1	主要用于主机的串口和路由器（或交换机）的 Console 端口连接的 Console 线。不用于以太网的连接

10 MB 网线只需要使用双绞线的两对线收发数据，即 1（橙白）、2（橙）、3（绿白）、6（绿），其中 1、2 用于发送，3、6 用于接收；4、5，7、8 是双向线。100 MB 和 1 000 MB 网线需要使用 4 对线，即 8 根芯线全部用于传递数据。

2. RJ45 接头中 8 根针脚的编号

RJ45 接头包含了 8 根针脚，针脚的编号是有标准的。从插头的正面观察，将针脚向上，此时最左边的针脚编号为 1，最右边的针脚编号为 8，如图 4-59 所示。双绞线的 1 ~ 8 号芯线应当与 RJ45 接头的 1 ~ 8 号针脚对应连接。

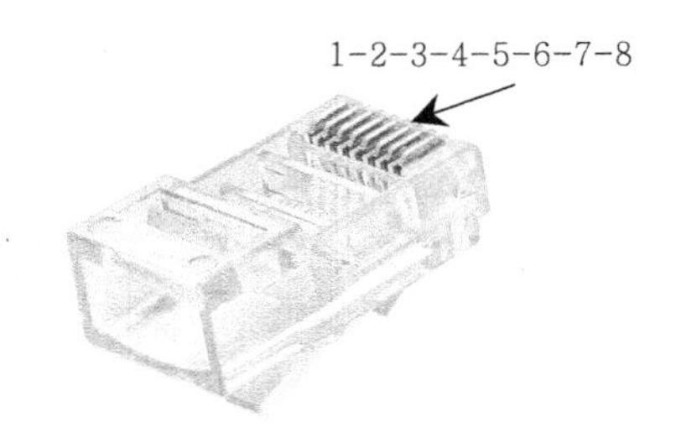

图 4-59　RJ45 接头中 8 根针脚的编号

双绞线的各芯线在电气指标上是有区别的，因此若双绞线两端没有按照标准线序排列，即使做好线后用测线仪测试通过，其传输速率也会大大降低。

【任务要求】

制作双绞线。

【操作步骤】

（1）准备好五类线、RJ45 接头和一把专用的压线钳。

（2）将 RJ45 接头的护套穿入双绞线。

（3）用压线钳的剥线刀口将五类线的外保护套管划开（注意不要将里面的双绞线的绝缘层划破），刀口距五类线的端头至少间距 2 cm。

（4）将划开的外保护套管剥去（旋转、向外抽），露出五类线电缆中的 4 对双绞线，如图 4-60 所示。

（5）按照 EIA/TIA 568B 标准，将 8 根芯线平坦整齐地平行排列，导线间不留空隙，如图 4-61 所示。

（6）将上步操作的双绞线小心插入压线钳刀口中，用压线钳的剪线刀口将 8 根导线整齐地截断，如图 4-62 所示。

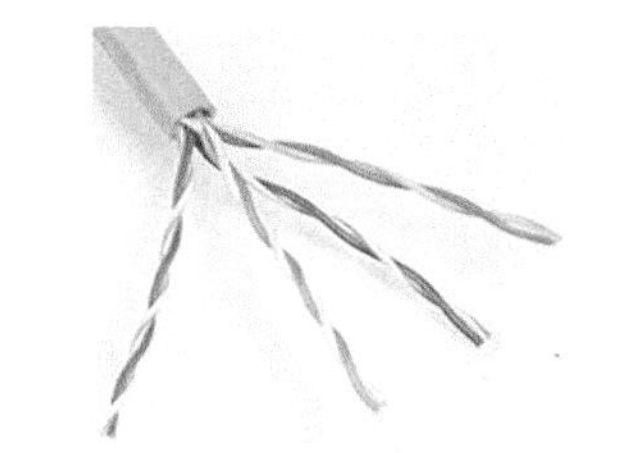

图 4-60　剥线

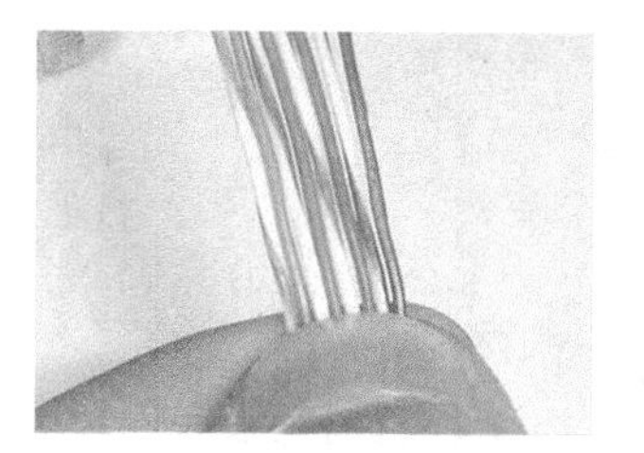

图 4-61　排线

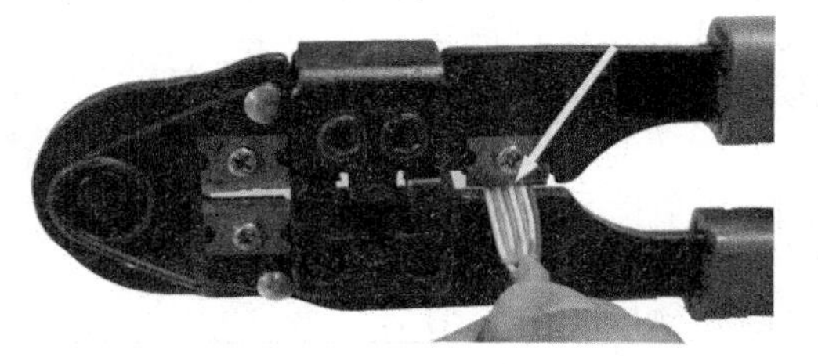

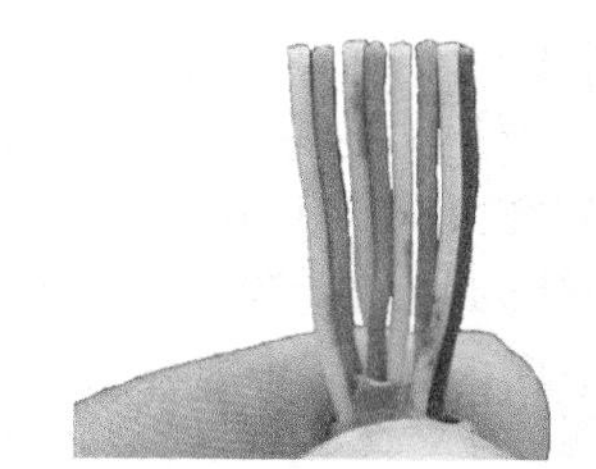

图 4-62　截线

（7）使 RJ45 接头正面面向操作者，缓缓地用力把 8 条线缆同时沿 RJ45 接头内的 8 个线槽插入，一直插到线槽的顶端，电缆线的外保护层最后应能够在 RJ45 接头内的凹陷处被压实，反复进行调整直到插入牢固，如图 4-63 所示。

（8）将 RJ45 接头放入压线钳的压头槽内，如图 4-64 所示。

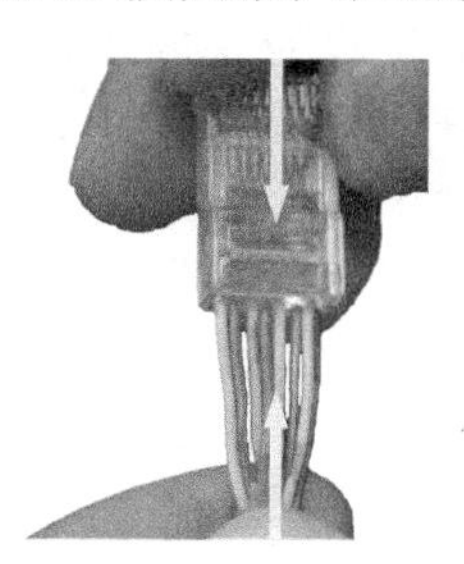

图 4-63　装线

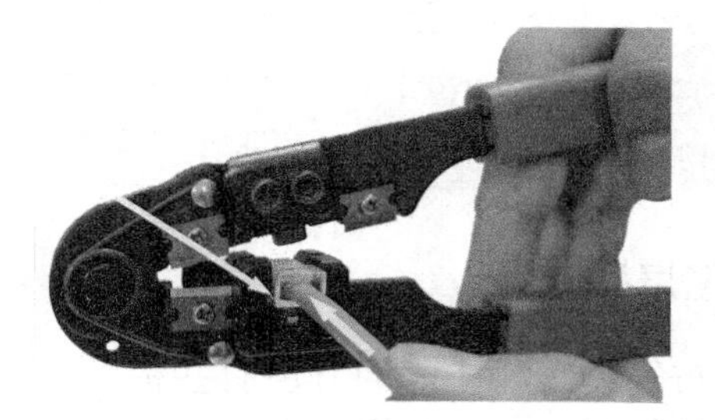

图 4-64　将 RJ45 接头放入压线钳

（9）紧握压线钳的手柄，用力压紧，如图 4-65 所示。在这一步骤完成后，插头的 8 个针脚接触点就穿过导线的绝缘外层，分别和 8 根导线紧紧地压接在一起了。

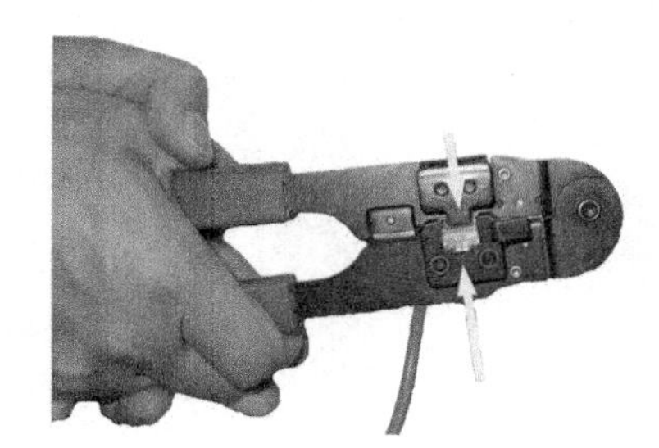

图 4-65　压紧

（10）制作好的双绞线 RJ45 接头如图 4-66 所示。

（11）按照同样的方法，制作双绞线的另一个 RJ45 接头。完成后的整根网线如图 4-67 所示。

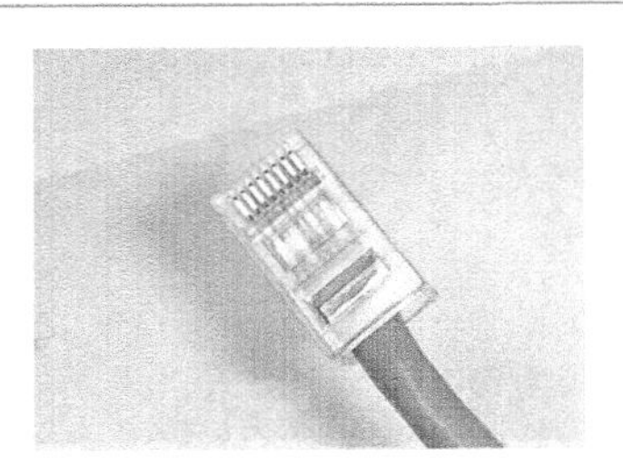

图 4-66　制作好的双绞线 RJ45 接头

图 4-67　完整的网线

（12）制作好网线后，可以借助网线测试仪来进行测试。把网线的两个 RJ45 接头分别插入测试仪的两个端口，打开测试仪开关，如图 4-68 所示。

- 若线缆为直通线缆，则测试仪上的 8 个指示灯应该依次闪烁绿灯。
- 若线缆为交叉线缆，其中一侧同样是依次闪烁，但另一侧则会按 3、6、1、4、5、2、7、8 这样的顺序闪烁。
- 如果出现红灯或黄灯闪烁的现象，说明存在接触不良等问题，此时最好先用压线钳压制两端水晶头一次，再测，如果故障依旧存在，就需要检查芯线的排列顺序是否正确了。如果芯线顺序错误，应重新制作。

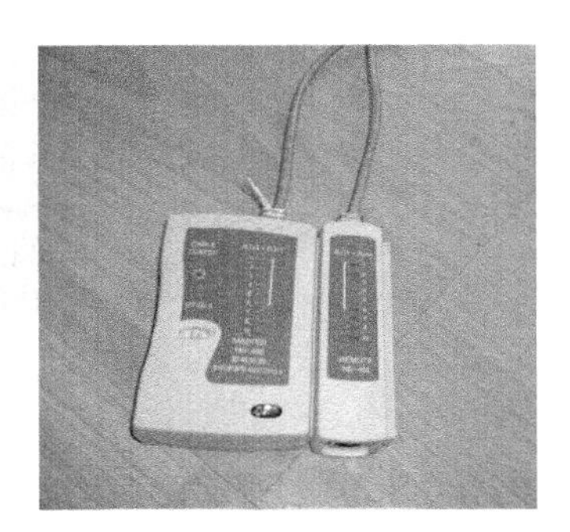

图 4-68　测试网线

双绞线接头处未缠绞部分长度不得超过 13 mm；基本链路的物理长度不超过 94 m（包括测试仪表的测试电缆）；双绞线电缆的物理长度不超过 90 m（理论值为 100 m）。

（三）制作信息插座

网络的布线和电线布线的方法有些相同，都是装在地板或墙壁中，经过 PVC 管在墙壁或地板某处伸出，然后使用信息插座来实现与终端用户的连接。

信息插座属于一个中间连接器，可以安装在墙面或桌面上，如图 4-69 所示。当房间中的计算机设备要连接网络时，只需使用一条直通网线插入信息插座即可。信息插座有单口、多口等类型，使用起来灵活方便、整洁美观。

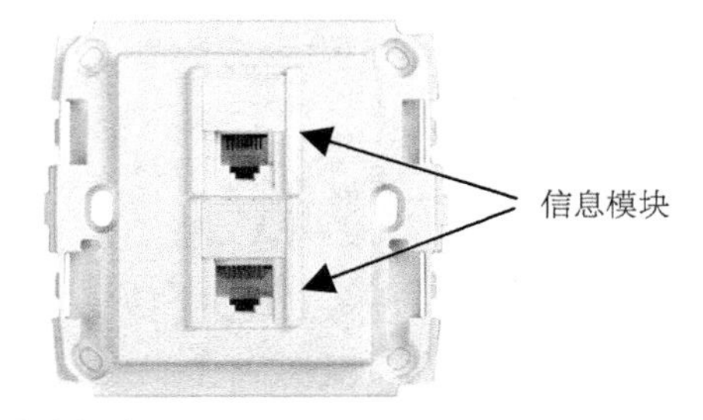

图 4-69　信息插座

与信息插座配套的是信息模块。信息模块安装在信息插座中，通过它把从交换机引出的网线与工作站端的网线（已安装好水晶头）相连。一般信息模块中都会用色标标注 8 个卡线槽所对应芯线的颜色，如图 4-70 所示。

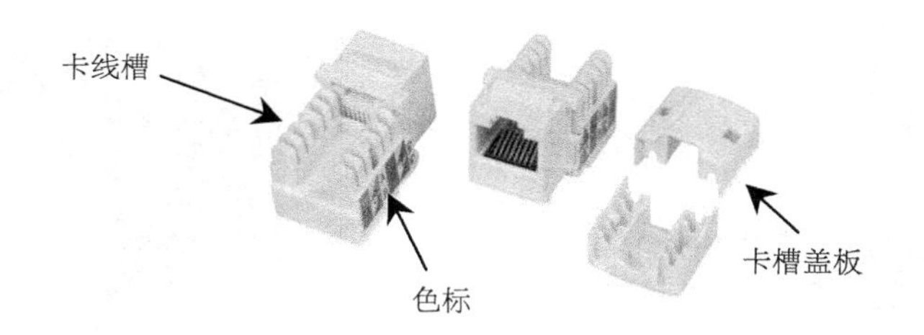

图 4-70 信息模块

通常情况下，信息模块上会同时标记有 TIA 568A 和 TIA 568B 两种芯线颜色线序，应当根据布线设计时的规定，与其他连接设备采用相同的线序。

【任务要求】

制作信息插座。

【操作步骤】

（1）准备好相应的材料，如图 4-71 所示。

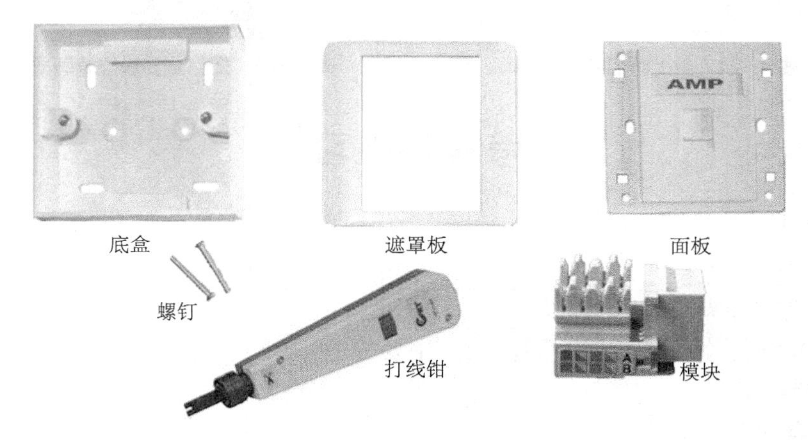

图 4-71 制作信息插座的材料

（2）通过综合布线把网线固定在墙面线槽中，将制作模块一端的网线从底盒的穿线孔中引出。

（3）在引出端用剥线工具剥除一段 4 cm 左右的网线外皮。

（4）将网线中各芯线拨开，按照信息模块上所指示的芯线颜色线序，两手平拉将芯线拉直，稍稍用力将芯线一一置入相应的卡线槽内，如图 4-72 所示。

（5）用打线钳把芯线压入卡线槽中，压入时用力均匀，以确保接触良好，如图 4-73 所示。压紧的同时将多余的线头切除。注意，打线钳刀头上的切线口应放在外侧。

（6）将信息模块的塑料防尘片沿缺口穿入双绞线，并固定于信息模块上，如图 4-74 所示。

（7）把制作好的信息模块安装到面板的卡口中，如图 4-75 所示。至此，信息插座制作完成。

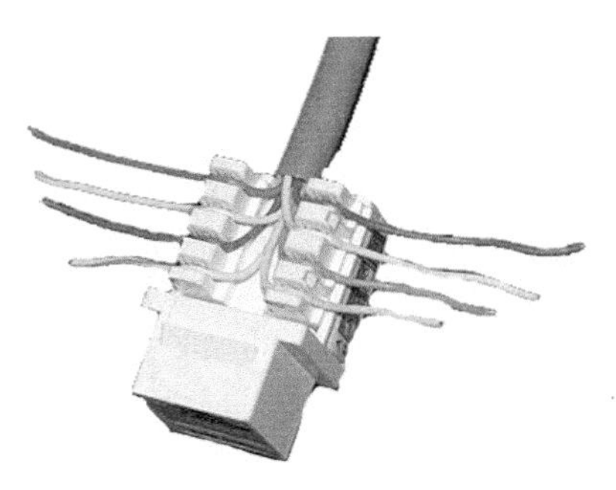

图4-72　将芯线置入相应的卡线槽内

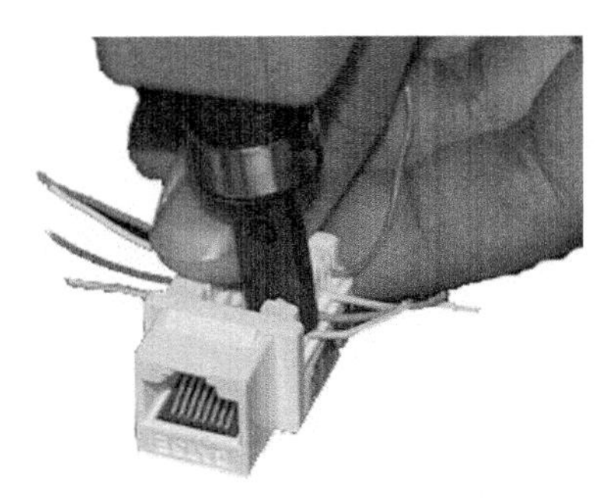

图4-73　用打线钳把芯线压入卡线槽中

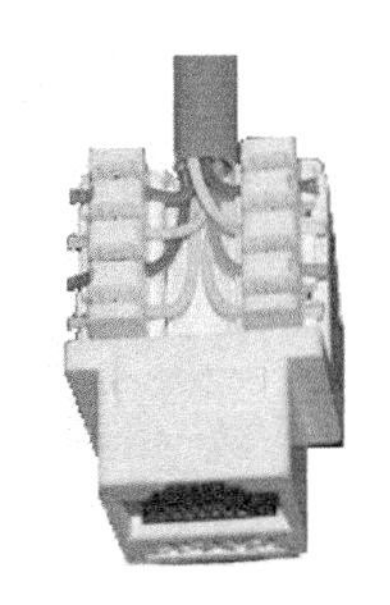

图4-74　盖上防尘片

图4-75　把信息模块安装到面板卡口上

思考与练习

一、填空题

1. 网卡通常可以按________、________和________方式分类。
2. 双绞线可分为________和________。
3. 根据光纤传输点模数的不同，光纤主要分为________和________两种类型。
4. 双绞线是由________对________芯线组成的。
5. 集线器在OSI参考模型中属于________设备，而交换机是________设备。
6. 交换机上的每个端口属于一个________域，不同的端口属于不同的冲突域，交换机上所有的端口属于同一个________域。
7. 路由器上的每个接口属于一个________域，不同的接口属于________的广播域和________的冲突域。
8. 压线钳具有________、________和________ 3种用途。
9. EIA/TIA的布线标准中规定了两种双绞线的线序________与________，其中最常使用的是________。
10. 根据网线两端连接网络设备的不同，双绞线又分为________、________和________ 3种接头类型。

二、选择题

1. 下列不属于网卡接口类型的是________。

   A. RJ45　　B. BNC　　C. AUI　　D. PCI

2. 下列不属于传输介质的是________。

   A. 双绞线　　B. 光纤　　C. 声波　　D. 电磁波

3. 下列属于交换机优于集线器的选项是________。
   A. 端口数量多　　B. 体积大
   C. 灵敏度高　　D. 交换传输
4. 当两个不同类型的网络彼此相连时，必须使用的设备是________。
   A. 交换机　　B. 路由器　　C. 收发器　　D. 中继器
5. 下列________不是路由器的主要功能。
   A. 网络互连　　B. 隔离广播风暴　　C. 均衡网络负载　　D. 增大网络流量

三、判断题

1. 路由器和交换机都可以实现不同类型局域网间的互连。（　　）
2. 卫星通信是微波通信的特殊形式。（　　）
3. 同轴电缆是目前局域网的主要传输介质。（　　）
4. 局域网内不能使用光纤作传输介质。（　　）
5. 交换机可以代替集线器使用。（　　）
6. 红外信号每一次反射都要衰减，但能够穿透墙壁和一些其他固体。（　　）
7. 在交换机中，如果数据帧的目的 MAC 地址是单播地址，但这个 MAC 地址并不在交换机的地址表中，则向所有端口（除源端口）转发。（　　）
8. 在 10 Mbit/s 总线型以太网中，根据 5－4－3 规则，可用 5 个中继器设备来扩展网络。（　　）
9. 双绞线的线芯总共有 4 对 8 芯，通常只用其中的两对。（　　）
10. 制作信息模块时网线的卡入需要一种专用的卡线工具，称为剥线钳。（　　）
11. RJ45 插座必须安装在墙壁上或不易碰到的地方，插座距离地面 50 cm 以上。（　　）

四、简答题

1. 简述光纤和光缆的基本结构。
2. 简述网卡 MAC 地址的含义和功用。
3. 简要说明路由器的工作原理。
4. 什么是网络地址转换？在网络互连中有什么作用？
5. 在双绞线制作中并没有把每根芯线上的绝缘外皮剥掉，为什么这样仍然可以连通网络？

PART05

项目五

局域网技术基础

本项目主要包括以下几个任务。

■ 任务一　了解局域网协议标准

■ 任务二　认识以太网

■ 任务三　认识无线局域网

学习目标：

■ 了解局域网协议、以太网和令牌网的标准。

■ 认识传统的以太网、高速网和交换式以太网。

■ 了解无线局域网的特点、协议和结构。

■ 通过实训了解多层交换技术的原理。

■ 理解VLAN的概念。

■ 局域网（Local Area Network，LAN）是最常见、应用最广的一种网络形式。随着整个计算机网络技术的发展和提高，局域网得到了充分的应用和普及，几乎每个单位都有自己的局域网，甚至有的家庭中都有自己的小型局域网。人们经常见到的局域网有网吧局域网、办公室局域网、校园网、酒店局域网、企业内网等。

任务一　了解局域网协议标准

局域网是与我们生活联系非常紧密的一种网络，例如网吧、办公室网络、校园网等，都属于局域网的范畴。

美国电气电子工程师协会（IEEE）对局域网的定义为：局域网中的数据通信被限制在几米至几千米的地理范围内，能够使用具有中等或较高传输速率的物理信道，并且具有较低的误码率。局域网是专用的，由单一组织机构所使用。

这一定义确定了局域网在地理范围、经营管理规模和数据传输等方面的主要特征。局域网在计算机数量配置上没有太多的限制，少的可以只有两台，多的可达几千台。

其实，对于现代的网络，已经很难进行严格的定义，只能从各种网络所提供的功能和本身特点来定性地讨论。在理解局域网时应注意把握如下要点。

- 局域网是一个专用的通信网络。
- 局域网的地理范围相对较小。
- 局域网与外部网络的接口（网关）只有一个。

局域网的最基本目的是：为连接在网络上的所有计算机或其他设备之间提供一条传输速率较高、价格较低廉的通信信道，从而实现相互通信及资源共享。局域网的主要特点如图 5-1 所示。

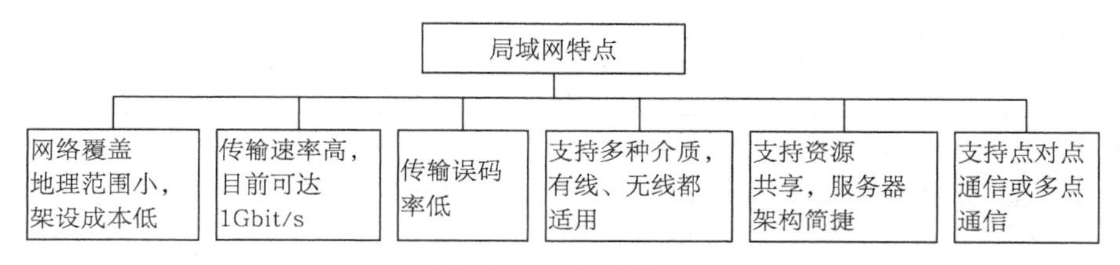

图 5-1　局域网的特点

（一）局域网协议

IEEE 于 1980 年 2 月成立了局域网标准委员会（简称 IEEE 802 委员会），专门从事局域网的标准化工作，并制定了 IEEE 802 标准。IEEE 802 标准所描述的局域网参考模型与 OSI 参考模型的关系如图 5-2 所示。IEEE 802 参考模型只对应 OSI 参考模型的数据链路层与物理层，它将数据链路层划分为逻辑链路控制（Logical Link Control，LLC）子层与介质访问控制（Media Access Control，MAC）子层。

IEEE 802 委员会为局域网制定了一系列标准，统称为 IEEE 802 标准。这些标准列举如下。

- IEEE 802.1 标准：局域网体系结构、网络互连，网络管理与性能测试等。
- IEEE 802.2 标准：定义了 LLC 子层的功能与服务。
- IEEE 802.3 标准：定义了 CSMA/CD 总线 MAC 子层与物理层规范。
- IEEE 802.4 标准：定义了令牌总线（Token Bus）MAC 子层与物理层规范。
- IEEE 802.5 标准：定义了令牌环（Token Ring）MAC 子层与物理层规范。
- IEEE 802.6 标准：定义了城域网 MAN MAC 子层与物理层规范。
- IEEE 802.7 标准：定义了宽带技术规范。
- IEEE 802.8 标准：定义了光纤技术规范。

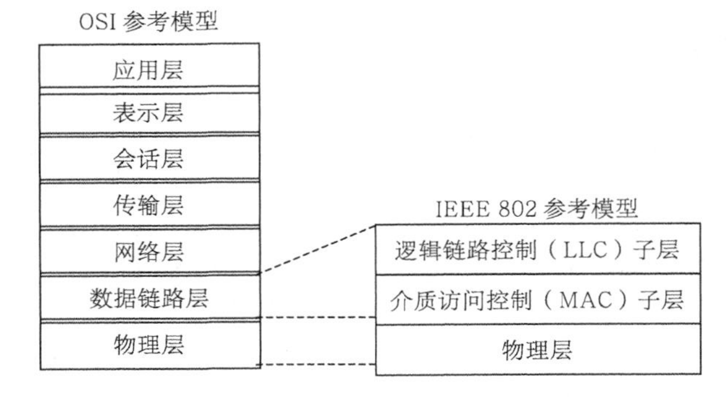

图 5-2　IEEE 802 参考模型与 OSI 参考模型的对应关系

- IEEE 802.9 标准：定义了综合语音与数据局域网技术规范。
- IEEE 802.10 标准：定义了可互操作的局域网安全性规范。
- IEEE 802.11 标准：定义了无线局域网技术规范。

IEEE 802 标准之间的关系如图 5-3 所示。

图 5-3　IEEE 802 标准之间的关系

局域网从介质访问控制方法的角度可以分为两类：共享介质局域网与交换式局域网。IEEE 802.2 标准定义的共享介质局域网有三类：采用 CSMA/CD 介质访问控制方法的总线型局域网、采用 Token Bus 介质访问控制方法的总线型局域网与采用 Token Ring 介质访问控制方法的环型局域网。其中第一种类型使用的较为普遍，这就是 IEEE 802.3 标准。

（二）以太网标准

IEEE 802.3 标准定义了基带总线以太网（Ethernet）。Ethernet 的核心技术是它的随机争用型介质访问控制方法，即带有冲突检测的载波侦听多路访问（Carrier Sense Multiple Access with Collision Detection，CSMA/CD）方法。

以太网最大的特性在于信号是以广播的方式在介质中传播的，如图 5-4 所示。

在图 5-4 所示的网络中，当计算机 A 向计算机 B 发送数据时，送出的信号并不会自动流向计算机 B，而会通过传输介质（或称媒体，总线结构中为同轴电缆）广播传输到 B、C、D 这 3 台计算机。广播所到达的范围称为广播域。计算机 C 和计算机 D 将数据复制下来后，检查此数据是否是发给自己的，不是，则放弃，只有计算机 B 将接收数据。

如果两个信号源同时向目标机器发送数据信号，这时，两个信号会交织在一起，使得信号的意义无法识别，这就是冲突。如图 5-5 所示，假设计算机 A 要向计算机 B 发送数据，与此同时，计算机 C 也要将数据传送给计算机 D，这时两个数据信号就会交织在一起，产生冲突。

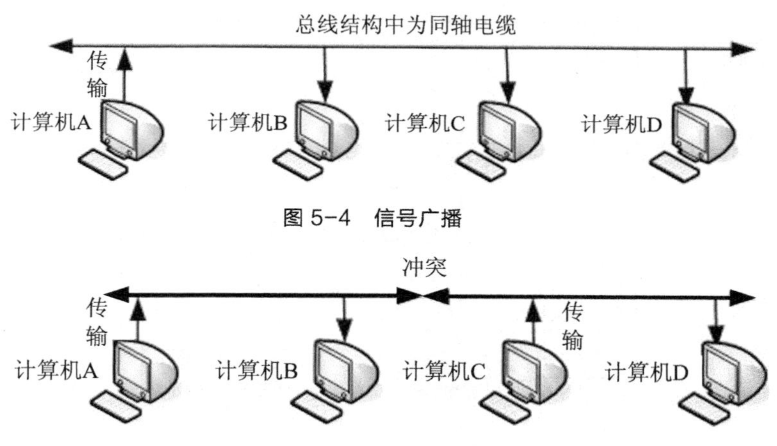

图 5-4 信号广播

图 5-5 碰撞（冲突）

为了避免冲突，同一传输媒体中的某个时刻只能有一个设备在传输数据，这需要使用一种协议来管理、协调各计算机对媒体的使用，这就是 CSMA/CD 方法。

CSMA/CD 方法用来解决多节点共享公用总线传输介质的问题。在 Ethernet 中，任何连网节点都没有可预约的发送时间，它们的发送都是随机的，并且网中不存在集中控制的节点，网中节点都必须平等地争用发送时间，这种介质访问控制属于随机争用型方法。IEEE 802.3 标准是在 Ethernet 规范的基础上制定的。

在 Ethernet 中，如果一个节点要发送数据，它将以“广播”方式把数据通过作为公共传输介质的总线发送出去，连在总线上的所有节点都能“收听”到发送节点发送的数据信号。由于网络中的所有节点都可以利用总线传输介质发送数据，并且网中没有控制中心，因此冲突的发生是不可避免的。为了有效地实现分布式多节点访问公共传输介质的控制策略，CSMA/CD 的发送流程可以简单地概括为“先听后发，边发边听，冲突停止，随机重发”。CSMA/CD 的工作过程如图 5-6 所示。

在采用 CSMA/CD 介质访问控制方法的总线型局域网中，每一个节点利用总线发送数据时，首先要侦听总线的忙、闲状态。如果总线上已经有数据信号传输，则为总线忙；如果总线上没有数据传输，则为总线空闲。如果一个节点准备好了要发送的数据帧，并且此时总线空闲，它就可以启动发送。同时也存在着一种可能，那就是在几乎相同的时刻有两个或两个以上节点发送了数据，那么就会产生冲突，因此节点在发送数据的同时应该进行冲突检测。

所谓冲突检测，是指发送节点在发送数据的同时也接收数据，然后将其发送的信号波形与从总线上接收到的信号波形进行比较。如果总线上同时出现两个或两个以上的发送信号，它们叠加后的信号波形将不等于任何节点发送的信号波形。当发送节点发现自己发送的信号波形与从总线上接收到的信号波形不一致时，表示总线上有多个节点在同时发送数据，冲突已经产生。如果在发送数据过程中没有检测出冲突，节点在发送结束后进入正常结束状态；如果在发送数据过程中检测出冲突，为了解决信道争用冲突，节点停止发送数据，并发送一个强化冲突信号，然后按照某种算法随机延迟一段时间后再重新进入发送程序。因此，Ethernet 中任何一个节点发送数据都要首先争取总线使用权，那么，节点从它准备发送数据到成功发送数据的发送等待延迟时间是不确定的。CSMA/CD 介质访问控制方法可以有效地控制多节点对共享总线传输介质的访问，方法简单，易于实现。

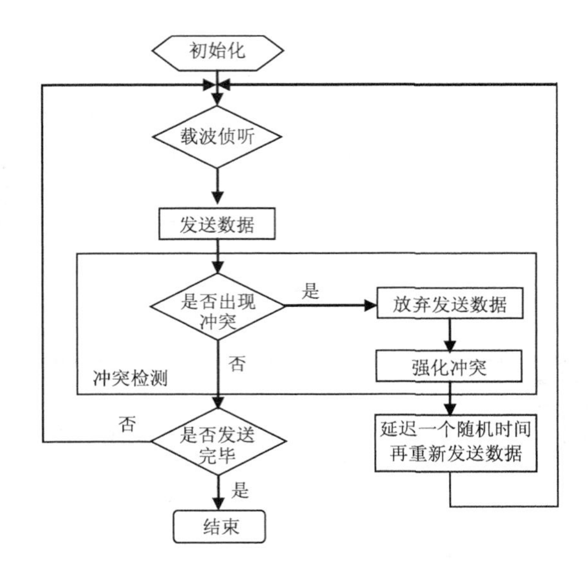

图 5-6　CSMA/CD 的工作过程

以太是古希腊哲学家亚里士多德所设想的一种神秘物质，认为它充斥在整个自然界。现代虽然已经基本否定了以太的存在，但是以太所代表的哲学思想和物理概念仍然具有积极的意义。因此，局域网的最初发明者罗伯特·梅特卡夫选择用“以太”（ether）描述这一网络的特征：物理介质（比如电缆）将比特流传输到各个站点，就像以太那样连接整个世界。

（三）令牌网标准

所谓令牌网，是指利用“令牌”（Token）作为控制节点访问公共传输介质的确定型介质访问控制方法。令牌是一种包含控制信息的帧，它始终在共享介质上传输，当无帧发送时，令牌为空闲状态，所有的站点都可以俘获令牌，只有当站点获得空闲令牌后，才将令牌设置成忙状态，并发送数据。数据随令牌至目的站点后，目的站点将数据复制，令牌继续环行返回到发送站点，这时发送站点才将俘获的令牌释放，令牌重新成为空闲状态。

IEEE 802.4 和 802.5 标准分别定义了令牌总线（Token Bus）和令牌环网（Token Ring）的访问控制方法及物理规范。图 5-7 和图 5-8 分别说明了两种令牌网的基本工作过程。

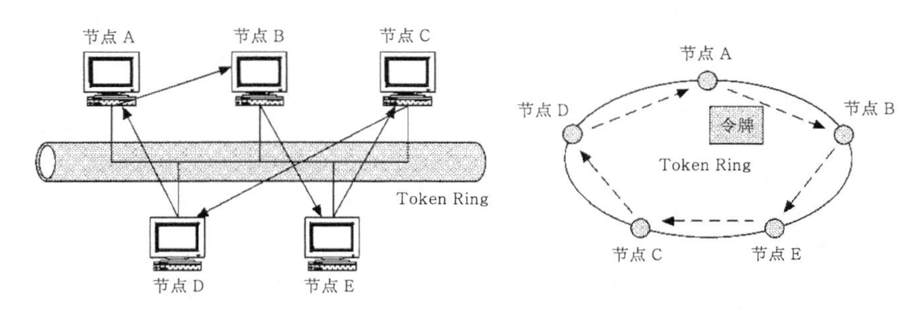

图 5-7　令牌总线的基本工作原理

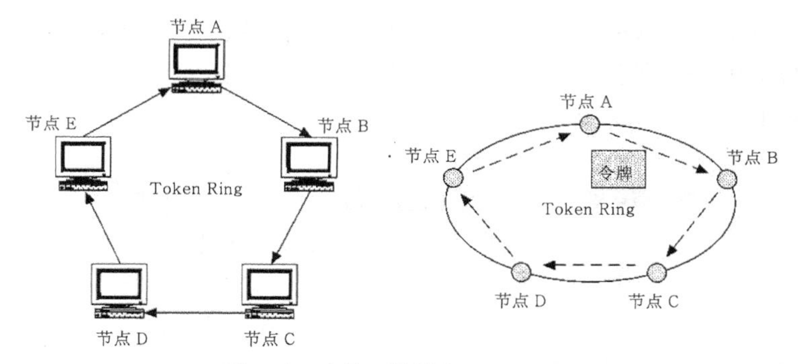

图 5-8　令牌环的基本工作过程

与 CSMA/CD 方法相比，令牌网具有节点访问延迟确定、适用于重负载环境、支持优先级服务等优点，但其维护复杂，实现较困难。令牌网在工业生产中得到一定应用。

任务二　认识以太网

以太网是当今现有局域网采用的最通用的通信协议标准,组建于20世纪70年代早期。在以太网中，所有计算机被连接在一条同轴电缆上，访问控制采用 CSMA/CD 方法，采用竞争机制和总线拓扑结构。一般来说，以太网具有如下特征。

- 共享媒体：所有网络设备依次使用同一通信媒体。
- 广播域：需要传输的帧被发送到所有节点，但只有寻址到的节点才会接收到帧。
- CSMA/CD：以太网中利用载波监听多路访问/冲突检测方法（Carrier Sense Multiple Access/Collision Detection），以防止 twp 或更多节点同时发送。
- MAC 地址：媒体访问控制层的所有 Ethernet 网络接口卡（NIC）都采用 48 位网络地址。这种地址全球唯一。

（一）传统以太网

对于 10Mbit/s 以太网，IEEE802.3 有 3 种物理层规范。下面简要介绍。

1. 10Base-5 规范（粗缆网）

10Base-5 以太网使用粗同轴电缆。每个网段的最大传输距离为 500m，每段最多站点数为 100 个，网段内两站点间距离不小于 2.5m，网络最大跨距 2 500m，通过中继器能连 5 个网段。10BASE-5 的网络拓扑结构如图 5-9 所示。

2. 10Base-2 规范（细缆网）

10Base-2 以太网使用细同轴电缆和单根总线的拓扑结构。10Base-2 的网络拓扑结构如图 5-10 所示，最大干线段长度是 185m；使用 BNC T 型连接器将电缆与网卡相连；最多只能使用 4 个中继器连接 5 个主干电缆段，只有其中 3 个段允许使用工作站，另两个用于扩展距离。最大网络干线长度是 925 米，一个干线上的节点数不应超过 30 个，中继器、桥接器、路由器和服务器都算作节点，网络所有段上的节点总数不能超过 1 024 个。主干电缆段的两端都要设置一个终接器，其中的一个应接地。

3. 10Base-T 规范（双绞线网）

10Base-T 以太网使用双绞线电缆和星形拓扑结构，如图 5-11 所示。该网以 10Mbit/s 的速率发送数据。使用直径为 0.4mm～0.6mm 的 3 类、4 类或 5 类非屏蔽双绞线；网络中任何两个工作站之间的数据通路最多为 4 个集线器；电缆末端使用 RJ-45 插座，1 针和

2针是“发送”，3针和6针是“接收”。每对线交叉相连以使发送器的一端连到接收器的另一端；收发器到集线器的距离不能超过100m；一个集线器可以连接多个工作站；不用桥接器时一个网上最多可以有1 024个工作站。

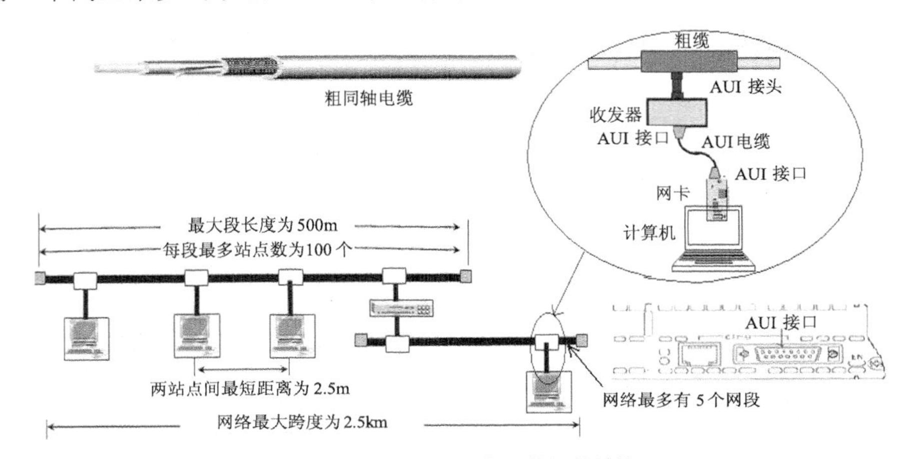

图5-9　10BASE-5的网络拓扑结构

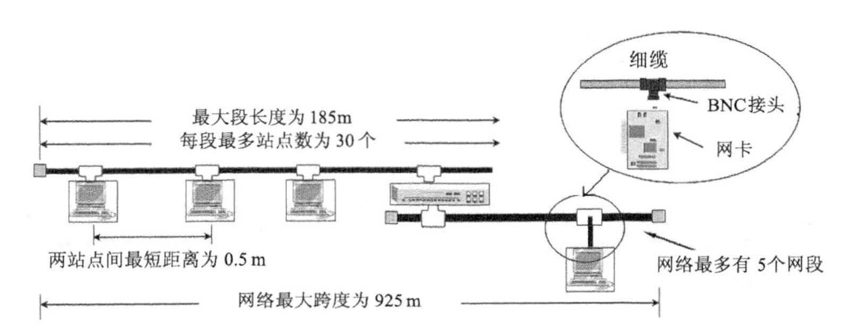

图5-10　10BASE-2的网络拓扑结构

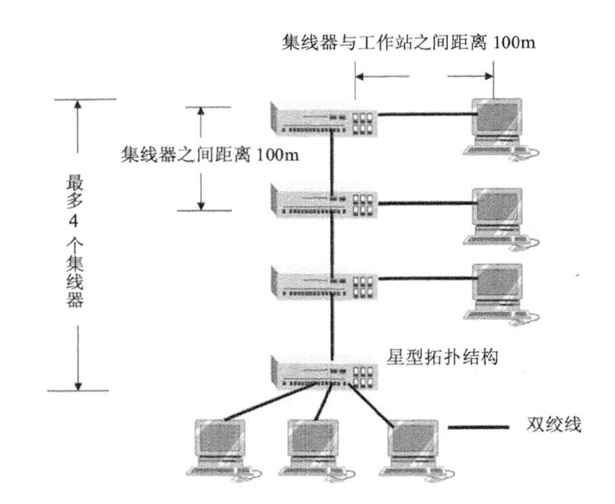

图5-11　10BASE-T的网络拓扑结构

（二）高速以太网

随着网络的发展，传统标准的以太网技术已难以满足日益增长的网络数据流量和速率的需求。1995 年 3 月 IEEE 宣布了 100BASE-T 快速以太网标准（Fast Ethernet），开始了高速以太网的时代。

1. 快速以太网

快速以太网技术支持 3、4、5 类双绞线及光纤的连接，能有效利用用户已有的设施。

100Mbit/s 快速以太网也包括几种不同的技术标准，表 5-1 列出了几种快速以太网之间的性能比较。

表 5-1　四种快速以太网之间的性能比较

快速以太网标准	100BASE-TX	100BASE-T4	100BASE-FX
线材	5 类以上 UTP 或 STP 双绞线	3 类以上 UTP 双绞线	单模/多模光纤
接头	RJ-45	RJ-45	ST、MIC、SC
网段最大长度	100m	100m	2000m
网络拓扑	星型	星型	星型
所需传输线数目	2 对	4 对	1 对
发送线对数	1 对	3 对	1 对
中继器数量	2	2	2
全双工支持	是	否	是
信号频率	125MHz	25MHz	125MHz

快速以太网的不足其实也是以太网技术的不足。快速以太网仍是基于 CSMA/CD 技术，当网络负载较重时，会造成效率的降低，当然这可以使用交换技术来弥补。

2. 吉比特以太网

吉比特以太网（Gigabit Ethernet）俗称千兆以太网，它继承了传统以太网价格便宜的优点，不改变传统以太网的应用环境，可与 10Mbit/s 或 100Mbit/s 的以太网很好地配合工作，能够最大程度地保护投资。

吉比特以太网标准主要有以下特点。

- 允许在 1Gbit/s 的速率下以全双工和半双工两种方式工作。
- 使用 802.3 协议规定的帧格式。
- 在半双工方式下使用 CSMA/CD 协议（全双工方式下不需要使用这个协议）。
- 与 10BASE-T 和 100BASE-T 技术向下兼容。

吉比特以太网的物理层使用两种成熟的技术：一种技术来自现在的快速以太网；另一种技术则是 ANSI 制定的光纤通道。这些成熟技术大大缩短了吉比特以太网标准的开发时间。

吉比特以太网技术有两个标准：IEEE 802.3z 和 IEEE 802.3ab。

（1）1000Base-X（IEEE 802.3z 标准）

IEEE 802.3z 工作组负责制定光纤（单模或多模）和同轴电缆的全双工链路标准。IEEE 802.3z 定义了基于光纤和短距离铜缆的 1000Base-X 标准，采用 8B/10B 编码技术，能够实现 1 000Mbit/s 传输速率。根据传输介质的不同，可以分为以下几个标准。

- 1000Base-SX：SX 表示短波长（使用 850nm 激光器）。只支持多模光纤，采用直径为 62.5μm 或 50μm 的多模光纤，传输距离分别为 275m 和 550m。
- 1000Base-LX：LX 表示长波长（使用 1 300nm 激光器）。使用纤芯直径为 62.5μm 和 50μm 的多模光纤，传输距离为 550m。使用线芯直径为 10μm 的单模光纤，传输距离为 5km。

- 1000Base-CX：CX表示铜线。采用150Ω屏蔽双绞线（STP），传输距离为25m。

（2）1000Base-T（IEEE 802.3ab标准）

IEEE802.3ab工作组负责制定基于UTP的半双工链路的吉比特以太网标准1000Base-T，能够实现在5类UTP上以1 000Mbit/s速率传输100m。

1000Base-T是100Base-T标准的自然扩展，与10Base-T、100Base-T标准完全兼容，能够很好地保护用户在5类UTP布线系统上的投资，实现百兆网络到千兆网络的平滑升级。

3. 10吉比特以太网

10吉比特以太网俗称万兆以太网。10吉比特兆以太网（10GE）的标准由IEEE 802.3ae委员会制定，于2002年6月完成。它是最新的高速以太网技术，适应于新型的网络结构，具有可靠性高、安装和维护都相对简单等优点。

（1）10吉比特以太网的特点

10吉比特以太网在OSI参考模型中属于第二层协议，仍然使用IEEE 802.3以太网媒体访问控制（Media Access Control，MAC）协议，其帧格式和大小也符合IEEE 802.3标准。但是10吉比特以太网与以往的以太网标准相比，除了速率显著提高外，还有如下显著不同的地方。

- 10吉比特以太网只支持双工模式，不支持单工模式，而以往的各种以太网标准均支持单工/双工模式。
- 10吉比特以太网由于传输速率高，其使用的媒体只能是光纤，而以往的各种以太网标准均支持铜缆。
- 10吉比特以太网不使用CSMA/CD协议，因为这属于较慢的单工以太网技术。
- 10吉比特以太网使用64B/66B和8B/10B两种编码方式，而传统以太网只使用8B/10B编码方式。
- 10吉比特以太网支持局域网和广域网接口，有效距离可达40km，而以往的以太网只支持局域网应用，有效传输距离不超过5km。有效作用距离的增大为10吉比特以太网在广域网中的应用打下了基础。

（2）10吉比特以太网的技术规范

IEEE 802.3ae标准为局域网或者广域网应用定义了以下几种主要的技术规范。

- 10GBASE-SR

使用成本最低的短波光纤（850nm），支持33m和86m标准多模光纤上的10Gbit/s传输。SR标准在使用全新的2 000MHz/km多模光纤（激光优化）时可支持长达300m的传输。SR在标准定义的所有10吉比特光纤中成本最低。

- 10GBASE-LR

使用成本高于SR的长波光纤（1 310nm），需要更复杂的光纤定位以支持长达10km的单模光纤。

- 10GBASE-LX4

使用粗波分复用（CWDM），支持距离长达300m的传统FDDI级多模光纤。LX4标准还支持长达10km的单模光纤。LX4比SR和LR的成本都高，因为除了光多路复用器之外，它还需要4倍长的光纤和电路。

- 10GBASE-ER

使用最昂贵的、支持长达30km的单模光纤（1 550nm）。如果距离为40km，则光纤连接必须为定制的链路。

- 10GBASE-LRM

使用 EDC（电子散射补偿）技术，可以提供基于多模光纤的长距离解决方案，在单一波长下工作。

（三）交换式以太网

传统的以太网，无论传输速率是 10Mbit/s 还是 100Mbit/s，都采用以共享设备为中心的星型连接方式,但其实际上是总线型的拓扑结构。网络中的每个节点都采用 CSMA/CD 方法争用总线信道。因此，整个网络的通信信道始终处于共享的状态。在某一时刻一个节点将数据帧发送到集中设备的某个端口后，该端口会将数据帧向其他所有端口转发（广播)，如图 5-12 所示。这时，网络上只有一对端口在通信，其他端口都被广播数据所阻塞，无法通信，这就造成了网络冲突的增加，效率低下。在网络节点较多时，以太网的带宽使用效率只有 30%～40%。

为提高网络的性能和通信效率，采用交换机为集中设备的交换式以太网得到了广泛使用。

交换机对数据的转发是以网络节点计算机的 MAC 地址为基础的。交换机会检测发送到每个端口的数据帧，通过对数据帧中有关信息（源节点的 MAC 地址、目的节点的 MAC 地址等）的“学习”，就能够得到与每个端口相连接的节点 MAC 地址，并在交换机内部建立一个动态的“端口-MAC 地址”映射表。当某个端口接收到数据帧后，交换机就通过该表获得目的主机的端口，并迅速将数据帧转发到该端口。这样，多个端口就能够互不干涉地同时传输数据，如图 5-13 所示。

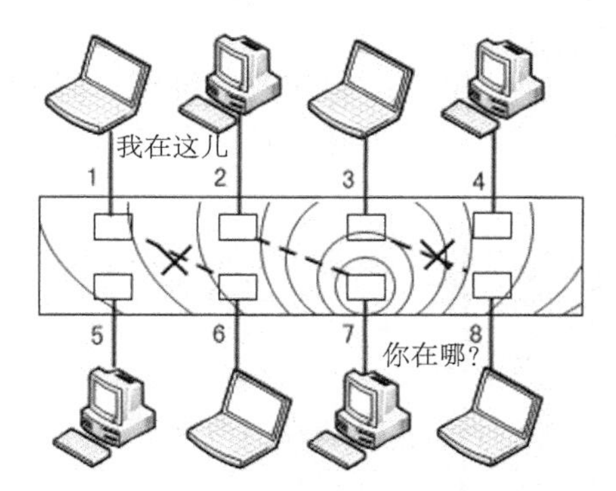

图 5-12　广播方式数据传输

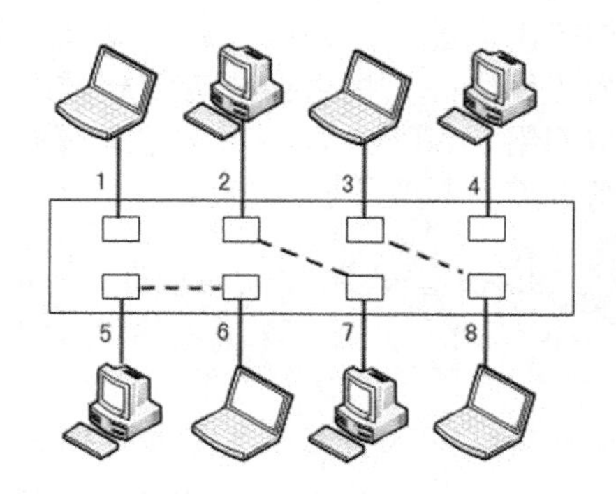

图 5-13　交换方式数据传输

由于这种交换机能够识别并分析数据链路层 MAC 子层的 MAC 地址，所以它是工作在第二层上的设备，因此又称为第二层交换机。

以太网交换机对数据帧的转发方式可以分为 3 类：直接交换方式、存储转发方式和改进的直接交换方式。

1. 直接交换方式

在直接交换方式中，交换机对传输的信息帧不进行差错校验，仅识别出数据帧中的目的节点 MAC 地址，并直接通过每个端口的缓存器转发到相应的端口。数据帧的差错检测任务由各节点计算机完成。

- 优点：速率快、交换延迟时间少。
- 缺点：不具备差错检测能力；不支持具有不同速率的端口之间的数据转发。

2. 存储转发方式

在存储转发方式中，交换机首先完整地接收数据帧并进行差错校验。若接收的帧是完整正确的，则根据目的地址确定相应的输出端口，并将数据帧转发出去。

- 优点：具备差错检测能力，支持具有不同速率的端口之间的数据转发。
- 缺点：交换延迟时间长。

3. 改进的直接交换方式

改进的直接交换方式将直接交换方式和存储转发方式结合起来。在接收到帧的前64Byte之后，判断帧中的帧头数据（地址信息与控制信息）是否正确，正确则转发。这种方法对于短的数据帧来说，交换延迟时间和直接交换方式比较接近；而对于长的数据帧来说，由于它只对帧头进行差错检测，因此交换延迟时间将会大大缩短。

由于网络中将近90%的坏包都小于等于64Byte，因此，改进的直接交换方式能够在不明显增加网络负载的情况下大大提高网络效率。

任务三　认识无线局域网

随着无线互连技术的发展和应用，无线网络使人们的网上生活变得更加自如，一些大型的宾馆、酒店、图书馆等已经建设了无线局域网，人们再也不用为了上网而去寻找网线接口，在公共场所的任何角落里，都可以通过携带的便携式计算机或手机连入互联网。

无线局域网（Wireless Local Area Networks，WLAN）是利用无线通信技术在一定的局部范围内建立的网络，是计算机网络与无线通信技术相结合的产物，它以无线多址信道作为传输媒介，提供传统有线局域网LAN的功能，使用户能够随时、随地、随意地接入宽带网络。WLAN具有易安装、易扩展、易管理、易维护、高移动性等优点，但是也存在保密性差、易受干扰等缺点。

WLAN与我们常见的通过3G/4G信号无线上网是两个概念，二者采用的通信协议不同，网络技术与设备也完全不同。

无线局域网和有线网络虽然在形式上有所区别，但对于用户来说，没有什么分别。无线局域网一般分为两大类：第一类是有固定基础设施的，第二类是无固定基础设施的。所谓“固定基础设施”是指预先建立起来的、能够覆盖一定地理范围的固定基站，例如移动通信公司建设的手机基站。目前使用的无线局域网，主要为有固定基础设施的无线网络。

（一）无线局域网的协议标准

由于WLAN基于计算机网络与无线通信技术，在计算机网络结构中，逻辑链路控制（LLC）层及其之上的应用层对不同的物理层的要求可以是相同的，也可以是不同的，因此，WLAN标准主要针对物理层和媒质访问控制层（MAC），涉及所使用的无线频率范围、空中接口通信协议等技术规范与技术标准。

1. 802.11标准

IEEE 802.11是IEEE最初制定的一个无线局域网标准，主要用于解决办公室局域网和校园网中用户与用户终端的无线接入，业务主要限于数据存取，速率最高只能达到2Mbit/s。

（1）网络结构与通信服务

IEEE 802.11 是一个相当复杂的标准，它采用星型拓扑结构的无线以太网，其中心叫作接入点（Access Point，AP）。WLAN 的最小构件是基本服务集（Basic Service Set，BSS）。一个 BSS 包括一个基站和若干个移动站（用户移动设备），所有的站在本 BSS 内部都可以直接通信，但是与非本 BSS 的站通信就需要通过基站转发（前面提到的 AP 就是一种基站）。一个 BSS 所覆盖的地理范围叫作一个基本服务区(Basic Service Area，BSA)，范围直径一般不超过 100 米。

一个 BSS 可以是孤立的，也可以通过基站（或 AP）连接到一个分配系统，然后再连接到另一个 BSS，这样就构成了一个扩展的服务集（Extended Service Set，ESS）。分配系统的作用就是使扩展的服务集 ESS 对外的表现就像一个基本服务集 BSS 一样。分配系统可以是以太网（这是最常用的）、点对点链路或其他无线网络。如图 5-14 所示，如果移动站 A 要和另一个基本服务集中的移动站 B 通信，就必须经过至少两个接入点 AP_1 和 AP_2，即 A→AP_1→AP_2→B。

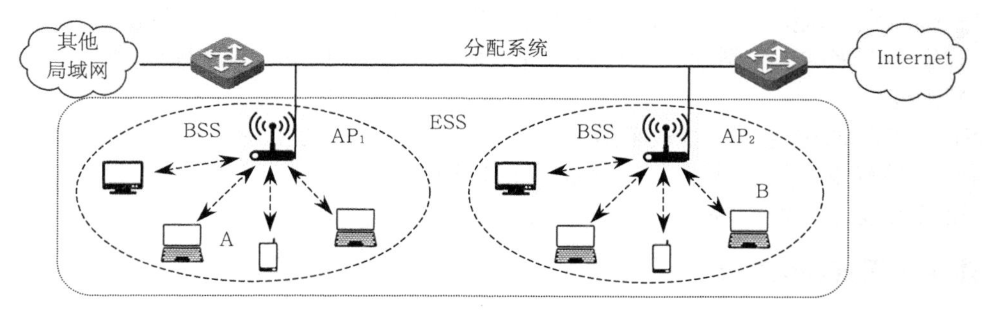

图 5-14　IEEE 802.11 的基本服务集与扩展服务集

一个移动站要在基本服务集 BSS 中实现通信，首先必须选择一个接入点 AP，并与此键入点建立关联和注册。若移动站漫游到另一个 BSS 中，则需要重新选择 AP 并建立关联。建立关联的方法有两种：一种是被动扫描，即移动站等待接入点周期性发出的信标帧（例如每秒 10 次或 100 次），信标帧中包含有若干系统参数，如服务集标识符 SSID 及支持的速率等；另一种是主动扫描，即移动站主动发出探测请求帧，然后等待接入点发回的探测响应帧。

基本服务集 BSS 的服务范围是由 AP 所发射的电磁波的辐射范围确定的，理论上应该是圆形，但实际上受地形地貌或建筑物的遮挡，大多是不规则的几何形状。

（2）标准的扩展

由于 802.11 在速率和传输距离上都不能满足人们的需要，因此，IEEE 随后又相继推出了 802.11a、802.11b 和 802.11g 等标准。尽管 802.11a 和 802.11g 也受到业界广泛关注，但从实际的应用上来讲，802.11b 已成为无线局域网（WLAN）的主流标准，被多数厂商采用，并且已经有成熟的无线产品推向市场。这些产品包括：集成支持 802.11b 无线功能的 PC、支持网络接入的 802.11b 无线网络适配器及相对应的网络桥接器等。

IEEE802.11b 载波的频率为 2.4GHz，传送速度为 11Mbit/s。目前，802.11b 无线局域网技术已经在生产生活中得到了广泛的应用，它已经进入了写字间、饭店、咖啡厅和候机室等场所。没有集成无线网卡的笔记本电脑用户只需插进一张 PCMCIA 或 USB 网卡，便可通过无线局域网连到因特网上。在国内，支持 802.11b 无线局域网协议的产品也已经得到了广泛应用。

EEE802.11b是所有无线局域网标准中最著名，也是普及最广的标准。它有时也被错误地标为Wi-Fi。实际上Wi-Fi是无线局域网联盟（WLANA）的一个商标，该商标仅保障使用该商标的商品互相之间可以合作，与标准本身没有关系。

2. CSMA/CA协议

我们知道有线的局域网在MAC层的标准协议是CSMA/CD，即载波侦听多点接入/冲突检测（Carrier Sense Multiple Access with Collision Detection）。由于无线通信设备不易检测信道是否存在冲突，802.11全新定义了一种新的协议，即载波侦听多点接入/避免冲撞CSMA/CA（with Collision Avoidance），其工作流程分为两个阶段，如下所述。

（1）送出数据前，监听信道状态，等没有设备使用信道，并维持一段时间后，才送出数据。由于每个设备采用的随机时间不同，所以可以减少冲突的机会。

（2）送出数据前，先送一段小小的请求传送报文（Request to Send，RTS）给目标端，等待目标端回应确认报文（Clear to Send，CTS）后，才开始传送。利用RTS-CTS握手程序，确保接下来传送资料时，不会被碰撞。同时由于RTS-CTS封包都很小，所以传送的无效开销变小。

CSMA/CA通过这两种方式来提供无线的共享访问，这种显式的ACK机制在处理无线问题时非常有效。然而这种方式增加了额外的负担，所以802.11网络和类似的以太网比较总是在性能上稍逊一筹。

（二）短距离无线通信技术

短距离无线通信技术是建设无线局域网的基础，目前主要技术包括Wi-Fi、紫蜂（Zigbee）、蓝牙技术（Bluetooth）、超宽带技术（UWB）、射频识别技术（RFID）及近场通信（NFC）等。

1. Wi-Fi

Wi-Fi（Wireless Fidelity，无线保真）原本是一个无线网络通信技术的品牌，由Wi-Fi联盟所持有，目的是改善基于IEEE 802.11标准的无线网路产品之间的互通性，使用的是IEEE802.11b标准。由于Wi-Fi得到了广泛使用，因此人们逐渐习惯用Wi-Fi来称呼802.11b协议和WLAN。实际上，Wi-Fi是WLAN的一个标准，Wi-Fi包含于WLAN中。从图5-14来看，Wi-Fi属于基本服务集BSS的范畴，而扩展服务集ESS则属于WLAN的范畴。

关于“Wi-Fi”的书写，因为Wi-Fi这个单词是两个单词组成的，所以书写形式最好为WI-FI。现实中我们经常书写为WIFI或WiFi，也都是同一个概念。

2. 蓝牙

蓝牙技术是一种用于替代便携或固定电子设备上使用的电缆或连线的短距离无线连接技术，其设备使用全球通行的、无需申请许可的2.45GHz频段，可实时进行数据和语音传输，其传输速率可达到10Mbit/s，在支持3个话音频道的同时还支持高达723.2kbit/s的数据传输速率。也就是说，在办公室、家庭和旅途中，无需在任何电子设备间布设专用线缆和连接器，通过蓝牙遥控装置可以形成一点到多点的连接，即在该装置周围组成一个“微网”，网内任何蓝牙收发器都可与该装置互通信号。而且这种连接无需复杂的软件支持。蓝牙收发器的一般有效通信范围为10m，有些信号强的蓝牙收发器可以使有效访问距离达到100m左右。

由于蓝牙在无线传输距离上的限定，它和个人网络通信用品有着不解之缘，因此，生产蓝牙产品的除了网络集成厂商和传统 PC 厂商以外，还包括很多移动电话厂商。随着全球无线市场的不断扩大，蓝牙手机成为移动电话用户的新宠。实际上，依据目前的无线技术水平，一台蓝牙笔记本电脑加上一部蓝牙手机就可以实现无线登录互联网。

蓝牙的名字来源于 10 世纪丹麦国王哈洛德（Harald Blatand），他四处扩张，将现在的挪威、瑞典和丹麦统一起来。据说，因为他非常爱吃蓝梅，牙齿经常被染蓝，所以得了“蓝牙”这个外号。在给这项短距离无线连接技术命名时，由于两个主导企业（爱立信和诺基亚）都来自北欧国家，而在他们历史中，哈洛德国王有“实现统一、加强联系”的含义，所以他们最终决定以“蓝牙（Bluetooth）”为这项技术命名。蓝牙图标就是由北欧古字母符号 H 和 B 组合而成的。

3. RFID

RFID（Radio Frequency Identification）是一种无线射频识别技术，可通过无线电信号识别特定目标并读写相关数据。从概念上来讲，RFID 类似于条码扫描，但它不需要在识别系统和识别目标之间建立机械或光学接触。RFID 电子标签的阅读器通过天线与 RFID 电子标签进行无线通信，可以实现对标签识别码和内存数据的读出或写入操作。

RFID 技术可识别高速运动物体并可同时识别多个标签，在物联网领域具有极大的应用前景，目前在物流管理、图书馆、安全门禁等方面获得了广泛应用。

4. NFC

NFC（Near Field Communication，近距离无线传输）是由 Philips、NOKIA 和 Sony 主推的一种类似于 RFID 的短距离无线通信技术标准。和 RFID 不同，NFC 采用了双向的识别和连接，最初仅仅是遥控识别和网络技术的合并，但现在已发展成无线连接技术。它能快速自动地建立无线网络，为蜂窝设备、蓝牙设备、Wi-Fi 设备提供一个“虚拟连接”，使电子设备可以在短距离范围进行通信。NFC 的短距离交互大大简化了整个认证识别过程，使电子设备间互相访问更直接、更安全和更清楚。与蓝牙技术不同的是，NFC 的作用距离进一步缩短且不像蓝牙那样需要有对应的加密设备，只要将两个 NFC 设备靠近就可以实现交流。

5. ZigBee

ZigBee 主要应用在短距离范围之内并且数据传输速率不高的各种电子设备之间，与蓝牙相比，更简单、速率更慢、功耗及费用也更低。它的基本速率只有 10kbit/s ~ 250kbit/s，有效覆盖范围 10m ~ 75m，两节普通 5 号干电池可使用 6 个月以上，可与 254 个节点联网。ZigBee 可以比蓝牙更好地支持游戏、消费电子、仪器和家庭自动化应用。

ZigBee 名字来源于蜂群使用的赖以生存和发展的通信方式，蜜蜂通过跳 ZigZag 形状的舞蹈来分享新发现的食物源的位置、距离和方向等信息。

6. UWB

超宽带技术 UWB（Ultra Wideband）是一种无线载波通信技术，它不采用正弦载波，而是利用纳秒级的非正弦波窄脉冲传输数据，具有系统复杂度低，发射信号功率低，定位精度高等优点，非常适于建立一个高速的无线局域网。

UWB 最具特色的应用是视频消费娱乐方面的无线个人局域网。现有的无线通信方式，802.11b 和蓝牙的速率太慢，不适合传输视频数据；54 Mbit/s 速率的 802.11a 标准可以处理视频数据，但费用昂贵。而 UWB 有可能在 10 m 范围内，支持高达 110 Mbit/s 的数据传输率，而且可以穿透障碍物。UWB 的这种优点让很多商业公司将其看作是一种很有前途的无线通信技术。

7. 各种短距离无线通信技术一览表

除上述几种外，还有其他一些短距离无线通信技术，这里就不再赘述。表 5-2 列出了常见的短距离无线通信技术的简单比较。

表 5-2 常见的短距离无线通信技术一览表

	协议标准	技术指标（频率、传输频率、距离等）	应用领域	优点	缺点
RFID	ISO、EPCglobal	利用射频信号和空间耦合（电感或电磁耦合）传输特性实现对被识别物体的自动识别	物流、供应链、身份鉴别、防伪、后勤、动物饲养、追踪、抄表系统	原理简单，操作方便且不易受环境影响，应用范围极广	成本高，标准未定
NFC	ISO18092、ECMA340 和 ETSI TS102 190	采用了双向连接和识别，在 20cm 距离内工作于 13.56MHz 频率范围	设备连接、实时预定、移动商务、无线交易	简化认证识别过程，使设备间访问更直接、更安全和更清楚	应用规模不大，安全性不高
DSRC	IEEE 802.11p	以 5.9GHz 频段为主，约 10cm 双向通信距离	专用于智能交通运输领域	政府支持，竞争对手少	应用范围窄
蓝牙	IEEE802.15.1，IEEE802.15.1a	一般传输距离为 10cm～10m，采用 2.4GHz ISM 频段，数据传输速率为 1Mbit/s，语音编码为 CVSD	无线办公环境、汽车工业、信息家电、医疗设备，以及学校教育和工厂自动控制	具有很强的移植性、应用范围广泛，应用了全球统一的频率设定	成本昂贵，安全性不高
ZigBee	IEEE 802.15.4	使用 2.4GHz 频段，采用调频技术，基本速率是 250kbit/s，当降低到 28kbit/s 时，传输范围可扩大到 134m	PC 外设、消费类电子设备、家庭内智能控制、玩具、医护、工控等非常广阔的领域	成本低，功耗小，网络容量大，频段灵活，保密性高，不需要频段申请	传输速率低，有效范围小
WiFi	IEEE802.11b/a/g	工作频率 2.4GHz，传输频率为 11Mbit/s，电波覆盖范围为 100m	家庭无线网络，以及不便安装电缆的建筑物或场所	可大幅度减小企业的成本，传输速率非常高	设计复杂，设置烦琐
UWB	IEEE802.15.3a	采用纳秒级的非正弦波窄脉冲传输数据，在 10m 以内的范围里传输速率可达到 480Mbit/s	家用类设备、终端间的无线连接及数据传输	抗干扰性强、传输速率极高、带宽极宽、耗电少、保密性好、发送功率小	物理层标准之争仍未解决

续表

	协议标准	技术指标（频率、传输频率、距离等）	应用领域	优点	缺点
TG3c	IEEE802.15.3c	毫米级波长转换技术，57GHz～64GHz 频段，传输速率高达 2Gbit/s～3Gbit/s	未来数字家庭，网络流媒体及高速无线网关	传输速率极快，兼容其他无线通信技术	新兴技术，成本昂贵

（三）无线网络的拓扑结构

无线网络的拓扑结构就是网络的连接和通信方式，它分为无中心拓扑结构、有中心拓扑结构及网状网拓扑结构。在实际应用中，根据具体情况通常是把三种结构混合使用。

1. 无中心拓扑结构

无中心拓扑结构（Peer to Peer）又称为移动自组网络，就是网络中的任意两个站点都可以直接通信，每个站点都可以竞争公用信道，信道的接入控制协议（MAC）采用载波监测多址接入（CSMA）类型的多址接入协议。无中心拓扑结构的优点是抗毁性强、建网容易、费用低。但是从它的结构可以看出，当网络中的站点过多时，竞争公用信道会变得非常激烈，这将会严重影响系统的性能，而且为了满足任意两个站点的直接通信，公用信道的布局也将受到环境的限制，因此这种结构主要应用在用户较少的网络。图 5-15 所示为采用无中心拓扑结构的无线网络。

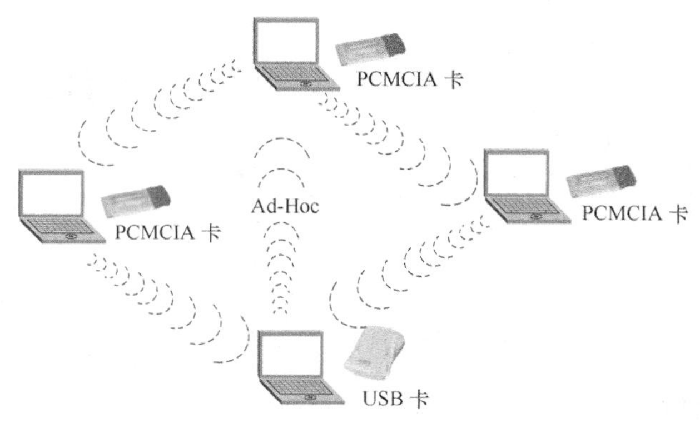

图 5-15 无中心拓扑结构

近年来，移动自组网络中的一个子集——无线传感器网络（Wireless Sensor Network，WSN）引起了人们的广泛关注。WSN 是由部署在监测区域内大量的廉价微型传感器节点组成，通过无线通信方式形成的一个多跳的自组织的网络系统，其目的是协作地、整体地感知、采集和处理网络覆盖区域中被感知对象的信息，并发送给观察者，如图 5-16 所示。

WSN 并不需要很高的带宽，但是必须具有低功耗的特点，以保持较长的工作时间。此外，WSN 对网络安全性、节点自动配置、网络动态重组等方面都有一定的要求。WSN 在军事、航空、防爆、救灾、环境、医疗、保健、家居、工业、商业等领域都具有极大的应用前景。据统计，全球 98%的处理器并不在传统的计算机中，而是处在各种家电设备、运输工具及工厂的机器中。如果在这些设备上能够嵌入合适的传感器和无线通信功能，就可能把数量惊人的节点连接成分布式的传感器无线网络，进而实现联网的计算和处理。

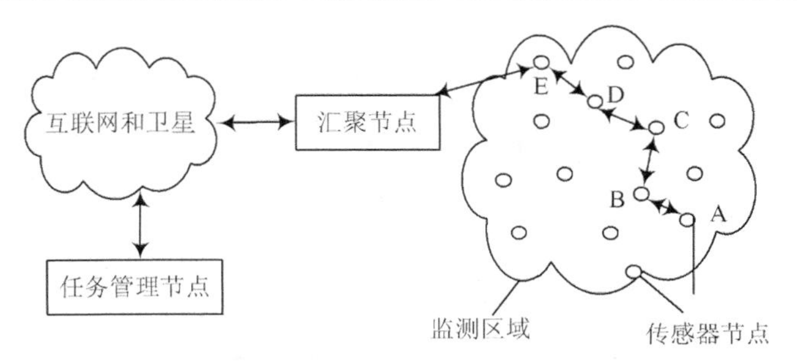

图 5-16　无线传感器网络

2. 有中心拓扑结构

有中心拓扑结构（Hub—Based）就是网络中有一个无线站点作为中心站，控制所有站点对网络的访问。这种结构解决了无中心拓扑结构中当用户增多时竞争公用信道所带来的性能恶化的问题，同时也没有了怎样布局公用信道的烦恼。当无线局域网需要接入有线网络（比如 Internet）时，有中心拓扑结构就显得非常方便，它只需要将中心站点接入有线网络就可以了。这种结构的缺点是抗毁性差，只要中心站点出现故障，就会导致整个网络的通信中断，而且中心站点的设立也增加了网络成本。图 5-17 所示为有中心拓扑结构的无线网络。

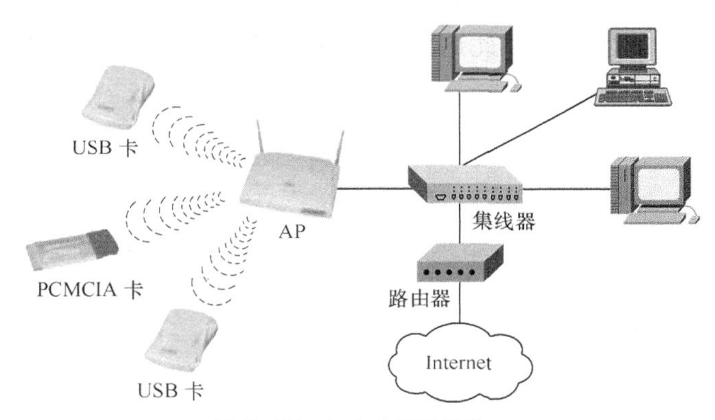

图 5-17　有中心拓扑结构

3. 网状网拓扑结构

网状网拓扑结构是无线局域网技术的最新发展，它使得网状网得以实现。网状网的特点主要是无线 AP 之间无需通过有线网络连接，仅通过纯无线链路即可以建立一个大规模的类似“渔网”的网状无线网络，从而大大扩展了无线局域网的应用范围。无线网状网能够适应快速部署无线网络，能够支持网络结构的动态变化，在网状网无线网络中，任何一个无线 AP 或无线路由器都有可能是网络边界节点，每个节点都可以与一个或者多个对等节点进行直接通信，通常这种网络也称为无线 Mesh 网络。“Mesh”的意思是所有的节点都互相连接。由于网状网成网状结构，所以对于某个无线终端来说，要想访问网状网的外部信息，可供选择的路径也有多条。与路由选择类似，在无线网络中，通常把无线终端访问外部节点所需的路径数称为“跳数”。

在传统的无线局域网（WLAN）中，多台客户机通过到一个接入点（AP）的直接无线连接访问网络，这就是所说的“单跳”网络。通常把网状网络称为“多跳”网络，这是一种灵活的体系结构，用来在设备间高效地移动数据。

对网状网络与单跳网络进行比较，将有助于了解网状网络的优势。在多跳网络中，任何一种采用无线连接的设备都可以作为路由器或接入点。如果最近的接入点比较拥挤，那么还可以将数据路由到最近的低流量节点。数据以这种方式不断地从一个节点“跳”到另一个节点，直到到达最终的目的地。

图 5-18 所示为网状网拓扑结构。

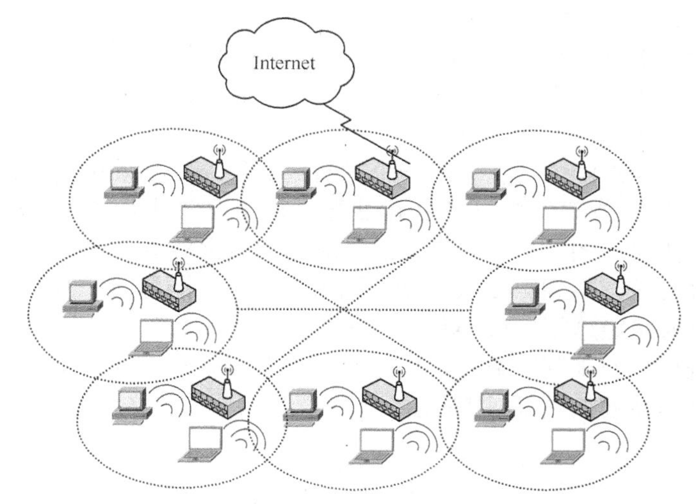

图 5-18 网状网拓扑结构

项目拓展 多层交换技术

多交换技术（又称第三层层交换技术、IP 交换技术等）是相对于传统交换概念而提出的。传统的交换技术是在 OSI 网络标准模型中的第二层（数据链路层）上进行操作的，而多层交换技术是在网络模型中的第三层（网络层）上实现数据包的高速转发。简单地说，多层交换技术就是“第二层交换技术＋第三层转发技术”。

（一）了解三层交换的基本原理

二层交换技术从网桥发展到 VLAN（虚拟局域网），在局域网建设和改造中得到了广泛的应用。二层交换机对数据包的转发是建立在 MAC 地址（物理地址）基础之上的，对于 IP 网络协议来说，它是透明的，即交换机在转发数据包时，不知道也无需知道信源机和信宿机的 IP 地址，只需要其物理地址即 MAC 地址。交换机在操作过程当中会不断地收集信息去建立一个“端口-MAC 地址”映射表。当交换机收到一个 TCP/IP 封包时，便会查看该数据包的目的 MAC 地址，然后对比自己的地址表以确认该从哪个端口把数据包发出去。由于这个过程比较简单，因此速率相当快，一般只需几十微秒（μs），交换机便可决定一个 IP 封包该往哪里发送。

但是，如果交换机收到一个不认识的封包，也就是目的 MAC 地址不能在地址表中找到时，交换机会把 IP 封包“广播”出去，即把它从每一个端口中送出去。大量的网络广播会严重影响整个网络的效率和性能。

相比之下，路由器是在 OSI 的第三层（网络层）工作的。它在网络中收到任何一个数据包（包括广播包在内），都要将该数据包第二层（数据链路层）的信息去掉（称为“拆包”），查看第三层信息（IP 地址）。再根据路由表确定数据包的路由，然后检查安全访问表；若被通过，则再进行第二层信息的封装（称为“打包”），最后将该数据包转发。如果在路由表中查不到对应 MAC 地址的网络地址，则路由器将向源地址的站点返回一个信息，并把这个数据包丢掉。

与交换机相比，路由器能够隔离广播风暴，提供构成局域网安全控制策略的一系列存取控制机制。路由器对任何数据包都要有一个“拆包-打包”过程，即使是同一源地址向同一目的地址发出的所有数据包，也要重复相同的过程，这导致路由器不可能具有很高的吞吐量，也是路由器成为网络瓶颈的原因之一。

一个具有三层交换功能的设备，是一个带有第三层路由功能的第二层交换机，但它是二者的有机结合，并不是简单地把路由器设备的硬件及软件叠加在局域网交换机上就行了。它利用第三层协议中的 IP 包的包头信息对后续数据业务流进行标记，具有同一标记的业务流的后续报文被交换到第二层数据链路层，从而打通源 IP 地址和目的 IP 地址之间的一条通路。这条通路经过第二层链路层。有了这条通路，三层交换机就没有必要每次将接收到的数据包进行拆包来判断路由，而是直接将数据包进行转发对数据流进行交换。

三层交换的基本原理如图 5-19 所示。

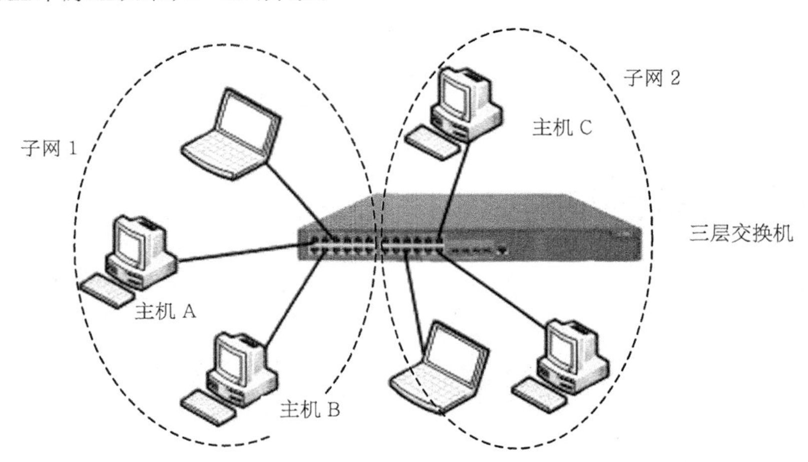

图 5-19　三层交换的基本原理

若同一子网中的主机 A、B 进行通信，则交换机通过查找自己的地址映射表，能够直接在端口 A、B 之间进行二层的转发。

若不在同一子网内的主机 A、C 进行通信，发送主机 A 要向“默认网关”发出 ARP（地址解析）封包，而“默认网关”的 IP 地址其实是三层交换机的三层交换模块。当发送主机 A 对“默认网关”的 IP 地址广播出一个 ARP 请求时，如果三层交换模块在以前的通信过程中已经知道主机 B 的 MAC 地址，则向发送主机 A 回复主机 B 的 MAC 地址。否则三层交换模块根据路由信息向主机 B 广播一个 ARP 请求，主机 B 得到此 ARP 请求后向三层交换模块回复其 MAC 地址，三层交换模块保存此地址并回复给发送主机 A，同时将主机 B 的 MAC 地址发送到二层交换引擎的 MAC 地址表中。从这以后，A 向 B 发送的数据包便全部交给二层交换处理，信息得以高速交换。由于仅仅在路由过程中才需要三层处理，绝大部分数据都通过二层交换转发，因此三层交换机的速率很快，接近二层交换机的速率，同时比相同路由器的价格要低很多。

（二）认识虚拟局域网

VLAN 除了能将网络划分为多个广播域，从而有效地控制广播风暴的发生，以及使网络的拓扑结构变得非常灵活外，还可以用于控制网络中不同部门、不同站点之间的互相访问。

1. 什么是广播风暴

在由交换机组成的共享网络中，所有的设备都会转发广播帧，因此任何一个广播帧或多播帧（Multicast Frame）都将被广播到整个局域网中的每台主机。如图 5-20 所示，主机 A 向主机 B 通信，它首先广播一个 ARP 请求，以获取主机 B 的 MAC 地址；此时主机 A 上连接的二层交换机收到 ARP 广播后，会将它转发给除接收端口外的其他所有端口，称为泛洪（Flooding）；接着，其他的收到这个广播帧的交换机（包括三层交换机）也会作同样的处理，最终 ARP 请求会被转发到同一网络中的所有主机上；如果此时网络中的其他主机也要和别的主机进行通信，必然会产生大量的广播。

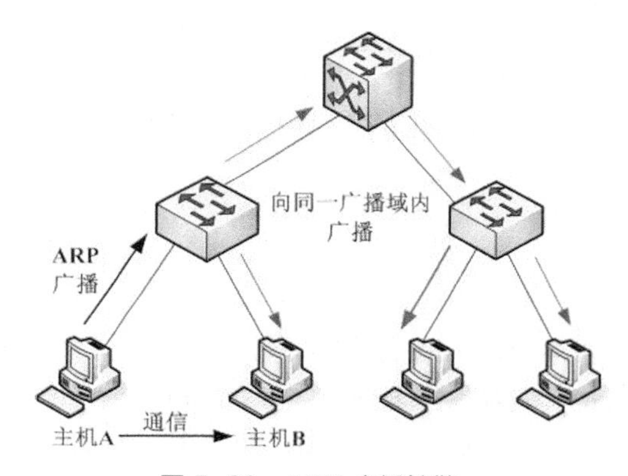

图 5-20　ARP 广播扩散

在网络通信中，广播信息是普遍存在的，这些广播帧将占用大量的网络带宽，导致网络速率和通信效率的下降，并额外增加了网络主机为处理广播信息所产生的负荷。

路由器能实现对广播域的分割和隔离。但路由器所带的以太网接口数量有限，一般是 1～4 个，远远不能满足对网络分段的需要，交换机上有较多的以太网端口，为了在交换机上实现不同网段的广播隔离，产生了虚拟局域网（VLAN）交换技术。

虚拟网技术使用的是 802.1Q 标准，它是在 1996 年 3 月由 IEEE 802.1 Internetworking 委员会制定的，目前已经在业界获得了广泛的应用。

2. VLAN 的概念

VLAN 技术允许管理员根据实际应用需求，把同一物理局域网内的不同用户逻辑地划分成不同的广播域（或称虚拟网，即 VLAN），每一个 VLAN 都包含一组有着相同需求的计算机工作站，与物理上形成的 LAN 有着相同的属性。但由于它是逻辑地而不是物理地划分，所以同一个 VLAN 内的各个工作站无需被放置在同一个物理空间里，即这些工作站不一定属于同一个物理 LAN 网段。一个 VLAN 内部的广播和单播流量都不会转发到其他 VLAN 中，即使是两台计算机使用同一台交换机，如果它们没有相同的 VLAN 号，它们各自的广播流也不会相互转发，这样有助于控制流量、减少设备投资、简化网络管理、提高网络的安全性。VLAN 示意如图 5-21 所示。

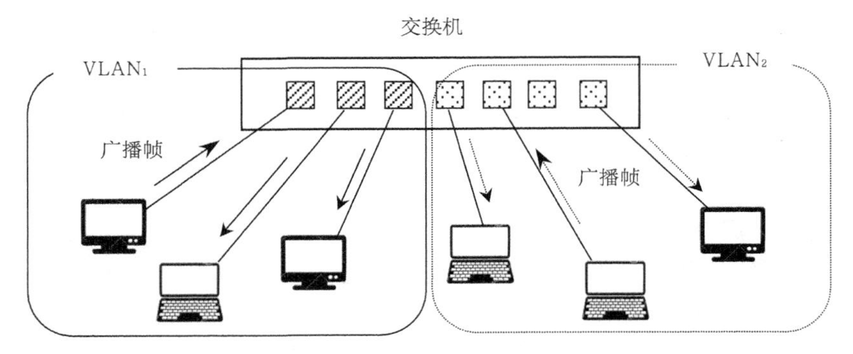

图 5-21　VLAN 示意

VLAN 是为解决以太网的广播问题和安全性而提出的，它在以太网帧的基础上增加了 VLAN 头，用 VLAN ID 把用户划分为更小的工作组，限制不同工作组间的用户二层互访，每个工作组就是一个虚拟局域网。

在同一个 VLAN 中的工作站，不论它们实际与哪个交换机连接，它们之间的通信就好像在同一个交换机上一样。同一个 VLAN 中的广播只有 VLAN 中的成员才能听到，而不会传输到其他的 VLAN 中去，这样可以很好地控制不必要的广播风暴产生。同时，若没有路由的话，不同 VLAN 之间不能相互通信，这样增加了企业网络中不同部门之间的安全性。网络管理员可以通过配置 VLAN 之间的路由来全面管理企业内部不同管理单元之间的信息互访。

VLAN 隔离了广播风暴，同时也隔离了各个不同的 VLAN 之间的通信，所以不同的 VLAN 之间的通信是需要由路由器来完成的。所以，VLAN 的实现需要借助三层交换机。三层交换机具有“交换+路由”的功能，其端口可以被划分为不同的 VLAN。同一个 VLAN 内的成员可以直接使用“交换”功能进行通信，而不同 VLAN 的成员则借助“路由”功能进行通信。

3. VLAN 的特点

- 限制广播域。广播域被限制在一个 VLAN 内，节省了带宽，提高了网络处理能力。
- 增强局域网的安全性。不同 VLAN 内的报文在传输时是相互隔离的，即一个 VLAN 内的用户不能和其他 VLAN 内的用户直接通信，如果不同的 VLAN 要进行通信，则需要通过路由器或三层交换机等三层设备。
- 灵活构建虚拟工作组。用 VLAN 可以划分不同的用户到不同的工作组，同一工作组的用户也不必局限于某一固定的物理范围，网络构建和维护更加方便灵活。

思考与练习

一、填空题

1. 局域网中的数据通信被限制在________的地理范围内，能够使用具有________传输速率的物理信道，并且具有________的误码率。

2. IEEE 802 参考模型只对应 OSI 参考模型的________与________，它将________划分为________子层与________子层。

3. 以太网最大的特性在于信号是以________的方式在介质中传播的。

4. 以太网的核心技术是它的 CSMA/CD 方法，即________方法。

5. CSMA/CD 的发送流程可以简单地概括为________，________，________，________。

6. 吉比特以太网只支持________模式，而不支持________模式，而以往的各种以太网标准均支持单工/双工模式。

7. 为了实现在端口之间转发数据，交换机在内部维护着一个动态的________映射表。

8. 以太网交换机对数据帧的转发方式可以分为________、________和________3类。

9. 简单地说，多层交换技术就是________+________。

10. VLAN 隔离了________，同时也隔离了各个不同的 VLAN 之间的通信，所以不同的 VLAN 之间的通信是需要由________来完成的。

11. VLAN 技术允许网络管理者将一个物理的 LAN 逻辑地划分成不同的________。

12. 无线局域网一般分为________和________两大类。

13. 无线网络的拓扑结构分为________和________。

14. WLAN 的最小构件是________。

15. ________是 IEEE 最初制定的一个无线局域网标准。

16. 无线局域网在 MAC 层的标准协议是________。

17. Wi-Fi 网络使用的是________协议。

二、简答题

1. 简述 CSMA/CD 的工作原理。
2. 简述令牌环介质访问控制技术的工作原理。
3. 简要分析交换式以太网的工作原理。
4. 试分析三层交换技术的基本原理。
5. 简要说明 VLAN 的数据通信原理。
6. 简述无线局域网的特点。
7. 简述 CSMA/CA 的工作原理。
8. 简述无线传感器网络的概念和应用。

PART06

项目六

组建小型局域网

本项目主要包括以下几个任务。

- 任务一　组建小型对等局域网
- 任务二　组建小型C/S局域网
- 任务三　共享与发布资源

学习目标：

- 了解对等网的特点与类型。
- 组建双机、多机及小型C/S局域网。
- 掌握共享资源的发布、访问方法。
- 通过实训掌握使用交换机的配置与管理方法。

■ 计算机网络按照其规模可以分为大型广域网、中型局域网和小型办公网等。小型办公网一般指占地空间小、规模小、建网经费少的计算机网络，常用于办公室、多媒体教室、游戏厅、网吧、家庭等，是局域网中使用最多、最广泛的一类结构。

计算机网络按其工作模式主要分客户机/服务器模式（Client/Server，C/S）和对等模式（Peer—to—Peer，P2P）两种。前者注重的是文件资源管理、系统资源安全等指标；后者注重的是网络的共享和便捷。这两种模式在小型局域网中都得到了广泛应用。

任务一　组建小型对等局域网

对等网是一种权利平等、组网简单的小型网络，它操作简便，投资少，具有局域网基本功能，且具有良好的容错性。虽然对等网存在一些功能上的局限性，但还是能够满足用户对网络的基本需求，因此在很多场合，如家庭、校园宿舍及小型办公场所中都得到了广泛应用，成为了主要的网络模式。

（一）什么是对等网

对等网也称工作组网，它不像企业专业网络那样通过域来控制，而是通过“工作组”来组织。“工作组”的概念远没有“域”那么复杂和强大，所以对等网的组建很简便，但是所能连接的用户数也比较有限。

对等网上各台计算机有相同的功能，无主从之分，地位平等。网上任意节点计算机既可以作为网络服务器，为其他计算机提供资源，也可以作为工作站，分享其他服务器的资源。对等网除了可以共享文件之外，还可以共享打印机。因为对等网不需要专门的服务器来做网络支持，也不需要其他组件来提高网络的性能，因而对等网络的建设成本相对要便宜很多。

1. 对等网的特点

概括来说，对等网的特点如下。

- 用户数不超过 20 个。
- 所有用户都位于一个临近的区域。
- 用户能够共享文件和打印机。
- 数据安全性要求不高，各个用户都是各自计算机的管理员，独立管理自己的数据和共享资源。
- 不需要专门的服务器，也不需要另外的计算机或者软件。

它的主要优缺点如下。

- 优点：网络成本低、网络配置和维护简单。
- 缺点：网络性能较低、数据保密性差、文件管理分散、计算机资源占用大。

对等网与网络拓扑的类型和传输介质无关，任意拓扑类型和传输介质的网络都可以建立对等网。

2. 对等网的类型

虽然对等网结构比较简单，但根据具体的应用环境和需求，对等网也因其规模和传输介质类型的不同分为几种不同的模式，主要有双机对等网、三机对等网和多机对等网。下面介绍几种对等网模式的结构特性。

（1）双机对等网

两台计算机通过交叉双绞线直接相连，构成一个最简单的对等网。这种形式主要用于家庭、宿舍，在一些工业控制、科研开发等场合也有应用。

（2）仅有 3 台计算机的对等网

对于这种情况，可以采用双网卡网桥方式。就是在其中一台计算机上安装两块网卡，在另外两台计算机各安装一块网卡，然后用交叉双绞线连接起来，再进行有关的系统配置，如图 6-1 所示。

（3）多于 3 台计算机的对等网

对于这种情况，就必须采用交换机来组成星型网络。星型网络使用双绞线连接，结构上以交换机为中心，呈放射状连接各台计算机。由于集线设备上有许多指示灯，所以遇到故障时很容易发现出现故障的计算机，而且一台计算机或线路出现问题丝毫不影响其他计算机，这样网络系统的可靠性大大增强。另外，如果要增加一台计算机，只需连接到集线设备上就可以，方便扩充网络，如图 6-2 所示。

用同轴电缆也能够组建总线型对等网，但是由于同轴电缆已经基本被淘汰，所以本章就不再讨论同轴电缆的组网方法了。

小型对等网的主要目的是实施网络通信和共享网络资源，如共享文件、打印机、扫描仪等办公设备，共享大的存储空间，还可以共享 Internet 连接。此类局域网往往接入的计算机节点比较少，而且各节点相对集中，每个站点与交换机之间的距离不超过 100 m，采用双绞线布线就足够了。

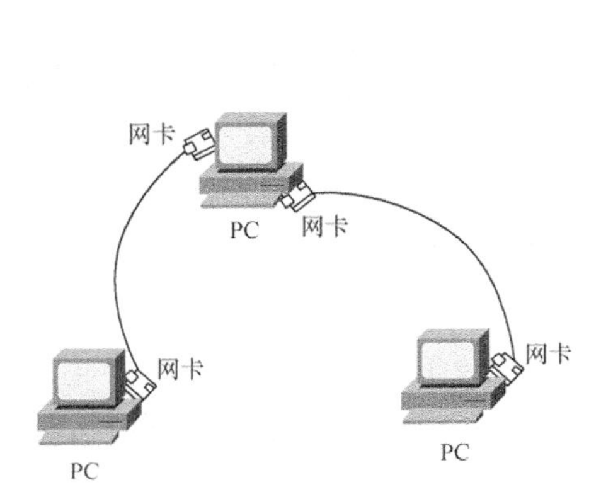

图 6-1　双网卡网桥方式

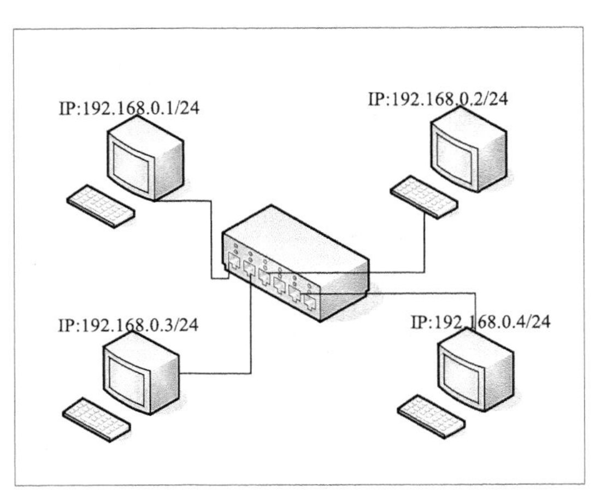

图 6-2　星型对等网方式

（二）组建双机对等网

双机对等网的组建，关键是交叉双绞线的制作和计算机 IP 地址的设置。双绞线的制作方法在前面已经介绍过。这里需要注意的是，交叉双绞线的一个 RJ45 接头要采用 568A 线序，另一个 RJ45 接头要采用 568B 线序，如图 6-3 所示。

图 6-3　交叉双绞线

【任务要求】

下面以目前个人计算机常用的 Windows 7 操作系统为例，介绍双机对等网的组建。要求双机对等网的拓扑结构和 IP 地址设置如图 6-4 所示。

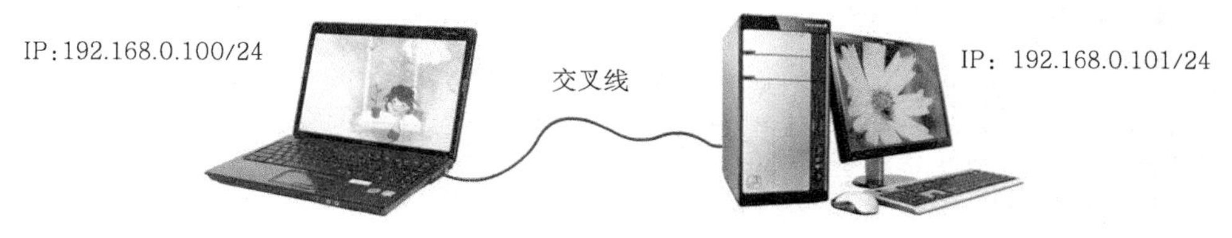

图 6-4　双机对等网

【操作步骤】

（1）制作网线

准备一根网线和至少两个 RJ45 接头，按交叉法制作一条五类（或超五类）双绞线，具体的网线制作方法在前面已做过详细介绍，在此不再赘述。

（2）网线连接

把网线两端的 RJ45 接头分别插入两台计算机网卡的 RJ45 端口。

（3）查看计算机信息

鼠标右键单击【计算机】图标，从弹出的快捷菜单中选择【属性】命令，出现有关计算机的各种基本信息，包括软件版本、硬件信息以及计算机名称等，如图 6-5 所示。

图 6-5　计算机信息

（4）设置计算机名和工作组名

单击 更改设置 按钮，弹出【系统属性】对话框，打开其中的【计算机名】选项卡，显示计算机的描述信息，如图 6-6 所示。

单击 更改(C)... 按钮，在弹出的【计算机名/域更改】对话框中填写计算机名，在【隶属于】选项组中点选【工作组】单选项，设置工作组名称，如图 6-7 所示。

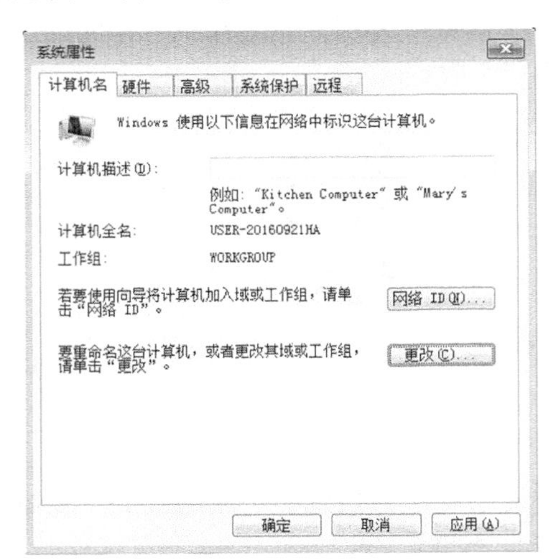

图 6-6　计算机的描述信息

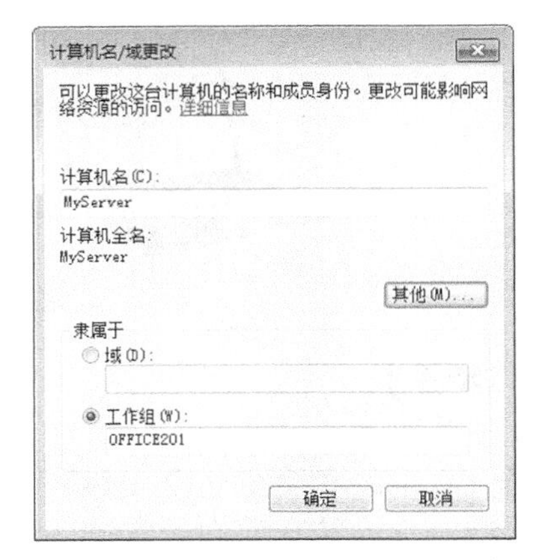

图 6-7　设置计算机名和工作组名称

两台计算机的工作组名必须相同，计算机名必须不同，否则连机后会出现冲突。计算机名和工作组名的长度都不能超过 15 个英文字符或者 7 个中文字符，而且输入的计算机名不能有空格。

（5）设置完成后，单击 确定 按钮，弹出提示对话框，如图 6-8 所示。

（6）单击 确定 按钮，在出现需要重新启动的提示信息后，回到【系统属性】对话框，显示设置后的计算机信息，如图 6-9 所示。需要注意的是，必须重新启动计算机后，这些设置才能够生效。

图 6-8　提示信息

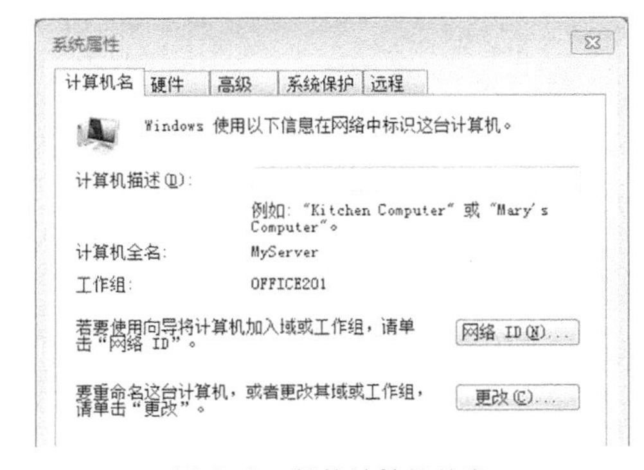

图 6-9　新的计算机信息

（7）设置两台计算机的 IP 地址，其中一台设置为“192.168.0.100”，子网掩码为“255.255.255.0”；另一台设置为“192.168.0.101”，子网掩码相同。不需要设置网关和 DNS。设置方法在前面已经介绍过，这里不再赘述。

（8）检测是否连通。在 IP 为“192.168.0.100”的计算机上，打开【命令提示符】窗口，输入命令“ping 192.168.0.101”，若显示信息如图 6-10 所示，说明两台计算机已经正常连通；若显示信息如图 6-11 所示，则说明不能正常连通，需要检查硬件的问题，例如网卡和网线是否完好、网线是否插好等。

```
命令提示符
C:\>ping 192.168.0.101

Pinging 192.168.0.101 with 32 bytes of data:

Reply from 192.168.0.101: bytes=32 time<1ms TTL=128
Reply from 192.168.0.101: bytes=32 time<1ms TTL=128
Reply from 192.168.0.101: bytes=32 time<1ms TTL=128
Reply from 192.168.0.101: bytes=32 time<1ms TTL=128

Ping statistics for 192.168.0.101:
    Packets: Sent = 4, Received = 4, Lost = 0 (0% loss),
Approximate round trip times in milli-seconds:
    Minimum = 0ms, Maximum = 0ms, Average = 0ms

C:\>
```

图 6-10　两台计算机正常连通

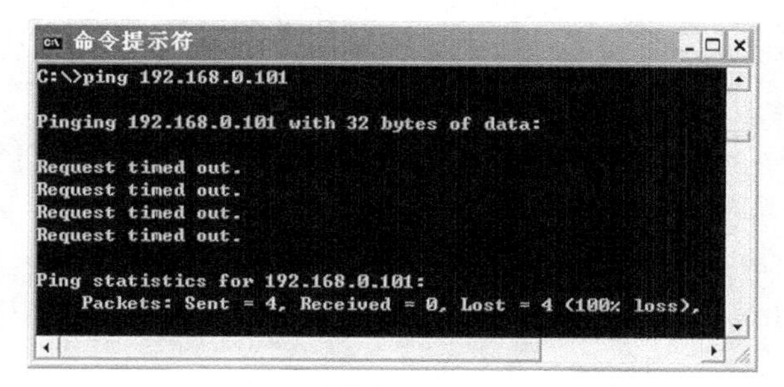

图 6-11　两台计算机无法连通

使用 ping 命令来测试网络的连通时，在图 6-10 所示情况下，一般常说“能够 ping 通”；在图 6-11 所示情况下，常说“无法 ping 通”。

如果网线连接没有问题，请检查是否是防火墙的限制。很多防火墙软件都禁止其他计算机 ping 本机。因此，在对等网中，最好将防火墙软件关闭。另外，Windows 7 系统本身也带有一个防火墙，在对等网连接和共享资源时，最好将其关闭，方法如下。

（1）在图 6-5 所示的计算机基本信息页面，单击【Windows 防火墙】选项按钮，出现 Windows 防火墙信息页面，如图 6-12 所示。

图 6-12 【高级】选项卡

（2）单击【打开或关闭 Windows 防火墙】选项按钮，弹出 Windows 防火墙自定义设置对话框，选择关闭 Windows 系统自带的防火墙，如图 6-13 所示。

（三）组建多机对等网

若对等网中有多台计算机，则首选的组建方案是使用交换机来连接。除使用设备略微不同外，基于交换机的对等网与双机对等网的设置方法基本一致。下面简单介绍一下其组建过程。

【任务要求】

组建基于交换机的对等网，其网络结构和地址设置如图 6-14 所示。

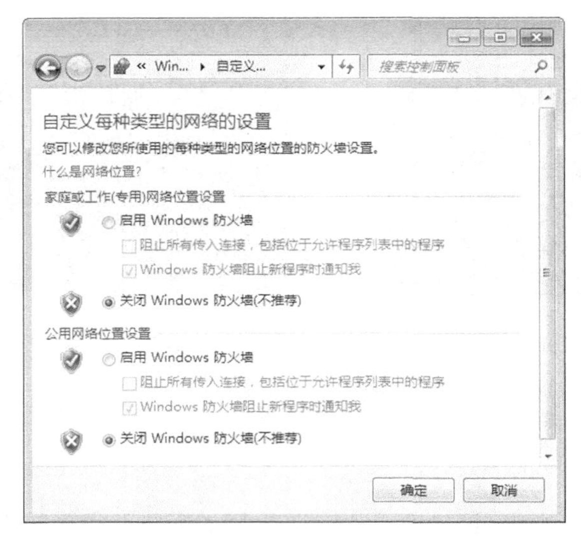

图 6-13　关闭 Windows 系统自带的防火墙

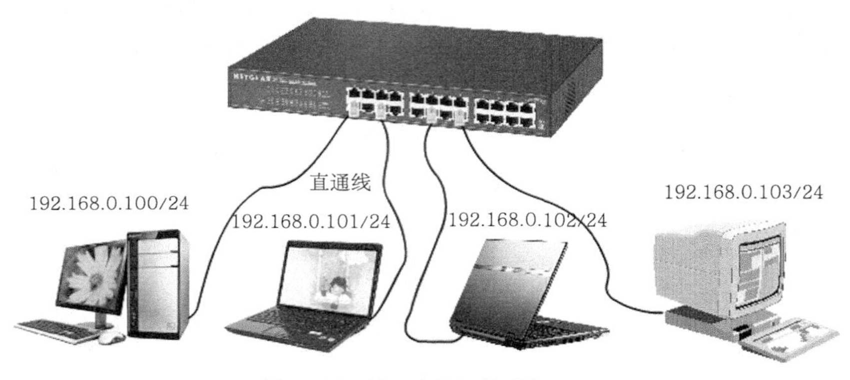

图 6-14　基于交换机的对等网

【操作步骤】

（1）制作直通网线。准备若干双绞线和 RJ45 接头，制作几根直通网线，并测试以保证连通良好。

（2）网线连接。把网线两端的 RJ45 接头分别插入计算机网卡和交换机的 RJ45 端口上。

（3）设置各计算机的主机名称、工作组和 IP 地址，其中，工作组的名称应当相同。

（4）检测是否连通。从任意一台计算机上都能够顺利 ping 通其他计算机。

这里为什么不用集线器，而用价格相对较高的交换机呢？原因非常简单，现在的交换机价格与集线器价格差距越来越小，而集线器因为它天生的种种局限性（如共享带宽、单工操作和广播传输等）正逐步被淘汰，所以现在通常都采用交换机来构建网络。

任务二　组建小型 C/S 局域网

对等网不使用专用服务器，各站点既是网络服务提供者，又是网络服务申请者。每台计算机不但有单机的所有自主权限，而且可共享网络中各计算机的处理能力和存储容量，并能进行信息交换。不过，对等网中的文件存放分散，安全性差，各种网络服务功能（如WWW服务、FTP服务等）都无法使用。

小型 C/S 局域网与基于交换机的对等网在拓扑结构上基本一致，都采用星型结构网络，使用交换机作为中央节点，只是前者的结构更为复杂一些。

（一）什么是 C/S 局域网

C/S 局域网主要是指网络中至少有一台服务器（Server）管理和控制网络的运行，普通用户计算机称为客户端（Client）。通常网络中的服务器采用 Windows Server 2003/2008 作为网络操作系统，以实现 DHCP、DNS、IIS 和域控等各种网络服务。

1. C/S 局域网的特点

- 网络中至少有一台服务器为客户机提供网络服务。
- 网络中客户端比较多，一般地点比较分散，不在同一房间或不在同一楼宇中。
- 网络中资源比较多，适用于集中存储，通常包括大量共享数据资源。
- 网络管理集中，安全性高，访问资源受权限限制，保证了数据的可靠性。

2. C/S 局域网的类型

（1）工作组方式

服务器在整个局域网中根据工作组类型提供各种网络服务和网络控制。将客户机分成不同的工作组，对于功能基本相同的客户机应归属到同一个工作组中，因为在同一个工作组中数据交换比较频繁。在服务器中为不同工作组成员建立不同权限的用户账户，服务器根据账户类型决定用户访问数据的权限。相同工作组成员之间的数据访问基本不受限制，对于不同工作组成员之间的数据访问，服务器则根据用户访问规则加以限制，从而实现服务器数据资源的分类共享。拓扑结构如图 6-15 所示。

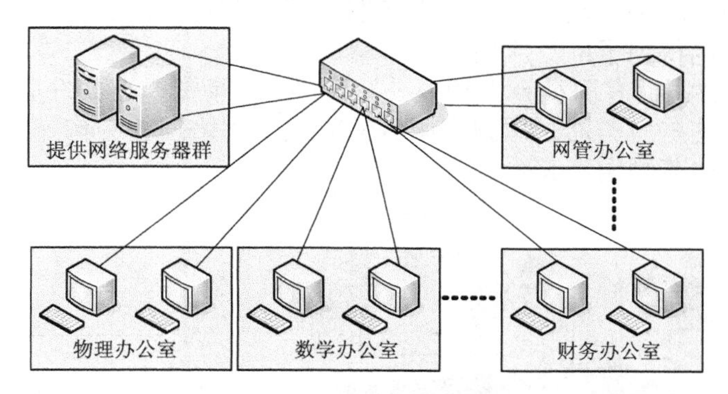

图 6-15　工作组方式局域网

（2）域控制方式

域控制方式局域网是指在网络中至少有一台服务器为网络域控制器，域控制服务器的作用是负责整个网络中客户机登录网络域的用户验证，保证网络中所有计算机用户为合法用户，从而保证服务器资源的安全访问。

在工作组方式的局域网中，尽管需要通过输入共享访问密码来访问服务器资源，但是网络中的共享访问密码是很容易被破解的，这就造成网络中数据资源的不安全性。在域控制方式的局域网中，访问域的用户账户、密码、计算机信息构成一个数据信息库，当计算机连入网络中时，域控制器根据输入用户登录信息与数据库中验证信息比对，确定是否属于域成员，完成网络访问控制。主要拓扑结构如图 6-16 所示。

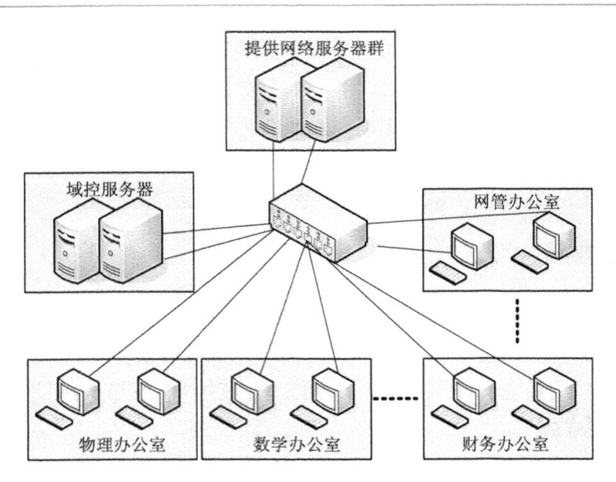

图 6-16　域控制方式局域网

客户机用户账户主要由域控制器建立，对于域控制方式局域网需要分别设置域控制服务器和客户机，一般域控制服务器采用 Windows Server 网络操作系统。

（3）独立服务器方式

这种方式下，网络中的各个服务器都独立提供网络服务，根据自身的访问规则和用户设置来决定用户的访问，而不会根据用户的工作组或域来进行访问控制。各服务器之间在用户管理和访问控制方面没有什么关联，例如 FTP 服务器上的合法用户“zhangming”，与数据库服务器上的用户“zhangming”可能就不是同一个物理用户。

独立服务器方式的网络无法实现统一身份认证和单点登录，为用户的使用带来不便。但这种网络结构的逻辑关系比较单纯，服务器配置比较灵活，更利于网络的管理和维护，在实际网络建设中也得到了广泛应用。

例如，某外贸公司拥有职员 8 人和办公室两间，共享资源有文件服务器、网络打印机、数据库服务器等，这些服务器采用独立服务器方式，网络拓扑结构如图 6-17 所示，这种网络方案能够很好地兼顾网络安全性和易用性。

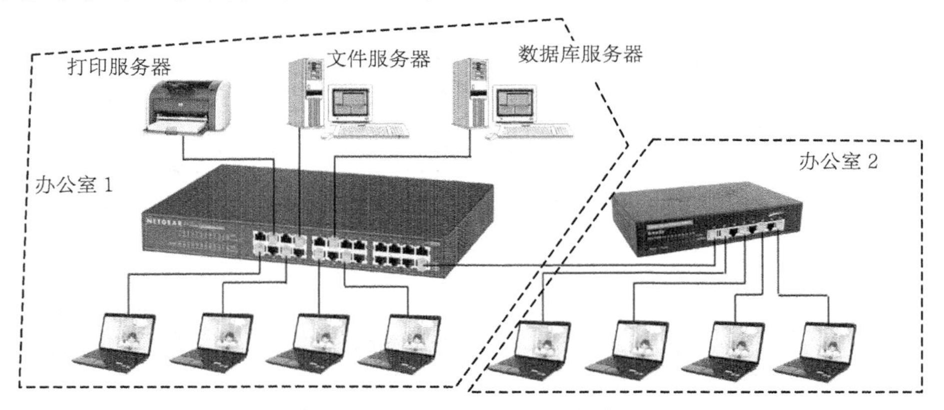

图 6-17　小型 C/S 局域网拓扑结构

（二）小型 C/S 网的组建

随着网络应用的普及，在办公场所组建一个基于交换机的小型局域网络，成为了一种正常的需求。

组网模式可以考虑无线网络和有线网络两种。

- 无线网络：可以省去布线的麻烦，办公环境也不会受到影响，上网地点可以不受约束，但是速度较慢、安全性不高。
- 有线网络：投入成本低，安全性好、速度快，但是布线比较麻烦。

本案例中选择使用有线网络，通过宽带路由器接入互联网的方法来组建办公网。在具体应用中，可以根据自己的实际情况来选择。

【任务要求】

在本例的组网方案中，办公室的计算机通过交换机互连，宽带路由器也连接到其中一台交换机上，所有其他计算机要上网，都需要通过路由器来实现。该方案的网络拓扑结构如图 6-18 所示。

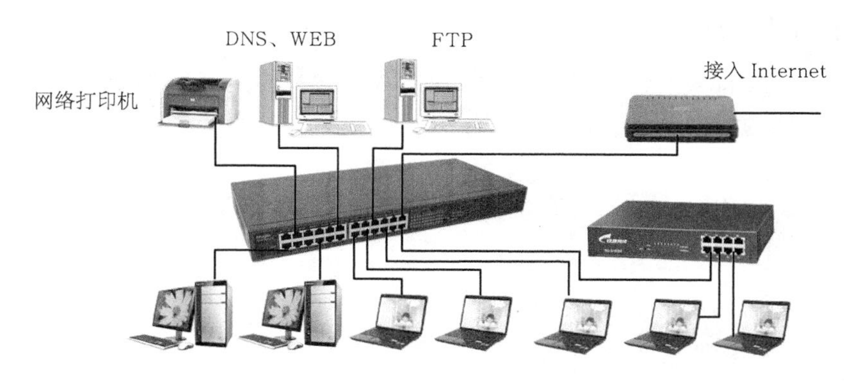

图 6-18　小型办公网的网络拓扑结构

【操作步骤】

（1）按照拓扑结构连接各连网设备。

（2）安装路由器，设置其内网（办公局域网）地址（如 192.168.0.1）和外网（互联网）地址（根据 ISP 提供的上网资料）。

（3）内网 IP 地址范围为“192.168.0.2”～“192.168.0.255”，子网掩码均为“255.255.255.0”，网关为“192.168.0.1”（路由器 IP 地址）。

（4）设置 DNS（域名）、WEB（主页）、FTP（文件）、E-mail（邮件）等服务器的 IP 地址。

（5）为各办公计算机设置 IP 地址。

这样，当计算机在局域网内通信时，直接通过交换机寻址和转发；当某计算机要访问 Internet 时，首先把访问请求通过交换机和网卡发送到路由器，然后通过路由器转发到 Internet 目标地址，从而实现对互联网的访问。

任务三　共享与发布资源

网络的一个重要应用就是各种资源的共享。不管是对等网，还是小型 C/S 网络，由于使用者基本上都是本地、本部门的可信用户，且用户数量少，因此一般要设立公用账户和私有账户，将必要的本机资源直接用共享的方式发布，通过设置用户访问权限来控制访问。

在对等网中，用户对自己的计算机拥有管理权限，因此可以决定将哪些资源共享给哪些用户；在小型C/S网络中，一般是在服务器上设置共享资源空间，每个用户根据权限来发布和访问这些共享资源。

（一）添加用户

【任务要求】

以Windows 7操作系统为例，说明如何添加管理用户。

【操作步骤】

如果允许别人访问自己的共享资源，可以使用内置的“everyone”账户来对所有用户开放，也可以设置个人用户账户来限制对某些资源的仿问。下面添加两个个人账户“zhang”和“wang”。

（1）在计算机桌面上，用鼠标右键单击【计算机】图标，从弹出的快捷菜单上选择【管理】命令，打开【计算机管理】窗口，如图6-19所示。

图6-19 【计算机管理】窗口

（2）在窗口左侧面板中展开【系统工具】/【本地用户和组】/【用户】选项，在右侧面板中显示当前计算机所具有的用户情况。

（3）在【用户】选项上单击鼠标右键，弹出图6-20所示的快捷菜单。

（4）选择【新用户】命令，弹出【新用户】对话框，如图6-21所示。

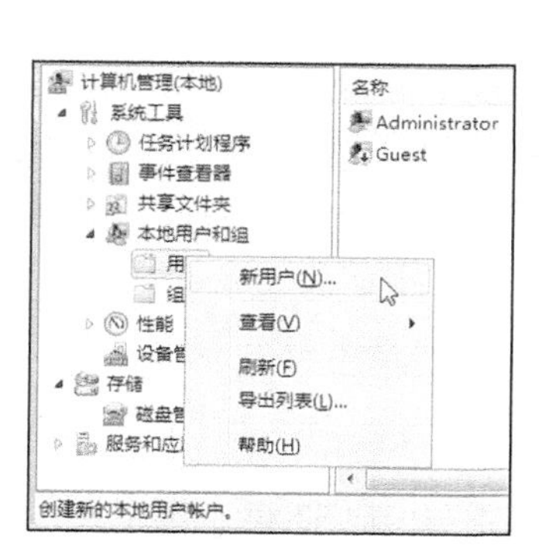

图6-20 用户快捷菜单

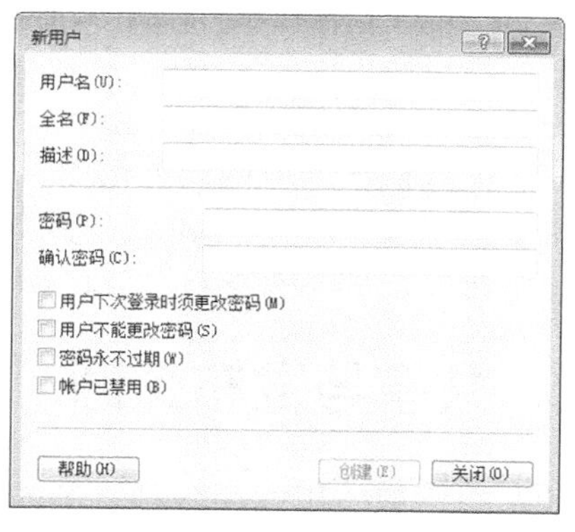

图6-21 【新用户】对话框

（5）在该对话框的【用户名】中填写个人账户的名称，并设置密码，注意这里要勾选【用户不能更改密码】和【密码永不过期】两个复选项，如图6-22所示。

（6）单击 创建(E) 按钮，创建新用户。

（7）全部创建完成后，单击 关闭(O) 按钮，关闭对话框。

这时，在用户窗口中，可以看到刚才新建的几个用户账户，如图 6-23 所示。下面就可以发布共享资源，并利用用户账户限制访问了。

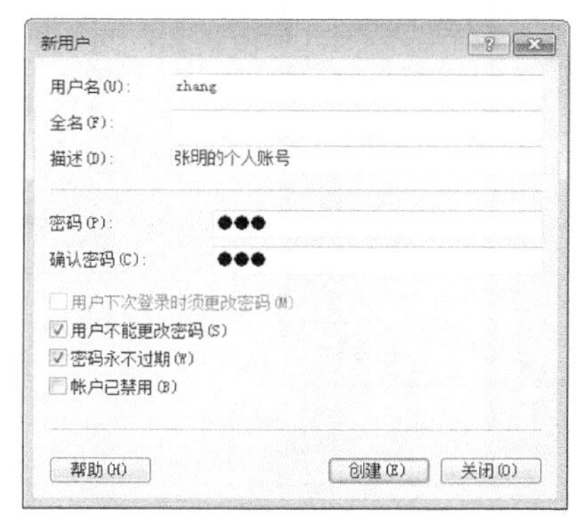

图 6-22　创建新用户

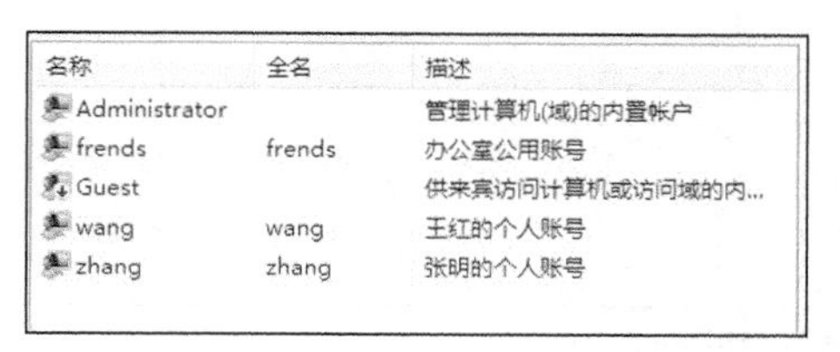

图 6-23　新建的几个用户

在计算机中，有一个特殊的账户"Guest"，一般处于停用状态，也可以将其启用作为公用账户。Guest 用户不需要设置密码，虽然能够很方便地实现共享访问，但是安全性很差。所以建议尽量不要使用这个账户登录。

（二）发布共享资源

【任务要求】

将本机的"电影"文件夹发布为只读的公用共享资源；将"素材"文件夹发布为只有用户"wang"能够访问，具有只读权限；将"软件"文件夹发布为只有用户"zhang"能够访问，具有读写权限。

【操作步骤】

（1）在"电影"文件夹上单击鼠标右键，弹出图 6-24 所示的快捷菜单。

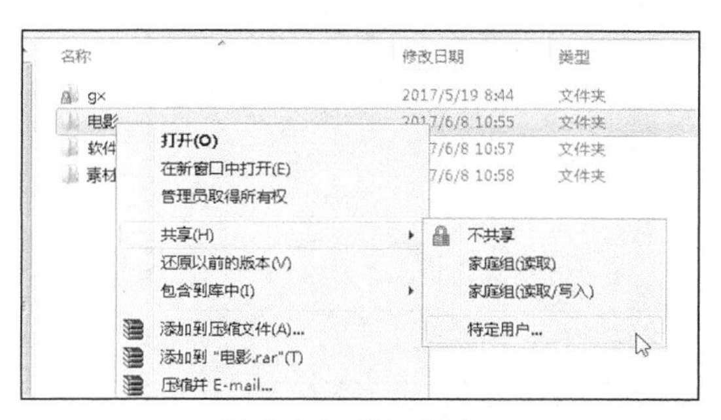

图 6-24　快捷菜单

（2）选择【共享】/【特定用户】命令，弹出【文件共享】对话框，如图 6-25 所示。

（3）点选下拉框，会出现所有用户的列表，如图 6-26 所示。

（4）选择"Everyone"，单击 添加(A) 按钮，则将该用户添加到了当前文件夹授权用户的列表中，其默认的访问权限是"读取"，如图 6-27 所示。

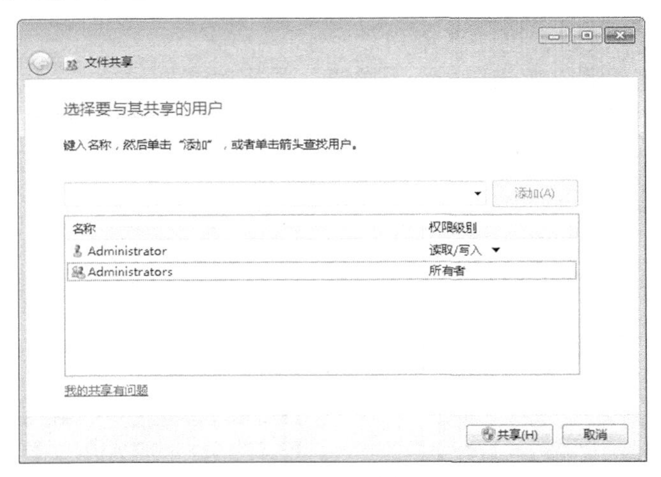

图 6-25　设置文件夹共享

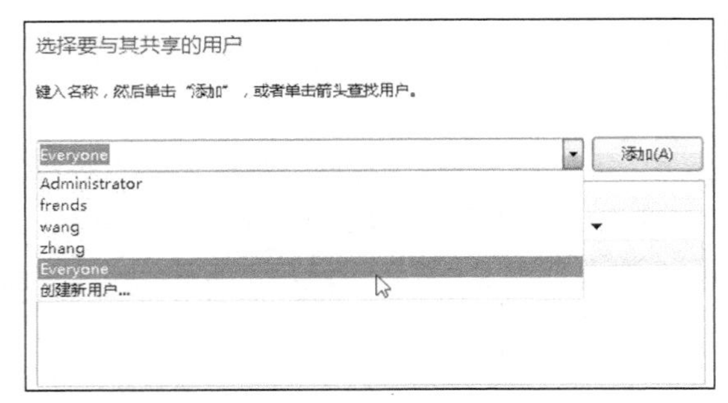

图 6-26　所有用户列表

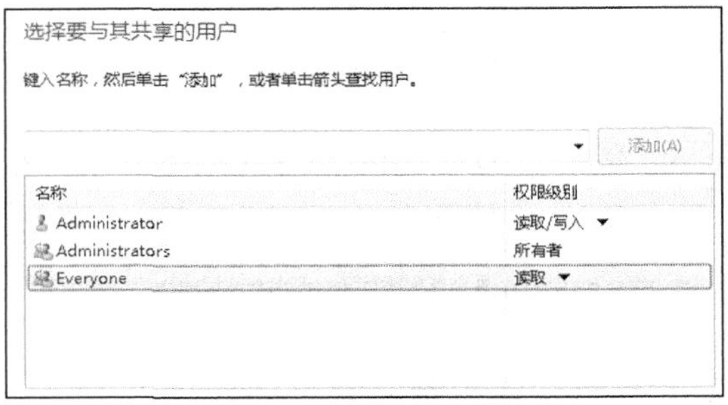

图 6-27　设置文件夹共享

（5）单击对话框中的 共享(H) 按钮，则出现【文件共享】对话框，如图 6-28 所示，说明对当前文件夹的共享设置已经完毕。

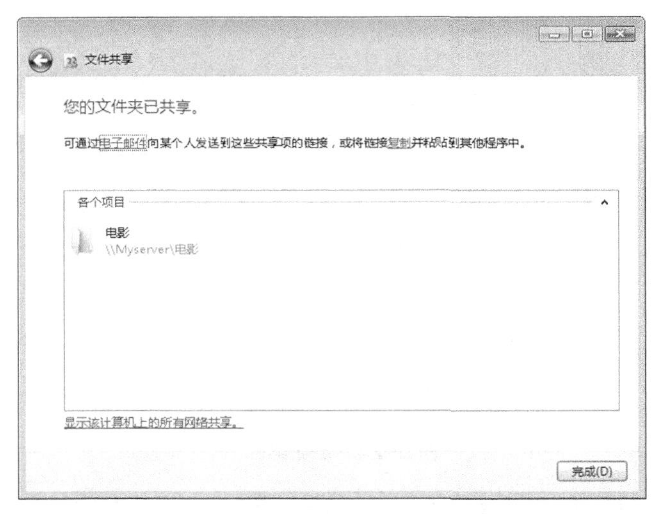

图 6-28　【文件共享】对话框

（6）单击 完成(D) 按钮，完成该文件夹的共享发布。

Administrator 是本机的管理员或超级用户，一般拥有对所有资源的所有权和管理权。Everyone 是通用账户，是系统自动创建的，代表本机所有合法的用户。

根据上述设置，访问计算机的每个合法用户（Everyone）都能够读取当前共享资源“电影”，但无法更改内容。

下面设置只有指定的用户能够访问资源，将“素材”文件夹发布为只有用户“wang”能够访问，具有只读权限；将“软件”文件夹发布为只有用户“zhang”能够访问，具有读写权限。

（7）选择“素材”文件夹，通过鼠标右键菜单打开【文件共享】对话框，从用户列表中选择用户“wang”，设置其访问权限为“读取”。

（8）同理，选择“软件”文件夹，设置用户“zhang”能够访问，并具有“读取/写入”权限，如图 6-29 所示。

至此，共享资源设置已经完成。为了控制同时访问共享资源的用户数，我们可以通过文件夹的属性来限制。下面以“电影”文件夹为例来说明。

（9）选择“电影”文件夹，单击鼠标右键，从快捷菜单中选择“属性”命令，打开文件夹的属性对话框。

（10）单击进入【共享】选项卡，可见其说明了当前文件夹的共享情况，如图 6-30 所示。

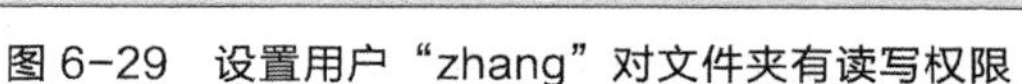
图 6-29　设置用户“zhang”对文件夹有读写权限

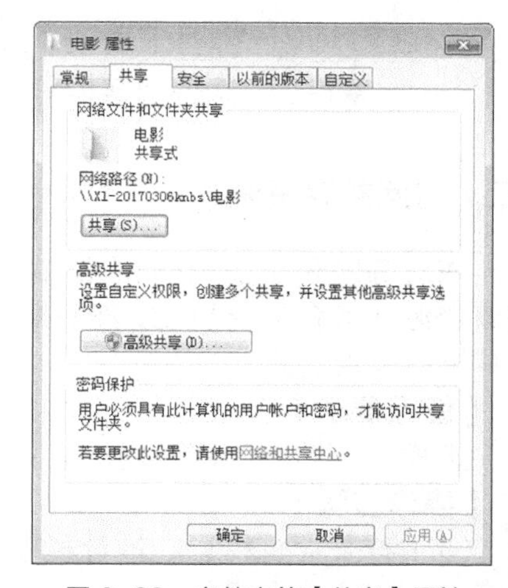

图 6-30　文件夹的【共享】属性

（11）单击 高级共享(D)... 按钮，打开【高级共享】对话框，如图 6-31 所示，可见其中说明了文件夹的共享名及用户数量限制，我们可以根据需要修改这些参数。

（12）单击 添加(A) 按钮，出现【新建共享】对话框。为当前文件夹设置一个新的共享名称“精彩大片”，并限制用户访问数量为 8，如图 6-32 所示。

（13）单击 确定 按钮，返回【高级共享】对话框。可见这时【共享名】下拉列表中有 2 个名称。为避免混淆，我们要删除一个。选择“电影”名称，单击 删除(R) 按钮，则共享名只剩下“精彩大片”一个了，如图 6-33 所示。

同样，单击 权限(P) 按钮，我们还能够对用户和权限进行修改，如图 6-34 所示。

图 6-31 【高级共享】对话框

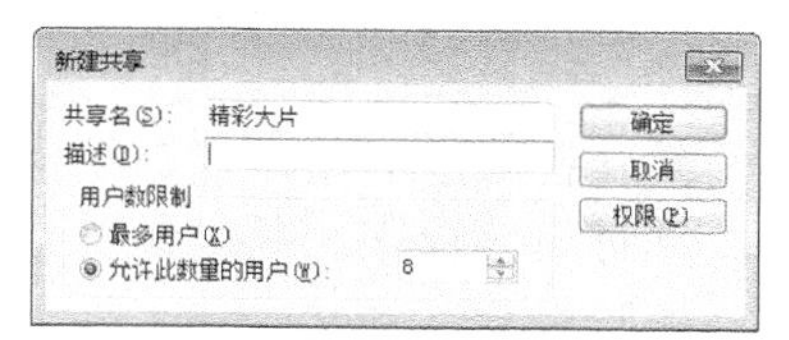

图 6-32 设置新的共享名

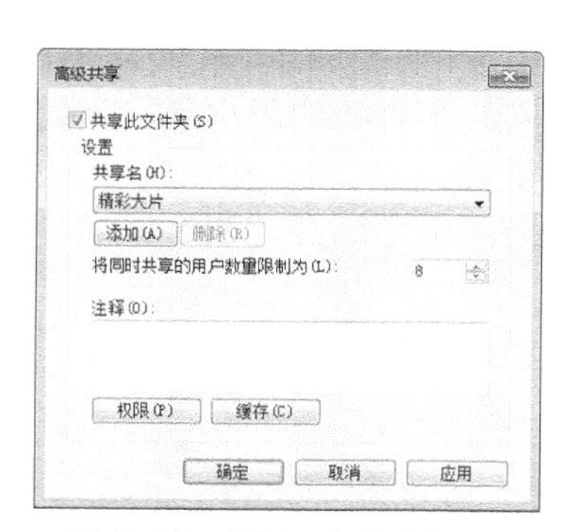

图 6-33 保留一个共享名

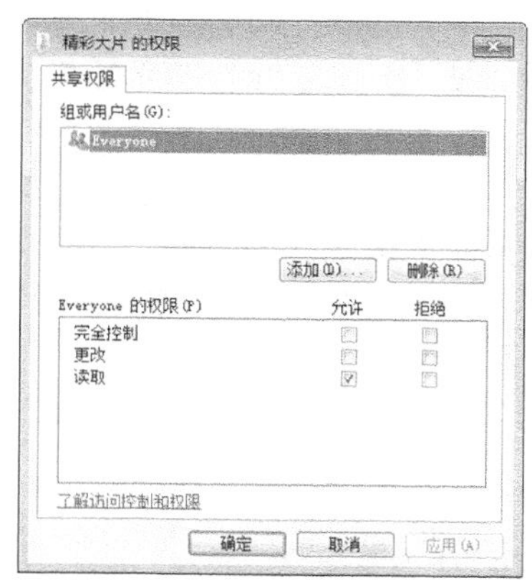

图 6-34 对用户和权限进行修改

（三）访问共享资源

在对等网和小型 C/S 网络中，没有域的设置，所以用户要访问网络共享资源，必须知道该资源在哪台计算机上，然后登录到该计算机上进行访问。一般常用的是通过 IP 地址或计算机名称查找。

【任务要求】

查找同一局域网网段内的计算机“\\192.168.0.101”，然后访问其共享资源。

【操作步骤】

（1）打开计算机，在地址栏输入目标主机地址“\\192.168.0.101”，如图 6-35 所示。注意，一定要包含双斜杠，否则会默认以 http 协议访问目标主机。

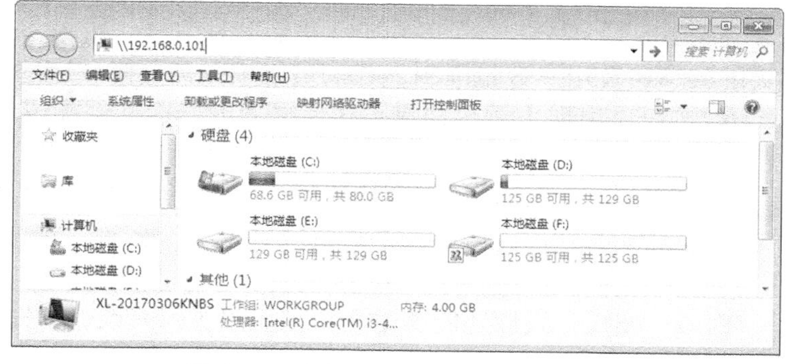

图 6-35 在地址栏输入目标主机地址

还有另外一种查找计算机的方法：点击起始图标，在出现的搜索框中，输入目标主机地址。注意也一定要包含双斜杠，否则只能在本机内搜索内容。

（2）按下键盘上的 Enter 按键，开始查找目标主机。如果找到该计算机，则出现图 6-36 所示的安全对话框，要求输入合法的用户名和密码。

（3）输入能够访问该计算机的用户名和密码，单击 确定 按钮，则显示该目标计算机上所有的共享资源，如图 6-37 所示。

图 6-36　要求输入合法的用户名和密码

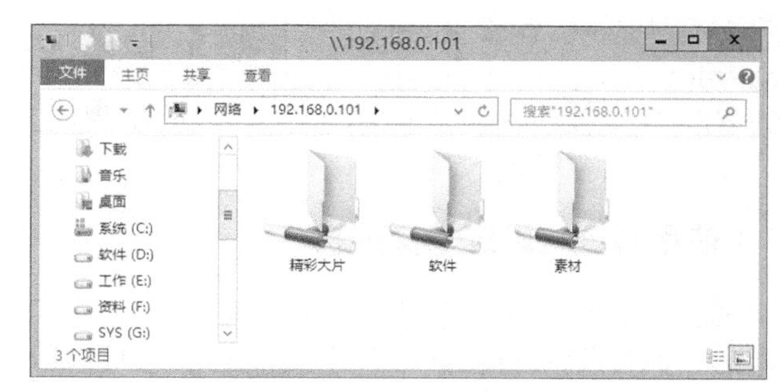

图 6-37　显示共享资源

（4）根据不同的权限，用户可以读取或者修改该计算机上的共享文件。例如，用户“zhang”具有对“精彩大片”文件夹的访问权限，所以能够打开该文件夹并浏览文件，如图 6-38 所示。

图 6-38　访问共享文件夹

（5）对于文件夹“软件”具有读写权限，所以可以在该文件夹中创建新文件、上传或删除当前文件。

（6）对于没有访问权限的文件夹，当其试图打开“素材”文件夹时，会弹出对话框，显示错误提示，如图 6-39 所示。

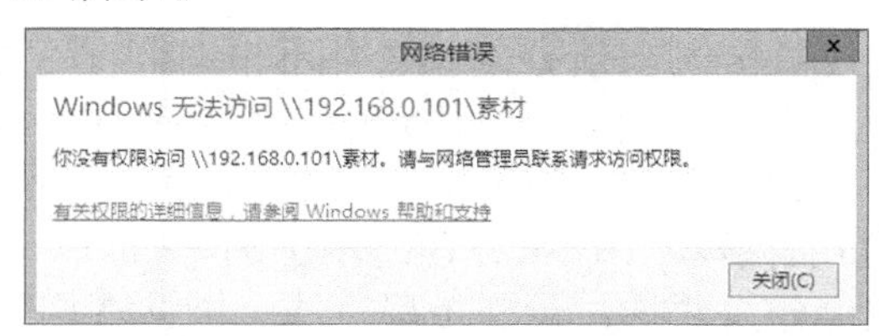

图 6-39　没有访问权限的文件夹

项目实训　配置交换机

在局域网中，核心的网络设备就是交换机，因此对局域网的配置主要就是对交换机进行配置。在一些简单应用情况下，如宿舍、办公室等小型局域网环境中，交换机被作为一种透明的集中设备来使用，不需要进行任何设置就可以使用。但是在很多情况下，需要对交换机进行适当的配置，如设置地址、划分 VLAN 等，以使其满足用户更高的需要。

交换机的详细配置过程比较复杂，而且具体的配置方法会因不同品牌、不同系列的交换机而有所不同。锐捷交换机的配置命令与 Cisco 交换机基本相同，都是基于 Cisco 的 IOS（Internet Operating System）系统，设置大同小异。这里以学校教学中常见的锐捷 RG-2352G 交换机为例来简单介绍交换机的配置方法。有了这些通用配置方法，大家就能举一反三，融会贯通。

（一）使用超级终端连接交换机

通常，交换机可以通过两种方法进行配置，一种是本地配置，另一种是远程网络配置，但是后一种配置只有在前一种配置成功后才可进行。

1. 连接交换机

要进行交换机的本地配置，首先要正确连线。

因为笔记本电脑的便携性能，所以配置交换机通常用笔记本电脑进行，在实在无笔记本的情况下，也可以采用台式机，但移动起来麻烦些。交换机的本地配置是通过计算机与交换机的“Console”端口直接连接的方式进行通信的，它的连接图如图 6-40 所示。

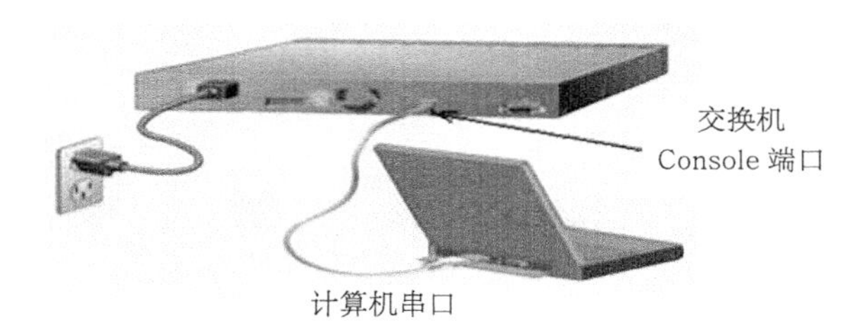

图 6-40　本地配置的物理连接方式

交换机上一般都有一个“Console”端口，它是专门用于对交换机进行配置和管理的。通过 Console 端口连接并配置交换机，是配置和管理交换机必须经过的步骤。虽然除此之外还有其他若干种配置和管理交换机的方式（如 Web 方式、Telnet 方式等），但是，这些方式必须首先通过 Console 端口进行基本配置后才能进行。因为其他方式往往需要借助于 IP 地址、域名或设备名称才可以实现，而新购买的交换机显然不可能内置有这些参数，所以通过 Console 端口连接并配置交换机是最常用、最基本也是网络管理员必须掌握的管理和配置方式。

不同类型的交换机 Console 端口所处的位置并不相同，有的位于前面板，有的位于后面板。通常模块化交换机大多位于前面板，固定配置交换机大多位于后面板。

无论交换机采用 DB-9 或 DB-25 串行接口，还是采用 RJ-45 接口，都需要通过专门的 Console 线连接至配置用计算机（通常称作终端）的串行口。与交换机不同的 Console 端口相对应，Console 线也分为两种：一种是串行线，即两端均为串行接口（两端均为母头），两端可以分别插入计算机的串口和交换机的 Console 端口；另一种是两端均为 RJ-45

接头（RJ-45/RJ-45）的扁平线，由于扁平线两端均为 RJ-45 接口，无法直接与计算机串口进行连接，因此，还必须同时使用一个如图 6-41 所示的 RJ-45/DB-9（或 RJ-45/DB-25）适配器。

图 6-41　RJ-45/DB-9 配置线缆

通常情况下，在交换机的包装箱中都会随机赠送这么一条 Console 线和相应的 DB-9 或 DB-25 适配器。

2. 通过超级终端连接交换机

RG-2352G 交换机在配置前的所有默认配置如下。

- 所有端口无端口名；所有端口的优先级为 Normal 方式。
- 所有 10/100Mbit/s 以太网端口设为 Auto 方式。
- 所有 10/100Mbit/s 以太网端口设为半双工方式。
- 未配置虚拟子网。

物理连接好了，就要打开计算机和交换机电源进行软件配置了。

Windows XP 操作系统自带的【超级终端】工具能够方便地配置交换机等网络设备，但是 Windows 7（64 位）操作系统取消了这个工具，用户可以使用第三方的工具软件（如 SecureCRT 等），也可以尝试使用 Windows XP 操作系统中的超级终端。这里我们选择使用 Windows XP 系统中的超级终端工具 hypertrm。

【操作步骤】

（1）Windows XP 操作系统中的【超级终端】工具的程序文件可以从 Windows XP 操作系统中提取，也可以从网上下载。要确保动态链文件的完整性，否则打开会出错。一般要有 3 个文件，保存在同一个文件夹内，如图 6-42 所示。

图 6-42　【超级终端】工具的程序文件

（2）双击运行“hypertrm.exe”程序文件，出现图 6-43 所示的对话框，说明要将该程序作为默认的 telnet（远程登录）程序。

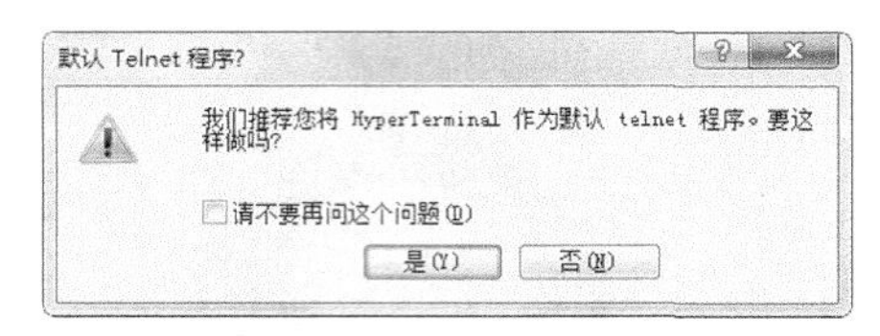

图 6-43　将该程序作为默认的 telnet（远程登录）程序

（3）单击 是(Y) 按钮，出现【位置信息】对话框，如图 6-44 所示，要求输入用户当前的位置信息。

（4）指定一个区号，然后单击 确定 按钮，出现图 6-45 所示的【电话和调制解调器】对话框，说明可以在当前位置新建调制解调器拨号连接了。

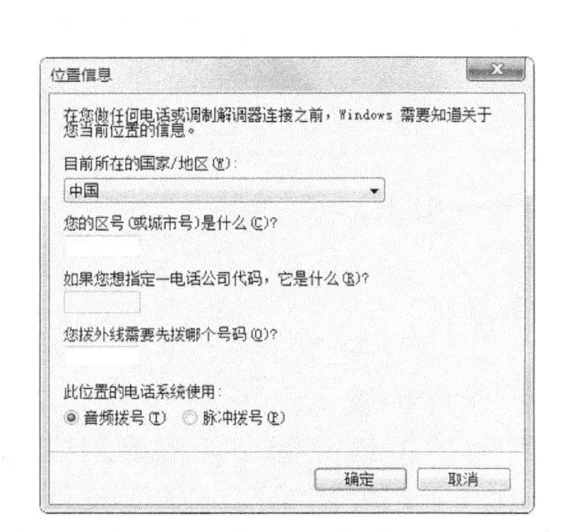

图 6-44　【位置信息】对话框

图 6-45　【电话和调制解调器】对话框

（5）单击 新建(N)... 按钮，弹出图 6-46 所示的界面，可以创建一个远程连接。

图 6-46　新建远程连接

（6）在【名称】文本框中键入需新建的超级终端连接项名称，这主要是为了便于识别，没有什么特殊要求，例如键入“Cisco”，再选择一个自己喜欢的图标，单击 确定 按钮，进入下一个设置对话框。

（7）在【连接到】下拉列表框中选择与交换机相连的计算机的串口，一般都是“COM1”口，如图 6-47 所示。

（8）单击 确定 按钮，在【端口设置】选项卡中，设置【每秒位数】（波特率）为“9600”，这是串口的最高通信速率，其他各选项统统采用默认值，如图 6-48 所示。

图 6-47　选择连接端口

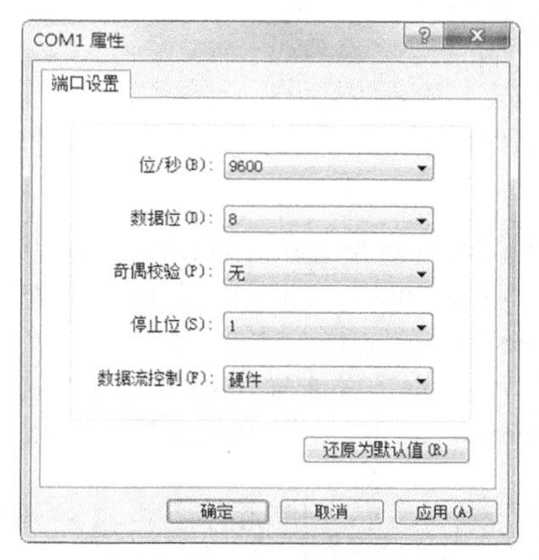

图 6-48　设置通信端口属性

（9）单击 确定 按钮，如果通信正常的话就会在超级终端程序窗口中出现类似于如下所示的交换机的初始配置情况。

```
User Interface Menu
[M]  Menus                  //主配置菜单
[I]  IP Configuration       //IP地址等配置
[P]  Console Password       //控制密码配置
Enter Selection:            //在此输入要选择项的快捷字母，然后按Enter键确认
```

“//”后面的内容为笔者对前面语句的解释，下同。

至此就正式进入交换机配置界面了，下面就可以正式配置交换机了。

（二）交换机的基本配置

进入配置界面后，如果是第一次配置，首先要进行的是 IP 地址配置，这主要是为后面进行远程配置而准备的。

1. IP 地址配置方法

在前面所出现的配置界面“Enter Selection:”后输入“I”字母，然后单击 Enter 键，则出现如下配置信息：

```
-----------------------------Settings-----------------------------
[I]  IP address
[S]  Subnet mask
[G]  Default gateway
[B]  Management Bridge Group
```

```
[M] IP address of DNS server 1
[N] IP address of DNS server 2
[D] Domain name
[R] Use Routing Information Protocol
----------------------------Actions-----------------------------
[P] Ping
[C] Clear cached DNS entries
[X] Exit to previous menu
Enter Selection:
```

在以上配置界面最后的“Enter Selection:”后再次输入“I”字母，选择以上配置菜单中的“IP address”选项，配置交换机的 IP 地址，单击Enter键后即出现如下所示配置信息：

```
Enter administrative IP address in dotted quad format (nnn.nnn.nnn.nnn):
            //按“nnn.nnn.nnn.nnn”格式输入IP地址
Current setting = = = >  0.0.0.0
            //交换机没有配置前的IP地址为“0.0.0.0”，代表任何IP地址
New setting = = =  >        //在此处键入新的IP地址
```

若需配置交换机的子网掩码和默认网关，在以上 IP 配置界面里面分别选择“S”和“G”项即可。

在以上 IP 配置菜单中，选择“X”项会退回到前面所介绍的交换机配置界面。

2. 交换机配置的常见命令

交换机的几种配置模式如图 6-49 所示。在用户模式下输入“enable”进入特权模式，在特权模式下输入“disable”回到用户模式，在特权模式下输入“configure terminal”进入全局模式，在特权模式下输入“disable”回到用户模式。

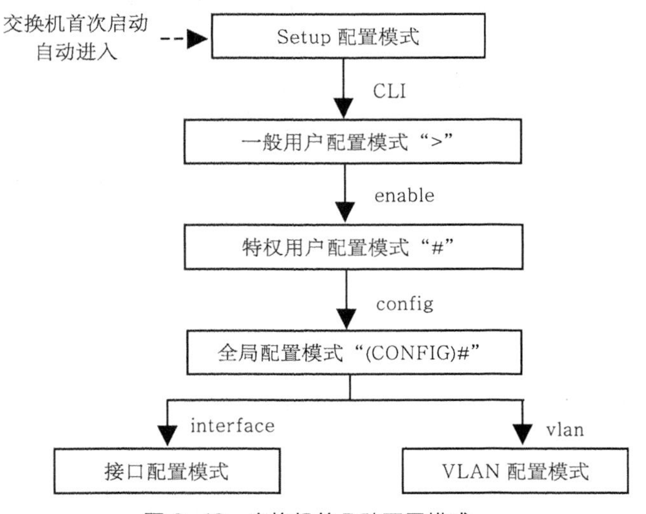

图 6-49　交换机的几种配置模式

IOS 命令需要在各自的命令模式下才能执行，因此，如果想执行某个命令，必须先进入相应的配置模式。

在交换机 CLI 命令中，有一个最基本的命令，那就是帮助命令“?”，在任何命令模式下，只需键入“?”，即显示该命令模式下所有可用到的命令及其用途，这就交换机的帮助命令。另外，还可以在一个命令和参数后面加“?”，以寻求相关的帮助。

锐捷的 IOS 命令支持缩写，也就是说，一般没有必要键入完整的命令和关键字，只要键入的命令所包含的字符长到足以与其他命令区别就足够了。例如，可将“show configure”命令缩写为“sh conf”。用 TAB 键可把命令自动补全，如：switch>en:，按键盘 TAB 键后自动补全为“switch>enable”。

刚进入交换机的时候，我们处于用户模式，如“switch>”。在用户模式下我们可以查询交换机配置及一些简单测试命令。

对于一个默认未配置的交换机来说，我们必须对一些命名、密码和远程连接等进行设置，这样可以方便以后维护。

```
hostname [hostname]                                   //设置交换机名
如：switch(config)#hostname tsg
ip address [ip address ][netmask]                     //设置IP地址
如：switch(config)#ip address 192.168.0.1 255.255.255.0
ip default-gateway [ip address]                       //设置交换机的默认网关
如：switch(config)#ip default-gateway 192.168.0.1
enable password level [1-15] [password]               //设置密码
如：switch(config)#enable password level 1 ruijie
```

在设计拓扑图的时候要对相关交换机设定容易管理人员识别的交换机名称，设置的密码是区分大小写的。level 1 代表登录密码，level 15 代表全局模式。

在完成一些基本设置后，可以用 Show 命令查看交换机的信息：

```
show version                         //查看系统硬件的配置，软件版本号等
show running-config                  //查看当前正在运行的配置信息
show interfaces                      //查看所有端口的配置信息
show interfaces [端口号]             //查看具体某个端口号的配置信息
show interfaces status               //查看所有端口的状态信息
show interfaces [端口号] switchport
                                     //显示二层端口的状态，可以用来决定此口是否为二层或三层口
show ip                              //查看交换机的IP信息
```

交换机重新启动命令：Switch#reload

（三）交换机端口配置

1. 配置 enable 口令及主机名字，交换机中可以配置两种口令

- 使能口令（enable password），口令以明文显示。
- 使能密码（enbale secret），口令以密文显示。

一般只需要配置两者中的一个，如果两者同时配置，只能使密码生效。

```
Switch.>                                        //用户直行模式提示符
```

```
Switch.>enable                              //进入特权模式
Switch.#                                    //特权模式提示符
Switch.# config terminal                    //进入配置模式
Switch.(config)#                            //配置模式提示符
Switch.(config)# hostname tsg               //设置主机名Tsg
Tsg(config)# enable password tsg            //设置使能口令为tsg
Tsg(config)# enable secret network          //设置使能密码为network
Tsg(config)# line vty 0 15                  //设置虚拟终端线
Tsg(config-line)# login                     //设置登录验证
Tsg(config-line)# password skill            //设置虚拟终端登录密码
```

默认情况下，如果没有设置虚拟终端密码是无法从远端进行 telnet 的，远端进行 telnet 时候会提示设置 login 密码。许多新手会认为 no login 是无法从远端登录，其实 no login 是代表不需要验证密码就可以从远端 telnet 到交换机，任何人都能 telnet 到交换机这样是很危险的，千万要注意。

2. 配置交换机 IP 地址、默认网关、域名、域名服务器

应该注意的是，在交换机设置的 IP 地址、网关、域名等信息是为管理交换机的，与连接在该交换机上的网络设备无关，也就是说用户就算不配置 IP 信息，把网线插进端口，照样可以工作。

```
Tsg(config)# ip address 192.169.1.1 255.255.255.0    //设置交换机IP地址
Tsg(config)# ip default-gateway 192.169.1.254        //设置默认网关
Tsg(config)# ip domain-name tsg.com                  //设置域名
Tsg(config)# ip name-server 200.0.0.1                //设置域名服务器
```

3. 配置交换机端口属性

交换机默认端口设置自动检测端口速度和双工状态，也就是 Auto-speed 和 Auto-duplex，一般情况下不需要对每个端口进行设置，但锐捷的技术白皮书建议直接对端口的速度、双工信息等进行适当配置。

speed 命令可以选择搭配 10、100 和 auto，分别代表 10Mbit/s、100Mbit/s 和自动协商速度。duplex 命令可以选择 full、half 和 auto，分别代表全双工、半双工和自动协商双工状态。

description 命令用于描述特定端口名字，建议对特殊端口进行描述。假设现在接入端口 1 的设备速度为 100Mbit/s，双工状态为全双工：

```
Tsg(config)# interface fastethernet 0/1       //进入接口0/1的配置模式
Tsg(config-if)# speed 100                     //设置该端口的速率为100Mbit/s
Tsg(config-if)# duplex full                   //设置该端口为全双工
Tsg(config-if)# description up_to_mis         //设置该端口描述为up_to_mis
Tsg(config-if)# end                           //退回到特权模式
Tsg# show interface fastethernet 0/1          //查询端口0/1的配置结果
```

4. 配置交换机端口模式

交换机的端口工作模式一般可以分为三种：access、multi、trunk。trunk 模式的端口用于交换机与交换机，交换机与路由器，大多用于级联网络设备所以也叫干道模式。access 多用于接入层，也叫接入模式。

interface range 可以对一组端口进行统一配置，如果已知端口直接与 PC 机连接，不

接路由、交换机和集线器，可以用 spanning-tree portfast 命令设置快速端口，快速端口不再经历生成树的四个状态，直接进入转发状态，提高接入速度。

```
Tsg1(config)# interface range fastethernet 0/1-20        //对1-20端口进行配置
Tsg1(config-if-range)# switchport mode access            //设置端口为接入模式
Tsg1(config-if-range)# spanning-tree portfast            //设置1-20端口为快速端口
```

交换机可以通过自动协商工作在干道模式，但是按照要求，如果该端口属于主干道，应该明确标明该端口属于 Trunk 模式。

```
Tsg1(config)# interface fastethernet 0/24                //对端口24进行配置
Tsg1(config-if)# switchport mode trunk                   //端口为干道模式
```

（四）交换机的远程管理

上面介绍过交换机除了可以通过 Console 端口与计算机直接连接外，还可以通过普通端口进行连接。如果是堆栈型的，可以把几台交换机堆在一起进行配置，因为这时实际上它们是一个整体，一般只有一台具有网管能力。这时通过普通端口对交换机进行管理时，就不再使用超级终端了，而是以 Telnet 或 Web 浏览器的方式实现与被管理交换机的通信。因为我们在前面的本地配置方式中已为交换机配置好了 IP 地址，所以现在可以通过 IP 地址与交换机进行通信，不过要注意，只有网管型的交换机才具有这种管理功能。这种远程配置方式可以通过两种不同的方式来进行，下面分别介绍。

1. Telnet 方式

Telnet 协议是一种远程访问协议，可以用它登录到远程计算机、网络设备或专用 TCP/IP 网络。Windows 系统、UNIX/Linux 等系统中都内置有 Telnet 客户端程序。

在使用 Telnet 连接至交换机前，应当确认已经做好以下准备工作。

- 在用于管理的计算机中安装有 TCP/IP，并配置好了 IP 地址信息。
- 在被管理的交换机上已经配置好 IP 地址信息。如果尚未配置 IP 地址信息，则必须通过 Console 端口进行设置。
- 在被管理的交换机上建立了具有管理权限的用户账户。如果没有建立新的账户，则锐捷交换机默认的管理员账户为“Admin”。

在计算机上运行 Telnet 客户端程序（这个程序在 Windows 系统中与 UNIX、Linux 系统中都有，而且用法基本是兼容的，特别是在老版本操作系统如 Windows 2000/XP 中的 Telnet 程序），并登录至远程交换机。前面已经设置过交换机的 IP 地址，下面只介绍进入配置界面的方法，至于如何配置，要视具体情况而定，不作具体介绍。

进入配置界面只需简单的两步。

（1）单击【开始】/【运行】项，然后在对话框中输入“telnet 61.159.62.182”，如图 6-50 所示。如果为交换机配置了名称，也可以直接在“Telnet”命令后面空一个空格后输入交换机的名称。

图 6-50 运行 Telnet 程序

（2）单击 确定 按钮，建立与远程交换机的连接。

Telnet 命令的一般格式如下：

```
telnet ［Hostname/port］
```

这里要注意的是，“Hostname”包括了交换机的名称，我们在前面为交换机配置了 IP 地址，所以在这里更多的是指交换机的 IP 地址。格式后面的“Port”一般是不需要输入的，它是用来设定 Telnet 通信所用的端口的，一般来说 Telnet 通信端口，在 TCP/IP 中有规定，为 23 号端口，最好不要改它，也就是说我们可以不接这个参数。

2. Web 浏览器方式

利用 Console 端口为交换机设置好 IP 地址信息并启用 HTTP 服务后，即可通过支持 Java 的 Web 浏览器访问交换机，并可通过 Web 浏览器修改交换机的各种参数并对交换机进行管理。事实上，通过 Web 界面，可以对交换机的许多重要参数进行修改和设置，并可实时查看交换机的运行状态。不过在利用 Web 浏览器访问交换机之前，应当确认已经做好以下准备工作。

- 在用于管理的计算机中安装 TCP/IP，且在计算机和被管理的交换机上都已经配置好 IP 地址信息。
- 用于管理的计算机中安装有支持 Java 的 Web 浏览器，如 Internet Explorer 4.0 及以上版本、Netscape 4.0 及以上版本，以及 Oprea with Java。
- 在被管理的交换机上建立了拥有管理权限的用户账户和密码。
- 被管理交换机的 IOS 支持 HTTP 服务，并且已经启用了该服务。否则，应通过 Console 端口升级 IOS 或启用 HTTP 服务。

通过 Web 浏览器的方式进行配置的方法如下。

（1）把计算机连接在交换机的一个普通端口上，在计算机上运行 Web 浏览器。在浏览器的“地址”栏中键入被管理交换机的 IP 地址（如 61.159.62.182）或为其指定的名称。按下 Enter 键，弹出一个要求输入网络密码的对话框。

（2）分别在“用户名”和“密码”框中，键入拥有管理权限的用户名和密码，如图 6-51 所示。用户名/密码应当事先通过 Console 端口进行设置。

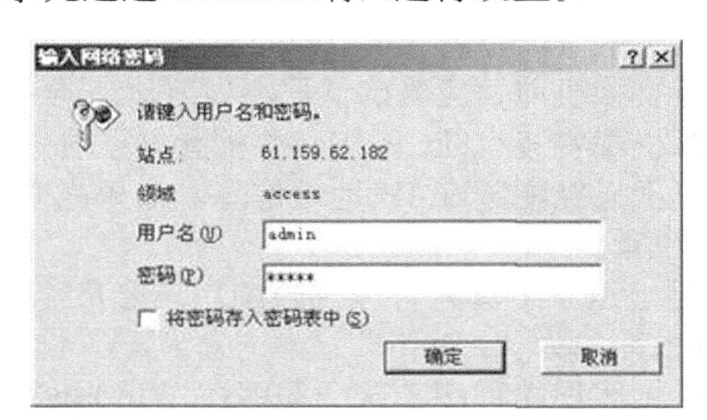

图 6-51　Web 方式需要网络密码

（3）单击 确定 按钮，即可建立与被管理交换机的连接。在 Web 浏览器中显示交换机的管理界面。

接下来，可以通过 Web 界面中的提示，一步步查看交换机的各种参数和运行状态了，并可根据需要对交换机的某些参数做必要的修改。

思考与练习

一、填空题

1. 计算机网络工作模式主要有________模式和________模式两种。
2. 对等网也称________网，它不像企业专业网络那样通过域来控制，而是通过________来组织。
3. 两台计算机通过________直接相连，就构成了双机对等网。

4. 对等网中，各计算机的________和________不能相同，________应当相同。

5. 对等网不使用专用服务器，各站点既是网络服务________，又是网络服务________。

6. 若允许别人访问自己的共享资源，首先要为该用户设置一个________。

7. 网络用户对共享资源的权限包括________、________和________三种。

8. 默认情况下，访问计算机的________都能够________当前共享资源，但无法更改内容。

9. 在交换机上，用于在本地进行网络管理的端口是________端口，计算机管理交换机所使用的程序是________。

10. 交换机的端口工作模式一般可以分为________、________、________三种。

二、简答题

1. 简述对等网的特点和优缺点。
2. 简述双机对等网的组建过程。
3. 简述多机对等网与小型 C/S 局域网的主要异同。
4. 为什么有时使用网上邻居无法查找到目标计算机？
5. 简述共享资源发布和用户权限的设置过程。
6. 为什么在对等网中要安装 NetBIOS 兼容传输协议？

PART07

项目七

互联网基础知识

本项目主要包括以下几个任务。

■ 任务一　认识互联网

■ 任务二　认识互联网的域名系统

■ 任务三　了解互联网接入

学习目标：

■ 了解互联网定义、网站类型及其发展。

■ 理解DNS系统的含义、层次结构。

■ 了解互联网接入的概念和常见方式。

■ 掌握使用ADSL上网的方法。

■ 掌握使用无线路由器接入互联网的方法。

■ 掌握无线路由器级联和桥接的方法。

■ 互联网又称Internet或因特网，它是由那些使用通用的网络协议互相通信的计算机连接而成的全球网络。简单来说，互联网就像一条条大大小小的道路，将千家万户（计算机）连接到一起。互联网以相互交流信息资源为目的，是一个信息和资源共享的庞大集合，网上的任何一台计算机可以访问全球其他节点的网络资源。

任务一　认识互联网

互联网是由许多小的网络（子网）互连而成的一个逻辑网，每个子网中连接着若干台计算机（主机）。计算机网络只是传播信息的载体，而互联网的优越性和实用性则在于本身。1995 年 10 月 24 日，联合网络委员会通过了一项决议，将“互联网”定义为全球性的信息系统，它由一系列的通信子网和资源子网构成，如图 7-1 所示。

概括地说，互联网具有如下基本特征。

- 通过全球性唯一的地址逻辑地链接在一起。这个地址是建立在互联网协议（IP）或今后其他协议基础之上的。
- 可以通过传输控制协议和互连协议（TCP/IP），或者今后其他接替的协议或与互连协议（IP）兼容的协议来进行通信。
- 可以让公共用户或者私人用户使用高水平的服务。这种服务是建立在上述通信及相关的基础设施之上的。

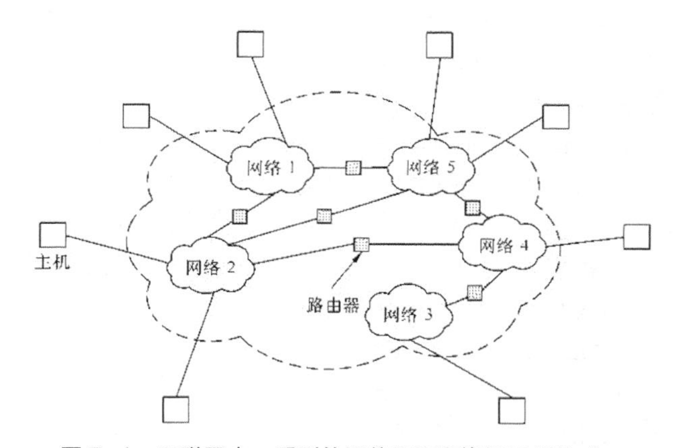

图 7-1　互联网由一系列的通信子网和资源子网构成

由于互联网不是因为某一种具体需求而设计的系统，因此它实际上是划时代的，是一种可以接受任何新的需求的总的基础结构。

互联网是一项正在向纵深发展的技术，是人类进入网络文明阶段或信息社会的标志。对互联网将来的发展给以准确地描述是十分困难的，但目前的情形使互联网早已突破了技术的范畴，它正在成为人类向信息文明迈进的纽带和载体。

在许多方面，互联网就像是一个松散的“联邦”。加入联邦的各网络成员对于如何处理内部事务可以自己选择，实现自己的集中控制，但是这与互联网的全局无关。一个网络如果接受互联网的规定，就可以同它连接，并把自己当作它的组成部分。如果不喜欢它的方式方法，或者违反它的规定，就可以脱离它或者被迫退出。互联网是一个“自由王国”。

总之，互联网是人们今后生存和发展的基础设施，它直接影响着人们的生活方式。

（一）互联网是资源的宝库

互联网上有丰富的信息资源，通过互联网可以从人和计算机系统这两个来源方便地寻求各种信息。

1. 在互联网上通过不同的人寻求各种信息

在互联网上可以找到能够提供各种信息的人：教育家、科学家、工程技术专家、医生、营养学家、学生……以及有各种专长和爱好的人们。对于这些人，互联网提供了与处在同样情况下的其他人进行讨论和交流的渠道。事实上，几乎在所有可能想到的题目下，都能找到进行讨论与交流的小组。或者，当没有这样的讨论小组时，用户还可以自己建立一个。

互联网上的计算机存储信息的载体涉及几乎所有媒体，如文档、表格、图形、影像、声音及它们的合成体。它的信息容量小到几行字符，大到一个图书馆。信息分布在世界各地的计算机上，以各种可能的形式存在，如文件、数据库、公告牌、目录文档和超文本文档等，而且这些信息还在不断地更新和变化中。可以说，这是一个取之不尽用之不竭的大宝库。

2. 在互联网上通过计算机系统寻求各种信息

互联网上的另一种资源是计算机系统资源，包括连接在互联网上的各种计算机的处理能力、存储空间（硬件资源）及软件工具和软件环境（软件资源）。一般来说，任何一个互联网用户，如科学家、工程师、设计师、教师、学生或一个普通用户，都可以通过远程登录到达某台目标计算机，只要这台计算机允许其他用户使用并建立了用户的登录账号，用户就可以像使用自己的计算机一样使用它们。

3. 网站是网络资源的平台

互联网上的各种活动，都是通过网站来实现的，也就是说，网站是互联网各种业务活动的基础。网站（Website）开始是指在互联网上根据一定的规则，使用 HTML 等工具制作的用于展示内容的网页的集合。简单地说，网站是一种沟通工具，人们可以通过网站发布自己想要公开的资讯，或者利用网站提供相关的网络服务。人们可以通过网页浏览器来访问网站，获取自己需要的资讯或者享受网络服务。

在互联网早期，网站还只能保存单纯的文本。经过多年的发展，图像、声音、动画、视频，甚至 3D 技术都可以通过因特网得到呈现。衡量一个网站的性能通常从网站空间大小、网站位置、网站连接速度、网站软件配置、网站提供服务等几方面考虑，最直接的衡量标准是网站的真实流量。

【任务要求】

通过打开互联网的门户网站和搜索引擎，说明互联网上的资源和服务，进而对互联网有一个直观的感性认识。

【操作步骤】

（1）双击计算机上的浏览器图标，打开浏览器窗口。

（2）在地址栏中输入新华网的网址，然后按下键盘上的 Enter 键，浏览器就会打开该网站的主页，如图 7-2 所示。

从网页上可以看到，这是新华网的主页，其中提供了新闻、娱乐、体育、商业、生活等各种各样的信息和资源，单击感兴趣的内容，就能够进入到相应的栏目中，这种站点一般被称为门户网站。

互联网可以为用户提供丰富的信息资源，通过各种分类、搜索和链接，用户能够方便地查找到自己需要的资料，为人们的学习、工作和生活带来极大的便利。

（3）在地址栏中输入百度的网址，然后按下键盘上的 Enter 键，浏览器会打开百度的主页，如图 7-3 所示。百度是一个国内常用的搜索引擎网站，利用它可以方便地搜索需要的信息和资料。

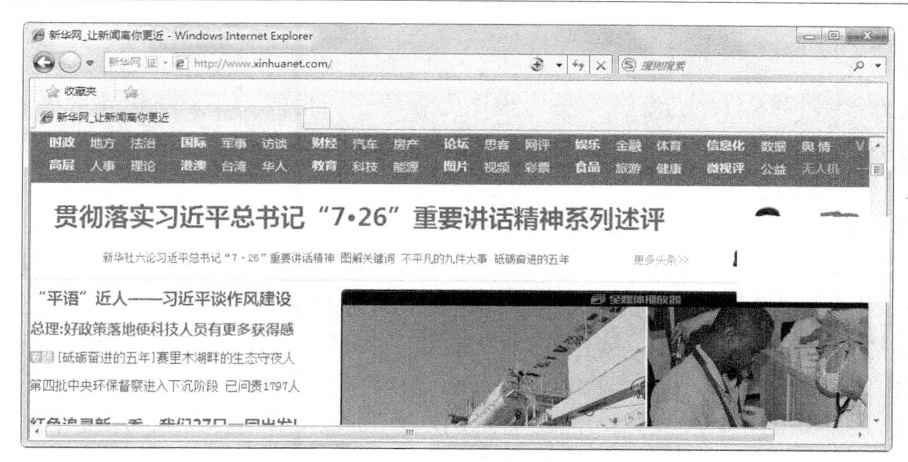

图 7-2 新华网的主页

图 7-3 百度网站主页

（4）在地址栏输入海尔官网的网址，按下键盘上的Enter键，浏览器会打开海尔集团网站的主页，如图 7-4 所示。该网站包含了很多的内容，如产品展示、售后服务、用户论坛等，不仅宣传了企业，而且也为用户交流提供了一个平台。

图 7-4 海尔集团网站

网站是在软硬件基础设施的支持下，由一系列网页、资源和后台数据库等构成，具有多种网络功能，能够实现诸如广告宣传、经销代理、金融服务、信息流通等商务应用。

【任务小结】

互联网上丰富的信息和强大的功能就是由这些网站提供和实现的。对于企业来讲，网站好像是“工厂”“公司”“经销商”；对于商家来讲，网站好像是“商店”；对于政府机构来讲，网站好像是“宣传栏”“接待处”；对于个人来说，网站就是自己的“名片”。构建一个有吸引力的网站，对于任何单位和个人来说，都是一件很有意义的事情。

按照构建网站的主体，可以将网站将网站划分为个人网站、企业网站、行业网站、政府网站、服务机构电子商务网站等几个基本类型。

按照网站的功能，可以将网站大概分为资讯网站和商务网站两种类型。前者以提供新闻、娱乐和信息资源为主，后者以实现电子商务为主。

（二）互联网在中国的发展

中国互联网是全球最大的网络，网民人数最多，联网区域最广。但中国互联网整体发展时间短，网络资费、可靠性、先进性等方面还需要更上一层楼。互联网在中国的发展，大致可分为两个阶段。

1．第一个阶段：1987 年～1994 年

1986 年，北京市计算机应用技术研究所与德国卡尔斯鲁厄大学合作实施的国际联网项目——中国学术网（Chinese Academic Network，CANET）启动。

1987 年 9 月，CANET 在北京计算机应用技术研究所内正式建成中国第一个国际互联网电子邮件节点，并于 9 月 14 日向卡尔斯鲁厄大学发出了中国第一封电子邮件：“Across the Great Wall we can reach every corner in the world.（越过长城，走向世界）”，揭开了中国人使用互联网的序幕。

1988 年，中国科学院高能物理研究所采用 X.25 协议使该单位的 DECnet 成为西欧中心 DECnet 的延伸，实现了计算机国际远程连网及与欧洲和北美地区的电子邮件通信。

1989 年 5 月，中国研究网（CRN）通过当时邮电部的 X.25 试验网实现了与德国研究网（DFN）的互连，并能够通过德国 DFN 的网关与互联网沟通。

1989 年 11 月，中关村地区教育与科研示范网络（NCFC）正式启动。NCFC 是由世界银行贷款的一个高技术信息基础设施项目，由中国科学院主持，联合北京大学、清华大学共同实施。

1990 年 11 月 28 日，钱天白教授代表中国正式在 SRI-NIC（Stanford Research Institute's Network Information Center）注册登记了中国的顶级域名 CN，并且从此开通了使用中国顶级域名 CN 的国际电子邮件服务，从此中国的网络有了自己的身份标识。由于当时中国尚未实现与国际互联网的全功能连接，中国 CN 顶级域名服务器暂时建在了德国卡尔斯鲁厄大学。

1993 年 12 月，NCFC 主干网工程完工，采用高速光缆和路由器将三个院校网互连。

1994 年 4 月 20 日，NCFC 工程通过美国 Sprint 公司连入互联网的 64K 国际专线开通，实现了与互联网的全功能连接。从此中国被国际上正式承认为真正拥有全功能互联网的国家。此事被中国新闻界评为 1994 年中国十大科技新闻之一，被国家统计公报列为中国 1994 年重大科技成就之一。

2. 第二阶段：1994 年至今

1994 年 5 月，中国科学院高能物理研究所设立了国内第一个 Web 服务器。

1994 年 5 月 21 日，在钱天白教授和德国卡尔斯鲁厄大学的协助下，中国科学院计算机网络信息中心完成了中国国家顶级域名（CN）服务器的设置，改变了中国的 CN 顶级域名服务器一直放在国外的历史。

1994 年 6 月 8 日，国务院办公厅向各部委、各省市明传发电《国务院办公厅关于“三金工程”有关问题的通知（国办发明电[1994]18 号)》，“三金工程”即金桥、金关、金卡工程。自此，金桥前期工程建设全面展开。

1994 年 7 月初，由清华大学等六所高校建设的“中国教育和科研计算机网”试验网开通，该网络采用 IP/X.25 技术，连接北京、上海、广州、南京、西安等五所城市，并通过 NCFC 的国际出口与互联网互连。

1994 年 8 月，由国家计委投资，国家教委主持的中国教育和科研计算机网(CERNET)正式立项。该项目的目标是实现校园间的计算机联网和信息资源共享，并与国际学术计算机网络互联，建立功能齐全的网络管理系统。

1994 年 9 月，邮电部电信总局与美国商务部签订中美双方关于国际互联网的协议，中国公用计算机互联网（CHINANET）的建设开始启动。

至此，互联网在中国生根发芽，得到了蓬勃的发展，无论是在基础设施建设方面，还是在各种业务的开展和应用方面，都取得了可喜成就，对国民经济建设的发展和提高全民的生活质量起到了巨大的促进作用。

3. 中国互联网发展现状

2017 年 8 月 4 日，中国互联网络信息中心（CNNIC）在京发布第 40 次《中国互联网络发展状况统计报告》，通过详细的数据分析了互联网在中国的发展情况，数据截止日期为 2017 年 6 月。

中国国际出口带宽为 7 974 779Mbit/s，半年增长率为 20.1%，如图 7-5 所示。

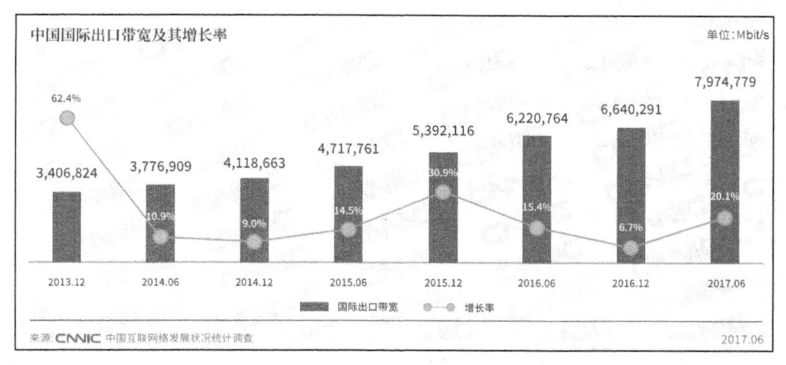

图 7-5　中国国际出口带宽及其增长率

我国网民规模达到 7.51 亿，半年共计新增网民 1 992 万人，互联网普及率为 54.3%，较 2016 年年底提升 1.1%，如图 7-6 所示。

我国手机网民规模达 7.24 亿，较 2016 年底增加 2 830 万人，网民使用手机上网的比例由 2016 年底的 95.1%提升至 96.3%，手机在上网设备中占据主导地位，如图 7-7 所示。

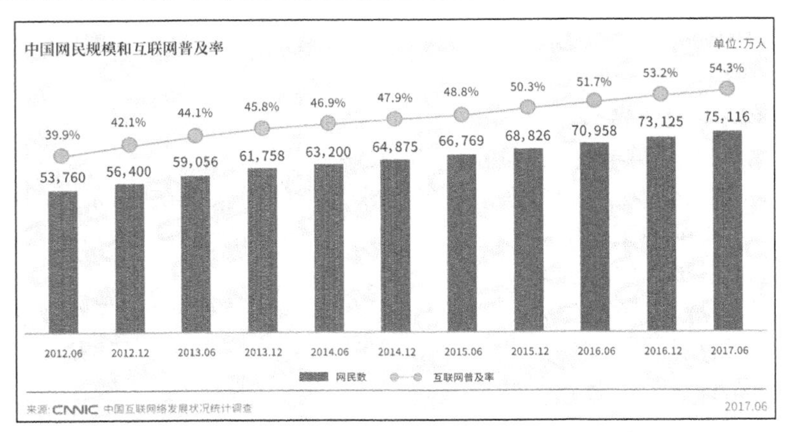

图 7-6　中国网民的规模和互联网普及率

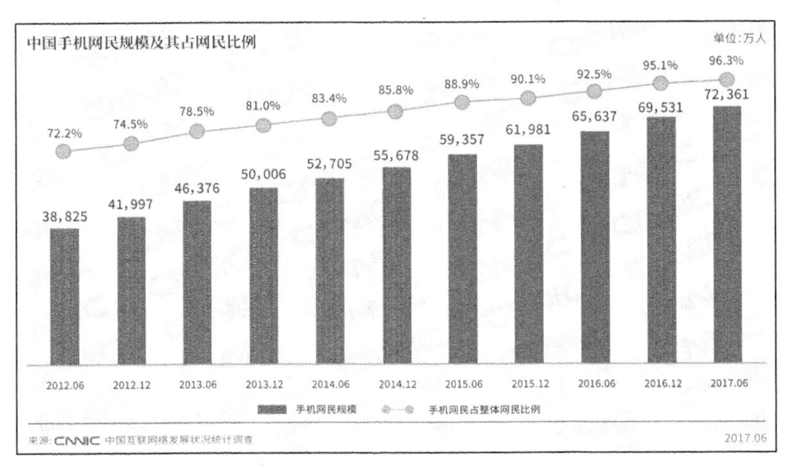

图 7-7　中国手机网民规模及其占网民比例

（三）骨干网络的建设和管理

早期建设的四大网络构成了我国的互联网骨干网，分别是中国科学院管理的科学技术网（CSTNET）、国家教育部管理的教育科研网（CERNET）、邮电总局管理的公用网（CHINANET）和信息产业部管理的金桥信息网（CHINAGBN）。

网络的建设、管理与运营需要有人来维护。最初四大网络的建设和管理都由国家相关部门或科研机构来负责，但是随着网络的发展，为了保证我们国家互联网的健康发展，引入了网络运营商来提供服务。

1. 借助运营商运营

在我国互联网方面有三大基础网络运营商，分别是中国电信、中国移动和中国联通。那么，它们与中国四大骨干网是什么关系呢？

- 中国电信：负责中国公用计算机互联网（CHINANET）的经营，该网络最初由邮电部负责建设并向社会提供服务，邮电部撤销后，改由中国电信经营。
- 中国移动：建设有独立的“中国移动互联网”（CMNET）并负责运营。
- 中国联通：建设有自己的“中国联通计算机互联网”（UNINET）并负责运营。

上述三大基础网络运营商不仅负责网络的建设与管理，也向全社会提供互联网接入服务，是我们日常打交道的主要服务商。

我国最初有六大网络运营商，都建设有自己的专用骨干网络。后来，卫通并入中国电信，铁通并入中国移动，网通并入中国联通，其原有网络也归并到这三大运营商中。

2. 独立管理运营

相对于 CHINANET，其他的三个骨干网络和三大网络运营商没什么关系，基本上都是独立建设、管理和运营的。

（1）科学技术网

CSTNET 是以中国科学院的 NCFC 及 CASNET 为基础，连接了中国科学院以外的一批中国科技单位而构成的网络，是非营利、公益性的网络，主要为科技用户、科技管理部门及与科技有关的政府部门服务。其目前仍由中国科学院独立建设和管理。

（2）教育科研网

CERNET 是由国家投资建设，教育部负责管理，清华大学等高等学校承担建设和运行的全国性学术计算机互联网络，是全国最大的公益性计算机互联网网络。目前，全国主要的大学、教育机构、科研单位都通过 CERNET 接入互联网。2000 年 8 月，教育部组建赛尔网络有限公司，负责 CERNET 主干网的运营与维护，以提高网络运行质量及服务水平，发展网络增值业务。

（3）中国金桥网

CHINAGBN 是由原电子部承建的互联网，以光纤、卫星、微波、无线移动等多种传播方式，形成天、地一体的网络结构，和传统的数据网、话音网相结合并与互联网相连，为国民经济信息化提供基础设施。金桥网同 CHINANET 一样是经营性的，对个人用户开放并收费。

为保证网络的互通和可靠，各骨干网络之间都实现了互联互通，并且与国际主要互联网服务运营商实现了对等合作，与公用电话交换网（PSTN）等电信基础网络实现了互联，可以为客户提供多种不同的接入方式。所以我们在讨论上网时，并不需要考虑接入哪个骨干网。

任务二　认识互联网的域名系统

今天的互联网已经成为一个覆盖全球，拥有惊人数量的主机及上百万个子网的庞大而复杂的系统，每天有数以亿计的用户在使用这个系统进行工作、学习、娱乐和各种商务活动。那么，这样一个使用如此频繁，功能如此繁多的系统是如何做到有条不紊、准确快捷地工作的呢？这都要归功于域名系统（Domain Name System，DNS）的作用。

（一）网络门牌号——DNS

这里简要介绍一下互联网中的域名及其解析过程，使读者对互联网的基本工作原理有一个初步的认识。

IP 地址为互联网提供了统一的寻址方式，直接使用 IP 地址便可以访问互联网中的主机资源。由于 IP 地址是一串数字，对于用户来说，数字记忆起来十分困难，所以几乎所有的互联网应用软件都不要求用户直接输入主机的 IP 地址，而是使用具有一定意义的主机名，也就是域名。当互联网应用程序接收到用户输入的域名时，必须负责找到与该域名对应的 IP 地址，然后利用找到的 IP 地址将数据送往目的主机。

【拓展阅读 16】

域名的层次结构

为了能让域名和 IP 地址一一对应，人们引入了域名系统 DNS。它是一种层结构的计算机和网络服务命名系统。当用户在应用程序中输入 DNS 名称时，DNS 服务可以将此名称解析为与此名称相对应的 IP 地址，如图 7-8 所示。

图中，DNS 客户机发出查询请求，询问域名 www.baidu.com 的 IP 地址。DNS 服务器能够按照一定的查询方法，从自己的数据库中得到该 DNS 域名的 IP 地址，并将结果返回给 DNS 客户机。

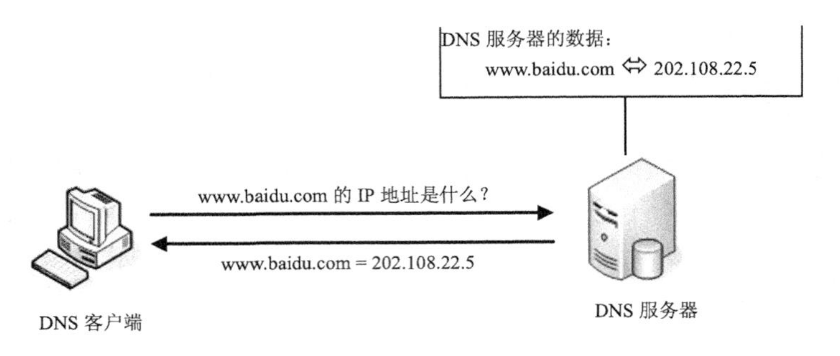

图 7-8　简单 DNS 映射

（二）网络的大门——网关

在计算机 IP 地址的设置中，总有一个“默认网关”的概念。这是什么意思呢？

DNS 为互联网定义了各个计算机的“门牌号码”，不同的计算机组成了一个个相对独立的“社区”，例如我们前面学习的子网或 VLAN，就是这样的小“社区”。如何从一个网络“社区”中的计算机访问到另一个网络“社区”中的计算机呢？这就需要了解网关（Gateway）的概念。

大家都知道，从一个房间走到另一个房间，必然要经过一扇门。同样，从一个网络向另一个网络发送信息，也必须经过一道“关口”，这道关口就是网关。顾名思义，网关就是一个网络连接到另一个网络的“关口”。

按照不同的分类标准，网关也分很多种。TCP/IP 中的网关是最常用的，在这里所讲的“网关”均指 TCP/IP 中下的网关。

那么网关到底是什么呢？网关实质上是一个网络通向其他网络的出口的 IP 地址。比如有网络 A 和网络 B，网络 A 的 IP 地址范围为“192.168.1.1～192.168.1.254”，子网掩码为 255.255.255.0；网络 B 的 IP 地址范围为“192.168.2.1～192.168.2.254”，子网掩码为 255.255.255.0，在没有路由器的情况下，两个网络之间是不能进行 TCP/IP 通信的，即使是两个网络连接在同一台交换机上，TCP/IP 也会通过子网计算而判定两个网络中的主机处在不同的网络里。要实现这两个网络之间的通信，必须通过网关。如果网络 A 中的主机发现数据包的目的主机不在本地网络中，就把数据包转发给它自己的网关，再由网关转发给网络 B 的网关，网络 B 的网关再转发给网络 B 的某个主机，如图 7-9 所示。

所以说，必须设置好网关的 IP 地址，TCP/IP 才能实现不同网络之间的相互通信。那么这个 IP 地址是哪台机器的 IP 地址呢？网关的 IP 地址是具有路由功能的设备的 IP 地址，具有路由功能的设备有路由器、启用了路由协议的服务器（实质上相当于一台路由器）、代理服务器（也相当于一台路由器）或三层交换机。

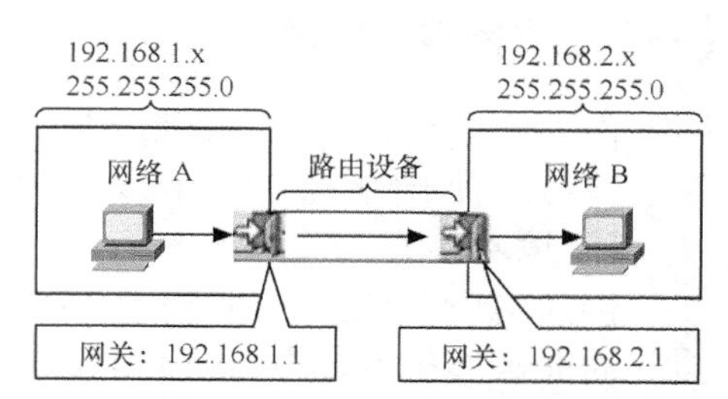

图 7-9　网络 A 向网络 B 转发数据包的过程

下面我们用一个形象的故事来说明 DNS 和网关在计算机通信中的作用吧。

假设你的名字叫小华，你住在一个小区里，你有很多小伙伴。在门卫室还有个看大门的李大叔，李大叔就是你的网关。当你想跟小区里的某个小伙伴聊天时，只要你在小区里大喊一声他的名字，他听到了就会回应你，并且跑出来跟你聊天了。

但是，如果你想与外界发生联系，都必须由门口的李大叔（网关）用电话帮助你联系。假如你想找你的同学小明聊天，小明家住在另外一个小区里，他家的小区里也有一个门卫王大叔（小明的网关）。你不知道小明家的电话号码，不过你的班主任老师有一份你们班全体同学的名单和家庭住址及电话号码对照表，班主任老师就是你的 DNS 服务器。于是你在家里拨通了门口李大叔的电话，有了下面的对话。

小华：李大叔，我想找小明通话，行吗？

李大叔：好，你等着。（接着李大叔给你的班主任挂了一个电话，问清楚了小明家的地址及电话）（接着，李大叔给对方小区的门卫打电话）

李大叔：老王，你好！我想找你们小区的小明，他家的号码是×××××××。

王大叔：嗯，对，他是我们小区的。你等一下，我给接过去。（王大叔接通了小明家的电话）

小明：王大叔，小华我认识，这个电话就是找我的。

最后一步当然是小明与小华愉快地聊天了。

在这个故事里，你和小明是两台需要通信的主机。第一步，你首先向你的网关发出“要与小明通信”的请求；第二步，你的网关（李大叔）把请求发给 DNS 服务器（班主任老师），查到小明的地址；第三步，你的网关把你的请求转发给对方子网的网关（王大叔）；第四步，对方网关检查你的通信对象确实是本网段的地址，就转发给该主机（小明）；第五步，该主机通过地址匹配，检测到请求是发给自己的，就发出回执，建立通信。

如果搞清了什么是网关，默认网关也就好理解了。如果一个院子有好几个大门，当你不知道从哪里出去能够找到某个朋友时，总是会选择到李大叔这个门口。这个门口就是你的默认网关。

一台主机可以有多个网关。默认网关的意思是一台主机如果找不到可用的网关，就把数据包发给默认指定的网关，由这个网关来处理数据包。

任务三　了解互联网接入

有很多种接入互联网的形式和方法，从用户入网形式来说，分为单用户接入和局域网接入两种方式。单用户接入通常是指用户根据上网方式直接连入互联网；局域网接入是指网络中有一台设备充当网际节点，实现局域网和广域网的连接。网络接入方法多种多样。

（一）互联网接入技术

作为承载互联网应用的通信网，宏观上可划分为核心网和接入网两大部分。核心网就是运营商的骨干网络，接入网又称为“用户环路”，主要用来完成用户接入核心网的任务。

1. 接入网

接入网设备包括从骨干网到用户终端之间的所有设备，其长度一般为几百米到几公里，因而被形象地称为信息高速公路的“最后一公里”。由于骨干网一般采用光纤结构，传输速度快，因此，接入网便成为了整个网络系统的“瓶颈”，是信息高速公路中难度最高、耗资最大的一部分。

根据接入网框架和体制要求，接入网的重要特征可以归纳为如下几点。

- 接入网对于所接入的业务提供承载能力，实现业务的透明传送。
- 接入网对用户信令是透明的，除了一些用户信令格式转换外，信令和业务处理的功能依然在业务节点中。
- 接入网的引入不应限制现有的各种接入类型和业务，接入网应通过有限的标准化的接口与业务节点相连。
- 接入网有独立于业务节点的网络管理系统，该系统通过标准化的接口连接主干网，进而实施对接入网的操作、维护和管理。

2. ISP

ISP（Internet Service Provider，互联网服务提供商）是为普通用户提供互联网接入业务、信息业务及增值业务的电信运营商，是经国家主管部门批准的正式运营企业。ISP 为用户接入互联网的入口点，其作用有两方面：一方面为用户提供互联网接入服务；另一方面为用户提供各种类型的信息服务，如电子邮件服务、信息发布代理服务等。

从用户角度考虑，ISP 位于互联网的边缘，用户的计算机（或计算机网络）通过某种通信线路连接到 ISP，借助于与互联网连接的 ISP 便可以接入互联网。用户的计算机（或计算机网络）通过 ISP 接入互联网的示意图如图 7-10 所示。虽然互联网规模庞大，但对于用户来说，只需要关心直接为自己提供互联网服务的 ISP 就足够了。

国内的 ISP 除了三大基础电信运营商——中国电信、中国联通、中国移动外，常见的还有长城宽带、有线宽带、CERNET、CSTNET、广电宽带等。

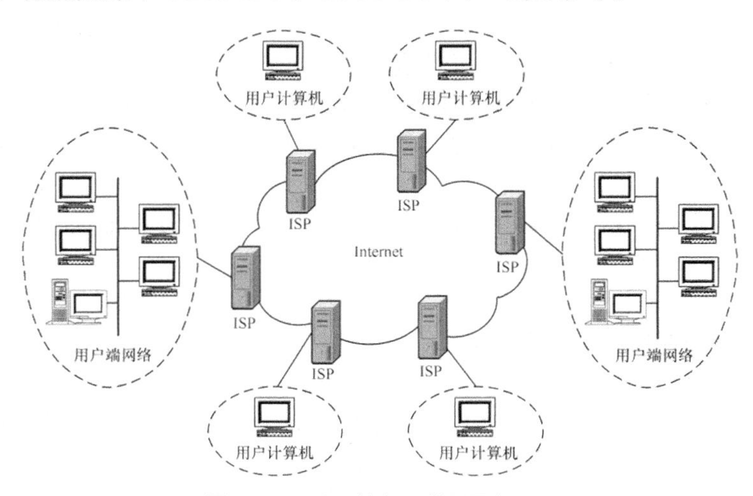

图 7-10　ISP 接入互联网示意图

通过接入网，用户的计算机（或计算机网络）可以通过多种方式连接到 ISP，下面简单介绍其中一些常用的接入方法。

（二）电话线接入技术

电话线接入是最早使用的互联网接入技术，从早期的低速拨号到现在的高速宽带，已经发展得十分成熟。

1. PSTN 接入技术

公用电话交换网（Published Switched Telephone Network，PSTN）技术是利用 PSTN 通过调制解调器拨号实现用户接入的方式。这种接入方式是大家非常熟悉的一种接入方式，最高的速率为 56kbit/s，已经达到通信理论确定的信道容量极限，这种速率远远不能满足宽带多媒体信息的传输需求，但电话网非常普及，用户终端设备 Modem 也很便宜，而且不用申请就可开户，只要家里有计算机，把电话线接入 Modem 就可以直接上网。随着宽带的发展，这种接入方式因网络速率难以满足要求而被淘汰。

2. ISDN 接入技术

综合业务数字网（Integrated Service Digital Network，ISDN）接入技术俗称“一线通”，它采用数字传输和数字交换技术，将电话、传真、数据、图像等多种业务综合在一个统一的数字网络中进行传输和处理。用户利用一条 ISDN 用户线路，可以在上网的同时拨打电话、收发传真，就像两条电话线一样。ISDN 的基本速率接口有两条 64kbit/s 的信息通路和一条 16kbit/s 的信令通路，简称 2B+D，当有电话拨入时，它会自动释放一个 B 信道来进行电话接听。ISDN 接入方法如图 7-11 所示。

就像普通拨号上网要使用 Modem 一样，用户使用 ISDN 也需要专用的终端设备，主要由网络终端 NT1 和 ISDN 适配器组成。网络终端 NT1 就像有线电视上的用户接入盒一样必不可少，它为 ISDN 适配器提供接口和接入方式。ISDN 适配器和 Modem 一样分为内置和外置两类，内置的 ISDN 适配器一般称为 ISDN 内置卡或 ISDN 适配卡；外置的 ISDN 适配器称为 TA。ISDN 的极限带宽为 128kbit/s，也不能满足高质量的 VOD 等宽带应用。

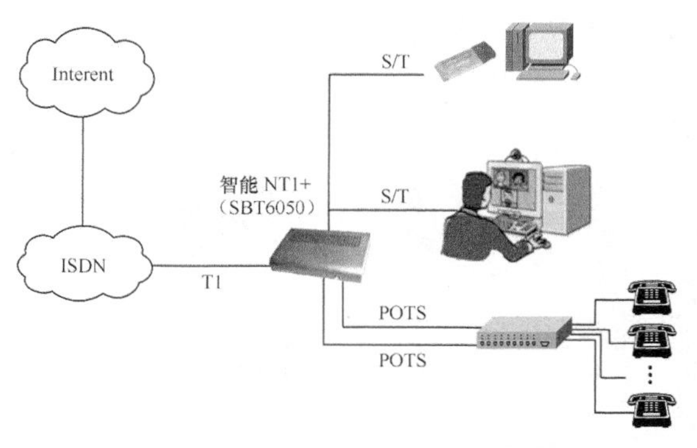

图 7-11　ISDN 接入互联网示意图

3. ADSL 接入技术

ADSL 是一种非对称的 DSL 技术，中文名称是“非对称数字用户环路”，是一种在普通电话线上进行宽带通信的技术。所谓非对称，是指用户线的上行速率与下行速率不同，上行速率低，下行速率高，特别适合传输多媒体信息业务，如视频点播（VOD）、多媒体信息检索和其他交互式业务。

宽带是相对传统拨号上网（56kbit/s）而言的，一般来说，数据传输速率超过 256kbit/s 才能称为宽带。

ADSL 技术充分利用现有的电话线路资源，在一对双绞线上提供上行 512kbit/s～1Mbit/s、下行 1Mbit/s～8Mbit/s 的带宽，有效传输距离在 3km～5km，从而克服了传统用户在最后一公里的瓶颈，实现了真正意义上的宽带接入。值得注意的是，这里的传输速率为用户独享带宽，因此不必担心多家用户在同一时间使用ADSL会造成网速变慢，这一点和小区宽带有很大区别。

ADSL技术的传输速率是普通Modem的140倍。ADSL采用DMT（离散多音频）技术，可以同时进行数据和语音通信。ADSL将原先电话线路的0Hz～1.1MHz频段划分成256个频宽为4.3kHz的子频带。其中，4kHz以下频段仍用于传送POTS（传统电话业务），20kHz～138kHz的频段用来传送上行信号，138kHz～1.1MHz的频段用来传送下行信号。DMT技术可根据线路的情况调整在每个信道上所调制的比特数，以便更充分地利用线路。

【拓展阅读17】

ADSL应用的PPPOE协议

4. VDSL接入技术

VDSL比ADSL还要快。使用VDSL，短距离内的最大下载速率可达55Mbit/s，上传速率可达2.3Mbit/s（将来可达19.2Mbit/s甚至更高）。VDSL使用的介质是一对铜线，有效传输距离可超过1 000m。

目前有一种基于以太网方式的VDSL，接入技术使用QAM调制方式，它的传输介质也是一对铜线，在1.5km的范围之内能够达到双向对称的10Mbit/s传输速率，即达到以太网的速率。如果这种技术用于宽带运营商社区的接入，可以大大降低成本。VDSL的接入方法如图7-12所示。

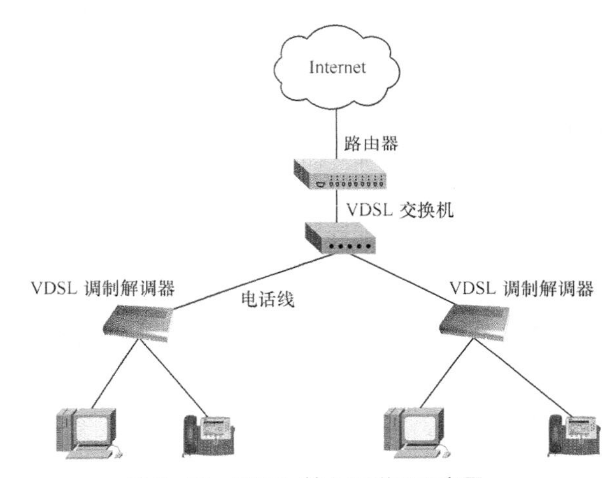

图7-12　VDSL接入互联网示意图

（三）高速接入技术

随着通信技术的发展，各种网络接入技术层出不穷，而且性能不断提高。

1. Cable-Modem接入技术

Cable-Modem（线缆调制解调器）是近两年开始使用的一种超高速Modem，它利用现成的有线电视（CATV）网进行数据传输，是比较成熟的一种技术。随着有线电视网的发展壮大和人们生活质量的不断提高，通过Cable-Modem利用有线电视网访问互联网已成为越来越受业界关注的一种高速接入方式。

由于有线电视网采用的是模拟传输协议，因此需要用一个Modem来协助完成数字数据的转化。Cable-Modem是将数据进行调制后在Cable（电缆）的一个频率范围内传输，接收时进行解调，传输原理与普通的Modem相同，不同之处在于它是通过有线电视CATV

的某个传输频带进行调制解调的。

Cable-Modem 的连接方式可分为两种：对称速率型和非对称速率型。前者的数据上传速率和数据下载速率相同，都为 500kbit/s ~ 2Mbit/s，后者的数据上传速率为 500kbit/s ~ 10Mbit/s，数据下载速率为 2Mbit/s ~ 40Mbit/s。

采用 Cable-Modem 上网的缺点是由于 Cable-Modem 模式采用的是相对落后的总线型网络结构，所以网络用户要共同分享有限带宽。另外，购买 Cable-Modem 和初装费也都不算很便宜，这些都阻碍了 Cable-Modem 接入方式在国内的普及。但是，它的市场潜力是很大的，毕竟中国 CATV 网已成为世界第一大有线电视网，其用户已达到 8 000 多万。

图 7-13 所示为 PC 和 LAN 通过 Cable Modem 接入互联网的示意图。

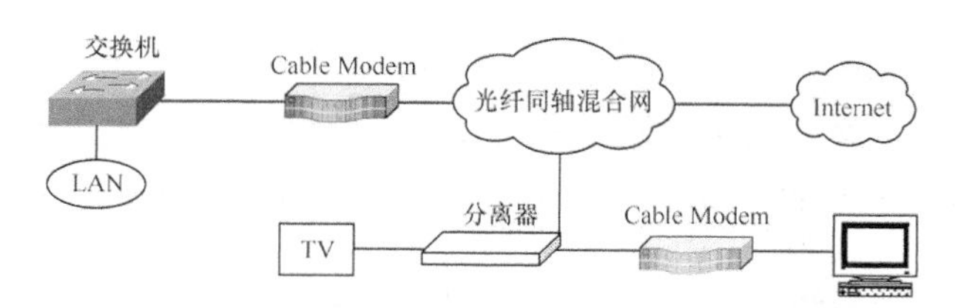

图 7-13　Cable-Modem 接入互联网示意图

2. 无线接入技术

无线接入技术是指在终端用户和交换端之间的接入网全部或部分采用无线传输方式，为用户提供固定或移动接入服务的技术。作为有线接入网的有效补充，它有系统容量大、覆盖范围广、系统规划简单、扩容方便等技术特点，可解决边远地区、难于架线地区的信息传输问题，是当前发展最快的接入网之一。用户通过高频天线和 ISP 连接，一般距离在 10km 左右，在 3G 标准下速率可达 2 Mbit/s ~ 11 Mbit/s，目前实际上下行速率为 30 kbit/s 左右，性价比很高，广受欢迎。

典型的无线接入系统主要由控制器、操作维护中心、基站、固定用户单元和移动终端等几个部分组成，如图 7-14 所示。

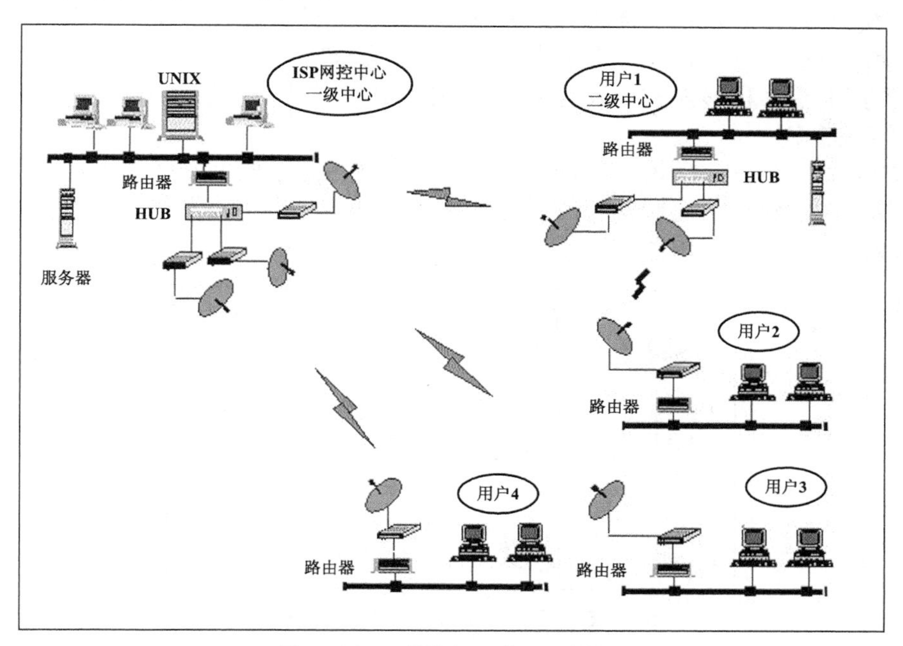

图 7-14　无线接入互联网示意图

广义上讲，无线接入包括固定无线接入和移动无线接入两大类。

（1）固定无线接入

又称无线本地环路，其用户终端（电话机、传真机和计算机等）固定或只有有限的移动性，一般就是指 WLAN，主要作用范围为家庭或办公室。随着宽带无线传输技术的发展，固定无线接入在多媒体数据传输及互联网应用等方面显示出强大的实力，已经成为城市接入网建设的主要辅助方案。

（2）移动无线接入

指用户终端在较大范围内移动的通信系统的接入技术。它主要为移动用户提供服务，其用户终端包括手持式、便携式、车载式电话等。主要的移动无线接入系统列举如下。

- 无绳电话系统：它可以视为固定电话终端的无线延伸。无绳电话系统的突出特点是灵活方便。主要代表系统是 DECT、PHS 和 CT2。
- 移动卫星系统：通过同步卫星实现移动通信连网，可以真正实现任何时间、任何地点与任何人的通信。整个系统由 3 部分构成：空间部分（卫星）、地面控制设备（关口站）和终端。
- 集群系统：集群系统是从一对一的对讲机发展而来的，现在已经发展成为数字化多信道基站多用户拨号系统，它们可以与市话网互连互通。
- 蜂窝移动通信系统：该系统在 20 世纪 70 年代初由美国贝尔实验室提出，在 20 世纪 70 年代末得到迅速的发展。第一代为模拟式蜂窝移动通信系统，用无线信道传输模拟信号；第二代（2G）采用数字化技术，具有一切数字系统所具有的优点，具有代表性的是 GSM 和 CDMA，以及二代半系统 GPRS；第三代（3G）是指支持高速数据传输的蜂窝移动通信技术，能够同时传送声音及数据信息，速率一般在几百 kbit/s 以上。第三代（4G）集 3G 与 WLAN 于一体，能够快速传输数据、音频、视频和图像等信息，能够满足几乎所有用户对无线服务的要求。

3. FTTX+LAN 接入技术

这是一种利用光纤加五类网络线方式实现宽带接入的方案，实现千兆光纤到小区中心交换机，中心交换机和楼道交换机以百兆光纤或五类网络线相连，楼道内采用综合布线，用户上网速率可达 10Mbit/s，网络可扩展性强，投资规模小。另有光纤到办公室、光纤到户、光纤到桌面等多种接入方式满足不同用户的需求。FTTX+LAN 方式采用星型网络拓扑，用户共享带宽。

小型的公司、组织或学校大都选择通过这种方式接入互联网。在接入互联网之前，可以先在本单位内组建一个局域网，然后将该局域网通过一个路由器与 ISP 相连。图 7-15 所示为局域网通过一个路由器与互联网相连的示意图。

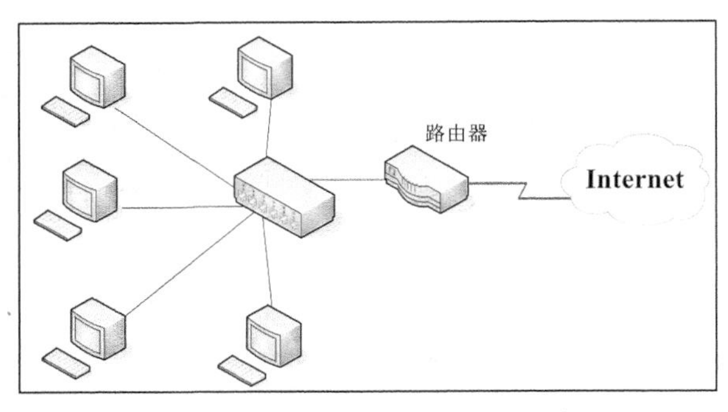

图 7-15　FTTX+LAN 接入互联网示意图

4. DDN 专线接入技术

数字数据网（Digital Data Network，DDN）是 ISP 向用户提供的永久性的数字连接，沿途不进行复杂的软件处理，因此延时较短，避免了传统的分组网中传输协议复杂、传输时延长且不固定的问题；DDN 专线接入采用交叉连接装置，可根据用户需要，在约定的时间内接通所需带宽的线路，信道容量的分配和接续均在计算机控制下进行，具有极大的灵活性和可靠性，使用这种接入技术，用户可以开通各种信息业务，传输任何合适的信息，因此，DDN 专线接入方式深受大用户的青睐。

DDN 的主干网传输媒介有光纤、数字微波、卫星信道等，用户端多使用普通电缆和双绞线，通信速率可根据用户需要在 N×64kbit/s（N=1～32）之间进行选择。当然速率越高租用费用也越高。

DDN 是以光纤为中继干线的网络，组成 DDN 的基本单位是节点，节点间通过光纤连接，构成网状的拓扑结构，用户的终端设备通过数据终端单元（DTU）与就近的节点机相连。DDN 接入方法如图 7-16 所示。

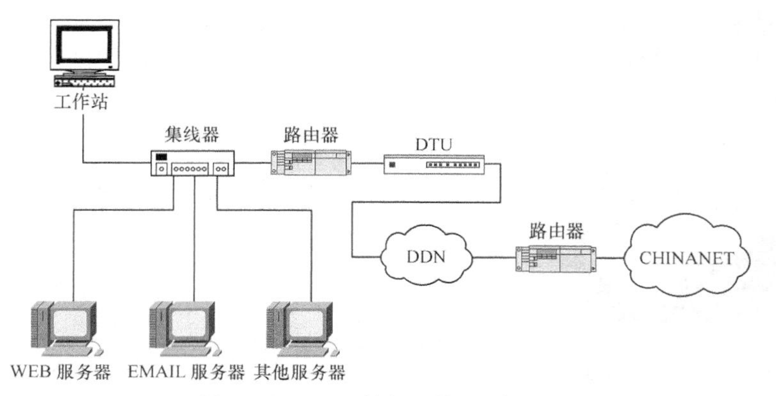

图 7-16　DDN 接入互联网示意图

5. FDDI 光纤接入技术

利用光纤电缆兴建的高速城域网，主干网络速率高达几十 Gbit/s，并推出宽带接入。光纤可铺设到用户的路边或楼前，可以以 100 Mbit/s 以上的速率接入（光纤并不入户）。从理论上来讲，直接接入速率可以达到 100 Mbit/s（接入大型企事业单位或整个地区），接入用户速率可以达到 10 Mbit/s，目前在我国实际的下行速率通常为 1 Mbit/s～3 Mbit/s。

6. PLC 电力网接入技术

电力线通信技术是指利用电力线传输数据和媒体信号的一种通信方式，也称电力线载波。把载有信息的高频加载于电流，然后用电线传输到接受信息的适配器，再把高频从电流中分离出来并传送到计算机或电话。PLC 属于电力通信网，包括 PLC 和利用电缆管道和电杆铺设的光纤通讯网等。电力通信网的内部应用包括电网监控与调度、远程抄表等。面向家庭上网的 PLC，俗称电力宽带，属于低压配电网通信。

项目实训　将个人计算机接入互联网

通过上面的介绍，我们知道计算机接入互联网的方式有多种，但是对于个人计算机，大都是利用宽带路由器或者 ADSL 来上网。下面我们就来练习这两种形式的上网设置。使用设备不同，设备管理界面也会有所不同，但是大同小异。

（一）使用 ADSL 接入互联网

【任务要求】

将家庭计算机使用 ADSL 接入互联网。

【操作步骤】

（1）到电信部门申请开通 ADSL 宽带上网后，用户会得到一个宽带连接账号名称和密码，然后回家等待电信部门的工作人员上门安装 ADSL 硬件设备。

ADSL 硬件设备一般包括以下两项。

- ADSL 调制解调器，如图 7-17 所示，用于实现输入输出信息在模拟信号和数字信号之间的转换。调制解调器上一般有 3 个接口，除电源接口外，LINE 口是 RJ-11 类型接口，用于连接输入的电话线路；WAN 口是 RJ-45 类型接口，用于连接到计算机的网卡。
- ADSL 分离器，如图 7-18 所示，用于将 ADSL 电话线路中的高频信号和低频信号分离，以便电话和上网同时进行。分离器一般是一分二结构，外来的电话信号（连接 LINE 口）被分离为用于调制解调器的高频信号（连接 MODEM 口）和用于打电话的低频信号（连接 PHONE 口）。

图 7-17　ADSL 调制解调器

图 7-18　ADSL 分离器

（2）按照图 7-19 所示连接好硬件。

有的地区电信部门提供的 ADSL 调制解调器是通过 USB 口直接连接到计算机中的，这样就不用通过网卡来连接计算机了。

（3）首先要配置计算机的 TCP/IP。一般使用 TCP/IP 的默认配置，即采用动态获取 IP 地址的方式，千万不要将其设置为固定的 IP 地址。

（4）依次选择【控制面板】/【所有控制面板项】/【网络和共享中心】命令，打开网络设置页面，如图 7-20 所示。

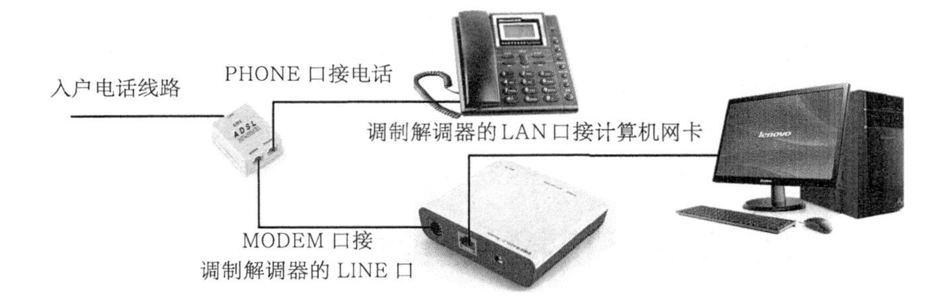

图 7-19　ADSL 上网连接方式

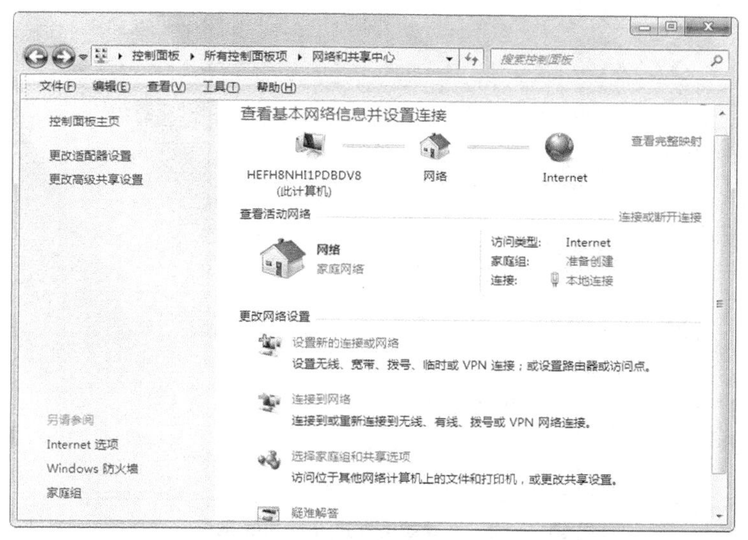

图 7-20　网络设置页面

（5）单击【设置新的连接或网络】按钮，出现【设置连接或网络】页面，如图 7-21 所示，需要用户选择一个连接选项。

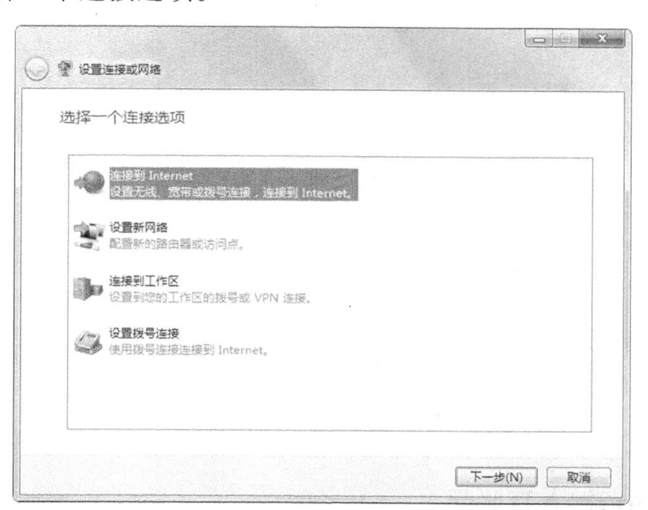

图 7-21　设置连接或网络

（6）单击 下一步(N) 按钮，出现一个选项页面，如图 7-22 所示，要求用户选择如何连接 Internet 网络。

（7）选择【宽带（PPPoE）（R）】项，出现用户信息页面，如图 7-23 所示，在该对话框中输入在电信公司申请的 ADSL 宽带用户名和密码，还可以选择是否让所有使用这台计算机上网的用户都使用该用户名（账号）、是否将其作为默认的互联网连接。

ADSL 宽带用户名和密码信息是用户在电信部门办理开通宽带业务时由电信部门提供的，用户在使用时也可以自己更改。

（8）单击 连接(C) 按钮，系统完成新建连接操作。此时用户就可以上网浏览信息了。

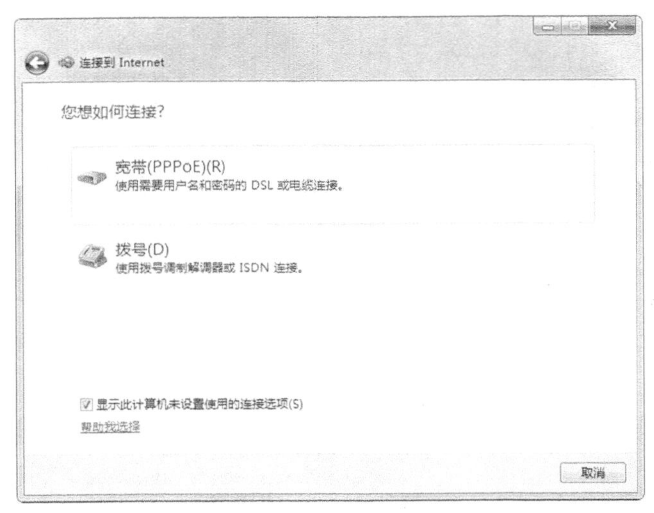

图 7-22　选择如何连接 Internet 网络

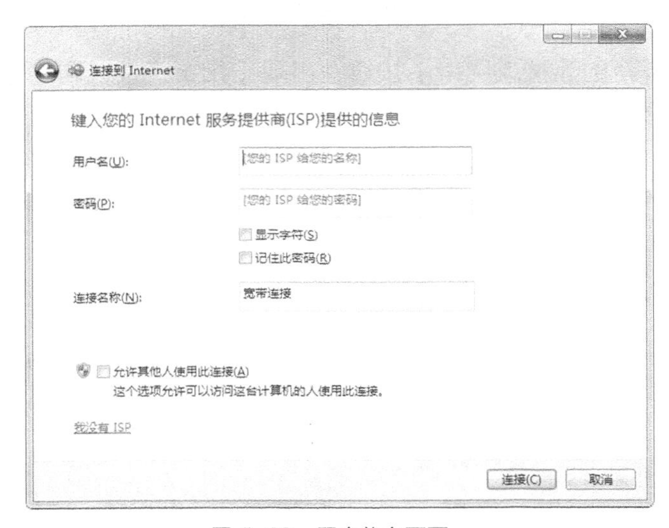

图 7-23　用户信息页面

（二）通过无线路由器接入互联网

目前，无线网络在家庭、办公场所已经得到了广泛使用，不管接入方式是使用 ADSL 电话线路（移动、联通、电信等）还是使用宽带双绞线（长城宽带、有线宽带等），其用户端设备大都使用具有无线功能的路由器。

无线路由器是将无线 AP 和宽带路由器合二为一的扩展型产品，它不仅具备单纯性无线 AP 的所有功能如 DHCP、WEP 加密等等，还包括网络地址转换功能，可支持局域网用户的有线和无线网络共享连接。其内置有简单的虚拟拨号软件，可以存储用户名和密码自动拨号上网。

市场上流行的无线路由器一般能支持 15～20 个设备同时在线使用，信号覆盖范围半径 30～100 米。

【任务要求】

通过宽带无线路由器将自己的计算机接入互联网。本例我们使用的是一款 TP-LINK

无线路由器，实物如图 7-24 所示，其端口情况如图 7-25 所示。

图 7-24　本例使用的无线路由器

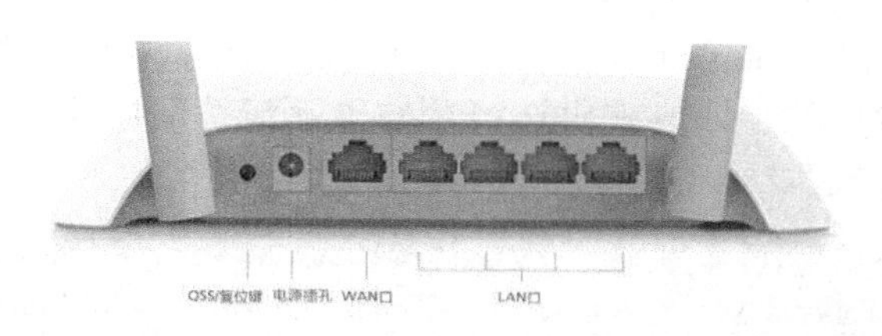

图 7-25　路由器的端口

一般无线路由器的型号、MAC 地址、管理地址和用户口令都会标记在路由器的背面。

【操作步骤】

（1）将 ISP 提供的外来网线（如果是 ADSL 线路，那就应该是电话线）接入到路由器的 WAN 口。

一般无线路由器的 WAN 口的颜色会与其他端口不一样，而且会有文字标识，很容易分辨。

（2）制作一根直通双绞线，将计算机与无线路由器的任一 LAN 口相连接。

一般无线路由器的 LAN 口都有 4～8 个，任选其中一个就可以。

（3）使用 Ping 命令测试计算机与无线路由器的连通性，如图 7-26 所示。这种情况说明计算机与无线路由器之间连接良好。

（4）打开浏览器，在地址栏中输入路由器的管理地址，一般为“http://192.168.1.1”，打开无线路由器的登录窗口，如图 7-27 所示，要求输入用户名和密码。

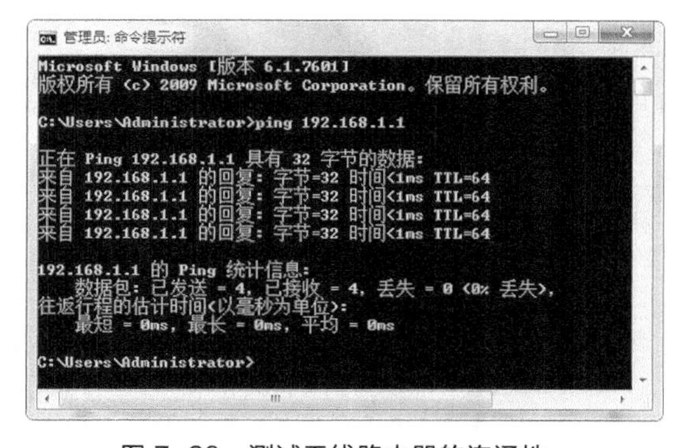

图 7-26　测试无线路由器的连通性

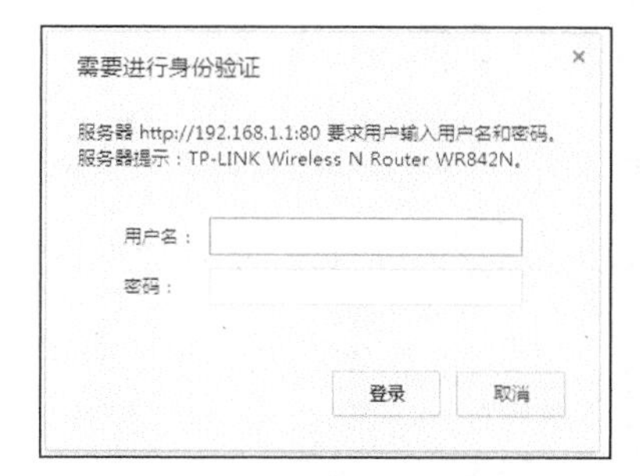

图 7-27　无线路由器登录窗口

（5）输入系统默认的用户名和密码（一般标记在路由器背面），登录无线路由器，出现无线路由器的配置页面，如图 7-28 所示。当前页面显示了路由器的基本信息和运行状态。

（6）单击左侧菜单中的【设置向导】，出现一个对话框，说明本向导可设置路由器上网所需的基本网络参数。

（7）单击下一步按钮，出现选择上网方式的对话框，如图 7-29 所示。其中给出了几种最常见的上网方式供选择。如果不清楚使用何种上网方式，请选择“让路由器自动选择上网方式”。

图 7-28 无线路由器的配置页面

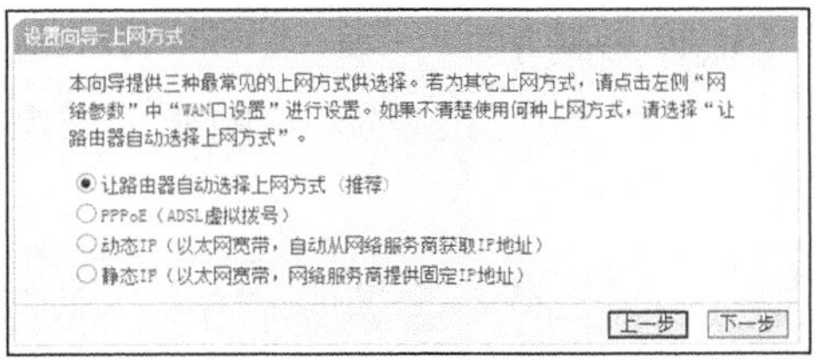

图 7-29 设置上网方式

（8）单击下一步按钮，系统首先自动检测当前网络线路状况，然后出现图 7-30 所示的对话框，要求输入 ISP 提供的上网账号及口令。上网账号一般是 ISP 安排的现场施工人员设定的，口令用户可自行修改。

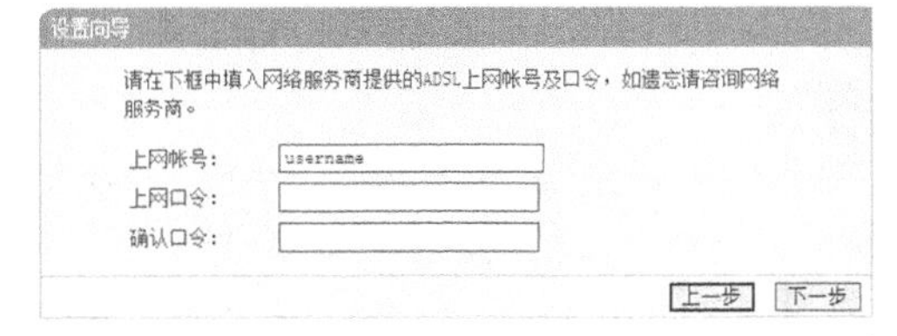

图 7-30 要求输入上网账号及口令

（9）输入用户名和口令后，单击下一步按钮，系统会出现无线网络的设置页面，如图 7-31 所示，要求指定无线网络的一些基本参数及安全密码。

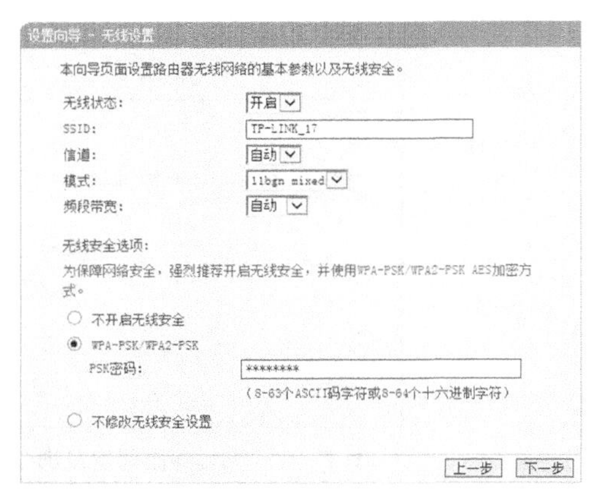

图 7-31 无线网络的设置

- 无线状态：是否开启本路由器的无线功能
- SSID：这是无线网络的标识号，可以任意修改
- 信道：可以选择 WLAN 频率范围内的 13 个信道中的任一个，一般选择“自动”
- 模式：给出了几个不同速率的无线网标准，一般选择“11bgn mixed”，也就是支持各种 802.11b/g/n 不同标准的混合模式
- 频段带宽：路由器的发射频率宽度，一般应选择“自动”
- 无线安全选项：选择是否给无线网络添加一个接入密码。为了保障自己无线网的安全，一定要设置一个不少于 8 位的密码

（10）单击[下一步]按钮，完成设置，系统要求重启路由器以使设置生效，如图 7-32 所示。

（11）单击[重启]按钮，确认重启后，路由器开始重新启动，如图 7-33 所示。

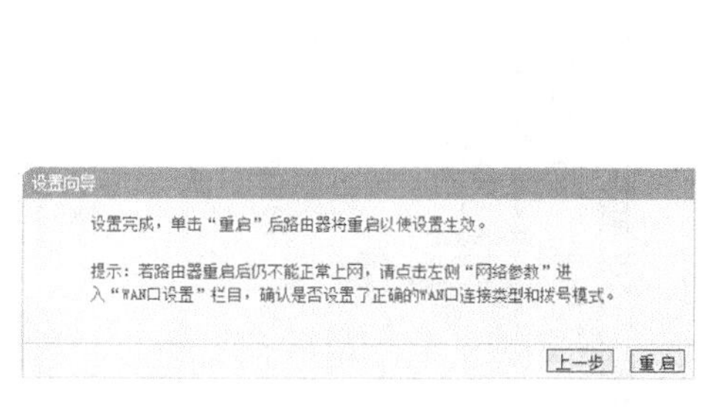

图 7-32　路由器设置完成

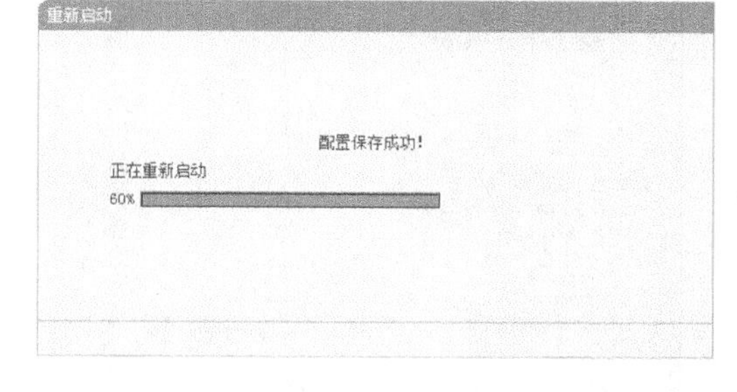

图 7-33　路由器开始重启

（12）路由器重启后，在管理页面的左边菜单栏中，点击【运行状态】按钮，能够看到路由器当前的基本状态信息，如图 7-34 所示。

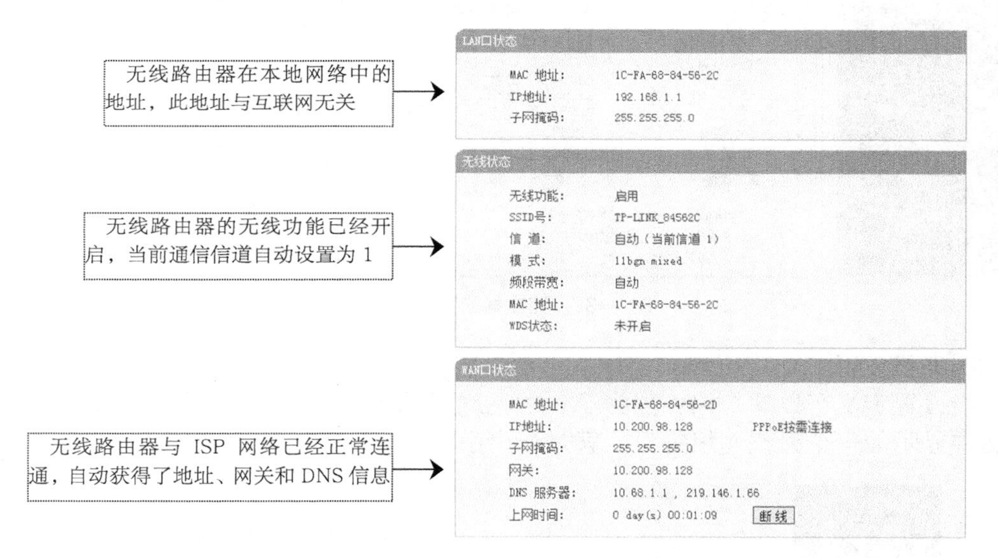

图 7-34　路由器当前的运行状态

如果【WAN 口状态】栏能够显示当前路由器所获得的动态 IP 地址，则说明路由器已经与 ISP 网络连接成功，此时可以正常上网了。

（13）设置局域网内的计算机“自动获得 IP 地址”和“自动获得 DNS 服务器地址”，如图 7-35 所示。

（14）查看局域网中计算机的网络连接状态，如图 7-36 所示。

（15）计算机能够上网了，那么手机呢？打开手机的“无线网络设置”，选择当前无线网的名称（SSID，本例是“TP-LINK_17”），然后输入连接密码，现在手机也能够上网了。

对于路由器的设置和使用，一般我们还需要关注以下信息。

（1）网络参数

网络参数定义了路由器与互联网的连接信息（或者说是与 ISP 的接入网的连接），以及路由器在其本地局域网中的地址信息，这些信息都是可以修改和调整的，如图 7-37 所示。

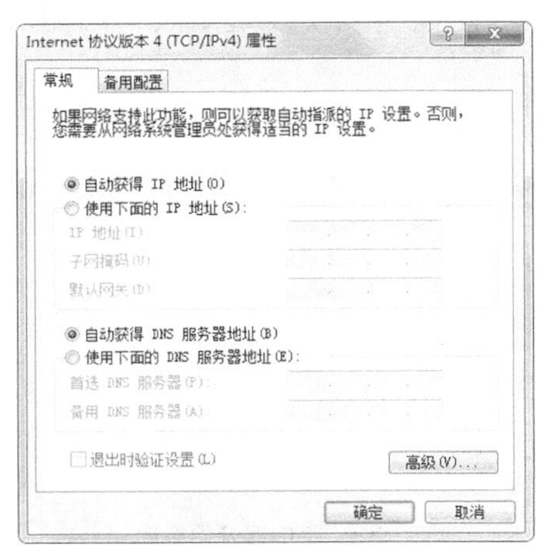

图 7-35　设置计算机自动获得 IP 地址

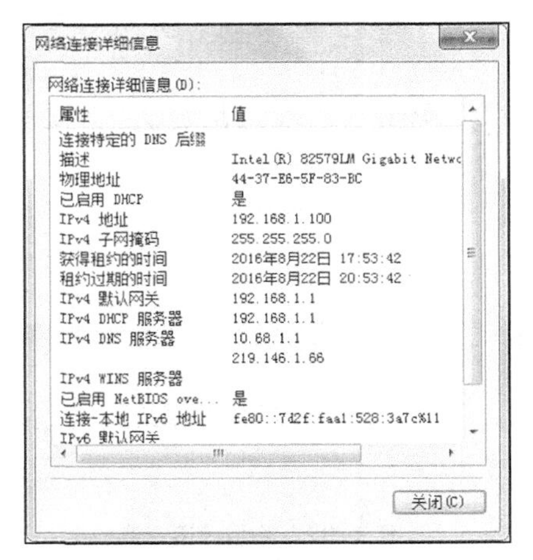

图 7-36　查看网络连接状态

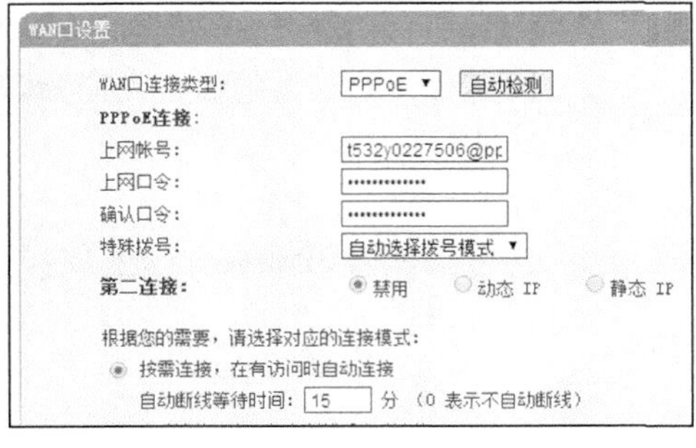

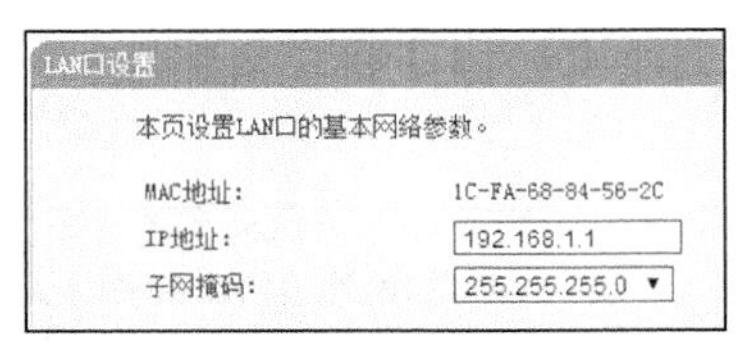

图 7-37　路由器的网络参数

（2）无线设置

无线设置定义了以这个路由器为 AP 的无线局域网的各项设置和信息，如图 7-38 所示，图中显示的一个无线网络主机，就是一个手机。

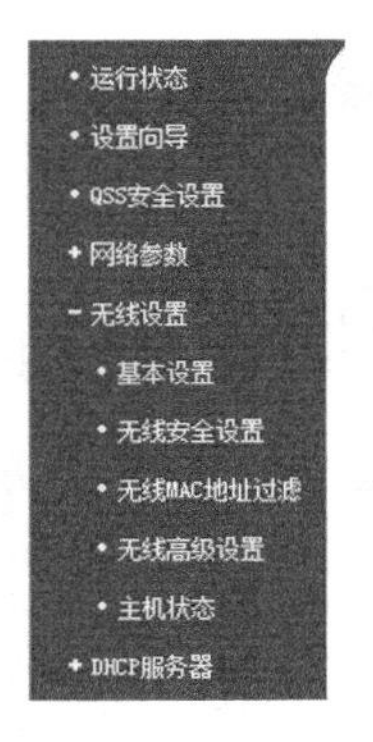

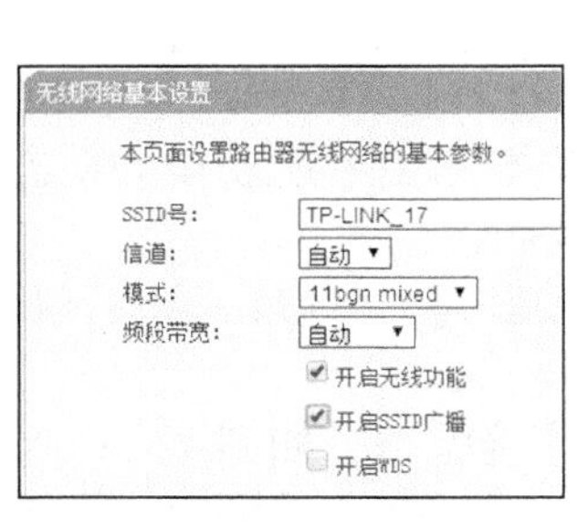

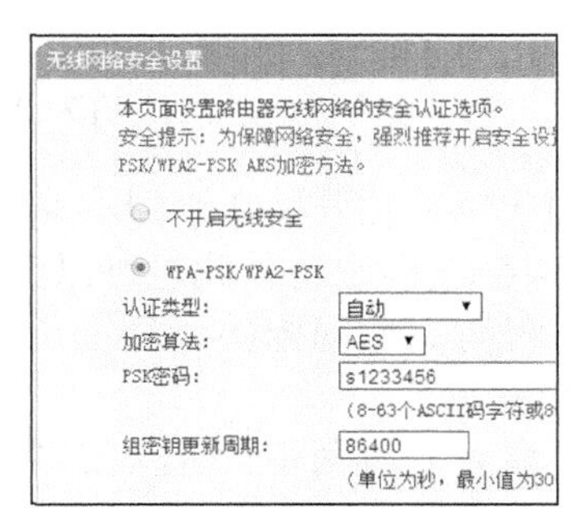

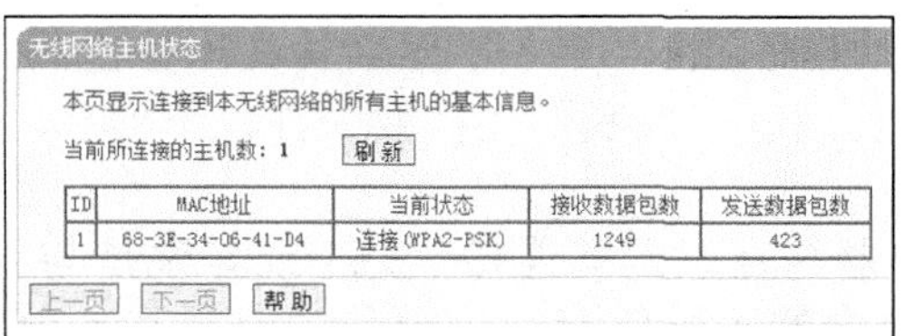
无线网络主机状态

本页显示连接到本无线网络的所有主机的基本信息。

当前所连接的主机数：1　刷新

ID	MAC地址	当前状态	接收数据包数	发送数据包数
1	68-3E-34-06-41-D4	连接(WPA2-PSK)	1249	423

上一页　下一页　帮助

图 7-38　路由器的无线设置

（3）DHCP 服务器

路由器只有开启了 DHCP 服务，才能为以它为中心组建的局域网（包括有线网、无线网）的主机提供服务。路由器会为局域网中的主机分配动态地址，地址从“地址池”中顺序选择。联网的主机信息也能够罗列出来，如图 7-39 所示。

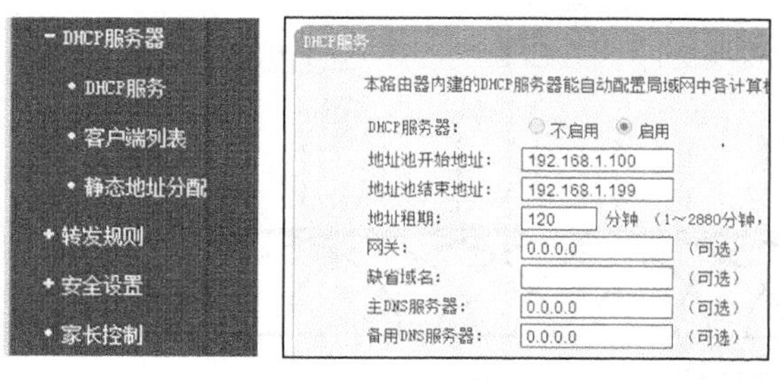

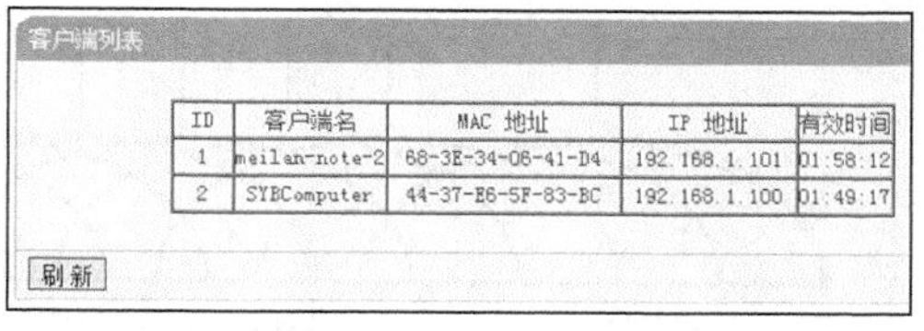

图 7-39　DHCP 服务及客户端信息

（4）系统工具

系统工具是协助我们管理路由器、维护局域网正常运行的工具，它提供了一些有用的工具，可以修改登录口令、统计用户流量、重启路由器等，如图 7-40 所示。

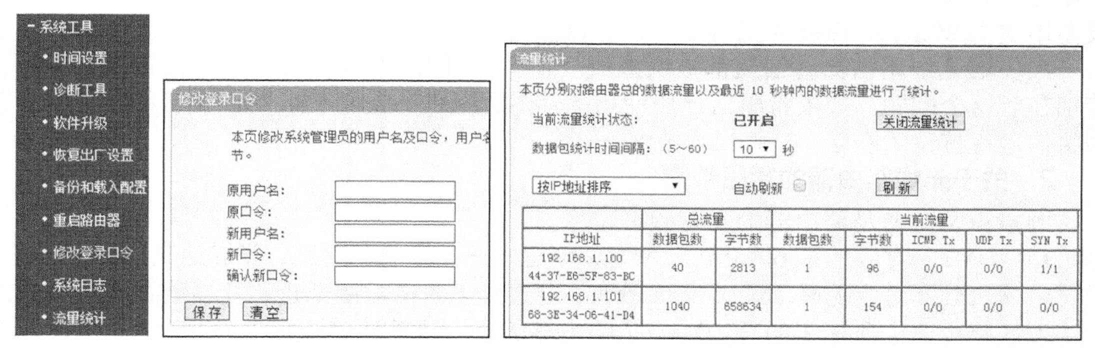

图 7-40　路由器提供的系统工具

在家庭和小型公司中，通过宽带路由器接入互联网共享上网的应用较普遍，其配置简单明了。但是对于大型网络，此方案在性能上不能满足需求。如果要构建大型局域网或校园网，应该使用专业路由器配置静态路由（或动态路由）。

【知识链接】

1．关于无线路由器的信道

信道是对无线通信中发送端和接收端之间的通路的一种形象比喻。对于无线电波而言，它从发送端传送到接收端，其间并没有一个有形的连接，它的传播路径也有可能不只一条；为了形象地描述发送端与接收端之间的工作，我们将两者之间看不见的道路衔接，称为信道。信道具有一定的频率带宽，正如公路有一定的宽度一样。

无线路由器发射的 WiFi 信号是一种电磁波，具有特定的频率和波段，为了避免和周围其他的 WiFi 信号出现相同频率和波段，产生相互干扰，相邻的 WLAN 需要使用不同的信道。

虽然支持 802.11ac 协议的路由器能够在 5GHz 频段工作，能够提供较多的信道和较高的速率，但是其信号作用距离、墙壁穿透能力较弱，因此 2.4GHz 频段的路由器仍大量使用。所有 WiFi 信号，包括 80.211n（a，b，g，n）之间使用的都是 2 400MHz～2 500MHz

的频率，而这 100MHz 的差距要平分给 14 个不同的信道，因此每个信道之间的差距只有微小的 20MHz。正如我们在路由器设置中所看到的那样，14 个信道每个 20MHz 的差距，总和已经超过了 100MHz，因此在 2.4GHz 的频段中至少会有两个（通常是四个）信道处于重合状态，如图 7-41 所示。一般来说，信道 1、6 和 11 彼此之间间隔的距离足够远，因此它们三个不会互相重叠和干扰，是三个最常用的信道。

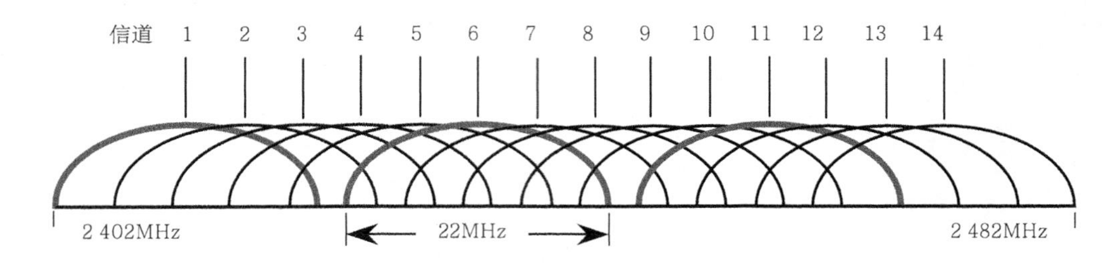

图 7-41　802.11b 的信道划分

802.11b/g 网络标准中只提供了三个不互相重叠的信道，虽然数量偏少，但对于一般的家庭或办公室无线网络来说，已经足够了。如果办公区域需要多于三个的无线网络，建议使用支持 802.11a 标准的无线设备，它提供更多的非重叠信道。

大多数无线路由器的信道都被设置成“自动”，因此许多普通用户在设置时根本不会特别在意这个问题。如果希望自己所使用的信道比其他人的更快，可以在无线路由的设置中将信道直接设置在 1、6 和 11 中的某一个。

2. 关于无线路由器的频段带宽

频段带宽指的是路由器的发射频率宽度。

- 20MHz 对应的是 65Mbit/s 带宽，穿透性好，传输距离远，能够达到 100 米左右。
- 40MHz 对应的是 150Mbit/s 带宽，穿透性差，传输距离近，能够达到 50 米左右。

无线路由器上所标识的 300M 是指路由器的最大传输速率能够达到 300Mbit/s，这是路由器的理论性能指标，一般是无法达到和使用的。

（三）两个无线路由器的连接

一个无线路由器的覆盖范围是有限的，对墙壁等障碍物的穿透能力也有限，在家里或办公室使用的话，有些地方往往覆盖不到。这时就需要将两个无线路由器连接起来，以扩大其应用范围。

路由器的连接，主要有两种方式。

- 级联：两台路由器使用有线方式相连。
- 桥接：两台路由器使用无线方式相连。

【实训 1——级联】

将两个无线路由器利用有线方式级联起来，其连接方式如图 7-42 所示。

【操作步骤】

（1）将路由器 R_1 接入互联网，使其正常工作。

（2）用一台计算机连接路由器 R_2，登录路由器管理页面，设置其管理地址（LAN 地址）与路由器 R_1 不在同一个网段。例如 R_1 的管理地址为 192.168.1.1，则修改路由器 R_2 的管理地址为 192.168.2.1，如图 7-43 所示。

（3）修改路由器 R_2 的管理地址后，需要重新启动路由器以使修改生效。

（4）计算机需要用新地址（192.168.2.1）重新登录路由器 R_2 的管理页面，此时 DHCP 服务地址池的地址范围也随之改变了，如图 7-44 所示。

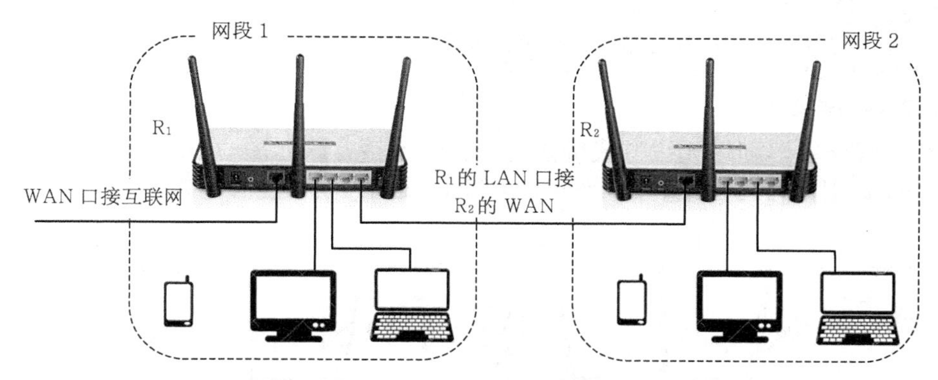

图 7-42　两个无线路由器级联

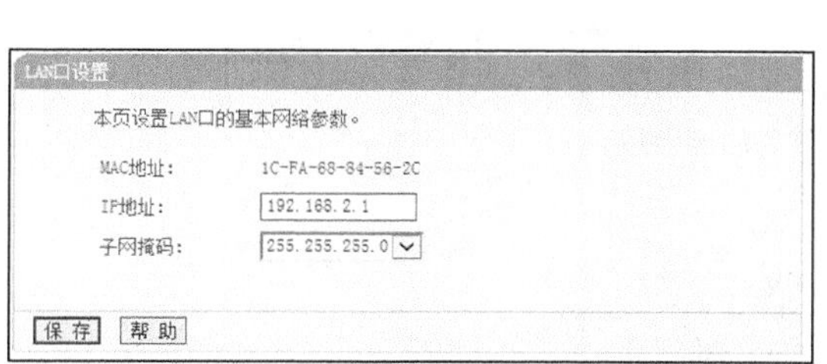

图 7-43　修改路由器 R_2 的管理地址

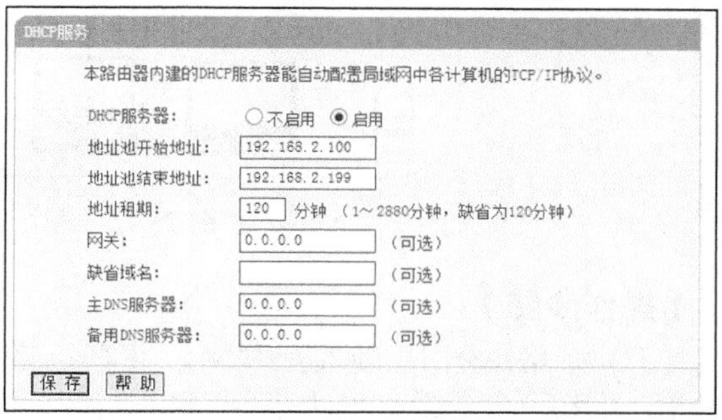

图 7-44　DHCP 服务地址范围改变

（5）打开路由器 R_2 的【WAN 口设置】，修改“WAN 口连接类型”为“动态 IP”，如图 7-45 所示。此时系统会自动从 WAN 口获取动态 IP 地址，如果路由器 R_2 的 WAN 口没有连线，就会出现一个提示。

（6）用一条网线将路由器 R_1 的 LAN 口连接到路由器 R_2 的 WAN 口。

（7）单击 自动检测 按钮，路由器 R_2 能够自动从路由器 R_1 中获得一个动态 IP 地址，如图 7-46 所示。

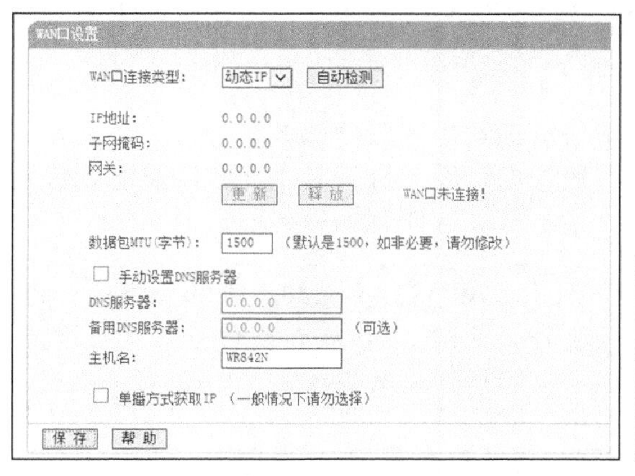

图 7-45　修改“WAN 口连接类型”为“动态 IP”

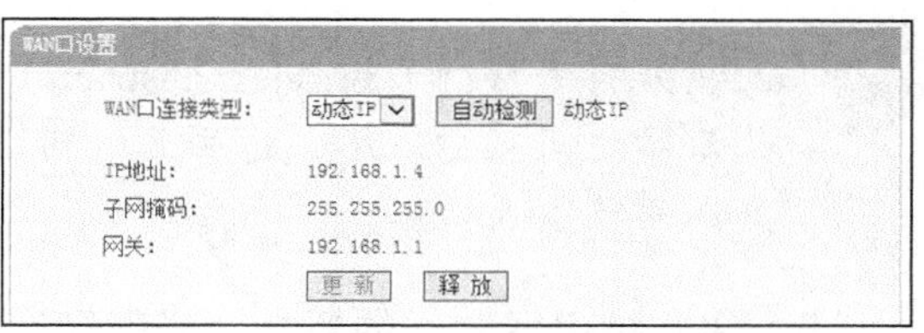

图 7-46　路由器 R_2 自动获得一个 IP 地址

现在路由器 R_2 能够连接到互联网了，与其相连的计算机、无线设备也都能够上网了。

这时连接到路由器 R_2 上的设备（计算机、手机）所获得的 IP 地址均为“192.168.2.*”，与路由器 R_1 的连接设备不在一个网段。

【实训 2——桥接】

将两个无线路由器利用无线方式桥接起来，其连接方式如图 7-47 所示。与图 7-42 所示的级联模式相比，此图没有两个路由器之间的连线。

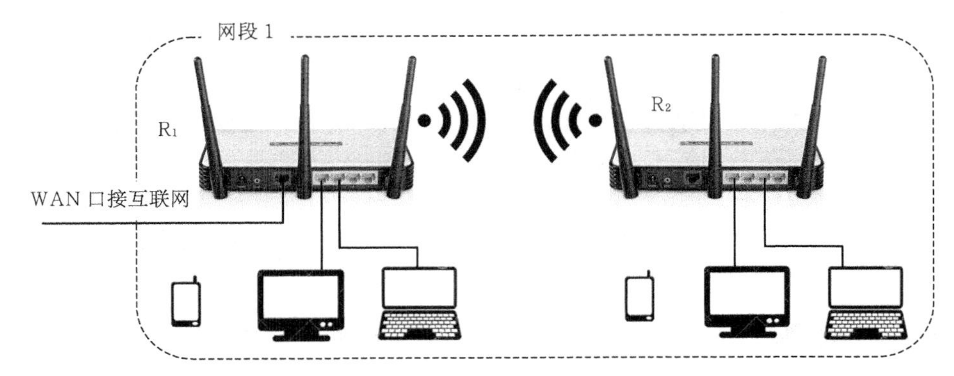

图 7-47　两个无线路由器桥接

【操作步骤】

（1）将路由器 R_1 接入互联网，使其正常工作。

（2）用一台计算机连接路由器 R_2，如果前面对 R_2 进行过其他设置，为保证后面的操作顺利，可以对其进行“恢复出厂设置”或 Reset（重置）操作，清除用户的设置。

（3）登录路由器 R_2 的管理页面，设置其管理地址（LAN 地址）与路由器 R_1 不同，但是要保证在同一个网段。例如 R_1 的管理地址为 192.168.1.1，则修改路由器 R_2 的管理地址为 192.168.1.200，如图 7-48 所示。

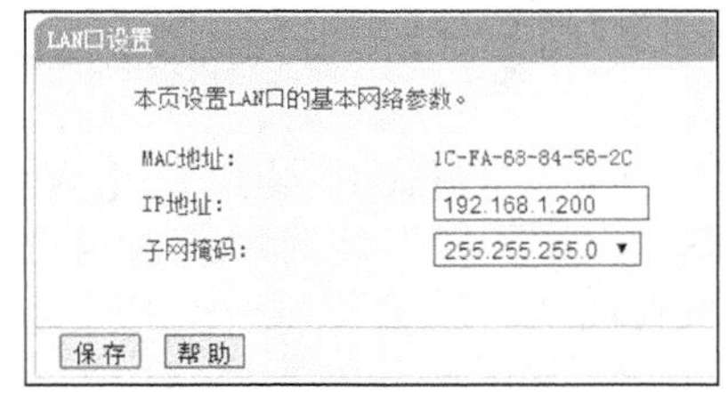

图 7-48　修改路由器 R_2 的管理地址

路由器 R_2 的管理地址可以任意设置，只要保证两点，第一，不能与路由器 R_1 相同；第二，要在同一个网段。

（4）修改路由器 R_2 的管理地址后，需要重新启动路由器以使修改生效。

（5）重启后，用新地址重新登录路由器 R_2 的管理页面，打开其【无线网络基本设置】页面，选择【开启 WDS】项，如图 7-49 所示，会出现 WDS 的各种选项。

无线分布式系统（Wireless Distribution System，WDS）是一种无线混合模式，可让基站之间互相沟通，建立无线网络的桥接（中继），扩展无线信号，从而覆盖更大的范围。

（6）建立路由器之间的桥接，必须知道主路由器（这里是 R_1）的 SSID 和 BSSIS（也就是 MAC 地址），但是一般我们是记不住的，所以，这里使用扫描的方式来查找这个主路由器的信息。单击[扫描]按钮，会出现如图 7-50 所示的页面，显示在我们周围发现的无线网络信号。

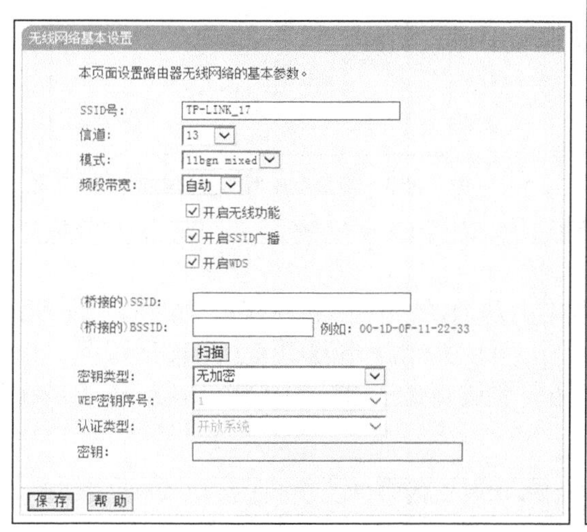

图 7-49　选择【开启 WDS】项

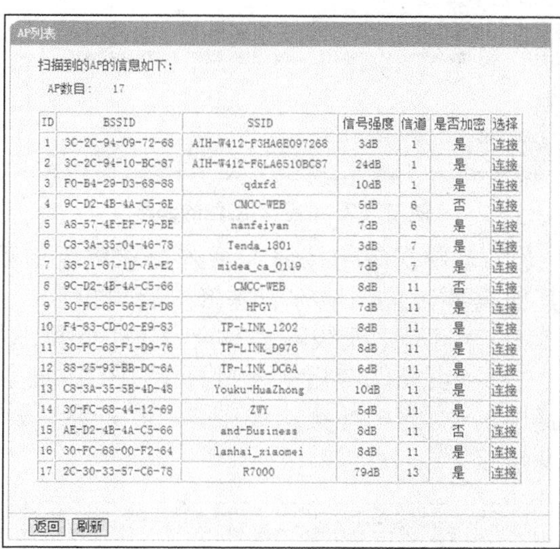

AP列表

扫描到的AP的信息如下：

AP数目：　17

ID	BSSID	SSID	信号强度	信道	是否加密	选择
1	3C-2C-94-09-72-68	AIH-W412-F3HA6E097268	3dB	1	是	连接
2	3C-2C-94-10-BC-87	AIH-W412-F6LA6510BC87	24dB	1	是	连接
3	F0-B4-29-D3-68-88	qdxfd	10dB	1	是	连接
4	9C-D2-4B-4A-C5-6E	CMCC-WEB	5dB	6	否	连接
5	A8-57-4E-EF-79-BE	nanfeiyan	7dB	6	是	连接
6	C8-3A-35-04-46-78	Tenda_1801	3dB	7	是	连接
7	38-21-87-1D-7A-E2	midea_ca_0119	7dB	7	是	连接
8	9C-D2-4B-4A-C5-66	CMCC-WEB	8dB	11	否	连接
9	30-FC-68-56-E7-D8	HPGY	7dB	11	是	连接
10	F4-83-CD-02-E9-83	TP-LINK_1202	8dB	11	是	连接
11	30-FC-68-F1-D9-76	TP-LINK_D976	8dB	11	是	连接
12	88-25-93-BB-DC-6A	TP-LINK_DC6A	6dB	11	是	连接
13	C8-3A-35-5B-4D-48	Youku-HuaZhong	10dB	11	是	连接
14	30-FC-68-44-12-69	ZWY	5dB	11	是	连接
15	AE-D2-4B-4A-C5-66	and-Business	8dB	11	否	连接
16	30-FC-68-00-F2-64	lanhai_xiaomei	8dB	11	是	连接
17	2C-30-33-57-C6-78	R7000	79dB	13	是	连接

返回　刷新

图 7-50　周围所发现的无线网络信号

（7）在这个表中，R7000 就是我们的主路由器 R_1，单击其后的【连接】，则 R_1 的信息自动添加到 WDS 中。

（8）由于主路由器 R_1 设置了密码，所以这里我们要填上其接入密码，如图 7-51 所示。

（9）单击[保 存]按钮，一般都会出现一个对话框，如图 7-52 所示，说明当前路由器的信道与主路由器的信道不匹配，需要重新设置。

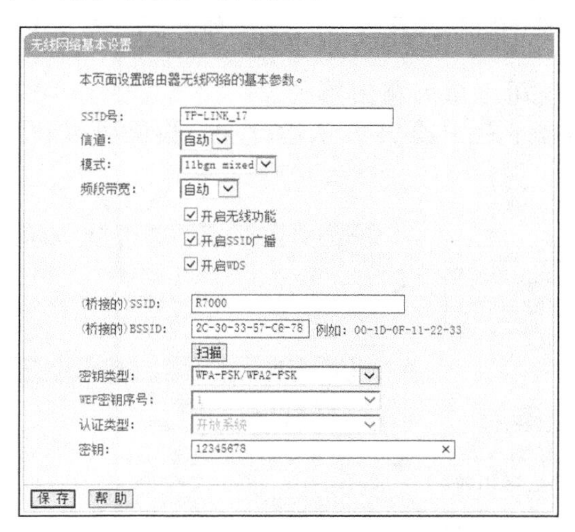

图 7-51　填写 WDS 各项内容

路由器的信道是根据周围其他无线信号占用信道的情况动态分配的，每次重启路由器信道都会发生变化。所以在桥接时，为了防止出现信道不匹配的现象，最好将主路由器的信道设置为一个固定值。

（10）单击[确定]按钮，设置路由器 R_2 的信道与 R_1 相同，如图 7-53 所示。

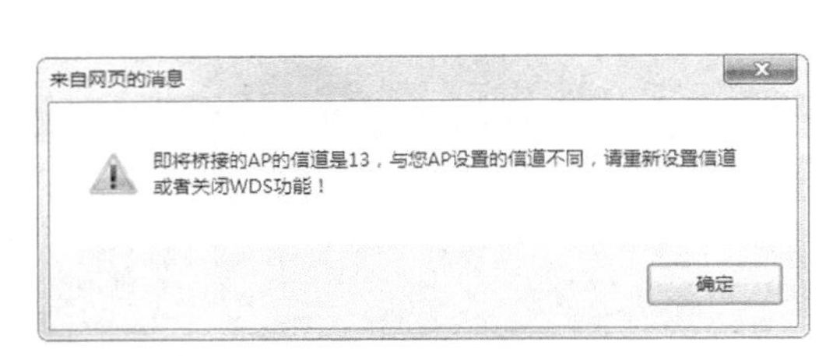

图 7-52　信道不匹配的消息

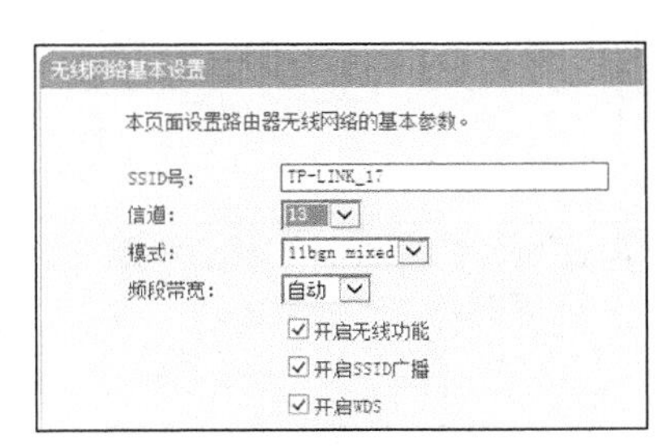

图 7-53　设置路由器 R_2 的信道与 R_1 相同

（11）单击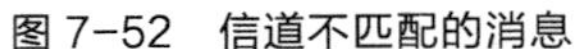按钮，系统要求重新启动路由器以使修改生效。我们可以先不重启，把其他需要设置的地方一并修改后再重启。

（12）打开【无线网络安全设置】页面，为路由器 R_2 的访问添加密码，如图 7-54 所示。

（13）页面保存后，再打开【DHCP 服务】页面，关闭路由器 R_2 的 DHCP 服务，以免与路由器 R_1 的相冲突，如图 7-55 所示。这是必须进行的一步，否则路由器 R_2 还是无法实现桥接。

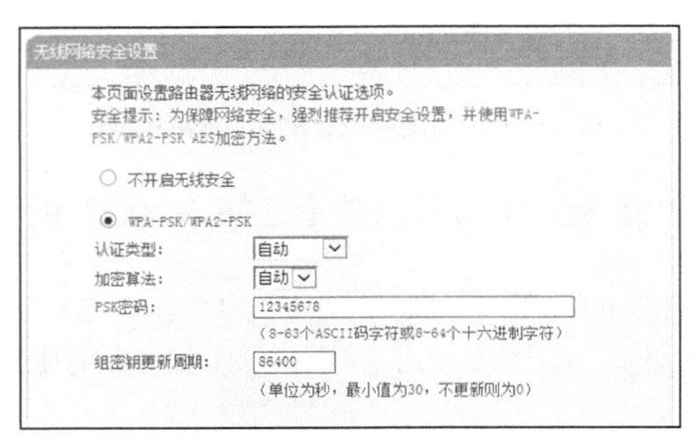

图 7-54　为路由器 R_2 的访问添加密码

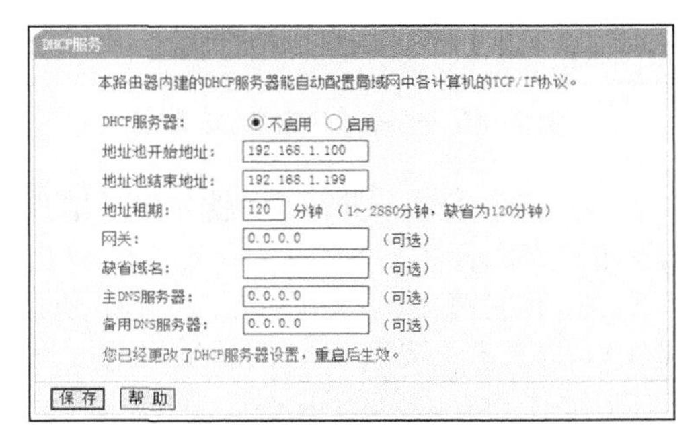

图 7-55　关闭路由器 R_2 的 DHCP 服务

（14）页面保存后，就可以重启路由器了。

（15）重启后，重新登录路由器 R_2，从运行状态页面可以看到当前设置的情况，如图 7-56 所示。

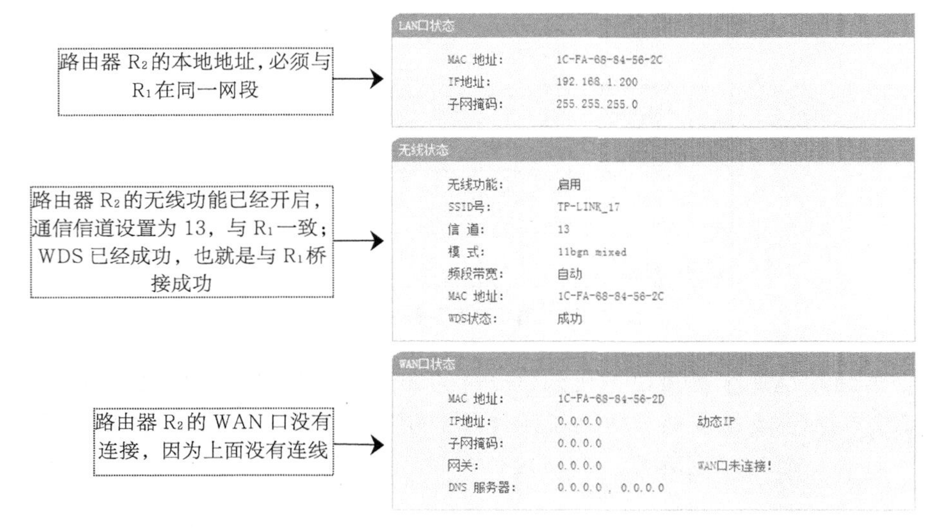

图 7-56　当前设置的情况

（16）这时，路由器 R_2 已经桥接成功，连接 R_2 的计算机、手机都可以上网了。

当启用路由器 R_2 的 DHCP 功能时，可以从【DHCP 服务器】/【客户端列表】看到所有连接到路由器 R_2 的设备。但是在桥接状态，必须关闭 DHCP 服务，此时如何查看哪些设备连接到路由器 R_2 上了呢？

对于接入的无线设备，可以利用【无线设置】/【主机状态】菜单来看，如图 7-57 所示。

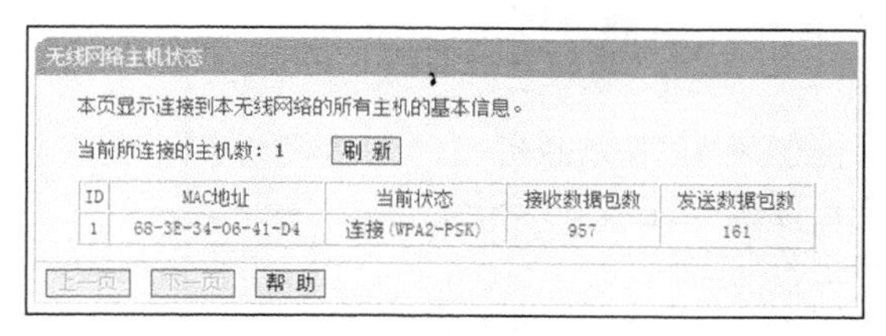

图 7-57　接入的无线设备

对于通过有线接入的设备，可以利用【IP 与 MAC 绑定】/【ARP 映射表】菜单来查看，如图 7-58 所示。

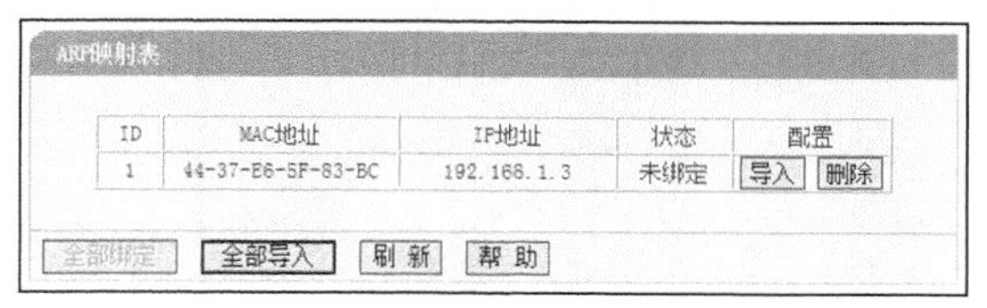

图 7-58　通过有线接入的设备

多台无线路由器的连接，还有一种中继模式，也是通过无线连接。中继和桥接的原理有所不同，但是实际使用效果基本相同。这里就不对中继模式进行讨论了。

思考与练习

一、填空题

1. 互联网的前身是美国国防部高级研究计划局主持研制的________。
2. 1983 年，________协议成为 ARPAnet 的标准协议。
3. ________，北京计算机应用技术研究所向世界发出了我国的第一封电子邮件。
4. 我国四大网络是________、________、________和________。
5. 承载互联网应用的通信网，宏观上可划分为________和________两大部分。
6. ADSL 是一种非对称的 DSL 技术，中文名称是________，是一种在普通电话线上进行宽带通信的技术。
7. 广义上讲，无线接入包括________和________两大类。
8. 根据网站的功能，可以大概分为________和________两种类型。
9. 1990 年 11 月，________教授代表中国正式在 SRI-NIC 注册登记了中国的顶级域名________。
10. 截至 2017 年 6 月，我国网民规模达到________亿，已成为世界上最大的国家网络。
11. ADSL 调制解调器用于实现输入输出信息在________信号和________信号之间的

转换。

12. ADSL 分离器用于将外来的电话信号分离为用于调制解调器的________信号和用于打电话的________信号。

13. 无线路由器是将________和________合二为一的扩展型产品。

14. 无线路由器相连接，主要有两种方式，分别是________和________。

15. 无线路由器的频段带宽指的是路由器的________。

16. 国内的三大基础电信运营商分别是________、________和________。

二、简答题

1. 互联网一般能够提供哪些常见服务？
2. 什么是 ISP？中国有哪些主要的 ISP？
3. 简述域名服务的工作原理。
4. 试分析“www.ryjiaoyu.com”的域名结构。
5. 请简要介绍一下 PPPoE。
6. 什么是接入网？有哪些主要特征？
7. 请绘制出两台无线路由器级联的示意图。
8. 请绘制出使用分离器的 ADSL 上网连接示意图。

PART08

项目八

互联网在生活中的应用

本项目主要包括以下几个任务。

- 任务一　信息浏览与资源下载
- 任务二　电子邮件
- 任务三　论坛与博客

学习目标：

- 了解WWW服务，尝试在线听歌和看视频。
- 搜索资源并使用迅雷或BT来下载。
- 了解并使用电子邮件。
- 理解论坛与贴吧、博客与微博。
- 通过实训掌握即时通信与网上购物。

■ 互联网是一个世界规模的巨大的信息和服务网络。它不仅为人们提供了各种各样的简便而且快捷的通信与信息检索手段，而且为人们提供了巨大的信息资源和服务资源。通过使用互联网，全世界范围内的人们既可以互通信息，交流思想，又可以获得各个方面的知识、经验和信息。

互联网最吸引人的是它所提供的丰富多彩的应用，如新闻浏览、资源下载、电子邮件、娱乐休闲、及时通信、电子商务等。这些应用大多是免费的，但是也有一些基于商业目的的增值服务。

任务一　信息浏览与资源下载

互联网是一个信息资源的宝库，但是由于其分散的组织模式，常使人们面对丰富的信息资源却无从下手，面对知识的海洋却找不到知识。于是就有了搜索工具，就有了网络链接，利用它们我们能够找到需要的信息，而不必管它具体在哪里。

（一）WWW

20 世纪 40 年代以来，人们就梦想能拥有一个世界性的信息库。在这个信息库中，信息不仅能被全球的人们存取，而且能轻松地链接到其他地方的信息，使用户可以方便快捷地获得重要的信息。最初，互联网上提供的各种信息服务手段只有 FTP、Telnet 等，不但功能单一，而且还需要使用者熟悉一系列的操作命令，过程繁琐而复杂。在这种情况下，WWW 应运而生。

WWW（World Wide Web，万维网）通过超文本（Hypertext）或超媒体（Hypermedia）的方式将各种信息资源（包括图文声像等多媒体信息）组织在一起，用户只需要单击链接，就可以方便地浏览到感兴趣的信息，这使得信息获取的手段有了本质的改变，进而极大地推动了互联网的发展。

WWW 起源于欧洲物理粒子研究中心（1989 年），最初的目的是让世界各地的科学家能够有效地进行合作，由于其功能强大、操作简便，很快在互联网上得到了广泛应用。

WWW 服务采用客户机/服务器工作模式。信息资源以页面（也称网页或 Web 页）的形式存储在服务器（通常称为 Web 站点）中，这些页面采用超文本方式对信息进行组织，通过链接将一页信息接到另一页信息，这些相互链接的页面信息既可以放置在同一主机上，也可以放置在不同的主机上。页面到页面的链接信息由统一资源定位符（Uniform Resource Locators，URL）维持，用户通过客户端应用程序（浏览器）向 WWW 服务器发出请求，服务器根据客户端的请求内容将保存在服务器中的某个页面返回给客户端，浏览器接收到页面后对其进行解释，最终将图文并茂的画面呈现给用户。

对于用户而言，整个访问过程是完全透明的。虽然用户要访问的信息在各个不同的服务器上，但是这些资料都是通过各种链接组织在一起的。用户完全不必考虑这些信息的存放位置，只需要通过浏览器打开不同的链接就能够获得需要的资料。WWW 服务的工作原理如图 8-1 所示。

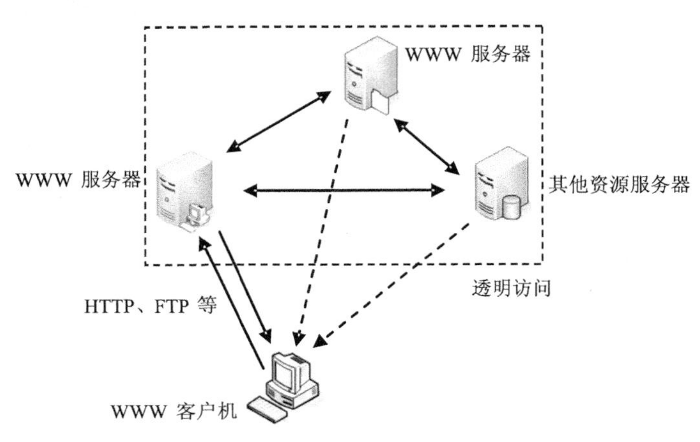

图 8-1　WWW 服务的工作原理

（二）搜索引擎

互联网中拥有数以百万计的 WWW 服务器，而且 WWW 服务器所提供的信息种类极为丰富，所覆盖的领域也很多，那么用户如何能够在知识的海洋中快速、有效地查找到想要得到的信息呢？这就要借助互联网中的搜索引擎。

1. 基本定义

所谓搜索引擎（Search Engine），是指根据一定的策略、运用特定的计算机程序从互联网上搜集信息，在对信息进行组织和处理后，为用户提供检索服务，将用户检索相关的信息展示给用户的系统。搜索引擎包括全文索引、目录索引、元搜索引擎、垂直搜索引擎、集合式搜索引擎、门户搜索引擎与免费链接列表等。目前在中文搜索引擎方面比较著名的有百度、谷歌、雅虎、有道、360 等。

一个搜索引擎是由搜索器、索引器、检索器和用户接口 4 个部分组成的。搜索器的功能是在互联网中漫游，发现和搜集信息。索引器的功能是理解搜索器所搜索的信息，从中抽取出索引项，用于表示文档及生成文档库的索引表。检索器的功能是根据用户的查询在索引库中快速检出文档，进行文档与查询的相关度评价，对将要输出的结果进行排序，并实现某种用户相关性反馈机制。用户接口的作用是输入用户查询、显示查询结果、提供用户相关性反馈机制。搜索引擎工作流程示意如图 8-2 所示。

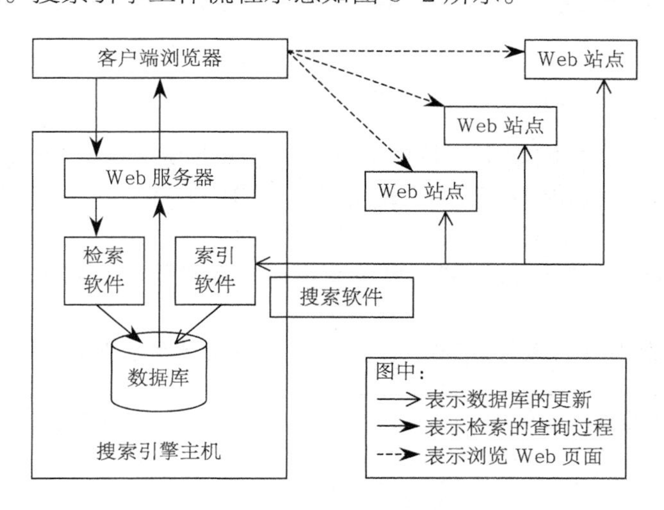

图 8-2　搜索引擎工作流程示意

2. 信息自动搜集

搜索引擎的自动信息搜集功能分两种。一种是定期搜索，即每隔一段时间（比如 Google 一般是 28 天），搜索引擎主动派出“蜘蛛”程序，对一定 IP 地址范围内的互联网网站进行检索，一旦发现新的网站，它会自动提取网站的信息和网址加入自己的数据库。另一种是提交网站搜索，即网站拥有者主动向搜索引擎提交网址，它在一定时间内（2 天到数月不等）定向向网站派出“蜘蛛”程序，扫描网站并将有关信息存入数据库，以备用户查询。

当用户以关键词查找信息时，搜索引擎会在数据库中进行搜寻，如果找到与用户要求内容相符的网站，便采用特殊的算法（通常根据网页中关键词的匹配程度、出现的位置、频次、链接质量）计算出各网页的相关度及排名等级，然后根据关联度高低，按顺序将这些网页链接返回给用户。

3. 基本工作原理

第一步：爬行。搜索引擎通过一种特定规律的软件跟踪网页的链接，从一个链接爬到另外一个链接，像蜘蛛在蜘蛛网上爬行一样，所以被称为“蜘蛛”，也被称为“机器人”。搜索引擎蜘蛛的爬行是被输入了一定的规则的，它需要遵从一些命令或文件的内容。

第二步：抓取存储。搜索引擎通过蜘蛛跟踪链接爬行到网页，将爬行的数据存入原始页面数据库。其中的页面数据与用户浏览器得到的 HTML 是完全一样的。搜索引擎蜘蛛在抓取页面时，也做一定的重复内容检测，一旦遇到权重很低的网站上有大量抄袭、采集或者复制的内容，很可能就不再爬行了。

第三步：预处理。搜索引擎将蜘蛛抓取回来的页面，进行各种步骤的预处理，包括提取文字、中文分词、去停止词、消除无效信息、正向索引、倒排索引、链接关系计算等。除了 HTML 文件外，搜索引擎通常还能抓取和索引以文字为基础的多种文件类型，如 PDF、Word、WPS、XLS、PPT、TXT 文件等，我们在搜索结果中也经常会看到这些文件类型。但搜索引擎还不能自动处理图片、视频、Flash 这类非文字内容，也不能执行脚本和程序。

第四步：排名。用户在搜索框输入关键词后，排名程序调用索引库数据，计算排名并显示给用户，排名过程与用户直接互动。但是，搜索引擎的数据量庞大，虽然能达到每日都有小的更新，但是一般情况下搜索引擎的排名都是根据日、周、月阶段性不同幅度地更新。

（三）资源下载

对很多用户而言，“在网络上寻找资料并下载使用”是其主要的网络行为。互联网是知识、资源的海洋，那么如何找到并下载我们需要的资源呢？下面以下载 PDF 格式电子书阅读和编辑工具软件为例来简单说明一下操作过程。

（1）打开百度搜索，搜一搜需要的软件有哪些。这类软件有好多，经过仔细比较，我们选择了“Foxit PDF Editor”。

（2）在百度搜索中输入软件名称，会出现很多下载地址，如图 8-3 所示。

图 8-3　搜索到很多软件下载地址

很多链接页面和下载地址带有商业广告，甚至是无效链接或病毒，大家在打开链接时一定要谨慎，最好选择较大的、可信的网站。

（3）选择一条记录，这里我们选择百度软件中心来下载。打开名称所链接的地址，可以看到这是一个比较规范的网站，不仅有这个软件的介绍，还可以搜索到很多其他的软件，如图 8-4 所示。

图 8-4　软件下载页面

（4）单击下载按钮（两个都可以），则建立了浏览器下载任务（本例使用的是 360 浏览器），选择下载路径，如图 8-5 所示，然后就可以下载该文件了。

如果计算机中安装有迅雷等下载工具，则可以建立迅雷下载任务，用迅雷下载该资源，如图 8-6 所示。

图 8-5　建立浏览器下载任务

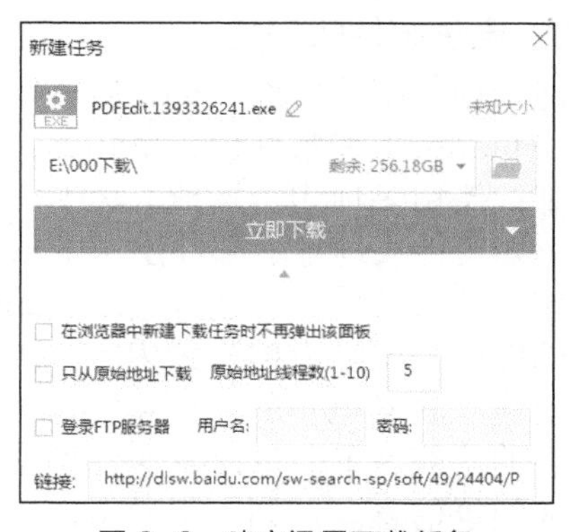

图 8-6　建立迅雷下载任务

迅雷是目前互联网上使用非常广泛的文件下载工具，基于多资源超线程技术，能够将网络上存在的服务器和计算机资源进行有效地整合，以较快的速率进行下载传递。

任务二　电子邮件

电子邮件是一种用电子手段实现信息交换的通信方式，是互联网应用最广的服务。通过网络的电子邮件系统，用户可以以非常低廉的价格（不管发送到哪里，都只需负担网费）、非常快速的方式（几秒钟之内可以发送到世界范围内任何指定的目的地），与世界上任何一个角落的网络用户联系。

【拓展阅读 18】

网上听歌

电子邮件可以是文字、图像、声音等多种形式。电子邮件的存在极大地方便了人与人之间的沟通与交流，促进了社会的发展。

（一）认识电子邮件系统

1. 电子邮件服务器

电子邮件服务采用客户机/服务器工作模式。电子邮件服务器（后面简称为邮件服务器）是互联网邮件服务系统的核心，它的作用与人工邮递系统中邮局的作用非常相似。邮件服务器一方面负责接收用户送来的邮件，并根据邮件所要发送的目的地址将其传送到对方的邮件服务器中；另一方面负责接收从其他邮件服务器发来的邮件，并根据不同的收件人将邮件分发到各自的电子邮箱（后面简称为邮箱）中。

互联网中存在着大量的邮件服务器，如果某个用户要利用一台邮件服务器发送和接收邮件，那么该用户必须在该服务器中申请一个合法的账号，包括账号名和密码。用户在一台邮件服务器中拥有了账号，即在该邮件服务器中拥有了自己的邮箱。邮箱是在邮件服务器中为每个合法用户开辟的一个存储用户邮件的空间，类似于人工邮递系统中的邮箱。

2. 电子邮件地址

在互联网中每个用户的邮箱都有一个全球唯一的邮箱地址，即用户的电子邮件地址。用户的电子邮件地址由两部分组成：后一部分为邮件服务器的主机名或邮件服务器所在域的域名，前一部分为用户在该邮件服务器中的账号，中间用“@”分隔，如 syb33@163.com、laohu@public.qd.sd.cn 等。

电子邮箱是私人的，只有拥有账号和密码的用户才能阅读邮箱中的邮件。

3. 电子邮件的格式

与普通的邮政信件一样，电子邮件也有固定的格式。电子邮件由两部分组成：邮件头（Mail Header）和邮件体（Mail Body）。

邮件头由多项内容构成，其中一部分内容是由电子邮件应用程序根据系统设置自动生成的，如发件人地址、邮件发送的日期和时间等；另一部分内容需要用户在创建邮件时输入，如收件人地址、抄送人地址、邮件主题等。

邮件体是实际要传送的内容。传统的电子邮件系统只能传递英文文本信息。目前使用的多用途互联网电子邮件扩展协议（Multipurpose Internet Mail Extensions，MIME）具有较强的功能，不但可以发送各种文字和各种结构的文本信息，而且还可以发送语音、图像和视频等信息。例如，用户可以通过电子邮件为过生日的朋友发去一张音乐贺卡。

4. 电子邮件的收发过程

邮件的发送和接收过程如图 8-7 所示。

- 用户需要发送电子邮件时，首先利用客户端电子邮件应用程序按规定格式起草编辑邮件，指明收件人的电子邮箱地址，然后利用 SMTP 将邮件送往发送端的邮件服务器。
- 发送端的邮件服务器接收到用户送来的邮件后，按收件人地址中的邮件服务器主机名，通过 SMTP 将邮件送到接收端的邮件服务器，接收端的邮件服务器根据收件人地址中的账号将邮件投递到对应的邮箱中。
- 利用 POP3 或 IMAP，接收端的用户可以在任何时间和地点利用电子邮件应用程序从自己的邮箱中读取邮件，并对自己的邮件进行管理。

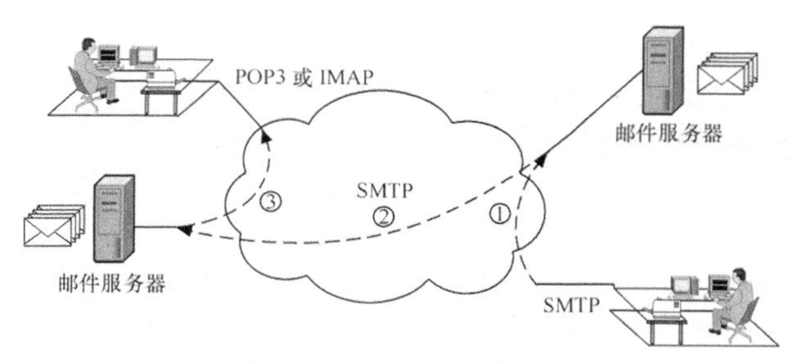

图 8-7　邮件系统工作过程

互联网中的邮件服务器通常要保持 24 小时正常工作，这样才能很好地服务于在其中申请账号的用户。用户可以不受任何时间和地点的限制，通过自己的计算机和电子邮件应用程序发送和接收邮件，用户的计算机无需一直保持开机和上网状态。

（二）了解电子邮件使用的协议

电子邮件使用的协议一般有 3 种，都是由 TCP/IP 族定义的。下面对这几个协议的内容简单介绍。

1. SMTP

SMTP（Simple Mail Transfer Protocol，简单邮件传输协议）是一种基于文本的电子邮件传输协议，使用由 TCP 提供的可靠的数据传输服务把邮件消息从发信人的邮件服务器传送到收信人的邮件服务器。跟大多数应用层协议一样，SMTP 也存在两个端：在发信人的邮件服务器上执行的客户端和在收信人的邮件服务器上执行的服务器端。SMTP 的客户端和服务器端同时运行在每个邮件服务器上。当一个邮件服务器在向其他邮件服务器发送邮件消息时，它作为 SMTP 客户在运行。

SMTP 要经过建立连接、传送邮件和释放连接 3 个阶段，具体过程如下。

（1）建立 TCP 连接。

（2）客户端向服务器发送 HELLO 命令以标识发件人自己的身份，然后客户端发送 MAIL 命令。

（3）服务器端以 OK 作为响应，表示准备接收。

（4）客户端发送 RCPT 命令。

（5）服务器端表示是否愿意为收件人接收邮件。

（6）协商结束，发送邮件，用命令 DATA 发送输入内容。

（7）结束此次发送，用 QUIT 命令退出。

2. POP3

POP（Post Office Protocol，邮局协议）是把邮件从电子邮箱传输到本地计算机的协议，支持“离线”邮件处理，适用于 C/S 结构的脱机模型的电子邮件协议，目前已发展到第三版，称为 POP3。

POP 的具体过程如下。

（1）电子邮件发送到服务器上，由服务器暂存用户邮件。

（2）用户打开邮件客户端，调用邮件客户机程序以连接服务器，并下载所有未阅读的电子邮件。这种离线访问模式是一种存储转发服务，将邮件从邮件服务器端送到个人终端机器上。

（3）一旦邮件发送到个人终端机器上，邮件服务器上的邮件将会被删除。但目前的 POP3 邮件服务器大都可以“只下载邮件，服务器端并不删除”，也就是改进的 POP3 协议。

3. IMAP

IMAP（Internet Message Access Protocol，Internet 邮件访问协议）常用的版本为IMAP4，是 POP3 的一种替代协议，提供了邮件检索和邮件处理的新功能，用户可以不下载邮件正文就看到邮件的标题摘要，从邮件客户端软件就可以对服务器上的邮件和文件夹目录等进行操作。

IMAP4 的先进性在于，用户可以通过浏览信件头来决定是否收取、删除和检索邮件的特定部分，还可以在服务器上创建或更改文件夹或邮箱。它除了支持 POP3 的脱机操作模式外，还支持联机操作和断连接操作。它为用户提供了有选择地从邮件服务器接收邮件的功能、基于服务器的信息处理功能和共享信箱功能。IMAP4 的脱机模式不同于 POP3，它不会自动删除在邮件服务器上已取出的邮件，其联机模式和断连接模式也是将邮件服务器作为"远程文件服务器"进行访问，更加灵活方便。另外，IMAP4 支持多个邮箱。

IMAP4 支持连接和断开两种操作模式。当使用 POP3 时，客户端只会连接在服务器上一段时间，直到它下载完所有新信息，客户端即断开连接。在 IMAP 中，只要用户界面是活动的和下载信息内容是需要的，客户端就会一直连接在服务器上。对于有很多或者很大邮件的用户来说，使用 IMAP4 模式可以获得更快的响应时间。

IMAP4 支持在服务器上保留消息状态信息。通过使用在 IMAP4 中定义的标志客户端可以跟踪消息状态，例如邮件是否被读取，回复，或者删除。这些标识存储在服务器，所以多个客户在不同时间访问一个邮箱可以感知其他用户所做的操作。

IMAP4 支持在服务器上访问多个邮箱。IMAP4 客户端可以在服务器上创建、重命名，或删除邮箱（通常以文件夹形式显现给用户），支持多个邮箱的还允许服务器对共享和公共文件夹进行访问。

IMAP4 支持服务器端搜索。IMAP4 提供了一种机制给客户，使客户可以要求服务器搜索符合多个标准的信息。在这种机制下客户端无需下载邮箱中所有信息来完成这些搜索。

（三）申请和使用电子邮箱

使用电子邮件首先要申请一个电子邮箱（免费或者收费的），然后就可以对电子邮件进行收发和编辑、管理工作。在互联网上，提供免费邮箱的网站非常多。下面我们以网易的 163 邮箱为例，说明如何申请和使用电子邮箱。不同网站、不同时期的页面形式都不太一样，但是大同小异。

【任务要求】

申请一个网易网站的电子邮箱，并在线使用该邮箱。

【操作步骤】

（1）打开 IE 浏览器，打开网易主页。

（2）单击页面顶部的【注册免费邮箱】，打开网易免费邮箱的注册界面，如图 8-8 所示。

（3）按照要求填写注册信息。填写完毕，提交注册信息。若系统提示注册成功，该邮箱就可以使用了。

（4）重新打开网易主页，单击【免费邮箱】链接，会出现邮箱的登录界面，如图 8-9 所示。

（5）输入邮箱名称和密码等信息，就可以登录并打开自己的邮箱了，如图 8-10 所示。系统将正常的邮件放在"收件箱"下；将群发的邮件，认为是广告邮件，自动进行分类处理。

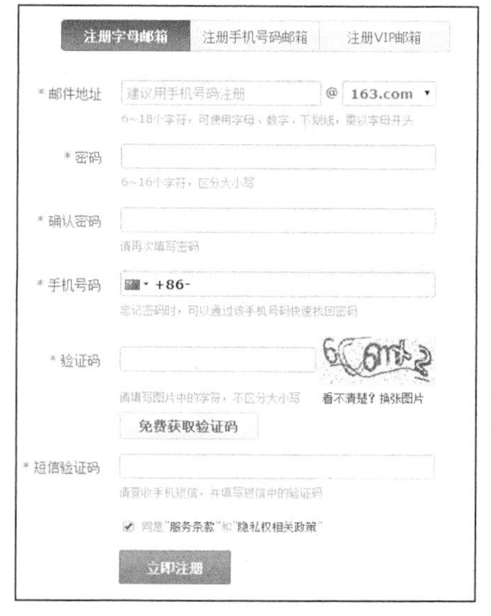

图 8-8　注册网易免费邮箱

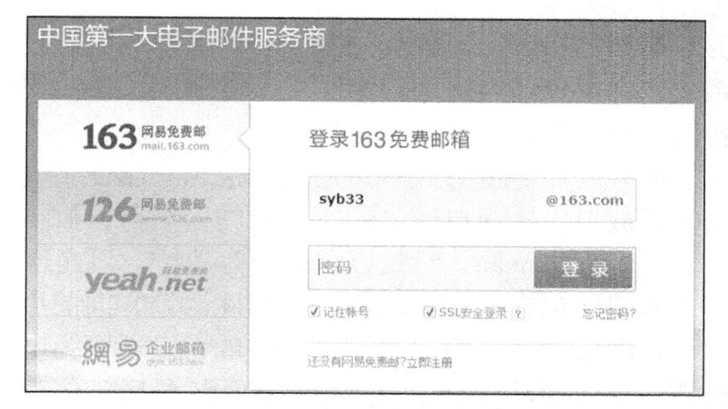

图 8-9　网易免费邮箱登录页面

图 8-10　进入自己的邮箱

利用这个邮箱，用户可以方便地收发、浏览和管理自己的邮件。邮箱还有很多的应用，大家自己体验吧。

163、126 和 yeah 三种邮箱都是网易公司的免费产品，其中 126 邮箱空间最大，但功能相对单纯；yeah 邮箱用的人比较少，可以申请到短小心仪的邮箱名；163 邮箱除邮件功能之外还可以拥有网易相册等其他服务，是整个网易网站的通行证。此外，网易还有收费的 188 信箱和 VIP 信箱。

任务三　论坛与博客

在论坛里发个帖子、问个问题，在博客里写写文章、说说心情，这是很多网络用户所钟爱的活动。下面简单说明论坛与博客的使用方法。

（一）论坛与贴吧

论坛可以简单理解为发帖回帖讨论的平台，是 Internet 上的一种电子信息服务系统。它提供一块公共电子白板，每个用户都可以在上面书写，可发布信息或提出看法。它的交互性强，内容丰富而及时，用户在 BBS 站点上可以获得各种信息服务、发布信息、进行讨论、聊天等。

早期的 BBS 一般由教育机构或研究机构管理，现在多数网站上都建立了自己的 BBS 系统，供用户通过网络来结交更多的朋友，表达更多的想法。目前国内的 BBS 已经十分普遍，可以说是不计其数。

另外一种交流形式——贴吧，也越来越受到网友的欢迎。论坛管理严格，功能更多，贴吧开放自由，简单速度快，二者的区别可以概括如下。

（1）分类不同。论坛以“版”为单位，以内容主题为板块，这种内容主题往往是笼统的，希望能包容有着相同爱好、相同讨论方向的用户。

贴吧以“吧”为单位，以明确的讨论话题为吧，只针对这个话题的讨论用户而设置。通常一个话题关键字对应一个吧名，这导致吧的数量千百倍于版。

（2）访问诉求不同。论坛的吸引力在于人和内容，有哪些人在这个版里玩？他们发了什么有价值的帖子？用户主要为此而来。对高质量内容和特定用户的关注，形成了论坛的价值引力。

贴吧的吸引力在于吧名所指向的话题，用户冲着这个话题而来，发表自己的观点，观察别人的讨论。话题越受人关注，讨论越热闹鼎沸，贴吧的吸引力也就越强。

（3）用户成分不同。任何成熟论坛都有着稳固的社群关系与社群氛围，甚至进一步形成独特的社群文化。不能沉淀为社群的流动性访问必不能将论坛做大。换句话说，论坛的根基就在于社群，社群成员通常有着共同的阅读取向、行为准则与稳定的访问习惯。不吻合社群定位的用户和用户行为对论坛反而会造成干扰效果，即“杂质用户”这个概念。

贴吧的根基在于话题，吧内的用户关系极其松散，用户成分极其复杂，未登录者发言过半。话题热度代替社群关系对用户起到黏合作用，用户流动性极大，但只要话题本身不衰竭，用户即便离开也随时可能回来。由于“话题氛围”代替了“社群氛围”，访问诉求统一的贴吧基本不存在杂质用户，所以允许匿名发言。

（4）内容构成不同。论坛发言的平均品质较高，经常会出现严肃的“发表”行为，发表作品，发表观点。这些优质内容会吸引更多人来拜读，成为论坛的招牌。

贴吧发言的平均品质较低而频度较高，导致内容量极为庞大，用户行为以具体话题下的“论”“曝料”“宣泄”为主，转载极多。大部分人并非为了宣扬自己的作品而来，而是想听听别人的看法。贴吧的魅力不是高品质的内容，而是在用户感兴趣的话题下，异常活跃的讨论行为本身。因此贴吧发言更接近于群聊或是新闻跟帖，又因其较好的主题索引性，有着比聊天和跟帖更高的浏览价值。

（5）进入方式不同。论坛的进入方式以输入域名或通过收藏夹直接访问为主，通过主站目录导航进入也占了较大一部分。

贴吧由于数量庞大，热度随话题的冷热而起伏不定，无法像论坛那样设置平铺开的固定入口，因此多以捆绑入口和检索入口为主，即与这个话题相关的新闻/产品页面捆绑（引导访问），或是通过话题关键字的搜索行为导入（主动访问）。这使得大流量的搜索引擎与资讯网站在推广贴吧时居于天然高位。

【任务要求】

以百度贴吧为例，演示贴吧的基本使用方法。

【操作步骤】

（1）在百度主页上，单击上方的【贴吧】链接，出现该贴吧的页面，如图 8-11 所示。

图 8-11　百度贴吧页面

（2）假若我们想看看对 NBA 的讨论，可以在【贴吧分类】中找到这个类别，如图 8-12 所示。可见其中又划分了很多的子贴吧，包括各支球队的贴吧。

图 8-12　贴吧的分类

（3）点开【火箭吧】，可见其中的讨论是相当热烈的，有专业的评论、有感慨的抒发，当然也有纯粹的灌水，如图 8-13 所示。

图 8-13 【火箭吧】页面

（4）如果用户想发言必须先登录，然后才能够发帖、回帖，否则只能浏览帖子。点击页面上的【签到】或【关注】，都会出现贴吧的登录页面，如图 8-14 所示。

图 8-14 贴吧登录页面

贴吧大都有很丰富的功能，包括积分、奖励，上传图像、文件，用户等级权限等。论坛和贴吧的功能虽不完全相同，但大同小异，大家可以自行练习，这里不再赘述。

（二）博客与微博

在网络应用中，“博客”一词具有以下两种含义。

- 作为名词，指代 Blog（网络日志）和 Blogger（撰写日志的人）两种意思。
- 作为动词，意思为撰写网络日志这种行为。

博客是一种由个人管理、不定期张贴新的文章的网站。博客上的文章通常根据时间排序。许多博客专注在特定的课题上提供评论或新闻，其他则被作为比较个人的日记。一个典型的博客结合了文字、图像、其他博客或网站的链接，能够让读者以互动的方式留下意见。大部分的博客内容以文字为主，也有一些博客专注于艺术、摄影、视频、音乐等各种主题。博客是社会媒体网络的一部分。

共享精神和交流需求是博客发展的两大核心支柱。博客就是以网络作为载体，可以简易迅速便捷地发布自己的心得体会、技术经验，及时有效轻松地与他人进行交流，并集丰富多彩的个性化展示于一体的综合性平台。图 8-15 所示为网易博客系统的主页。

图 8-15　网易博客

微博，即微型博客、微缩博客的简称，是一个基于用户关系的信息分享、传播及获取平台，并实现即时分享。微博更注重时效性和随意性，更能表达出每时每刻的思想和最新动态，而博客则更偏重于梳理自己在一段时间内的所见、所闻、所感。

图 8-16 所示为网易微博系统的页面。

图 8-16　网易微博

微博与博客的区别在于以下几方面。

（1）字数限制，微博必须在 140 字以内，这是为了手机发布阅读方便，博客没有限制，因为它主要是让人在计算机上发表和阅读的。

（2）被动阅读。看博客必须去对方的首页，因为它主要针对好友公开，加入圈子推送传播，而微博在自己的首页上就能看到用户关注人的微博，不加好友也可以浏览大量信息，因此知识面要更广一些。

（3）发布简便，可以通过发短信的方式更新，可以通过手机网络更新，当然也可以通过电脑更新，而博客一般来说用手机更新非常麻烦。

（4）从功能看，微博的新闻传播及时性强，能以比较快的速度把新闻价值较高的消息广泛传播出去，但是由于文字量的限制，其阅读、欣赏、讨论、研究性能不足。博客在功能上与微博正好相反，新闻传播及时性差一些，但是其阅读、欣赏、讨论、研究性能比微博强得多。

2015 年开始，微博放开 140 字的发布限制，只要在 2000 字以内都可以，从而使作者的创作自由度更大。当前，微博的影响力已经越来越大，写微博、看微博成为中国网民上网的主要活动之一。很多政府部门、公众人物也都开设了微博，以吸引关注，达到宣传、交流的目的，如图 8-17 所示。

图 8-17　微博页面

项目实训　即时通信与电子商务

即时通信是指能够即时发送和接收互联网消息等的业务。即时通信于 1998 年面世，经过近几年的迅速发展，功能日益丰富，逐渐集成了电子邮件、博客、音乐、电视、游戏和搜索等多种功能。现在的即时通信不再是一个单纯的聊天工具，它已经发展成集交流、资讯、娱乐、搜索、电子商务、办公协作和企业客户服务等于一体的综合化信息平台。

随着移动互联网的发展，互联网即时通信也在向移动化扩张。目前，微软、AOL、Yahoo等重要的即时通信提供商都提供通过手机接入互联网即时通信的业务，用户可以通过手机与其他已经安装了相应客户端软件的手机或计算机收发消息。

近年来，许多即时通信服务开始提供视频会议的功能，网络电话（VOIP）与网络会议服务开始整合为兼有影像会议与即时信息的功能。

即时通信以网络聊天为主要形式，聊天的形式也多种多样，从最初的只有文字聊天，到现在的使用麦克风进行语音聊天，再到使用摄像头进行视频聊天。

即时通信工具为网友间的交流提供了极大的便利。通过聊天，许多人找到了知心朋友，获取了很多有用的知识，解决了许多学习和工作中的疑难问题。

网络通信是不见面的交流，网络中的人形形色色，在使用即时通信工具的同时，用户也要学会自我保护，加强防范意识，避免不愉快事件的发生。

（一）QQ 聊天

腾讯 QQ（简称“QQ”）是腾讯公司开发的一款基于 Internet 的即时通信（IM）软件。腾讯 QQ 支持在线聊天、视频通话、点对点断点续传文件、共享文件、网络硬盘、自定义面板、QQ 邮箱等多种功能，并可与多种通讯终端相连。其标志是一只戴着红色围巾的小企鹅。QQ 是目前国内用户群最大的网络聊天工具。

【任务要求】

演示即时通信工具 QQ 的使用方法。

【操作步骤】

（1）首先申请 QQ 号码。打开 IE 浏览器，在地址栏中输入 QQ 首页的网址，打开 QQ 官网主页。

（2）单击【注册】链接，系统打开注册页面，如图 8-18 所示。按照页面上的提示一步步填写所要求的内容，即可得到一个 QQ 号码。

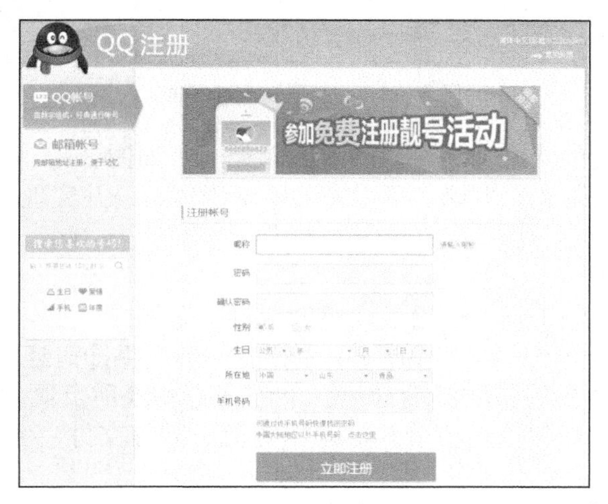

图 8-18　QQ 注册

号码申请完毕后，就可以使用 QQ 软件进行聊天了。QQ 软件有很多个版本，其功能基本相同，安装任意一款都可以。安装完成后，桌面上会出现腾讯 QQ 的小企鹅图标。

（3）运行 QQ 软件，打开 QQ 用户登录窗口，如图 8-19 所示。

（4）输入 QQ 账号和密码，单击安全登录按钮，进入 QQ 工作界面，如图 8-20 所示。

图 8-19　QQ 用户登录窗口

图 8-20　QQ 界面

（5）单击下面的查找按钮，弹出查找联系人的对话框，如图 8-21 所示。输入朋友的号码、昵称或手机号码都可以进行查找。

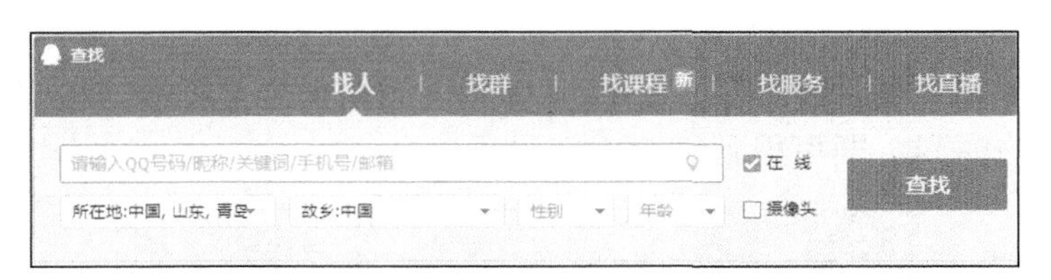

图 8-21　查找联系人对话框

（6）双击某个好友的头像，就可以与对方聊天了，如图 8-22 所示。

（7）利用 QQ 也可以实现群聊。可以在 QQ 中创建群，并实现群中的用户共享信息和资源，如图 8-23 所示。

【知识链接——微信】

基于手机的即时通信工具，使用最广泛的莫过于微信。

微信是腾讯公司于 2011 年推出的一个为智能终端提供即时通讯服务的应用程序，支持跨运营商、跨操作系统的移动终端通信，能够在好友或朋友圈发送语音短信、视频、图片和文字，其扩展功能包括内容分享、地图导航、微信支付、生活服务等，如图 8-24 所示。

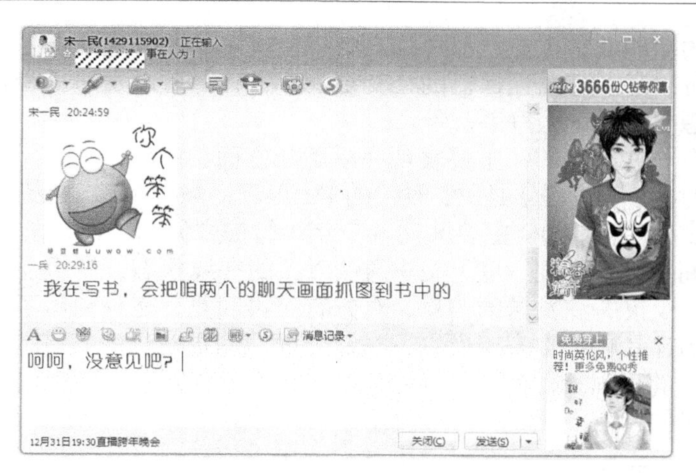

图 8-22　与对方聊天交流

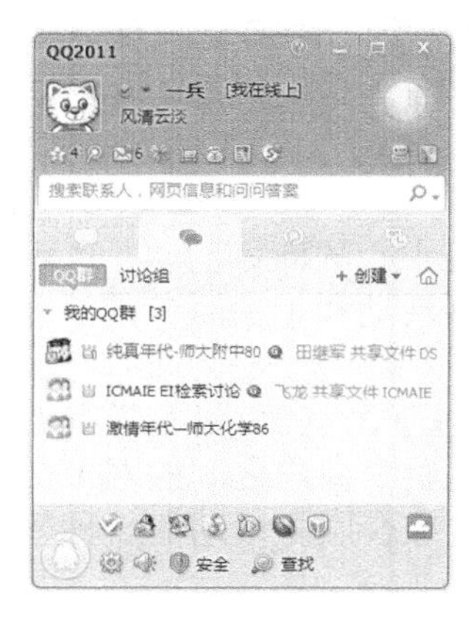

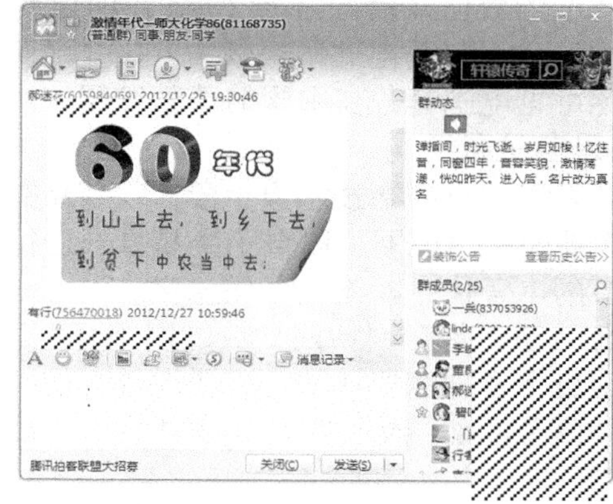

图 8-23　QQ 群聊

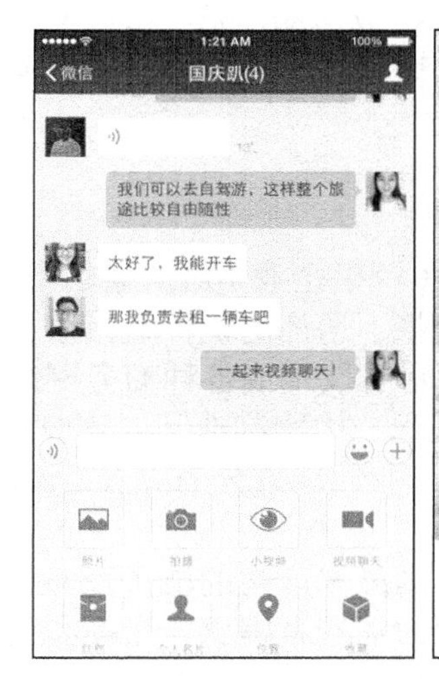

图 8-24　微信

目前，微信已经覆盖中国大部分智能手机，各个领域的微信公众账号总数已经超过 10 000 000 个，移动应用对接数量超过 85 000 个，微信支付用户超过了 400 000 000 人，已经渗透到社会生活的各个角落。

微信与QQ的功能非常类似，都是腾讯旗下最成功的即时通信产品，都可以发表自己的心情主题，都可以添加好友让自己的社交更加丰富，都可以发送语音和纯文字消息，随时随地让用户与想要联系的人联系。

但两者还是有一些区别的，主要表现在以下几方面。

（1）产品的时代不同，QQ是PC时代的IM工具，微信是移动互联网时代的工具。

（2）人群的定位不同，QQ主要面向青少年，微信则偏向于白领阶层。

（3）交流时间的要求不同，QQ关注通信对象的在线状态，期望及时交流；微信不考虑对象是否在线，仅仅关注发送的信息，对方有空再回复，充分利用了碎片化的时间。在移动时代，时间的碎片化是常态，所以，在这方面微信更有优势。

（4）平台设计的不同，QQ平台高度集成，显得比较冗杂，而微信平台则更简单、轻便，符合移动时代的特点。

（二）电子商务——网购

eMarketer的数据显示，美国2015年的电商销售额为3 400亿美元，大约占总零售额的7%。中国2015年的电商销售额为6 340亿美元，占了总零售额的15%，比例是美国的两倍。由此可见电子商务在中国的蓬勃发展。

1. 什么是电子商务

电子商务是以信息网络技术为手段，以商品交换为中心的商务活动；也可理解为在互联网、企业内部网和增值网上以电子交易方式进行交易活动和相关服务的活动，是传统商业活动各环节的电子化、网络化、信息化。

电子商务活动，是在因特网开放的网络环境下，基于浏览器/服务器应用方式，买卖双方不谋面地进行各种商贸活动，实现消费者的网上购物、商户之间的网上交易和在线电子支付及各种商务活动、交易活动、金融活动和相关的综合服务活动的一种新型的商业运营模式。

电子商务有广义和狭义的两种概念。从广义上讲，使用各种电子工具从事的商务活动都是电子商务；从狭义上说指主要利用Internet从事的商务或活动。无论是广义的还是狭义的电子商务的概念，都涵盖了两个方面：一是离不开互联网这个平台，没有了网络，就称不上电子商务；二是通过互联网完成的是一种商务活动。

2. 电子商务的经营模式

电子商务一般有如下7类经营模式。

（1）B2B。B2B（Business to Business）模式是商家（泛指企业）对商家的电子商务，即企业与企业之间通过互联网进行产品、服务及信息的交换。通俗的说法是指进行电子商务交易的供需双方都是商家（或企业、公司），使用互联网的技术或各种商务网络平台，完成商务交易的过程。B2B的典型是中国供应商、阿里巴巴、中国制造网、敦煌网、慧聪网等。B2B按服务对象可分为外贸B2B及内贸B2B，按行业性质可分为综合B2B和垂直B2B。

（2）B2C。B2C（Business to Customer）模式是我国最早产生的电子商务模式，以8848网上商城正式运营为标志。B2C即企业通过互联网为消费者提供一个新型的购物环境——网上商店，消费者通过网络在网上购物、在网上支付。这种模式节省了客户和企业的时间和空间，大大提高了交易效率，节省了宝贵的时间。

（3）C2C。C2C（Consumer to Consumer）同B2B、B2C一样，是电子商务的几种模式之一，不同的是C2C是用户对用户的模式。C2C商务平台通过为买卖双方提供一个在线交易平台，使卖方可以主动提供商品上网拍卖，而买方可以自行选择商品进行竞价。C2C

的典型是百度 C2C、淘宝网等。

（4）B2M。B2M（Business to Manager）是与 B2B、B2C 和 C2C 的电子商务模式有着本质不同的一种电子商务模式，根本的区别在于目标客户群的性质不同，前三者的目标客户群都是以一种消费者的身份出现，而 B2M 所针对的客户群是该企业或者该产品的销售者或者为其工作者，而不是最终消费者。

企业通过网络平台发布该企业的产品或者服务，职业经理人通过网络获取该企业的产品或者服务信息，并且为该企业提供产品销售或者提供企业服务，企业通过经理人的服务达到销售产品或者获得服务的目的。职业经理人通过为企业提供服务而获取佣金。

（5）M2C。M2C（Manager to Consumer）是针对 B2M 的电子商务模式而出现的延伸概念。B2M 环节中，企业通过网络平台发布该企业的产品或者服务，职业经理人通过网络获取该企业的产品或者服务信息，并且为该企业提供产品销售或者提供企业服务，企业通过经理人的服务达到销售产品或者获得服务的目的。而在 M2C 环节中，经理人将面对 Consumer，即最终消费者。

M2C 不仅是 B2M 的延伸，也是 B2M 这个新型电子商务模式中不可缺少的一个后续发展环节。经理人最终要将产品销售给最终消费者，这里面有很大一部分是要通过电子商务的形式实现的，类似于 C2C，但又不完全一样。C2C 是传统的盈利模式，赚取的基本就是商品进出价的差价。而 M2C 的盈利模式则丰富、灵活得多，赚取的既可以是差价，也可以是佣金。而且 M2C 的物流管理模式也可以比 C2C 更富有多样性，比如零库存；现金流方面也较传统的 C2C 更有优势。

（6）B2A。B2A（Business to Administration，即 B2G：Business to Government）模式是商业机构对行政机构的电子商务，指的是企业与政府机构之间进行的电子商务活动。例如，政府将采购的细节在国际互联网络上公布，通过网上竞价方式进行招标，企业也要通过电子的方式进行投标。

目前这种方式仍处于试验阶段，但可能会发展很快，因为政府可以通过这种方式树立政府形象，通过示范作用促进电子商务的发展。除此之外，政府还可以通过这类电子商务实施对企业的行政事务管理，如政府用电子商务方式发放进出口许可证、开展统计工作，企业可以网上办理交税和退税等。

我国的金关工程就是要通过商业机构对行政机构的电子商务，如发放进出口许可证、办理出口退税、电子报关等，建立我国以外贸为龙头的电子商务框架，促进我国各类电子商务活动的开展。

（7）C2A。C2A（Consumer to Administration，即 C2G：Consumer to Government）模式是消费者对行政机构的电子商务，指的是政府对个人的电子商务活动。这类电子商务活动目前还没有真正形成。但是在个别发达国家（如澳大利亚），政府的税务机构已经通过指定私营税务或财务会计事务所用电子方式来为个人报税。这类活动虽然还没有达到真正的报税电子化，但是，它已经具备了消费者对行政机构电子商务的雏形。

随着商业机构对消费者、商业机构对行政机构的电子商务的发展，政府将会对社会的个人实施更为全面的电子方式服务。政府各部门向社会纳税人提供的各种服务，例如社会福利金的支付等，将来都会在网上进行。

【任务要求】

利用淘宝网购说明 B2C 电子商务的应用。

【操作步骤】

（1）打开淘宝网主页，如图 8-25 所示。

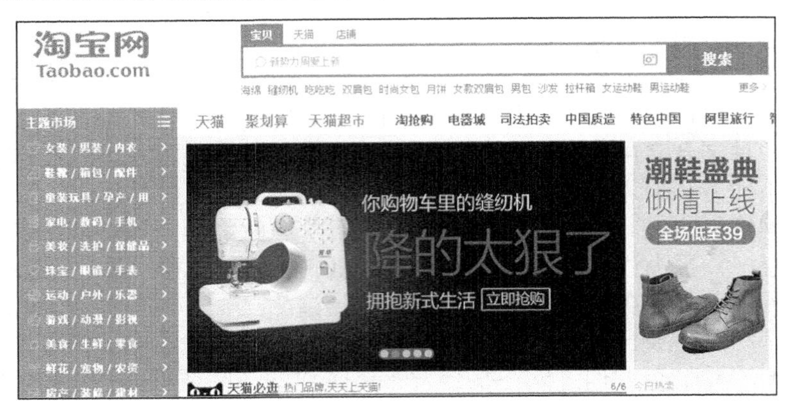

图 8-25　淘宝购物网页

（2）选择一类商品，例如手机，会出现相关商品的页面，如图 8-26 所示，其中罗列了该类商品的所有供应货品及简介。

图 8-26　商品的页面

（3）选择某一个商品，点击进入该商品的详细页面，如图 8-27 所示，从中可以看到商品的参数、细节、评价、供货地点等各种信息。

图 8-27　商品详细信息

（4）选择页面下方的“立刻购买”，进入商品选择页面。确定商品后，进入用户登录页面，如图 8-28 所示。

图 8-28　淘宝用户登录页面

（5）输入自己的淘宝账户和密码后，系统自动跳转到订单页面，如图 8-29 所示。按照页面要求，输入收货地址、收货人信息，并通过网上银行在线支付费用，至此就完成购买此商品的电子商务活动了。

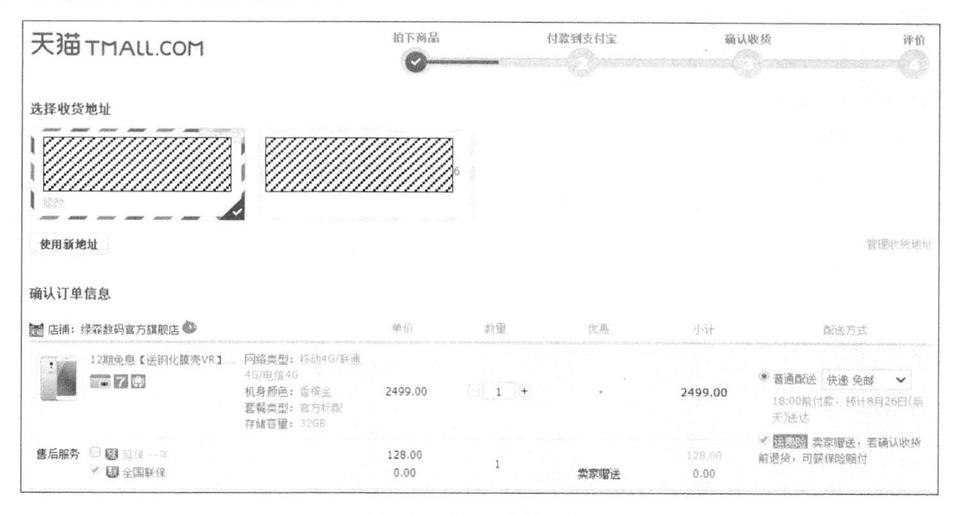

图 8-29　商品购买页面

思考与练习

一、填空题

1. WWW 也称为________，它起源于欧洲物理粒子研究中心。
2. 页面到页面的链接信息由________来维持。
3. 搜索引擎的工作过程大致包括________、________和________3 个部分。
4. BitTorrent 下载工具软件可以说是一个最新概念________的下载工具，它采用了________的原理。
5. 邮箱是在邮件服务器中为每个合法用户开辟的一个________，类似于人工邮递系统中的邮箱。

6. 在互联网中每个用户的邮箱都有一个________的邮箱地址，即用户的电子邮件地址。

7. 用户的电子邮件地址由两部分组成：后一部分为________，前一部分为________，中间用“@”分隔。

8. 电子邮件系统利用________将邮件送往邮件服务器，用________或________读取邮件。

9. 论坛一般就是大家口中常说的________，即________或________。

10. 电子商务一般有________类经营模式，网上书店是一种典型的________模式。

11. 电子邮件的发送使用______协议，而接受使用的是______或______协议。

12. 在线查看和处理电子邮件使用的是________协议，而离线接收邮件使用的是________协议。

13. 一个搜索引擎是由________、________、________和________4个部分组成的。

14. 腾讯旗下最成功的即时通信产品是________和________。

二、简答题

1. 简述搜索引擎的工作过程。
2. 试分析邮件的发送和接收过程。
3. 论坛与贴吧有什么区别？
4. 博客主要可以分为哪几大类？与微博有什么区别？
5. 分析说明电子商务的几种经营模式。
6. 简单说明微信与 QQ 的异同。

PART09

项目九

创建网络信息服务

本项目主要包括以下几个任务。

- 任务一　IIS网站架设
- 任务二　管理Web网站
- 任务三　实现DHCP服务
- 任务四　创建域名服务

学习目标：

- 了解IIS的安装，Web网站的创建、管理和设置。
- 了解域名服务的安装，添加区域、主机等。
- 了解DHCP的工作原理、服务的配置与管理。
- 通过实训熟悉FTP服务的安装与配置应用。

■ 互联网之所以受到广泛的欢迎，就在于它提供了丰富的网络服务。同样，任何单位在构建了自己内部的局域网络（Intranet）之后，都需要考虑如何实现各种网络服务，包括 WWW、DNS、FTP、电子邮件等。只有提供了这些服务，局域网才能够成为真正的网络，才能满足用户的网页浏览、资料下载、交流通信等应用需求。网络服务需要通过服务器来实现。一台物理意义上的服务器平台（计算机）能够承载多种网络服务，这个计算机就被称为服务器。一般所说的服务器，大都是一个逻辑上的概念，专指能够提供某种服务的（软硬件）系统。后面所讨论到的服务器，就是指这种逻辑服务器。本章以目前常用的 Windows Server 2012 操作系统为例，说明如何实现常用的网络服务。

任务一 IIS 网站架设

Internet 信息服务（Internet Information Server，IIS）是指与 Windows 操作系统配套使用的 Internet 信息服务平台。IIS 功能强大、使用简便，在局域网中得到了广泛使用。它对系统资源的消耗很少，安装、配置都非常简单，而且它能够直接使用 Windows 操作系统的安全管理工具，提高了安全性，简化了操作，是中小型网站理想的服务器工具。

（一）安装 IIS

在 Windows Server 2012 中，IIS 的版本是 8.5，作为一个组件包含在服务器管理器中。Windows 服务器管理器提供对当前操作系统中的所有系统服务的统一管理功能，该工具不仅能够查找、编辑或删除计算机中的所有服务，还提供创建新服务、查看系统核心层服务及查看其他计算机服务等功能。

【任务要求】

默认情况下，Windows Server 2012 没有安装 IIS。下面来说明如何安装 IIS。

【操作步骤】

（1）在展开桌面上点击【服务器管理器】图标，打开【服务器管理器】窗口，如图 9-1 所示。

图 9-1 【服务器管理器】窗口

（2）单击【添加角色和功能】选项，打开【添加角色和功能向导】窗口，要求选择安装类型，如图 9-2 所示。

（3）单击 下一步(N) > 按钮，出现【服务器选择】页面，如图 9-3 所示，要求选择一个目标服务器。在虚拟化环境下，可能会有多个服务器，因此此处需要用户确定安装在哪个服务器上。

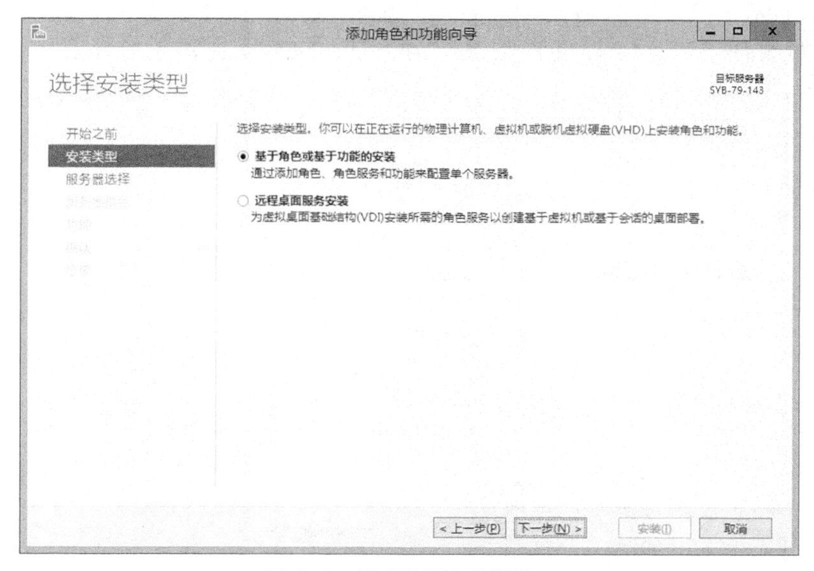

图 9-2 要求选择安装类型

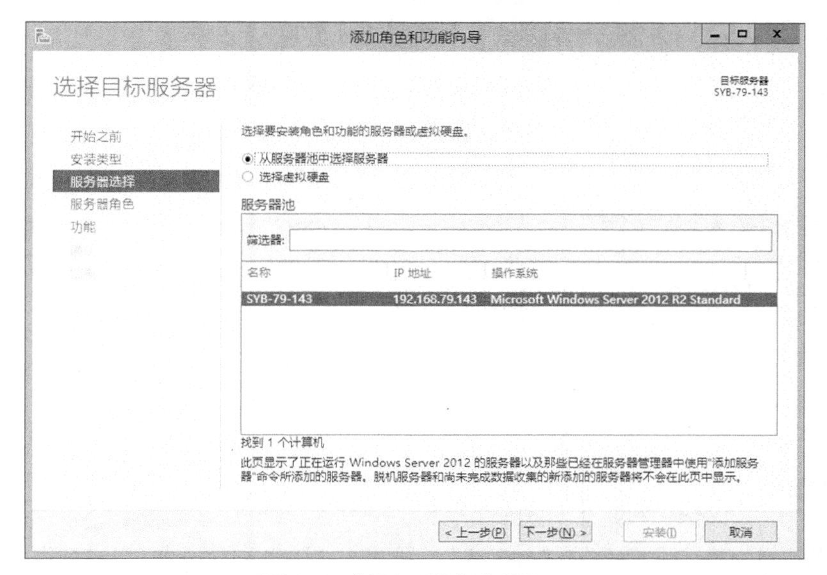

图 9-3 【服务器选择】页面

（4）单击下一步(N) >按钮，出现【服务器角色】页面，如图 9-4 所示。允许用户选择一个或多个角色或功能来安装。

从列表框中可以看到操作系统目前已经安装的角色（勾选组件前面的复选框）和没有安装的角色。可以看到“Web 服务器(IIS)”目前还没有安装。

（5）勾选“Web 服务器(IIS)”角色，弹出一个说明对话框，如图 9-5 所示，说明在添加 Web 服务器的时候，需要安装 IIS 管理控制台来对服务器进行管理。IIS 管理控制台可以安装在不同的服务器上，但是我们一般都会在本地安装。

（6）单击 添加功能 按钮，回到向导页面，可见此时“Web 服务器(IIS)”项已经被选中。

（7）持续单击 下一步(N) > 按钮，会出现不同的页面，说明当前选项和安装情况。在【角色服务】页面，显示了 Web 服务器中的各项功能和服务。在【安全性】选项中，勾选“IP 和域限制”，如图 9-6 所示，以便在网站安全性方面进行访问地址限制。

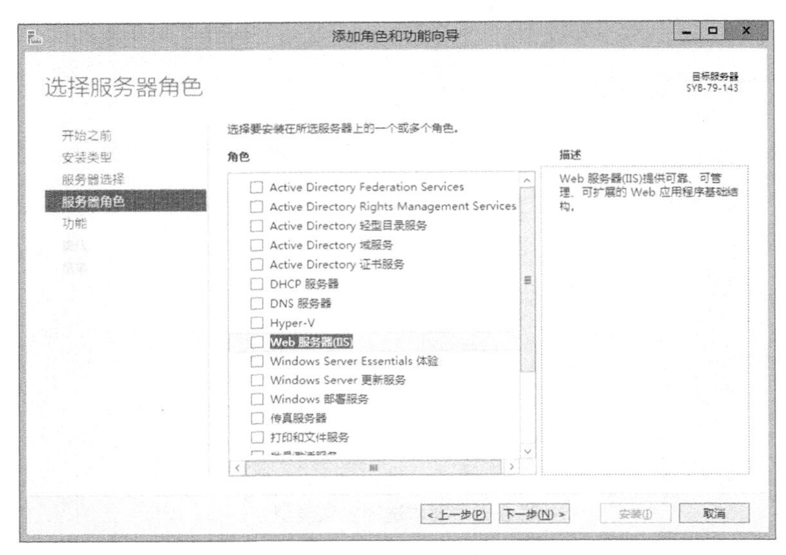

图 9-4 【服务器角色】页面

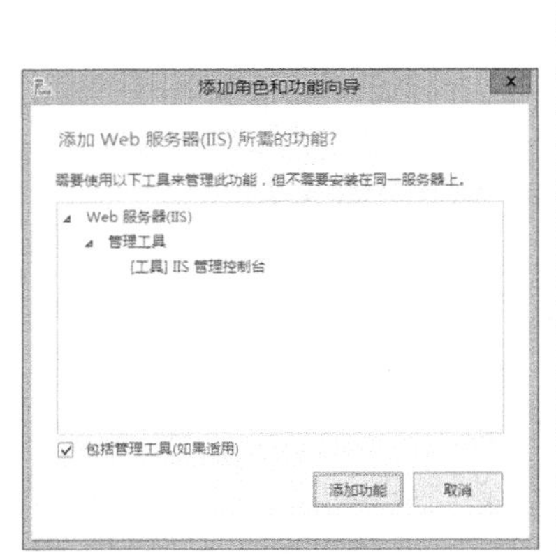

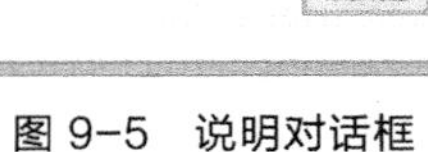

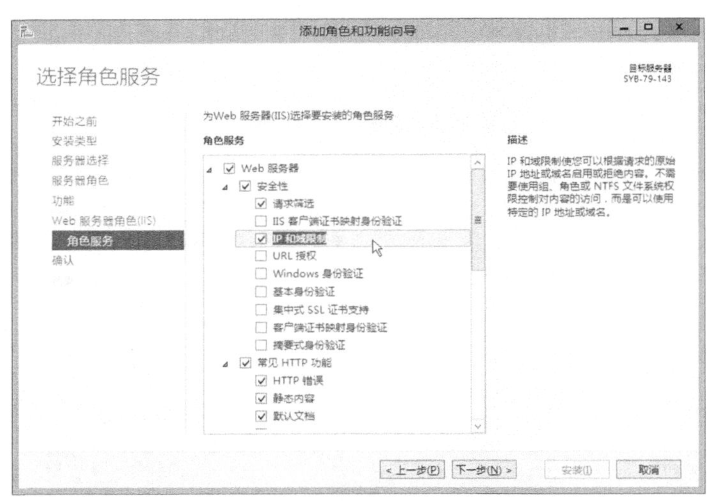

图 9-5 说明对话框

图 9-6 勾选“IP 和域限制”

（8）单击 下一步(N) > 按钮，出现安装确认页面，显示当前选定的服务器功能。

（9）再单击 安装(I) 按钮，出现【安装进度】页面，开始安装选定的功能。安装完毕后，会有一个安装情况说明，如图 9-7 所示。

（10）单击 关闭 按钮，回到服务器管理器页面，可见，此时左侧列表栏中出现了一个新的栏目“IIS”，如图 9-8 所示。

（11）打开 IE 浏览器，并在浏览器的地址栏中输入地址“http://localhost”，然后单击 Enter 键。如果成功安装了 IIS，则在浏览器中会显示图 9-9 所示的内容。这是 IIS 8.5 自带的一个欢迎页面。

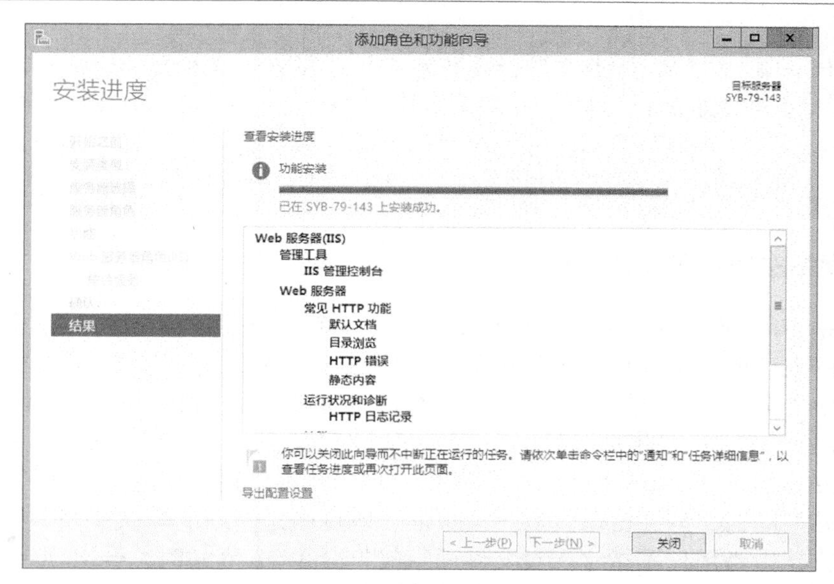

图 9-7　功能安装完毕

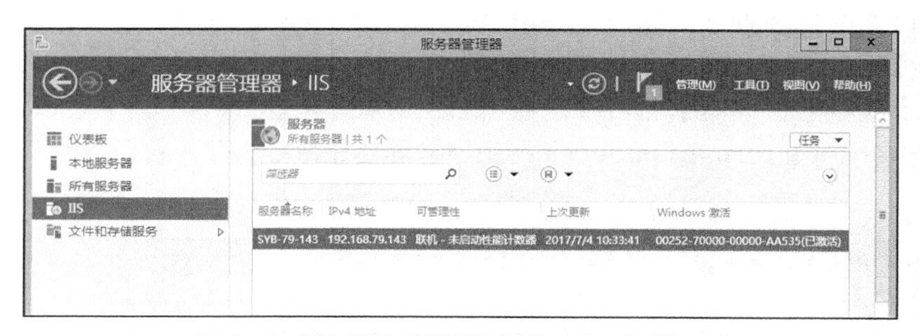

图 9-8　服务器管理器页面出现了“IIS”栏目

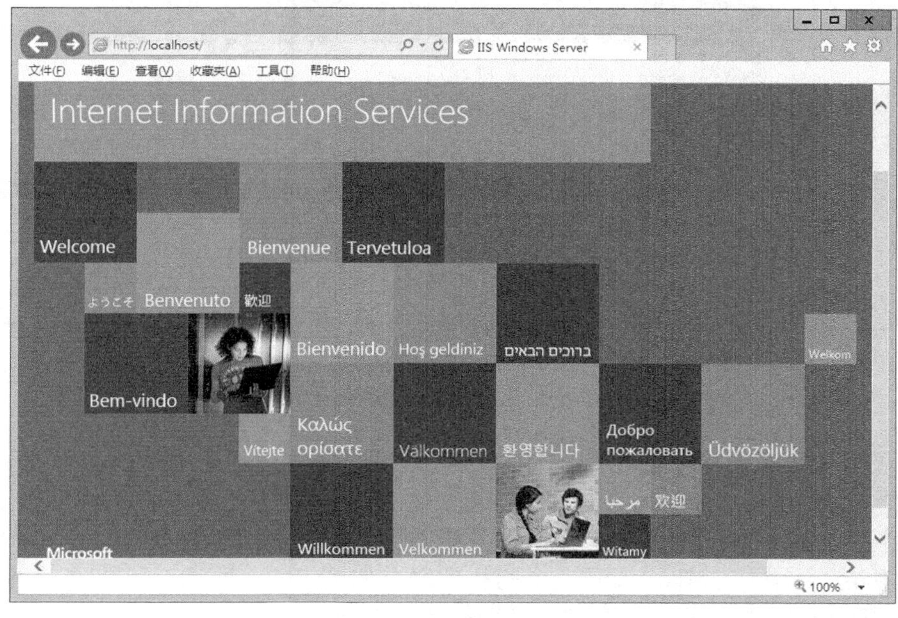

图 9-9　测试 IIS 是否安装成功

localhost 是 WWW 地址中的一个特定名词，指代计算机自身的地址，所以浏览器不需要去寻找其他网络，而是直接打开自身的 Web 网站页面。同样，在地址栏中输入 IP 地址“127.0.0.1”也可以实现上述效果，这是一个保留给计算机自身进行测试的特殊 IP 地址。

（二）设置网站主目录和默认文档

主目录是访问 Web 网站时首先出现的页面。每个 Web 网站都应该有一个对应的主目录，该网站的入口网页就存放在主目录下。在创建一个 Web 网站时，对应的主目录已经创建了。但如果需要，可以重新进行设置。网站的物理路径，可以设置为本地目录，也可以设置为另外计算机上的共享目录，还可以重定向到已有的一个网站的地址 URL（Uniform Resource Locator）处。实际应用中，一般都使用本机的一个实际物理位置。

每当网站启动时，都会自动开启一个页面，该页面是网站的默认文档。如果没有为网站设置默认文档，当用户不指定网页文件而直接打开 Web 网站时，会出现错误信息。

【任务要求】

为系统自动创建的默认网站“Default Web Site”设置网站主目录，并定义默认文档。

【操作步骤】

（1）在【服务器管理器】窗口中，点击右上方菜单栏区的【工具】菜单，从其下拉菜单中选择【Internet Information Services(IIS)管理器】命令，打开管理器窗口，如图 9-10 所示。

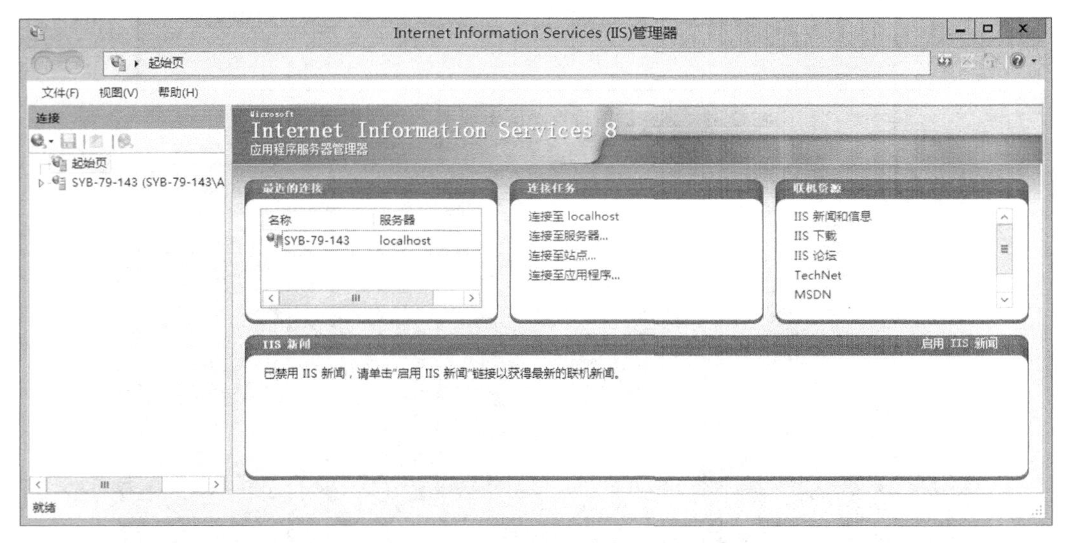

图 9-10　Internet Information Services(IIS)管理器

（2）双击左侧【连接】窗格中的计算机名称（此处为“syb-79-143”），出现一个对话框，如图 9-11 所示，询问用户是否将当前的系统与互联网上的 Web 组件平台连接以获取最新的组件信息。实际上，为了保持服务器的安全，一般都不选择连接。

（3）单击 取消 按钮，展开一个树状列表，如图 9-12 所示，可见网站下有一个自动创建的“Default Web Site”网站，其图标为一个小地球仪。

图 9-11　询问是否连接网络 Web 平台

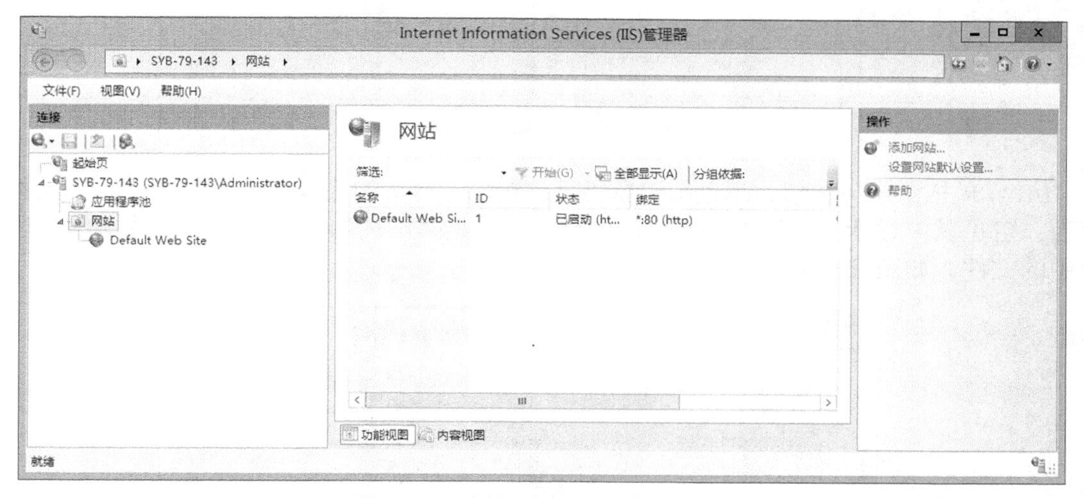

图 9-12　当前服务器下的网站信息

（4）选择“Default Web Site”网站，则管理器中显示了该网站的各种设置项，如图 9-13 所示。

图 9-13　网站的各种设置项

（5）在右侧【操作】窗格中，单击【编辑网站】中的【基本设置】选项，打开【编辑网站】对话框，可见其中有当前网站的名称、应用程序池、物理路径等基本属性。利用按钮，为网站选择一个适当的目录，这样就修改了网站的主目录，如图 9-14 所示。

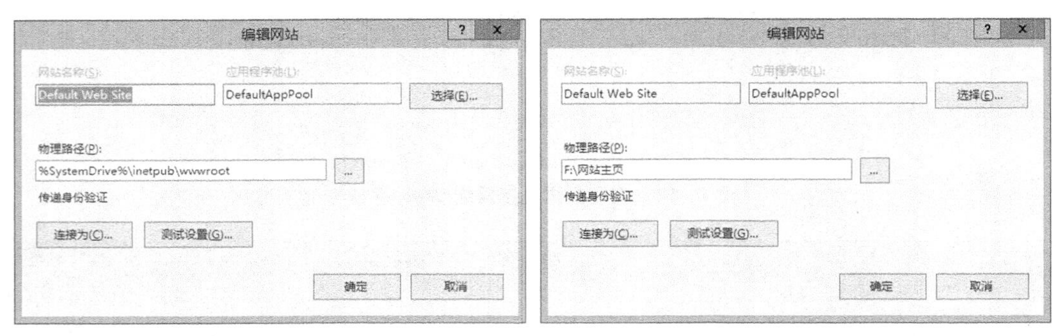

图 9-14　修改网站主目录

（6）单击 确定 按钮，返回 IIS 管理器，在中间窗格的底部，单击打开【内容视图】页面，可见其中显示了“Default Web Site”网站具体的内容，也就是前面选择的物理目录中的文件，如图 9-15 所示。

图 9-15　网站内容视图

（7）回到【功能视图】页面，双击【默认文档】选项，打开【默认文档】页面，如图 9-16 所示，可见其中有若干文档名称。这些文档名称是系统自动设置的，用户可以根据自己的需要进行删除、添加或调整顺序操作。

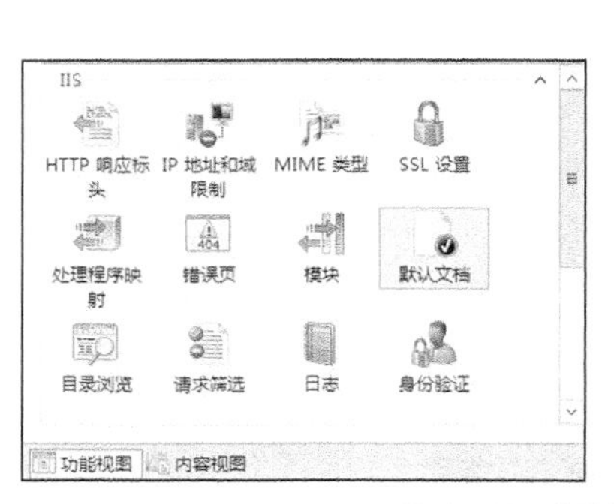

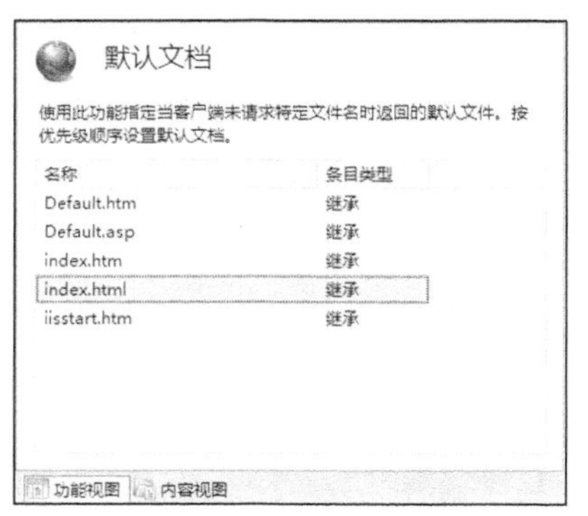

图 9-16 【默认文档】页面

（8）选择文档名称，利用右侧【操作】窗格中的编辑命令，可以对默认文档进行修改，最终形成适合网站需要的默认文档列表。这里我们修改网站默认文档为“index.html”，如图 9-17 所示。系统在读取网站默认文档时，会顺序从上向下读取。若列表中的文档都不存在，则对网站的访问失败。

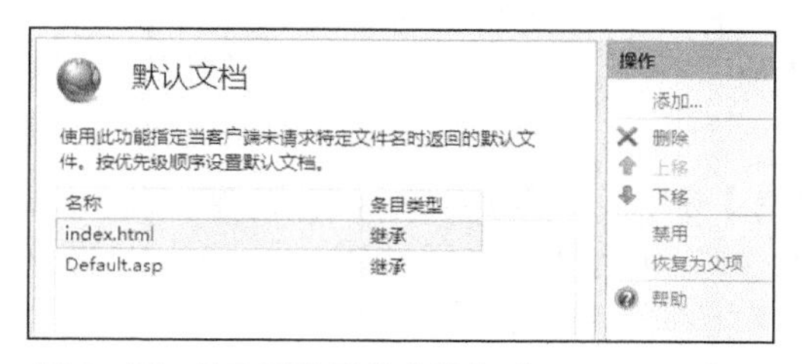

图 9-17　修改网站默认文档为“index.html”

（9）在左侧【连接】窗格中重新单击网站名称“Default Web Site”，回到网站配置主页面。

（10）在右侧【操作】窗格中，单击【浏览*:80(http)】选项，就能够打开网站进行浏览，如图 9-18 所示，当前显示的页面就是网站的默认文档。

图 9-18　浏览网站

（三）创建新的 Web 网站

WWW 服务是目前应用最广的一种基本互联网应用，我们每天上网都要用到这种服务。由于 WWW 服务使用的是超文本链接（HTML），可以很方便地从一个信息页转换到另一个信息页，不仅能查看文字，还可以欣赏图片、音乐、动画。最常用的 WWW 服务程序就是浏览器，包括微软、360、百度、腾讯、谷歌等，都有自己的浏览器软件。

简单地说，WWW 是一种信息服务方式，而 Web 网站是信息存放的载体。要实现 Web

网站的 WWW 服务，就需要在 IIS 中对网站进行适当的配置。

【任务要求】

在安装 IIS 的过程中，系统创建了一个默认的 Web 网站，但很多时候用户需要创建自己新的 Web 网站。IIS 支持在一台计算机上同时建立多个网站，下面我们就来练习创建一个名为“NewWeb”的网站。

【操作步骤】

（1）打开【IIS 管理器】窗口。

（2）在左侧的【网站】选项上单击鼠标右键，从弹出的快捷菜单中选择【添加网站】命令，弹出【添加网站】对话框，如图 9-19 所示。

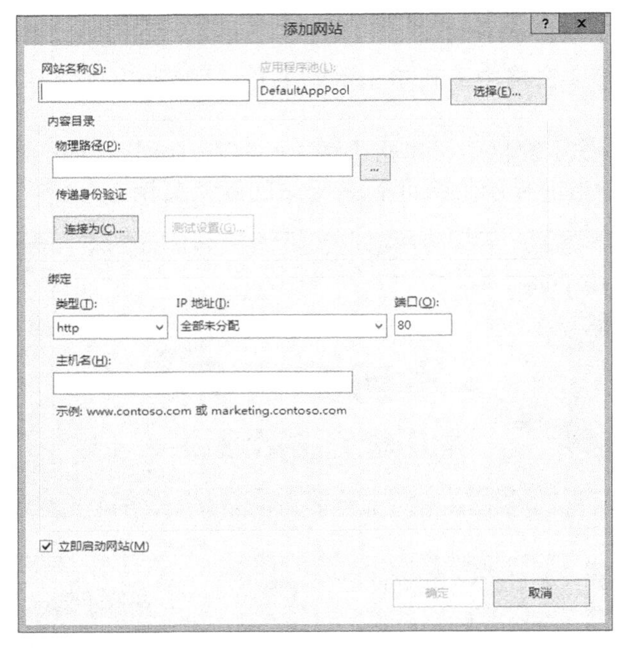

图 9-19 【添加网站】对话框

（3）【网站名称】栏设置的是该 Web 网站的名称，该名称将显示在 IIS 管理器窗口左侧的树状列表中。这里输入“NewWeb”，后面的【应用程序池】栏会出现与网站名称相同的内容。

（4）单击 选择(E)... 按钮，打开【选择应用程序池】对话框，选择“DefaultAppPool”，这是系统默认的通用应用程序池，如图 9-20 所示。

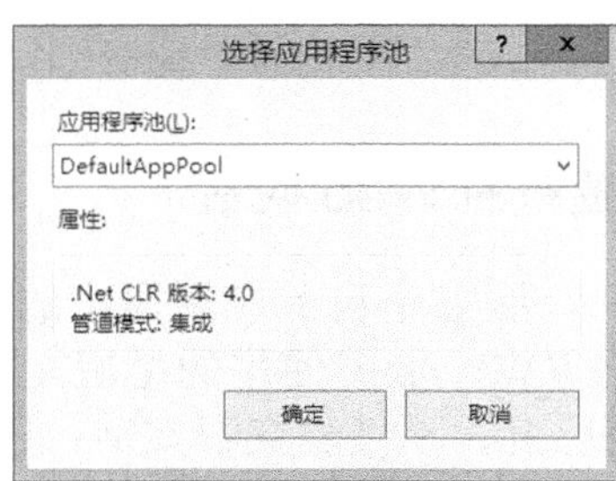

图 9-20 设置网站名称及应用程序池

应用程序池的目的是将一个或多个应用程序链接到一个或多个工作进程集合。因为应用程序池中的应用程序与其他应用程序被工作进程边界分隔，所以某个应用程序池中的应用程序不会受到其他应用程序池中应用程序所产生问题的影响。

(5) 在【内容目录】区，设置网站的文件位置。单击 ... 按钮，从弹出的【浏览文件夹】对话框中选择目录位置，确定后，该路径就显示在【物理路径】栏中，如图 9-21 所示。

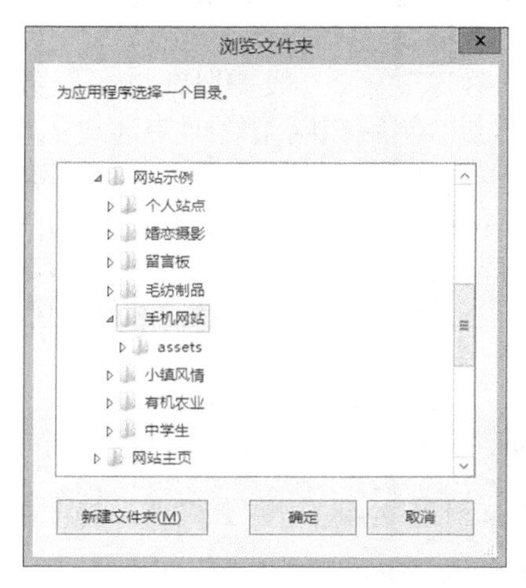

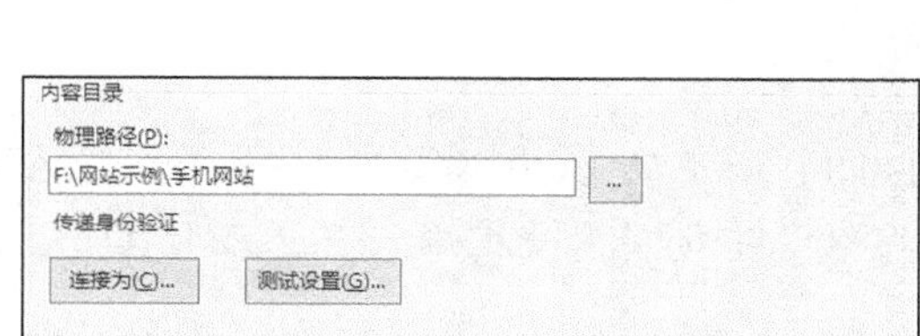

图 9-21　设置网站的文件位置

(6) 在【绑定】区，设置该 Web 网站所使用的网络协议类型、IP 地址、TCP 端口及该网站的主机名，如图 9-22 所示。

图 9-22　设置网站的 IP 地址、TCP 端口及主机名

- 类型：包括 http 和 https 两个选项，https 是以安全为目标的 http 通道，在 http 下加入 SSL 层，提供了身份验证与加密通讯方法。一般均应选择 http。
- IP 地址：可以选择“全部未分配”或本机绑定的 IP 地址（可能不止一个）。若选择“全部未分配”，则该网站将响应所有指定到该计算机并且没有指定到其他网站的 IP 地址，这将使得该网站成为默认网站。
- 端口：指定用于该网站服务的端口，默认为“80”，这是 HTTP 服务的默认设置。该端口可以根据需要更改，但是必须告知用户，浏览器访问此网站时需要指明端口号，否则将无法访问该 Web 网站，所以端口号最好不要随意改变。
- 主机名：该网站所对应的主机域名，可以根据需要自行设定。

【知识链接】

这里需要说明一下主机名的概念。

当在服务器上安装了 IIS 后，系统会自动创建一个默认的 Web 网站。但是在实际工作中，有时需要用一台服务器承担多个网站的信息服务业务，这时就需要在服务器上创建新的网站，这样可以节省硬件资源、节省空间和降低能源成本。

要确保用户的请求能到达正确的网站，必须为服务器上的每个网站配置唯一的标识，也就是说，必须至少使用 3 个唯一标识符（主机名、IP 地址和 TCP 端口号）中的一个来区分每个网站。

主机名实际上是一个网络域名到一个 IP 地址的静态映射，一般需要在域名服务（DNS）中提供解析。DNS 将多个域名都映射为同一个 IP 地址，然后在网站管理中通过主机名（域名）来区分各个网站。例如，在一台 IP 地址为“192.168.1.10”的服务器上可以有两个网站，其主机名分别为“www.newweb.com”和“movie.myweb.com”。为了让别人能够访问到这两个网站，必须在 DNS 中设置这两个域名都指向“192.168.1.10”。当用户访问某个域名时，就会在 DNS 的解析下通过 IP 地址找到这台服务器，然后在主机名的引导下找到对应的网站。

HTTP 使用的 TCP 端口默认为“80”。在同一台计算机上，不同网站的 IP 地址、端口和主机名至少要有一项是不同的。

（7）全部设置完成后，单击 确定 按钮，返回 IIS 管理器，可见此时在【连接】窗格中，出现了我们刚才创建的“网站建设示例”网站，如图 9-23 所示。

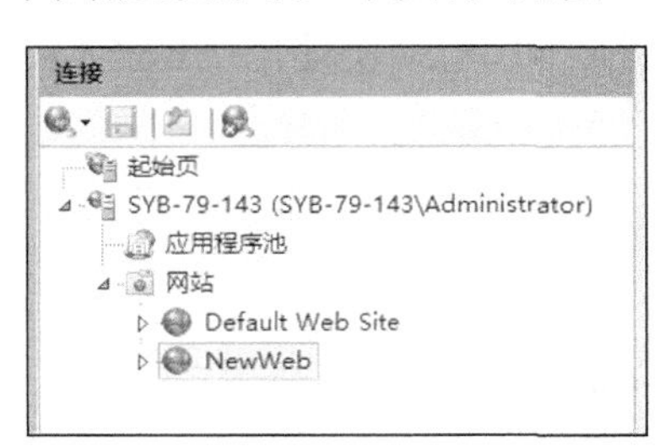

图 9-23　新的网站已经创建

虽然也可以使用多个 IP 地址或不同的 TCP 端口号来标识同一个服务器上的不同网站，但是最好还是使用主机名来标识。另外，如果同时使用几种方式来区分网站，如将主机名、IP 地址或 TCP 端口号任意组合来标识，反而会降低服务器上有网站的性能。

（四）创建虚拟目录

【任务要求】

从前面创建和管理 Web 网站的实例中可以看到，建立一个 Web 网站后，该网站就和一个主目录相对应。例如，前面建立的网站“NewWeb”所对应的目录就是“F:\网站示例\手机网站”。也就是说，所有与该网站有关的网页文件都放在了该目录及其子目录下。但有时，与该网站有关的内容不一定要放在该目录下，也可能存放在其他文件夹下。为了管理方便，IIS 提出了虚拟目录的方法。

虚拟目录就是指某文件夹并不在该网站主目录下，但在 Internet 信息管理器和浏览器中却将其看作是在该网站的主目录中。虚拟目录是一个与实际的物理目录相对应的概念，该虚拟目录的真实物理目录可以在本地计算机中，也可以在远程计算机上。

虚拟目录必须挂靠在某一个创建好的网站下。下面来为默认网站“Default Web Site”添加一个虚拟目录。

【操作步骤】

（1）在【IIS 管理器】窗口中，在需要创建虚拟目录的网站上单击鼠标右键，弹出的快捷菜单中有一个“添加虚拟目录”的命令项，如图 9-24 所示。

（2）选择该命令项，弹出【添加虚拟目录】对话框，如图 9-25 所示。其中【别名】将代替实际的物理目录的名字出现在虚拟目录列表中。

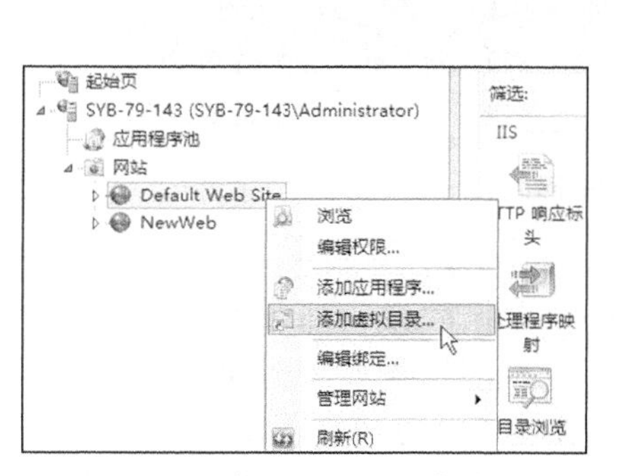

图 9-24 “添加虚拟目录”命令

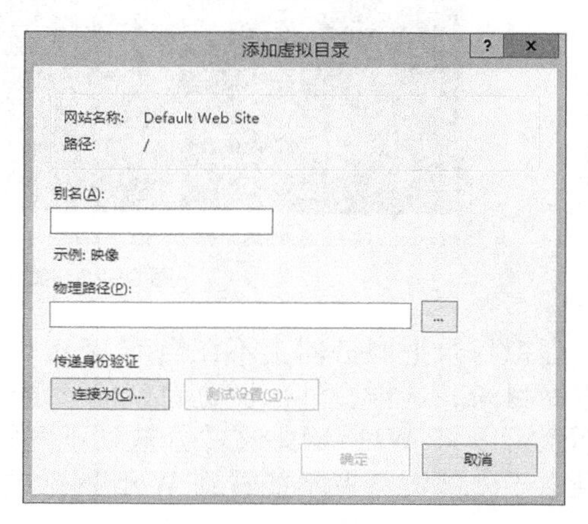

图 9-25 【添加虚拟目录】对话框

（3）为虚拟目录设置合适的别名，例如“virtualDir”；再选择其实际的物理路径，如图 9-26 所示。

（4）单击 确定 按钮，则创建的虚拟目录“VirtualDir”会出现在选定网站的目录树中，如图 9-27 所示。虚拟目录的图标和实际目录的图标有所不同，可以像对待网站中的实际目录一样来对其进行操作。

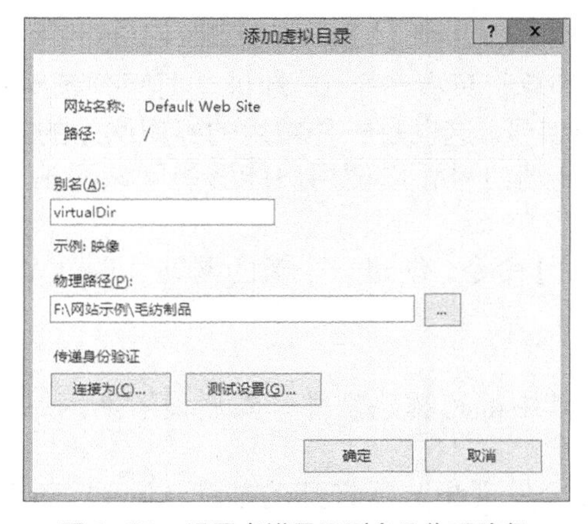

图 9-26 设置虚拟目录别名及物理路径

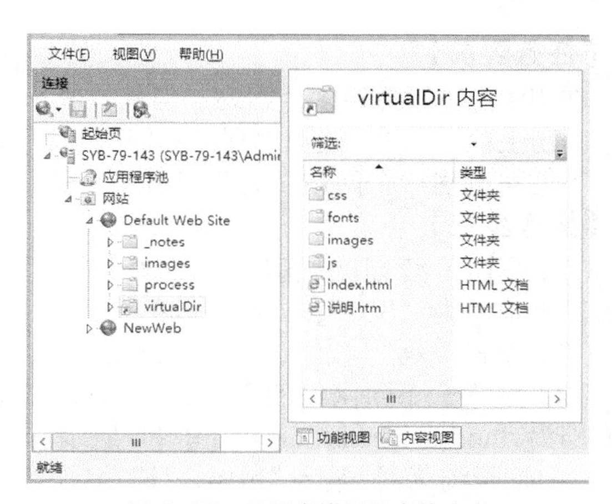

图 9-27 显示虚拟目录中的内容

（5）打开浏览器，在地址栏中输入“http://localhost/virtualDir/index.html”，就可以浏览虚拟目录中的网页，如图 9-28 所示。

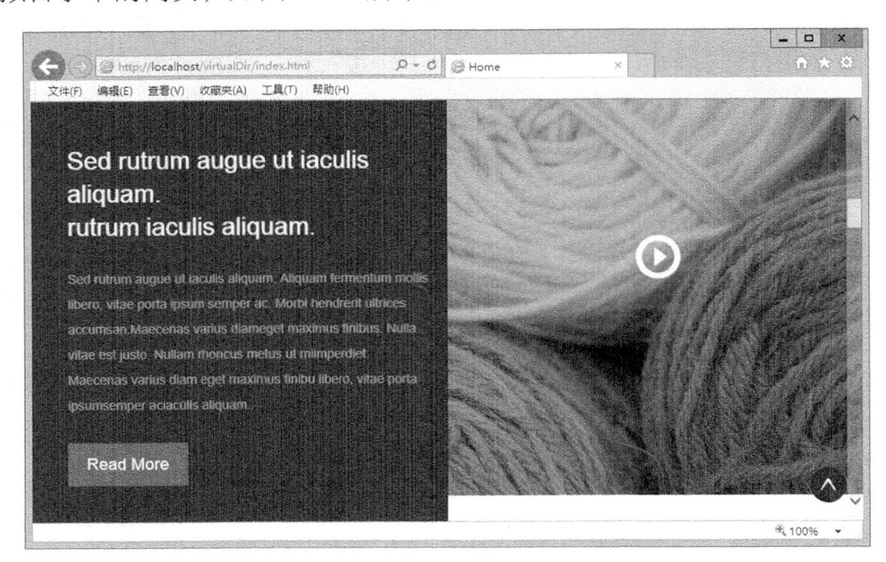

图 9-28 浏览虚拟目录中的网页

虚拟目录把服务器上不在当前 Web 网站目录下的一个文件夹映射为 Web 网站下的一个逻辑目录，这样，外部浏览者就能够通过 URL 地址来访问该文件夹下的资源。虚拟目录不仅可以将 Web 网站文件分散到不同的磁盘或计算机上，提高了创建网站的灵活性，而且由于外部浏览者不能看到 Web 网站的真实目录结构，也提高了网站的安全性。

任务二　管理 Web 网站

Web 网站创建后，该网站就具备了一些基本属性和功能且可以使用。在使用过程中，如果发现有需要调整的地方，可以对 Web 网站进行配置，以便更好地使用该网站的功能。

（一）利用 TCP 端口来标识网站

【任务要求】

在 IIS 内可以搭建多个网站，但是一般一台计算机只有一个 IP 地址。要区分各网站，除了利用主机名之外，还可以利用不同的 TCP 端口号。这也是一种常用的标识网站的方法。

下面再创建一个网站，为其设置不同的 TCP 端口号，以便用户能够访问该网站。

【操作步骤】

（1）在【IIS 管理器】窗口中，选择【添加网站】命令，创建一个新的网站“TestWeb”，设置其端口号为“801”，如图 9-29 所示。

（2）单击 确定 按钮，完成网站的创建。

（3）观察一下新网站的【内容视图】，知道其中都有哪些文件，然后设置新网站的默认文档为“index1.html”，如图 9-30 所示。

（4）打开浏览器，输入“http://127.0.0.1/”，会发现浏览器打开的是默认网站“Default Web Site”的内容，而不是新网站“TestWeb”的页面。

（5）为地址加上一个端口号，修改访问地址为“http://127.0.0.1:801/”，则浏览器能够顺利打开新网站的页面了，如图 9-31 所示。

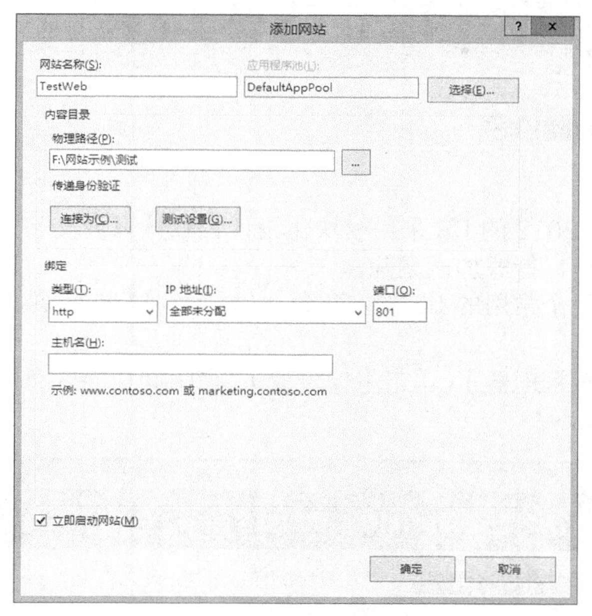

图 9-29　设置新网站的端口号为“801”

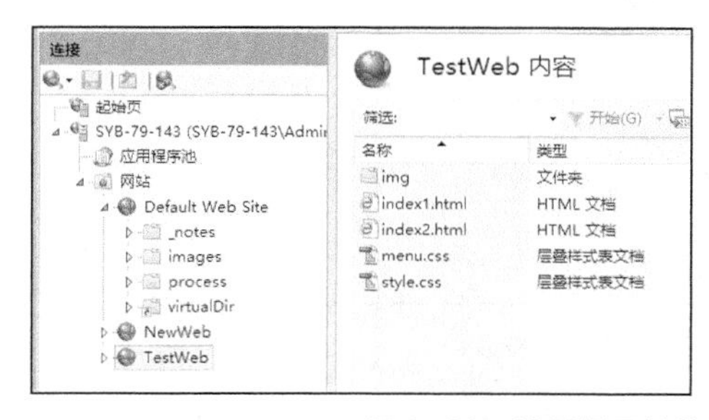

图 9-30　设置新网站的默认文档

图 9-31　为访问地址加上端口号

地址端口号添加的标准格式为“IP 地址+冒号+端口号”。注意这个冒号一定要是英文状态下的冒号。

（二）添加或删除服务器角色

【任务要求】

Windows Server 2012 的 IIS 采用模块化设计，默认只会安装少数功能与角色，其他功能可以由系统管理员自行添加或删除。

下面我们来添加几个常用的 IIS 网站角色，以利于网站的管理。

【操作步骤】

（1）打开【服务器管理器】，单击【仪表板】，在中间功能区有配置本地服务器的多个功能项，如图 9-32 所示。

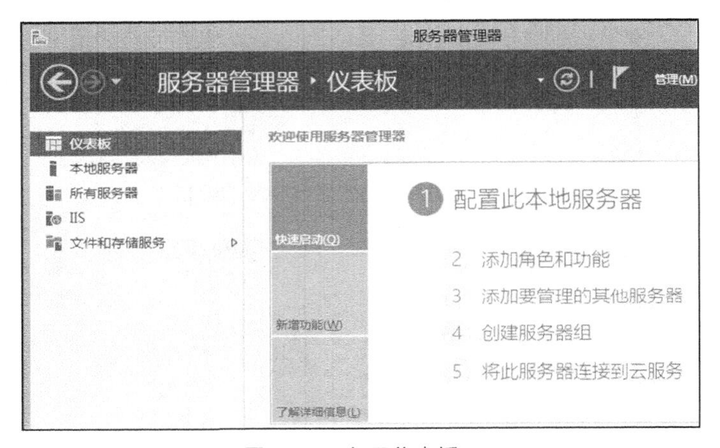

图 9-32　打开仪表板

（2）单击【添加角色和功能】选项，在出现的【选择服务器角色】界面，在左侧选择“服务器角色”，则【服务器角色】选项就有效了。如图 9-33 所示，可见这时很多服务器功能角色还没有安装，其中 Web 服务器的角色总共有 43 个，已经有 9 个功能安装了。

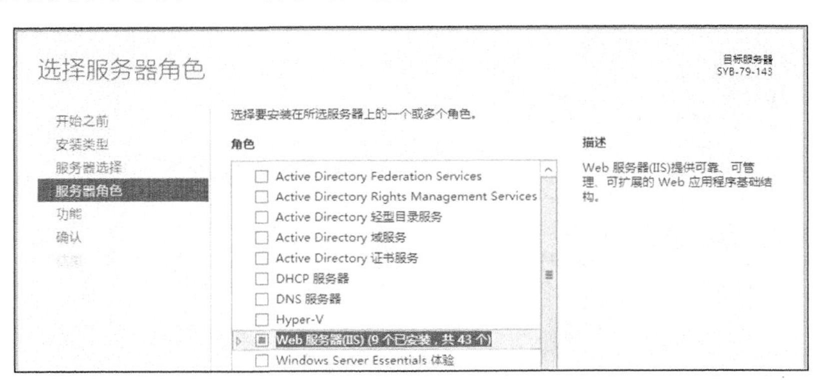

图 9-33　查看当前服务器角色

（3）单击【Web 服务器(IIS)】选项左侧的小三角，展开该项，可见其中主要包括【Web 服务器】和【FTP 服务器】。后者将在本章后面讨论，下面主要介绍前者。如图 9-34 所示，Web 服务器功能角色中包含了 5 个方面的角色，每个方面又包含了若干项。

（4）展开【安全性】选项，选择安装其中的“IP 和域限制”，这是一种常用的网站安全控制，如图 9-35 所示，其他身份验证的角色一般不需要选。

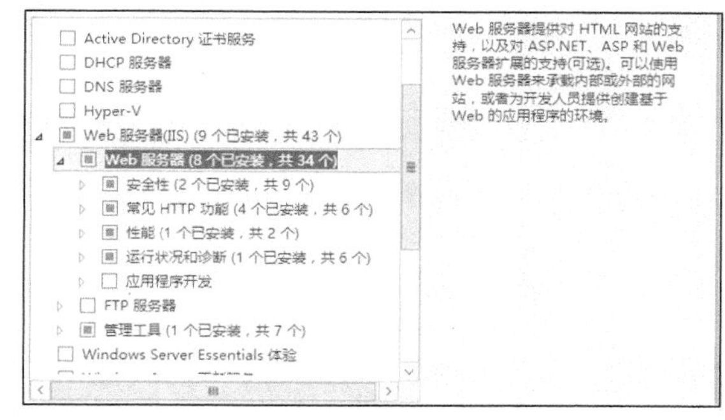

图 9-34　Web 服务器功能角色

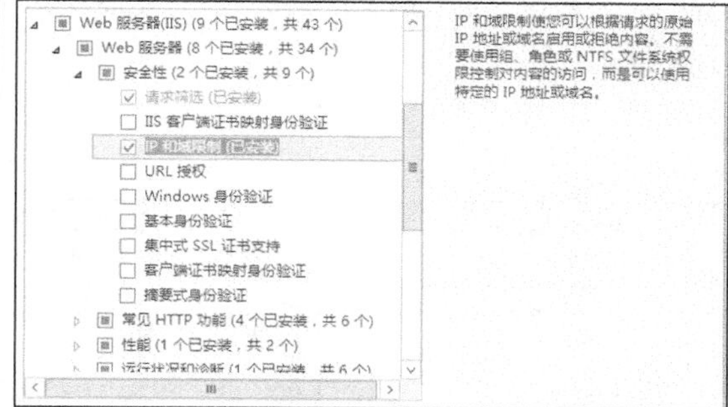

图 9-35　选择安装“IP 和域限制”

网站用来验证用户身份的方法主要有匿名身份验证、基本身份验证、摘要式身份验证与 Windows 身份验证等几种。系统默认只启用匿名身份验证，其他方式则需单独安装。一般情况下，网站都会支持匿名访问。

浏览器在访问网站时，网站会首先使用匿名身份验证的方式来建立连接，如果失败就会依次采用 Windows 身份验证、摘要式身份验证、基本身份验证等方式来验证用户身份。

- 匿名身份验证：这种方式允许任何用户直接匿名连接网站，不需要输入用户名和密码。系统内置了一个名称为 IUSR 的特殊用户账号。当用户匿名连接网站时，网站利用 IUSR 来代表这个用户，并支持多次调用。
- 基本身份验证：要求用户输入用户名和密码，但浏览器发给网站的用户名和密码并没有被加密，安全性不高。
- 摘要式身份验证：要求用户输入用户名和密码，浏览器的用户名和密码经过 MD5 算法加密和哈希处理后发送到网站。
- Windows 身份验证：要求输入用户名和密码，然后经过加密和哈希处理后发送到网站；支持安全通信协议，适合在内部网络通过统一身份认证来连接网站。

（5）展开“常见 HTTP 功能”，选择安装其中的“HTTP 重定向”，如图 9-36 所示。这个功能支持将用户访问请求转向另一个 URL 地址的操作，是一个很有用的功能。

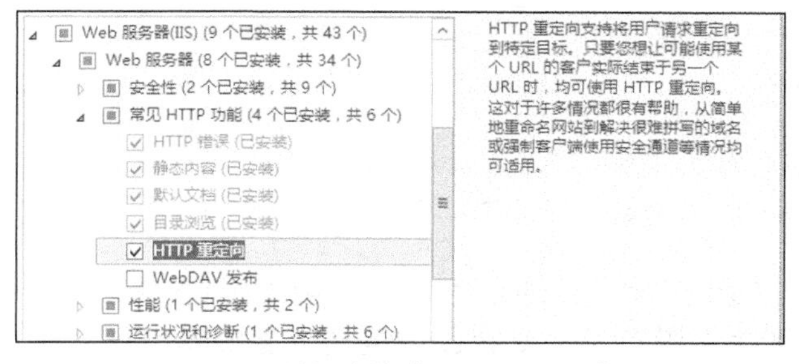

图 9-36　选择安装“HTTP 重定向”

（6）展开“应用程序开发”，选择安装其中 ASP、ASP.NET 4.5、CGI、服务器端包含等项，如图 9-37 所示，这些功能支持动态网页功能。

需要说明的是，在勾选 ASP、ASP.NET 4.5 等项时，会出现图 9-38 所示的对话框，说明要安装该功能项需要同时安装其他关联功能项，一般直接选择 添加功能 按钮继续安装就可以了。

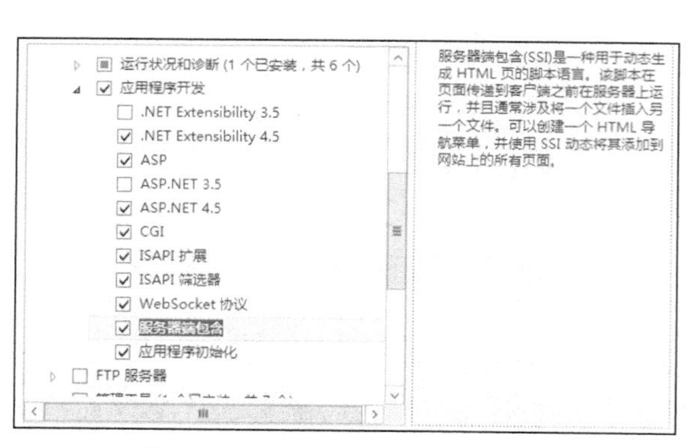

图 9-37　安装应用程序开发功能项

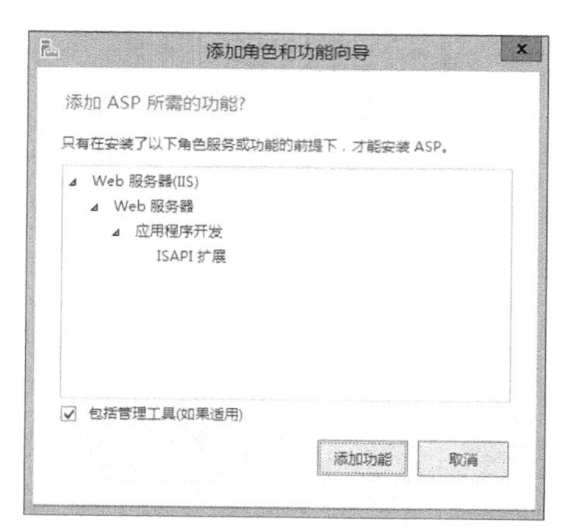

图 9-38　关联功能项安装说明

另外，由于 ASP.NET 3.5 并未包含在基本操作系统映像文件内，所以若要安装该功能项，需要从 Windows Server 2012 安装光盘的 sources\sxs 文件夹或微软网站来获取相关支持文件，否则安装会失败。

（7）确认后，系统开始安装选中的角色或功能，如图 9-39 所示。

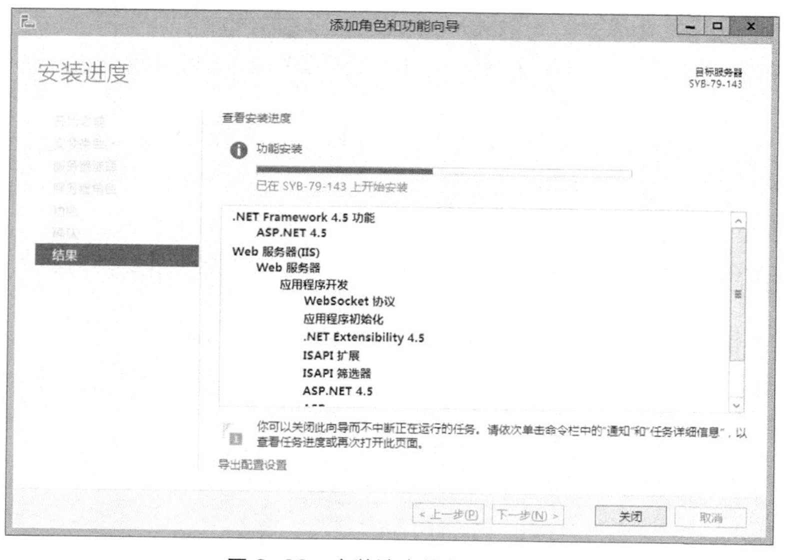

图 9-39　安装选中的角色或功能

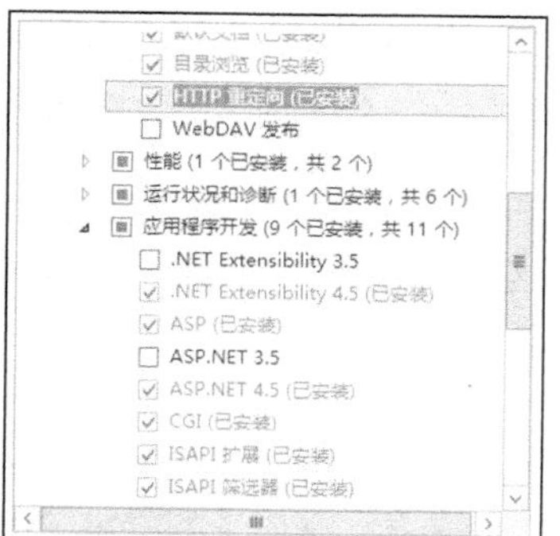

图 9-40　查看安装的功能

（8）安装完毕，重新查看服务器角色，可见前面选定的功能均已经安装成功，如图 9-40 所示。若有个别功能没有顺利安装，请重复上面的操作，确保功能安装。

（三）通过 IP 地址限制访问

【任务要求】

通过合理的设置，可以限制特定 IP 地址用户对网站的访问，以提高网站的安全性。一般有两种情况：一种是所有的联网计算机都可以访问本网站，但是在地址列表框中列出地址的计算机不能访问；另一种是所有的计算机都不能访问本网站，但是地址列表框中列出地址的计算机可以访问。系统一般默认为允许所有的计算机访问本网站。

下面我们为默认网站添加地址限制，不允许 192.168.79.0~ 192.168.79.255 这个地址段的计算机访问。

【操作步骤】

（1）在 IIS 管理器窗口中，选择网站“Default Web Site”，在中间【功能视图】区域找到【IP 地址和域限制】功能项，如图 9-41 所示。

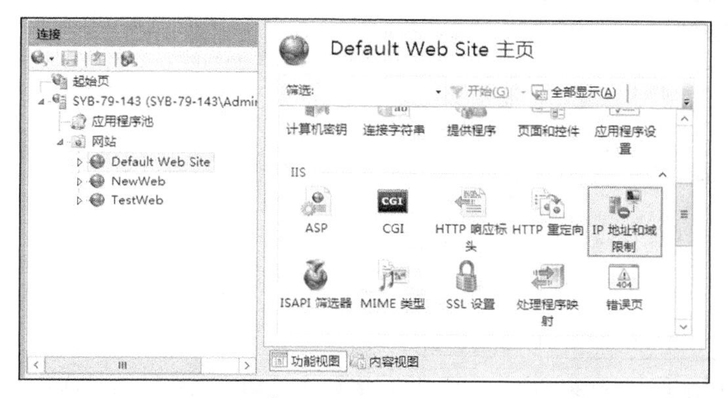

图 9-41 【IP 地址和域限制】功能项

（2）双击该功能项，打开【IP 地址和域限制】操作页面，如图 9-42 所示。初始状态下，网站是对所有用户开放的，没有任何限制。

（3）单击【添加拒绝条目】按钮，弹出【添加拒绝限制规则】对话框，在其中添加对地址段 192.168.79.0 的限制，如图 9-43 所示。

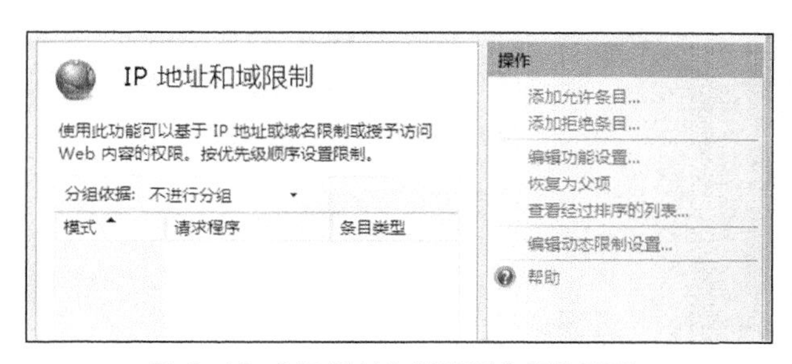

图 9-42 【IP 地址和域限制】操作页面

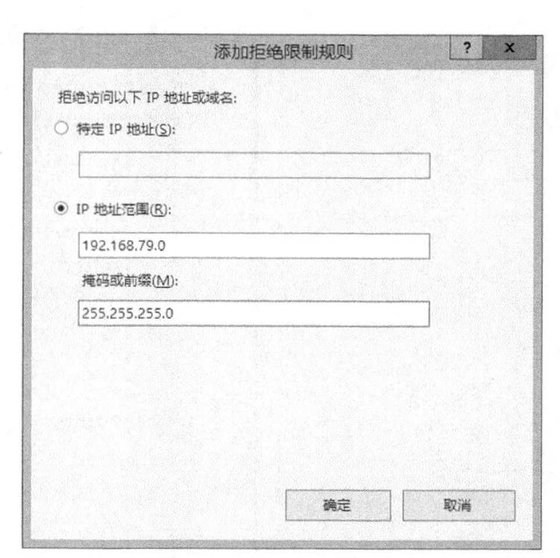

图 9-43 添加对地址段 192.168.79.0 的限制

（4）单击 确定 按钮，则该地址被添加到限制列表中，如图 9-44 所示。这样，所有地址在“192.168.79.1” ~ “192.168.79.254”之间的计算机都被拒绝访问本网站。

这里使用的网络标识是 IP 地址，其最后一个字节为 0，表示这是一个网段。

（5）选择一台包含在该限制范围内的计算机，浏览这个网站的网页，则出现地址受限而无权查看页面的错误提示，如图 9-45 所示。

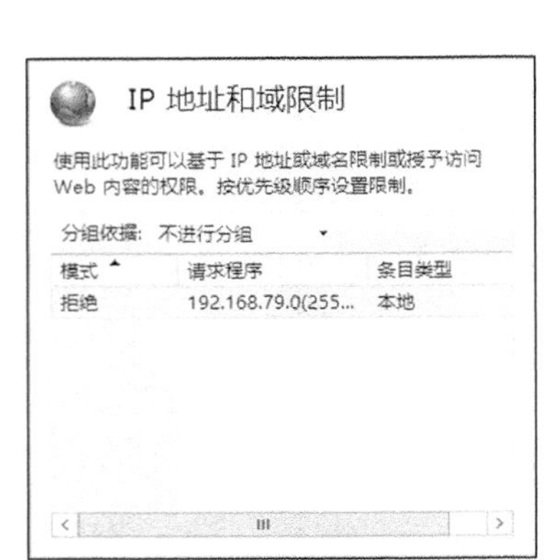

图 9-44　地址被添加到了限制列表中

图 9-45　地址受限，无法访问网站

【IP 地址和域限制】中还有一个功能“编辑动态限制设置”，可以通过动态 IP 限制来决定是否允许客户端对网站的连接，如图 9-46 所示。例如“基于并发请求数量拒绝 IP 地址”能够限制一个客户端同时连接网站的数量（打开该网站的网页数），这样可以防止恶意过度访问，降低网站的负载。

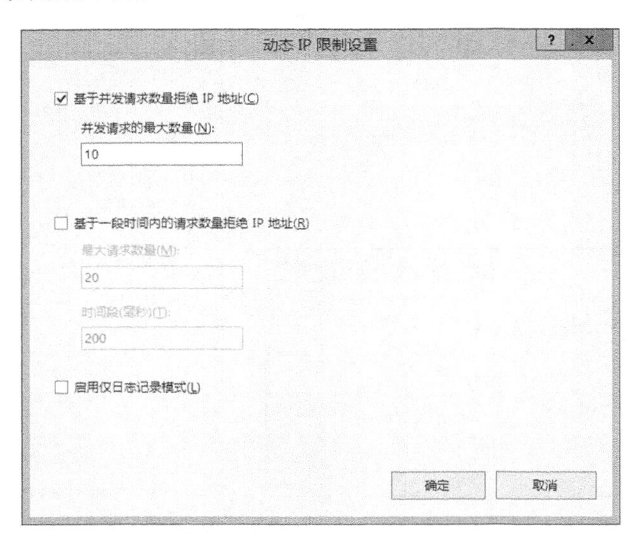

图 9-46　动态 IP 限制

任务三　实现 DHCP 服务

【拓展阅读 19】

HTTP 重定向

【拓展阅读 20】

应用程序环境设置

互联网使用的是 TCP/IP，它要求网络上的每台计算机都必须有唯一的计算机名称、IP 地址和与之相关的子网掩码。IP 地址和子网掩码标识了该计算机及其连接的子网，将该计算机移动到不同的子网时，必须更改 IP 地址和子网掩码。这对于大的局域网，特别是包含千万个用户的广域网来说，是一个十分复杂而繁重的任务。为了简化网络配置操作，可以通过 DHCP 协议来自动获取 IP 地址并完成配置。

DHCP（Dynamic Host Configuration Protocol）称为动态主机配置协议，是一种简化主机 IP 配置管理的 TCP/IP 标准。如果一台计算机设置成动态获取 IP 地址的 DHCP 方式，那么，当该计算机连接到互联网时，该计算机将首先寻找本地网络上的 DHCP 服务器，然后服务器从 IP 地址数据库中获取一个 IP 地址及其他相关的配置信息，动态指派给该计算机，如图 9-47 所示。

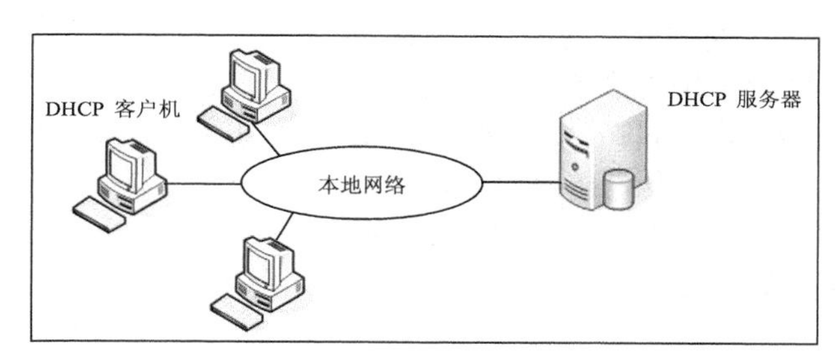

图 9-47　使用本地 DHCP 服务器和 IP 地址数据库

对于基于 TCP/IP 的网络，使用 DHCP 服务减少了重新配置计算机 IP 地址的操作，避免了因误操作而引起的配置错误，有助于防止 IP 地址冲突，减轻了管理员的工作量和管理难度。目前普通的宽带网络和较大的局域网都采用 DHCP 服务。

（一）了解 DHCP 的工作原理

DHCP 使用客户/服务器模型。网络管理员建立一个或多个维护 TCP/IP 配置信息，并将其提供给客户机的 DHCP 服务器，服务器数据库包含以下信息。

- 网络上所有客户机的有效配置参数。
- 在指派到客户机的地址池中维护的有效 IP 地址，以及用于手动指派的保留地址。
- 服务器提供的租约持续时间，即所分配 IP 地址的有效时间。

通过在网络上安装和配置 DHCP 服务器，启用 DHCP 的客户机可在每次启动并接入网络时动态地获得其 IP 地址和相关配置参数。DHCP 服务器以地址租约的形式将该配置提供给发出请求的客户机。

我们将手动输入的 IP 地址称为静态 IP 地址，将向 DHCP 服务器租用的 IP 地址称为动态 IP 地址。

【任务要求】

当 DHCP 客户机首先启动并尝试连入网络时，会自动执行初始化过程以便从 DHCP 服务器获得租约。下面演示说明 DHCP 客户机启动并尝试连入网络时的初始化过程。整个初始化过程如图 9-48 所示。

【操作步骤】

（1）DHCP 客户机在本地子网上广播 DHCP 探索消息（IP 租约请求）。

（2）如果网络中有 DHCP 服务器，该服务器会使用 DHCP 提供消息进行响应，提供信息中包含为客户机提供的 IP 地址（IP 租约提供）。

（3）如果没有 DHCP 服务器对客户探索请求进行响应，则客户机可以按以下方式继续进行。

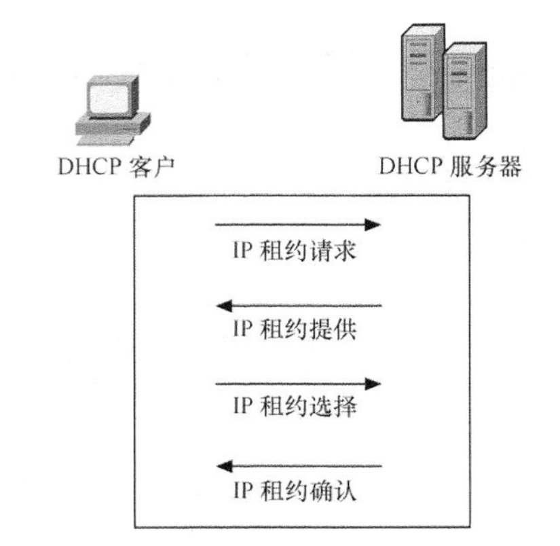

图 9-48　DHCP 客户机获取 IP 地址的过程

- 如果客户机在 Windows Server 2003 系统下运行并且未禁用 IP 自动配置，则客户机自行配置 IP 地址。
- 如果客户机未在 Windows Server 2003 系统下运行或 IP 自动配置已被禁用，则客户机初始化失败。如果保持运行，它会在后台继续重发 DHCP 探索消息（每 5 分钟 4 次），直至接收到服务器所提供的 DHCP 消息。

（4）一旦收到 DHCP 提供的消息，客户机就使用 DHCP 请求信息回复 DHCP 服务器，来选择服务器提供的地址（IP 租约选择）。

（5）DHCP 服务器发出 DHCP 确认消息，表示租约已批准。同时，其他的 DHCP 选项信息也包含在确认消息中（IP 租约确认）。

（6）客户机一旦接收到确认消息，就使用回复消息来配置其 TCP/IP 属性并加入网络。

下面对几个重要的概念进行说明。

（1）作用域

DHCP 作用域是对使用 DHCP 服务的子网进行的分组，由给定子网上 DHCP 服务器可以租用给客户机的 IP 地址池组成，如“192.168.0.1”～“192.168.0.254”。管理员首先为每个物理子网创建作用域，然后定义该作用域的参数。通常，作用域有下列属性。

- IP 地址的范围，可在其中加入或排除用于 DHCP 服务租约的地址。
- 唯一的子网掩码，用于确定给定 IP 地址的子网。
- 作用域创建时指派的名称。
- 租约期限，它将指派给动态接收分配 IP 地址的 DHCP 客户机。

每个子网只能有一个具有连续 IP 地址范围的单个 DHCP 作用域，如果需要使用多个地址范围，可以通过设置排除范围实现。DHCP 服务器不为客户机提供这些排除范围内的地址租用。排除的 IP 地址可能是网络上的有效地址，但这些地址只能通过手动配置使用。

（2）租约

租约是 DHCP 服务器为客户机指派的可使用 IP 地址的时间期限。租用给客户时，租约是活动的。在租约过期之前，客户机一般需要通过服务器更新其地址租约指派。当租约期满或在服务器上删除时，租约是非活动的。租约期限决定租约何时期满，以及客户需要用服务器更新它的次数。

（3）地址池

地址池就是 DHCP 客户机能够使用的 IP 地址范围。在定义了 DHCP 作用域并应用排除范围之后，剩余的地址在作用域内形成可用的“地址池”。服务器可以将池内的地址动态地指派给网络上的 DHCP 客户机。

（二）安装 DHCP 服务

要想利用 DHCP 为网络中的计算机提供动态地址分配服务，首先必须在网络中安装和配置一台 DHCP 服务器，而用户也需要采用自动获取 IP 地址的方式，这些客户端称为 DHCP 客户端。

DHCP 服务器必须有静态 IP 地址。
由于网络环境的不同，读者的设置可能会与本书略有不同，请根据实际情况进行调整。

【任务要求】

要想使一台计算机成为 DHCP 服务器，必须对该计算机进行必要的配置，才能使其具有为网络上的计算机动态分配 IP 地址的功能。DHCP 服务器的配置一般从定义作用域开始，包括定义作用域、租约期限、WINS 服务器地址等。

在 Windows Server 2012 上，安装 DHCP 服务的方法与安装 DNS 的方法一样，只需要在安装网络服务组件时，在【网络服务】对话框中将【动态主机配置协议（DHCP）】复选框选中即可。下面我们来安装 DHCP 服务功能。

【操作步骤】

（1）打开【服务器管理器】，从【仪表板】处添加角色和功能，选择添加【DHCP 服务器】功能，弹出【添加角色和功能向导】窗口，说明需要同时安装 DHCP 服务器工具，如图 9-49 所示。

图 9-49　安装【DHCP 服务器】功能

（2）单击添加功能按钮，回到向导页面，然后持续单击下一步(N) >按钮，直到出现确认安装选项页面，单击安装(I)按钮，完成安装，如图 9-50 所示。

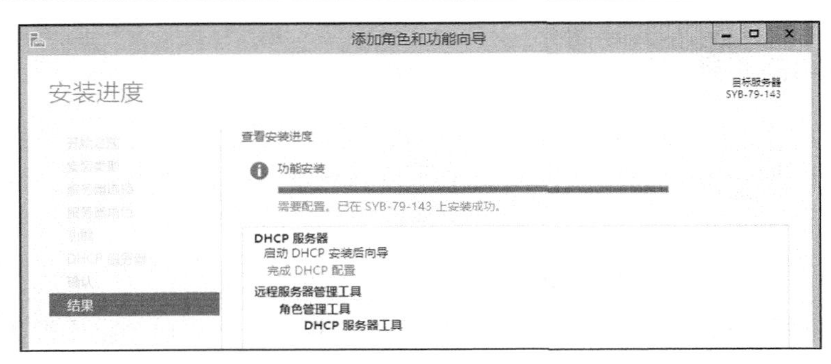

图 9-50 【DHCP 服务器】安装完成

（3）单击页面上的【完成 DHCP 配置】选项，根据向导，能够很方便地完成 DHCP 服务器的配置，如图 9-51 所示。

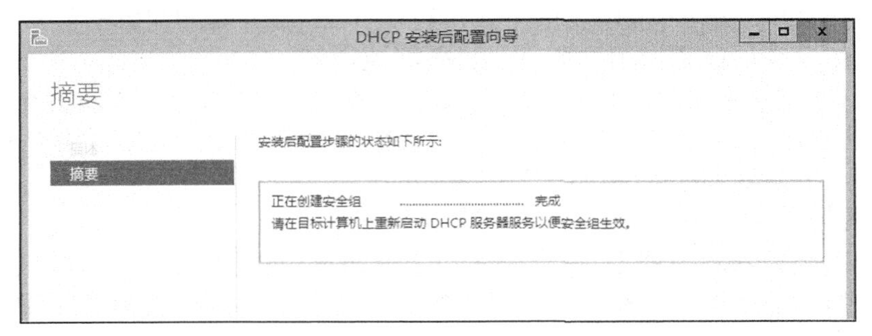

图 9-51 完成 DHCP 服务器的配置

（三）配置 DHCP 服务器

DHCP 服务器安装完成后，就可以在【服务器管理器】中通过【工具】菜单中的 DHCP 管理控制台来管理服务器了。

【任务要求】

DHCP 服务器内必须至少建立一个 IP 作用域，当 DHCP 客户端向 DHCP 服务器租用 IP 地址时，服务器就可以从这些作用域内选择一个尚未出租的适当的 IP 地址，然后将其分配给客户端。在一台 DHCP 服务器内，一个子网只能够有一个作用域。

下面我们要在图 9-52 所示的环境中配置 DHCP 服务器和客户端，其中服务器的地址是 192.168.1.100，计划出租（或分配）给客户端计算机的 IP 地址范围（IP 作用域）为 192.168.1.101~192.168.1.199。

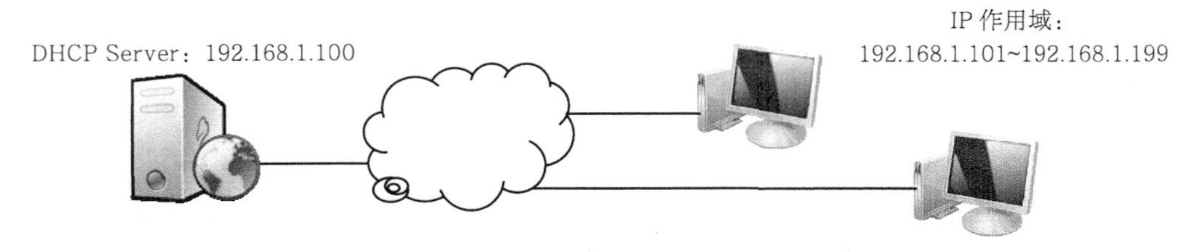

图 9-52 DHCP 服务器和客户端环境

【操作步骤】

（1）在【服务器管理器】界面，选择【工具】菜单中的【DHCP】命令，打开【DHCP】

窗口，如图 9-53 所示。

（2）在 IPv4 上单击鼠标右键，出现一个快捷菜单，如图 9-54 所示，其中有进行各种配置操作的选项。

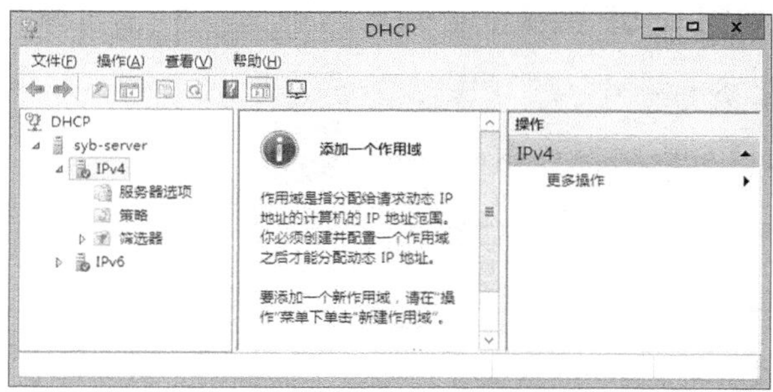

图 9-53 【DHCP】窗口

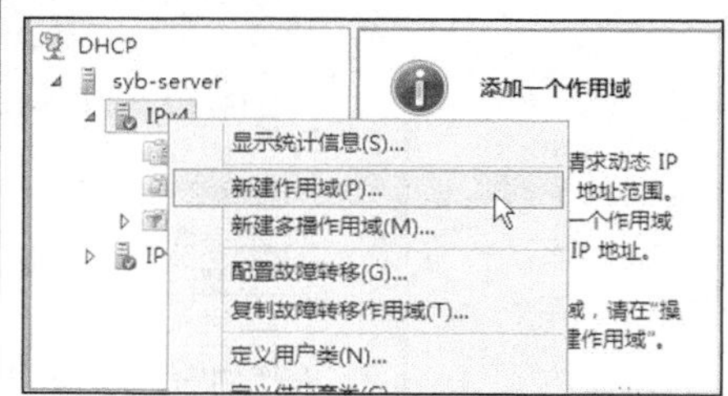

图 9-54 配置操作快捷菜单

（3）选择【新建作用域】菜单项，出现【新建作用域向导】对话框，通过该向导就能够很好地完成作用域的设置。

（4）单击 下一步(N) > 按钮，进入【作用域名称】向导页，在此需要为作用域定义一个名称，并添加适当描述，以便在有多个作用域的情况下正确识别该作用域，如图 9-55 所示。

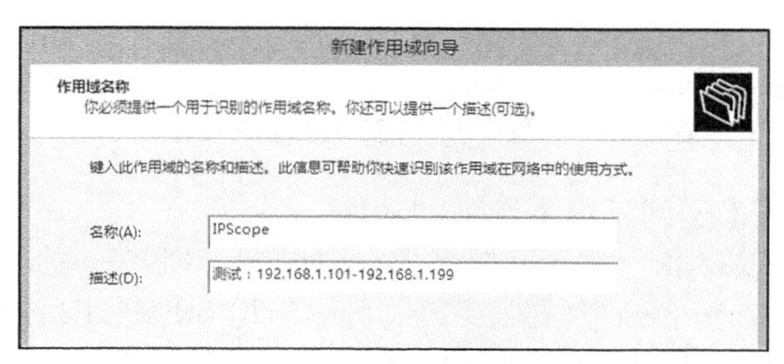

图 9-55 设置作用域的名称和描述

（5）单击 下一步(N) > 按钮，进入【IP 地址范围】向导页，设置该作用域要分配的 IP 地址范围（起始 IP 地址和结束 IP 地址）和子网掩码，如图 9-56 所示。

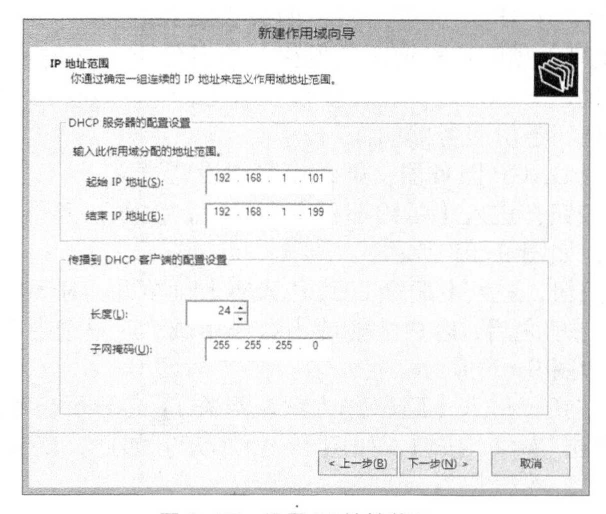

图 9-56 设置 IP 地址范围

（6）单击 下一步(N) > 按钮，进入【添加排除和延迟】向导页，设置该作用域中要排除的 IP 地址范围。某些 IP 地址可能已经通过静态方式分配给非 DHCP 客户端或服务器，因此需要从 IP 作用域中排除。设置起始 IP 地址和结束 IP 地址后，单击 添加(D) 按钮，将其添加到下面的【排除的地址范围】列表中，如图 9-57 所示。

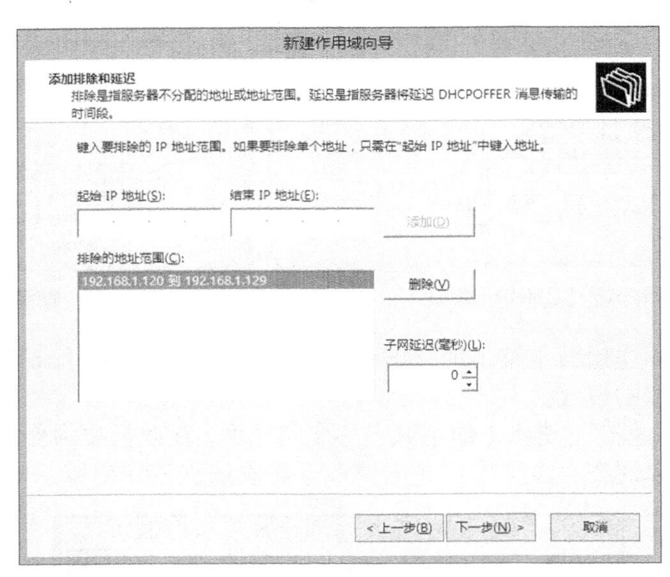

图 9-57　设置作用域中要排除的 IP 地址范围

下面简单介绍一下【子网延迟】选项的功能。

在一个网络中，可以有多台 DHCP 服务器，例如有 2 台服务器 Server-A 和 Server-B，采用 80/20 规则，即 Server-A 为主服务器，可以出租 80%的 IP 地址，Server-B 是备份服务器，可以出租 20%的 IP 地址。备份服务器在主服务器因故暂时无法提供服务时，可以接手继续为客户端提供服务。一般希望正常时由主服务器 Server-A 来出租 IP 地址给客户端。可是客户端在申请 DHCP 服务时，会同时向两个服务器发出请求，如果 Server-B 也及时响应的话，其所拥有的 20%的地址会很快用完，此时若 Server-A 发生故障，则 Server-B 也会因为没有了 IP 地址可出租，而失去服务能力。

【子网延迟】功能可以预防这种情况的发生。当备份服务器 Server-B 收到客户端的 DHCP 请求时，它会延迟一小段时间，以便让主服务器 Server-A 先响应并出租 IP 地址给客户端，从而真正起到备份服务器的作用。

若网络上只有一台 DHCP 服务器，则该项功能没有意义。

（7）单击 下一步(N) > 按钮，进入【租约期限】向导页，设置服务器分配的 IP 地址的租用期限，默认值为 8 天，如图 9-58 所示。

（8）单击 下一步(N) > 按钮，进入【配置 DHCP 选项】向导页。对于新建的作用域，必须在配置最常用的 DHCP 选项之后，客户才能使用该作用域。这里选中【是，我想现在配置这些选项】单选按钮，如图 9-59 所示。

（9）单击 下一步(N) > 按钮，进入【路由器（默认网关）】向导页。添加客户使用的默认网关的 IP 地址，然后单击 添加(D) 按钮，如图 9-60 所示。如此，DHCP 就能够为客户端自动配置网关地址。

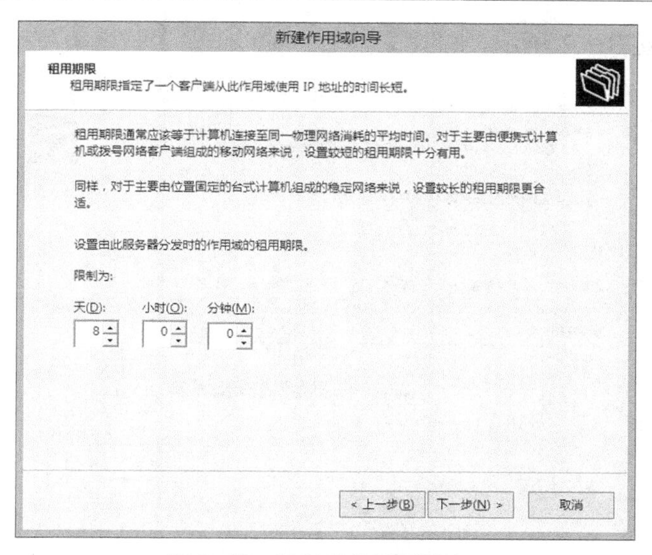

图 9-58　IP 地址的租用期限

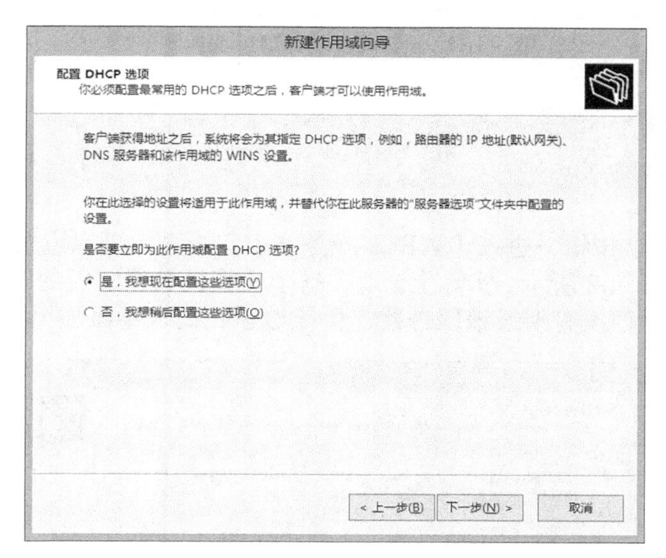

图 9-59　配置 DHCP 选项

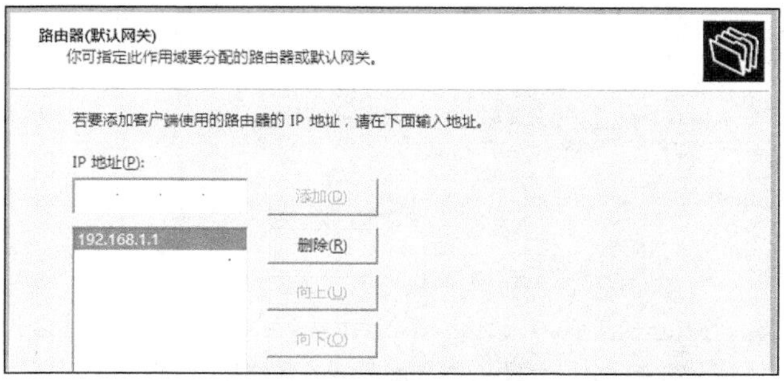

图 9-60　添加默认网关的 IP 地址

（10）单击 下一步(N) > 按钮，进入【域名称和 DNS 服务器】向导页。设置客户机进行 DNS 解析时使用的父域、DNS 服务器的名称和 IP 地址，然后单击 添加(D) 按钮，将其添加到【IP

地址】列表中，如图 9-61 所示。

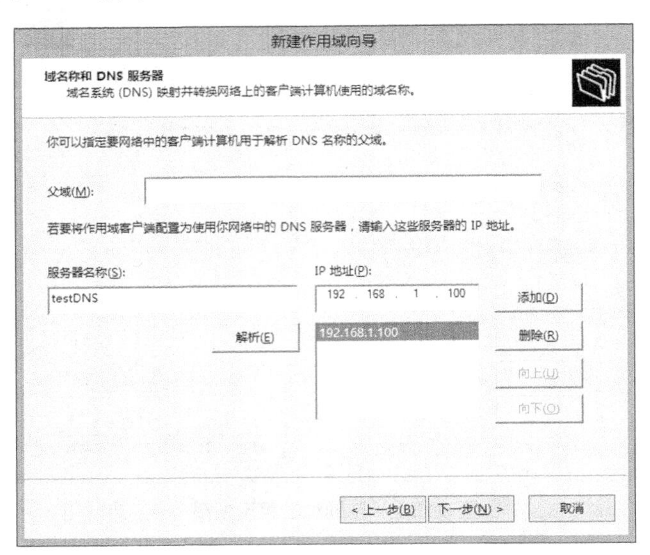

图 9-61　设置域名称和 DNS 服务器

如果服务器名称已经在 WINS 中进行了注册，则单击 解析(E) 按钮就能够自动得到该服务器的 IP 地址。

（11）单击 下一步(N) > 按钮，进入【WINS 服务器】向导页，可以设置 WINS 服务器的名称和 IP 地址，如图 9-62 所示。实际上，现在基于计算机名称解析的 WINS 服务使用的比较少，很多局域网上都没有架设该服务器。所以这里我们也不添加 WINS 服务器。

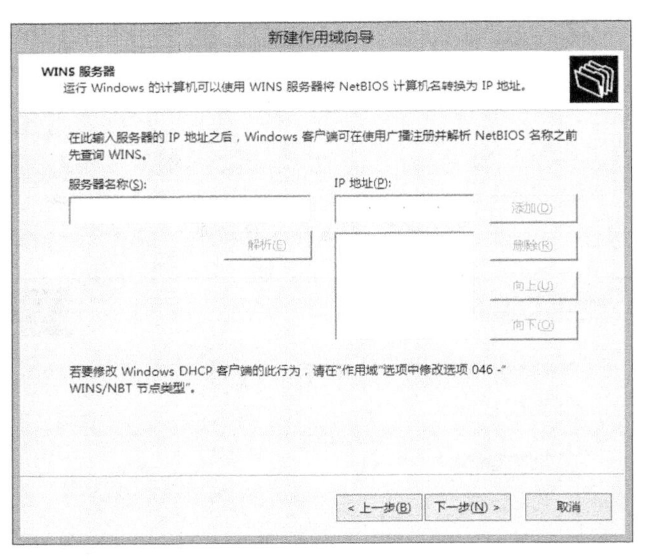

图 9-62　设置 WINS 服务器的名称和 IP 地址

（12）单击 下一步(N) > 按钮，进入【激活作用域】向导页。这里选中【是，我想现在激活此作用域】单选按钮，如图 9-63 所示。此时作用域的配置已经完成，可以立即激活使用。

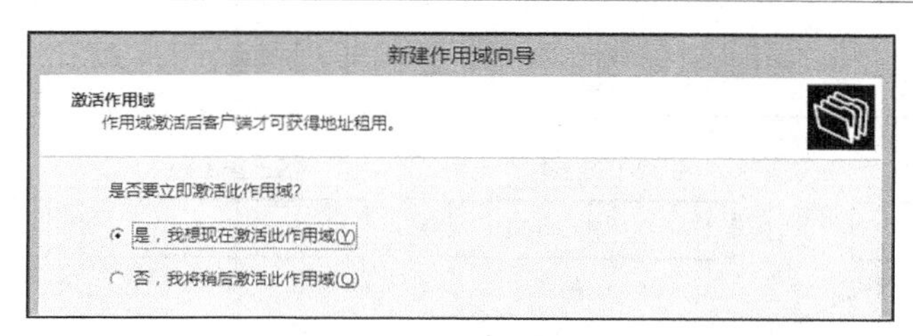

图 9-63　激活作用域

（13）跟随向导提示，完成作用域的创建激活。

返回【DHCP】窗口，可见在【IPv4】选项下出现了一个【作用域[192.168.1.0]IPScope】选项，其中包括【地址池】、【地址租约】、【保留】和【作用域选项】等选项，并且当前处于激活状态，如图 9-64 所示。

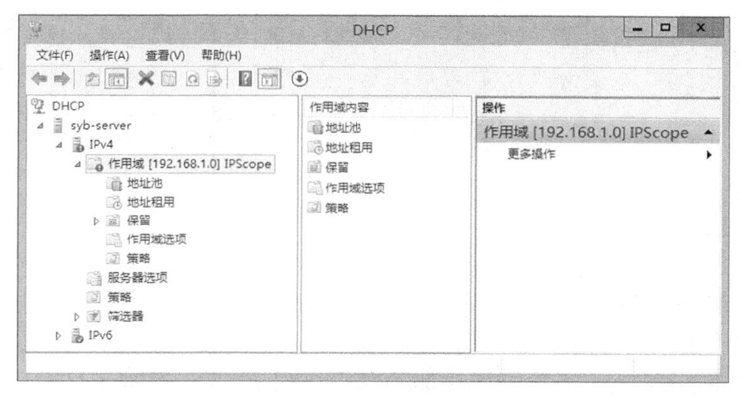

图 9-64　完成作用域的创建

为了使某台计算机能够动态获取 IP 地址及相关的网络配置，必须将该计算机配置成 DHCP 客户机，也就是说，在其设置 IP 地址时，选中【自动获得 IP 地址】和【自动获得 DNS 服务器地址】复选框。

【拓展阅读 21】

DHCP 作用域的管理

任务四　创建域名服务

Internet 使用 DNS 系统来实现域名与 IP 地址的一一对应，从而大大简化了用户对网络主机的理解和记忆。同样，在内部网络上也需要设置类似的域名服务。那么，DNS 如何架设呢？

（一）安装 DNS 服务

【拓展阅读 22】

DHCP 客户端设置及查看

Windows Server 2012 提供了 DNS 服务功能，但是系统默认安装时不安装 DNS 组件。因此，要想实现 DNS 服务，用户首先需要在服务器上安装 DNS 服务，然后配置 DNS 服务，最后还需要在客户机上指明 DNS 服务器的地址，以便实现客户机与服务器之间的通信。

用户在访问网络时，首先会查找网络上的 DNS 服务器，然后通过 DNS 上记录的各个服务器的 IP 地址来访问具体的应用，这就是所谓的 DNS 映射。为了实现这种地址映射，用户需要首先规划网络的域名、服务器的 IP 地址等，如图 9-65

所示。

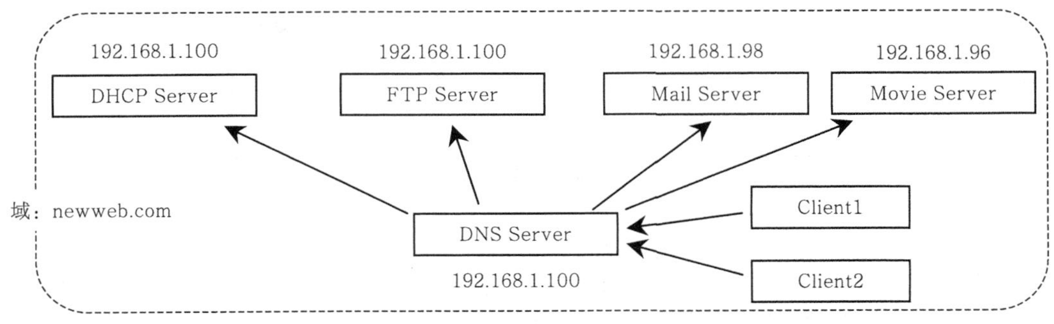

图 9-65　DNS 映射

可以将多个功能服务器安装在一台物理服务器上，也就是说，这些服务器在逻辑上是独立的，但是在物理上是共用一台服务器的。这种模式在小型局域网中经常使用。

【任务要求】

安装 DNS 服务。

【操作步骤】

（1）打开【服务器管理器】，从【仪表盘】界面，选择【添加角色和功能】选项，打开【添加角色和功能向导】窗口。

（2）单击 下一步(N) > 按钮，直至出现【服务器角色】选项，找到【DNS 服务器】选项，如图 9-66 所示。

（3）勾选【DNS 服务器】选项，弹出一个对话框，说明需要同时安装【DNS 服务器工具】，如图 9-67 所示。

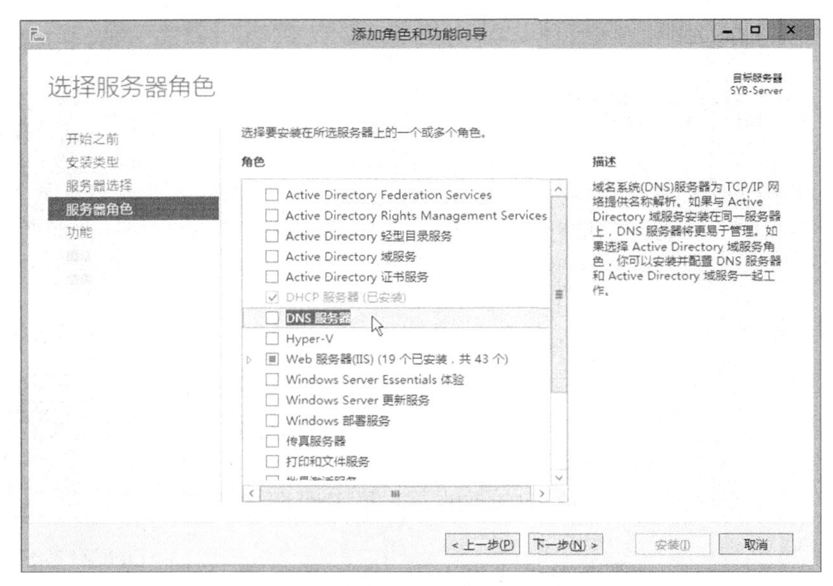

图 9-66　找到【DNS 服务器】选项

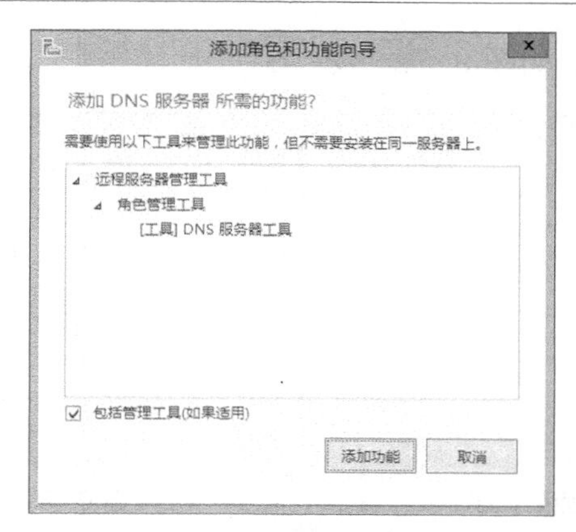

图 9-67　需要同时安装【DNS 服务器工具】

（4）单击 添加功能 按钮，然后继续单击 下一步(N) > 按钮，直至安装完成。这时在【服务器管理器】界面会出现一个【DNS】选项，显示当前 DNS 服务器的基本信息，如图 9-68 所示。

图 9-68　当前 DNS 服务器的基本信息

（二）建立 DNS 区域

DNS 区域是域名空间树状结构的一部分，通过它来将域名空间分割为容易管理的小区域。一台 DNS 服务器内可以存储一个或多个区域的数据。DNS 区域分为两种类型。

- 正向查找区域：利用主机域名查询主机的 IP 地址。
- 反向查询区域：利用 IP 地址查询主机名。

【任务要求】

创建一个与主机地址 192.168.1.100 对应的“www.newweb.com”的 DNS 记录。

【操作步骤】

（1）在【服务器管理器】中，选择【工具】菜单中的【DNS】菜单项，弹出【DNS 管理器】窗口，如图 9-69 所示，利用这个管理工具可以完成 DNS 服务器的配置。

（2）选择【正向查找区域】，单击鼠标右键，在弹出的快捷菜单中选择【新建区域】命令，如图 9-70 所示。

（3）选择该命令后，会打开一个【新建区域向导】对话框，引导用户逐步创建区域。单击 下一步(N) > 按钮，进入【区域类型】向导页，如图 9-71 所示。这里列出了几种常用的区域类型，一般采用【主要区域】类型。

（4）单击 下一步(N) > 按钮，进入【区域名称】向导页，要求输入需管理的 DNS 区域名称，这里输入“newweb.com”，如图 9-72 所示。

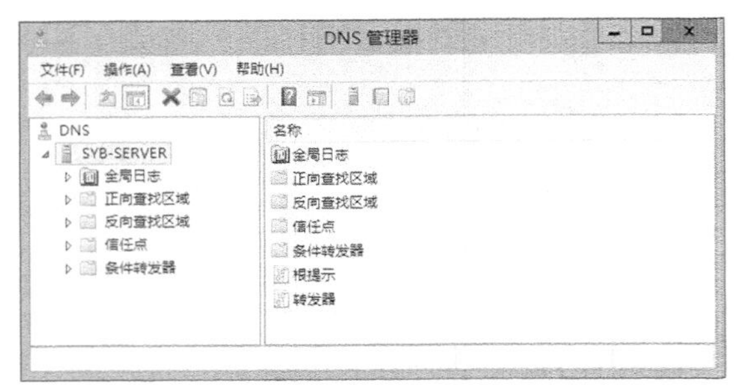

图 9-69 【DNS 管理器】窗口

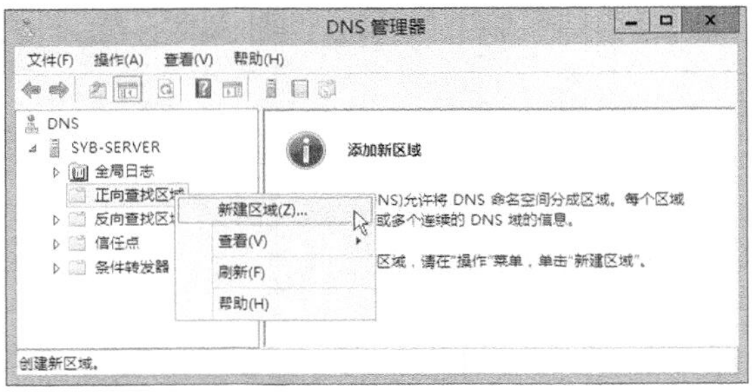

图 9-70 选择【新建区域】命令

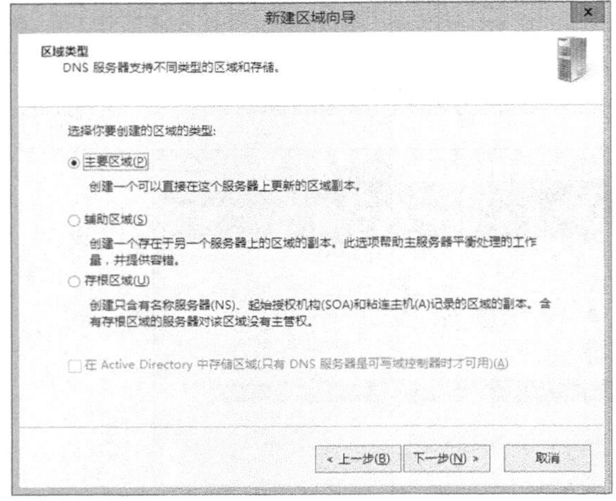

图 9-71 选择区域类型

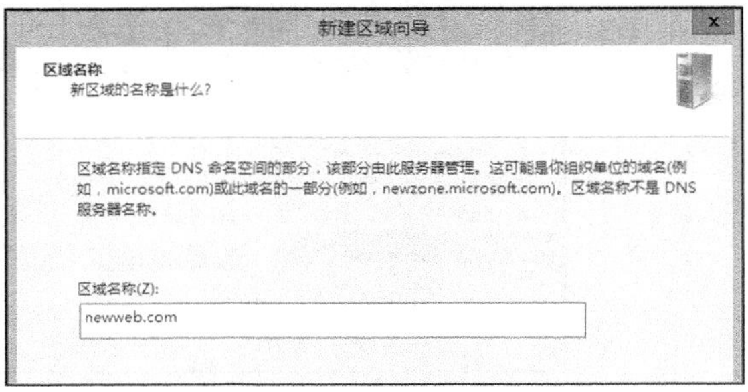

图 9-72 确定区域名称

（5）单击 下一步(N) > 按钮，进入【区域文件】向导页，如图 9-73 所示。将设置的 DNS 信息保存在系统文件中，一般保持默认设置即可。

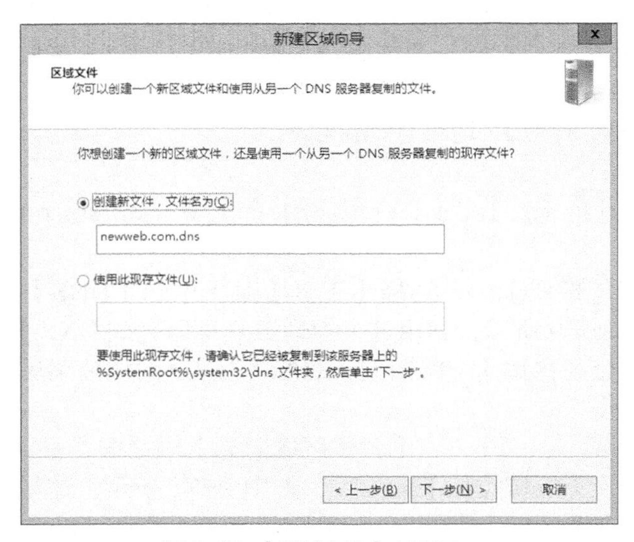

图 9-73 【区域文件】向导页

（6）单击下一步(N) >按钮，进入【动态更新】向导页，如图 9-74 所示。如果允许动态更新，可使 DNS 客户端计算机在此 DNS 服务器的区域中添加、修改和删除资源记录，这会使系统的安全风险增大。一般选中【不允许动态更新】单选按钮。

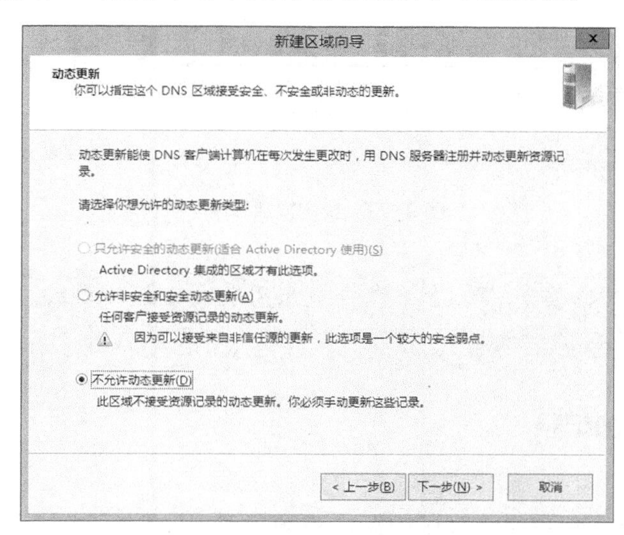

图 9-74 【动态更新】向导页

（7）单击下一步(N) >按钮，在弹出的对话框中显示了前面设置的 DNS 信息，如图 9-75 所示。

（8）单击完成按钮，完成新区域的创建。此时，新区域的名称显示在 DNS 管理窗口的右侧面板中，如图 9-76 所示。

在 DNS 中，还可以设置反向搜索区域。所谓正向搜索区域就是 DNS 服务器提供的从域名到 IP 地址映射的区域，而反向搜索区域就是从 IP 地址到域名映射的区域。反向搜索允许客户端在名称查询期间使用已知的 IP 地址，并根据这个地址查找计算机名，这个过程一般采取问答形式进行，例如，“您能告诉我 IP 地址为‘192.168.1.104’的计算机的 DNS 名称吗？”，查询的原理如图 9-77 所示。

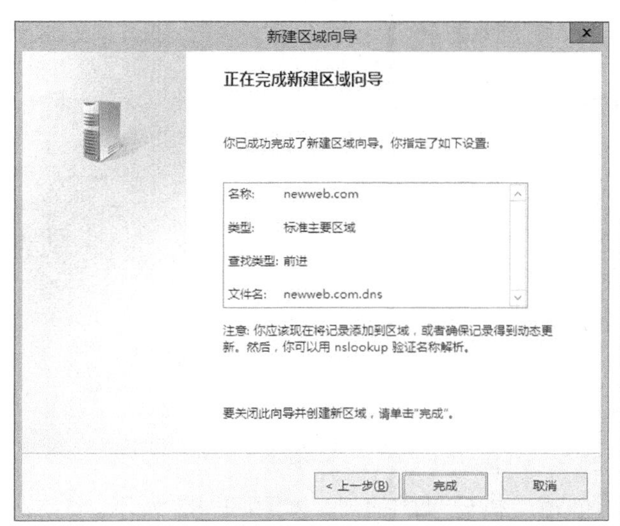

图 9-75 显示设置的 DNS 信息

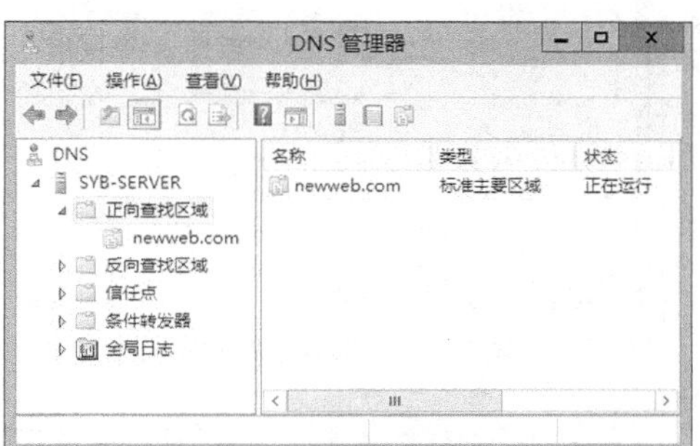

图 9-76 创建的新区域

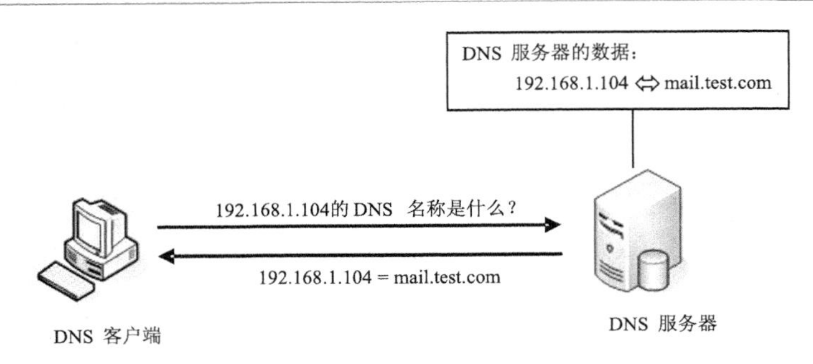

图 9-77 反向搜索区域

在大部分的DNS查找中，客户端一般采用正向查找的方式。反向查询是一种过时的方法，目前很少使用。

（三）在正向区域添加记录

【任务要求】

创建了区域以后，要向这些区域中添加资源记录，这些记录也就是主机名和 IP 地址之间的映射关系。

【操作步骤】

（1）在【DNS 管理器】窗口，在要添加主机记录的正向搜索区域名称上（这里指【newweb.com】选项）单击鼠标右键，在弹出的快捷菜单中选择【新建主机】命令，如图 9-78 所示。

（2）弹出【新建主机】对话框，在【名称】文本框中输入该主机的名称，在【IP 地址】文本框中输入对应该主机的 IP 地址。这里要为“www.newweb.com”添加 DNS 记录，则输入的名称为“www”，如图 9-79 所示。

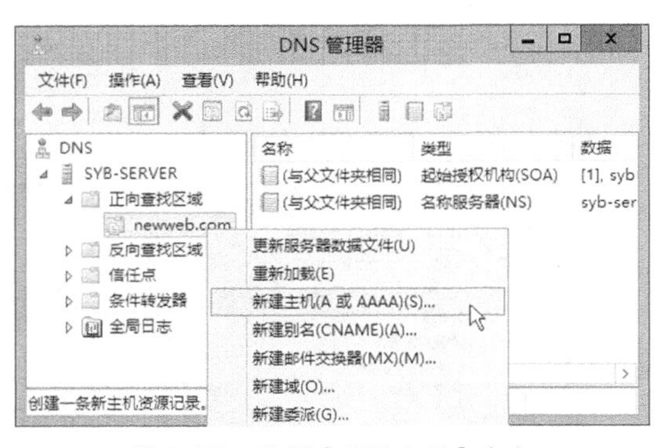

图 9-78 选择【新建主机】命令

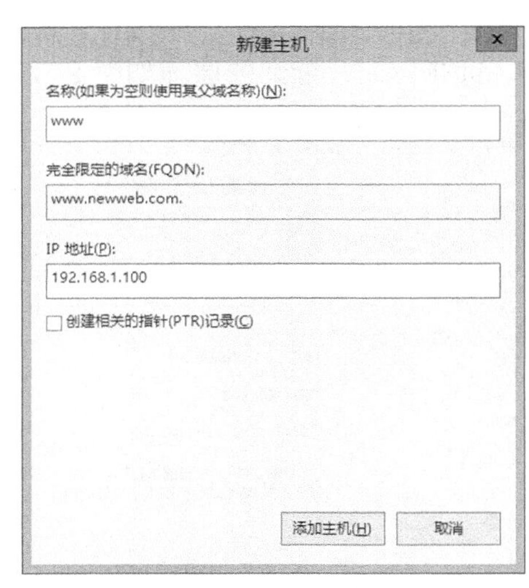

图 9-79 输入主机名称和地址

（3）单击 添加主机(H) 按钮，系统显示成功创建主机记录的信息，如图 9-80 所示。

（4）单击 确定 按钮，返回【新建主机】对话框，单击 完成 按钮，主机记录创建完毕。此时，在 DNS 管理窗口的右侧面板中会显示已经成功添加的主机记录，如图 9-81 所示。

（5）在该区域名称上单击鼠标右键，在弹出的快捷菜单中选择【新建别名】命令，弹出【新建资源记录】对话框。

（6）在【别名】文本框中输入该主机记录的别名，在【目标主机的完全合格的域名】文本框中用 浏览(B)... 按钮选择已有的 DNS 域名，如图 9-82 所示。

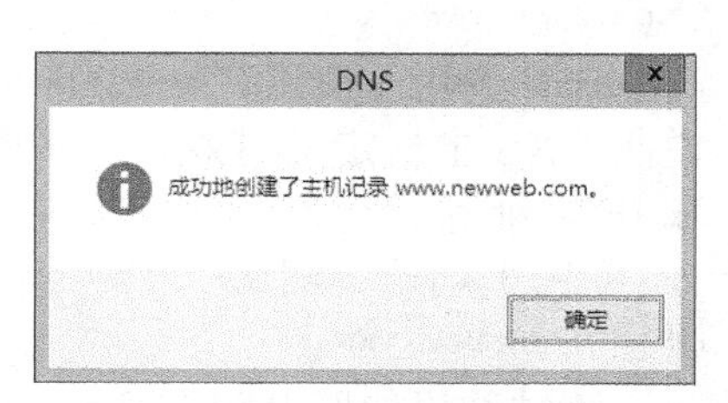

图 9-80　成功创建主机记录

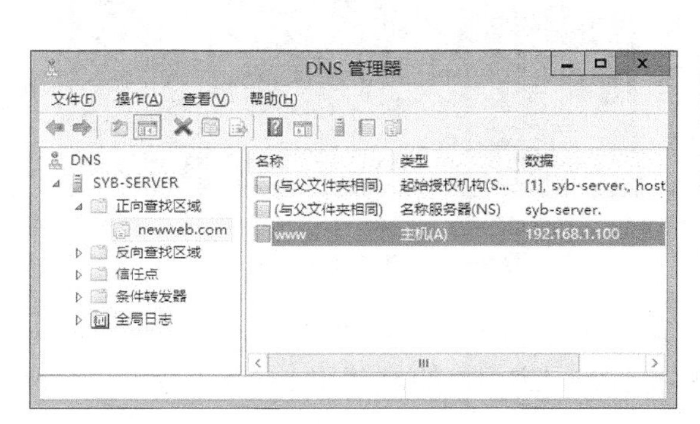

图 9-81　成功添加的主机记录

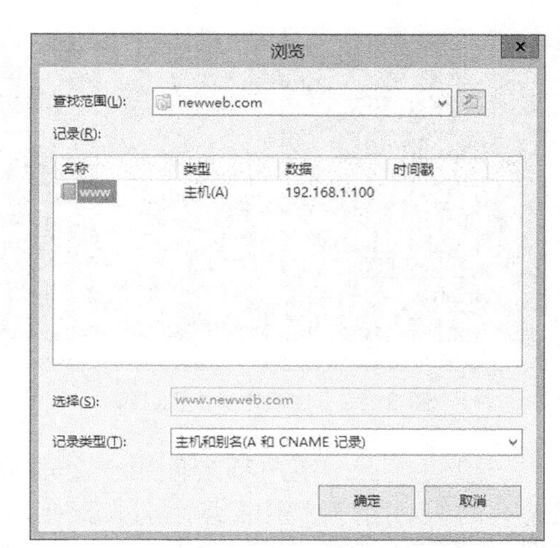

图 9-82　选择已有的 DNS 域名

说明　别名（CNAME）资源记录有时也称为“规范名称”。这些记录允许多个名称指向单个主机，使得某些任务更容易执行，例如一台计算机既可称为“www.my.net”主机，也可称为“ftp.my.net”主机。

（7）单击 确定 按钮，回到【新建资源记录】窗口，这时新建别名的各项信息已经填写完毕，如图 9-83 所示。

（8）单击 确定 按钮，即成功创建了该主机记录的别名，如图 9-84 所示。

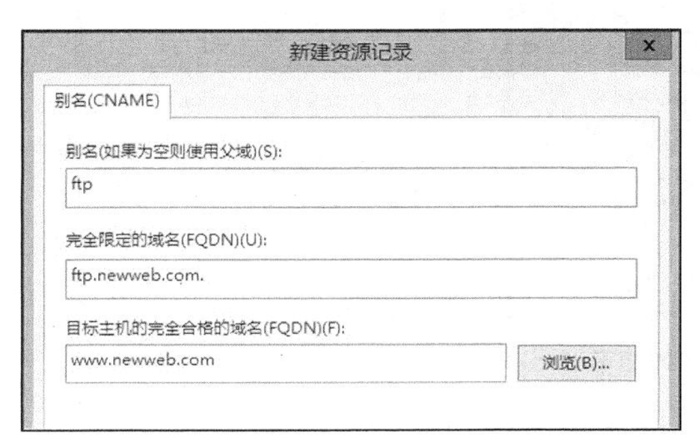

图 9-83　定义别名

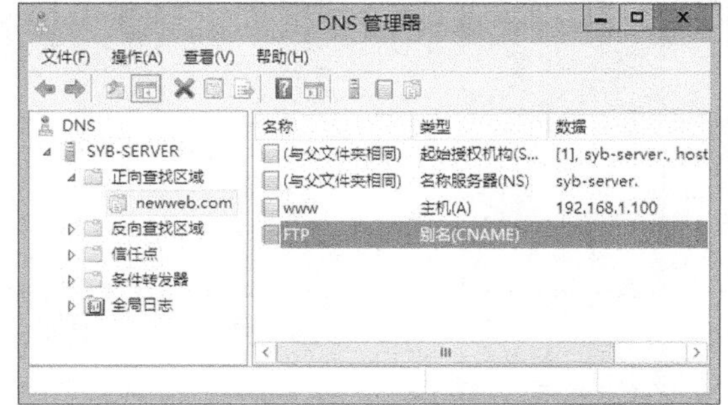

图 9-84　成功创建主机记录的别名

（9）要测试添加的主机记录和别名记录是否已经生效，可以使用 Ping 命令。打开【命令提示符】窗口，输入以下命令。

```
Ping www.newweb.com
```

该命令用于测试“www.newweb.com”主机的情况，若反馈信息如图 9-85 所示，则说明 DNS 主机定义有效，能够将域名翻译为 IP 地址，并且目标主机能够返回正确的响应和 IP 地址等。

（10）同理，测试“ftp.newweb.com”主机的情况，可以使用以下命令。

```
Ping ftp.newweb.com
```

测试结果如图 9-86 所示。可见，DNS 认为域名“ftp.newweb.com”等同于“www.newweb.com”。

图 9-85　成功定义主机记录

图 9-86　成功定义别名记录

一般情况下，用户都会使用一个规范的域名来命名主机，例如 www.newweb.com。但是有时候，用户希望能够让别人直接用主域来访问主机，如能够用 http://newweb.com 访问。那么这该如何设置呢？

其实也很简单，可以在 newweb.com 区域内建立一条映射到服务器地址的主机（A）记录，将名称处保留空白即可，这样创建的记录名称就会自动被设置为“(与父文件夹相同)”，如图 9-87 所示。

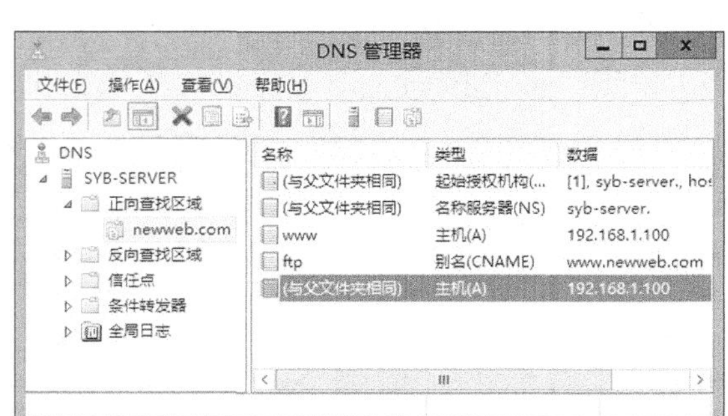

图 9-87　创建空白名称的主机记录

使用 ping 命令测试 newweb.com 时，可见域名能够顺利解析，如图 9-88 所示。

DNS 中还可以建立邮件交换服务器资源记录（MX 记录）、辅助区域、反向查找区域、子域与委派域等，能够有效实现网络中的域名解析，限于篇幅，这里不再赘述。

图 9-88　解析域名

项目实训　安装与应用 FTP 服务

FTP（File Transfer Protocol，文件传输协议）在众多的网络应用中有着非常重要的地位。在互联网中，一个十分重要的资源就是软件和信息资源，各种各样的资源大多数都是存放在 FTP 服务器中的，FTP 与 Web 服务几乎占据了 Internet 上整个应用的 80%以上。

FTP 的主要功能是传输文件，也就是将文件从一台计算机发送到另一台计算机，传输的文件可以包括图片、声音、程序、视频及文档等各种类型。用户将一个文件从自己的计算机发送到 FTP 服务器的过程，叫作上传（Upload）；用户将文件从 FTP 服务器复制到自己计算机的过程，叫作下载（Download）。

（一）FTP 的工作原理

使用 FTP 时，用户无需关心对应计算机的位置及其所使用的文件系统。FTP 使用 TCP 连接。在进行通信时，FTP 需要建立两个 TCP 连接，一个用于控制信息（如命令和响应，TCP 端口号的默认值为 21），叫作控制通道；另一个用于数据信息（端口号的默认值为 20）的传输，叫作数据通道。

以下载文件为例，当用户启动 FTP 从远程计算机下载文件时，事实上启动了两个程序：一个本地机上的 FTP 客户端程序，它向 FTP 服务器提出下载文件的请求；另一个是在远程计算机上的 FTP 服务器程序，它响应客户的请求，把指定的文件传送到客户的计算机中。FTP 采用“客户机/服务器”工作方式，用户要在自己的本地计算机上安装 FTP 客户程序。FTP 客户程序有字符界面和图形界面两种，字符界面客户程序的 FTP 命令复杂、繁多，图形界面的 FTP 客户程序在操作上要简洁方便得多。目前使用的客户程序主要有 IE 浏览器、CuteFTP 等。

FTP 的工作流程如下。

① FTP 服务器运行 FTPd 守护进程，等待用户的 FTP 请求。

② 用户运行 FTP 命令，请求 FTP 服务器为其服务。例如：“FTP　192.168.0.12”。

③ FTP 守护进程收到用户的 FTP 请求后，派生出子进程 FTP 与用户进程 FTP 交互，建立文件传输控制连接，使用 TCP 端口 21。

④ 用户输入 FTP 子命令，服务器接收子命令，如果命令正确，双方各派生一个数据传输进程 FTP-DATA，建立数据连接，使用 TCP 端口 20 进行数据传输。

⑤ 本次子命令的数据传输完毕，拆除数据连接，结束 FTP-DATA 进程。

⑥ 用户继续输入 FTP 子命令，重复步骤④、步骤⑤的过程，直至用户输入 quit 命令，

双方拆除控制连接，结束文件传输，结束 FTP 进程。

整个 FTP 的工作流程如图 9-89 所示。

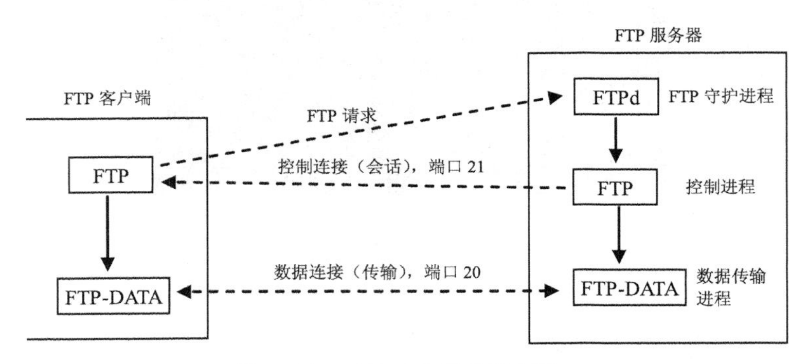

图 9-89　FTP 工作原理示意图

（二）安装 FTP 服务

创建一个 FTP 网站需要设置它所使用的 IP 地址和 TCP 端口号。FTP 服务的默认端口号是 21，Web 服务的默认端口号是 80，所以一个 FTP 网站可以与一个 Web 网站共用同一个 IP 地址。

可以在一台服务器计算机上维护多个 FTP 网站。每个 FTP 网站都有自己的标识参数，可以进行独立配置，单独启动、停止和暂停。FTP 服务不支持主机名，FTP 网站的标识参数包括 IP 地址和 TCP 端口两项，只能使用 IP 地址或 TCP 端口来标识不同的 FTP 网站。

默认情况下，Windows Server 2012 没有安装 FTP 服务。该服务也需要通过【服务器管理器】界面添加服务器角色，如图 9-90 所示。注意，“FTP 服务器”是“Web 服务器（IIS）”下的一个子项。

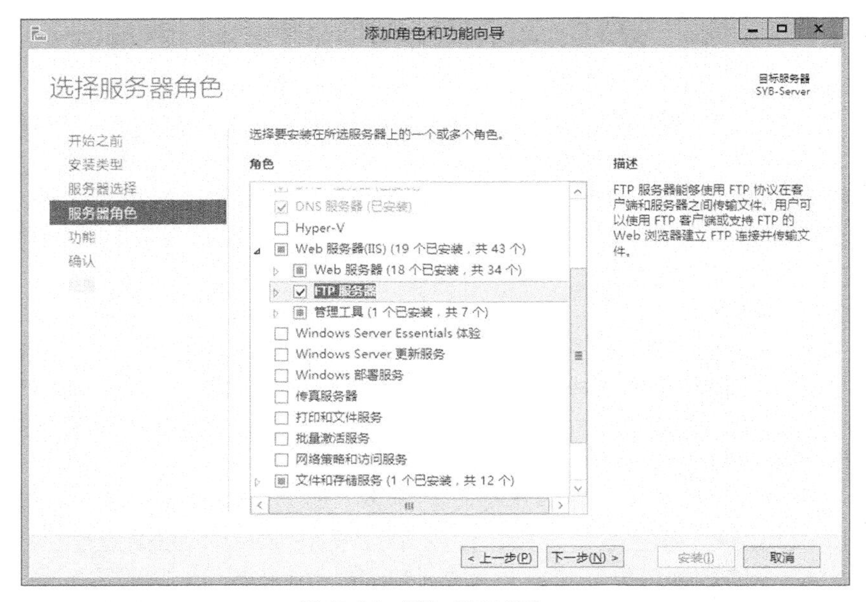

图 9-90　添加 FTP 服务

安装完成后，系统不会在【服务器管理器】中创建一个 FTP 管理项，而仅仅是将其作为一个功能放在【IIS 管理器】中。

（三）建立 FTP 站点

【任务要求】

在【IIS 管理器】中建立一个 FTP 站点，并适当配置，以便用户合理访问并下载资源，设置用户可以读取，但不允许进行写入和删除操作。

【操作步骤】

（1）在【IIS 管理器】窗口，选择【网站】，从右侧的操作窗格中选择【添加 FTP 站点】命令，如图 9-91 所示。也可以利用【网站】的右键快捷菜单来操作。

图 9-91　添加 FTP 站点

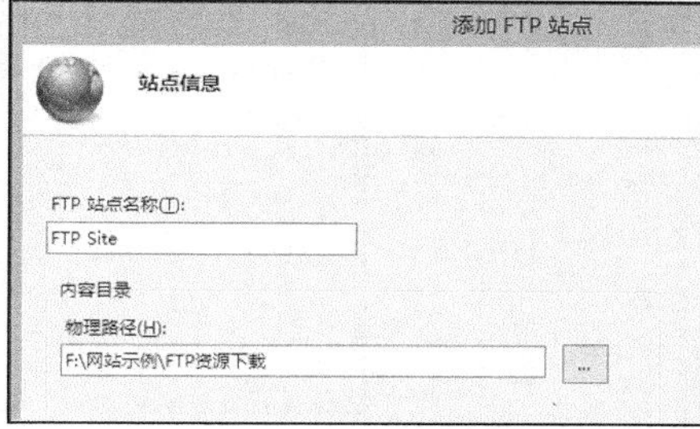

图 9-92　输入站点信息

（2）在出现的【添加 FTP 站点】操作向导中，首先输入站点信息，包括站点名称和主目录的物理路径，如图 9-92 所示。

（3）单击页面中的 下一步(N) 按钮，出现【绑定和 SSL 设置】页面，将【SSL】选项设置为“无 SSL”，将【IP 地址】设置为“全部未分配”，默认端口号为 21，不需要修改，如图 9-93 所示。

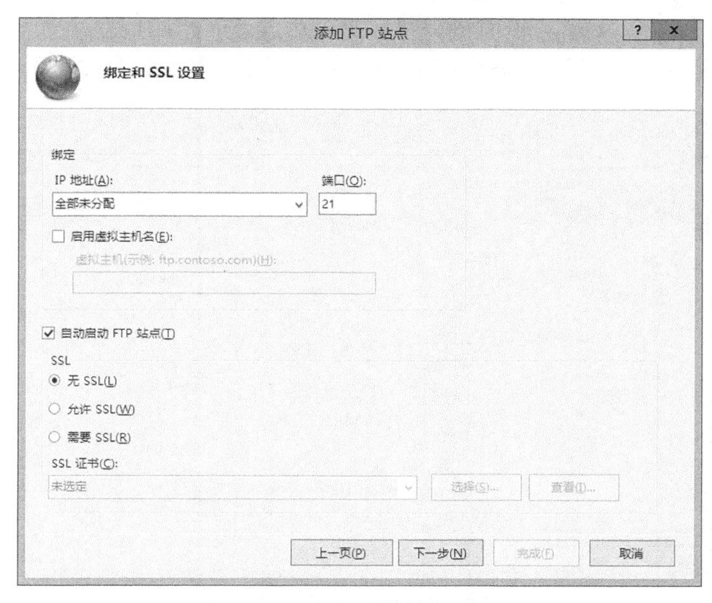

图 9-93　设置 IP 地址和 SSL

（4）单击下一步(N)按钮，进行用户的身份验证和授权信息设置。选择“匿名”与“基本”身份验证方式，开放“所有用户”拥有“读取”权限，如图9-94所示。

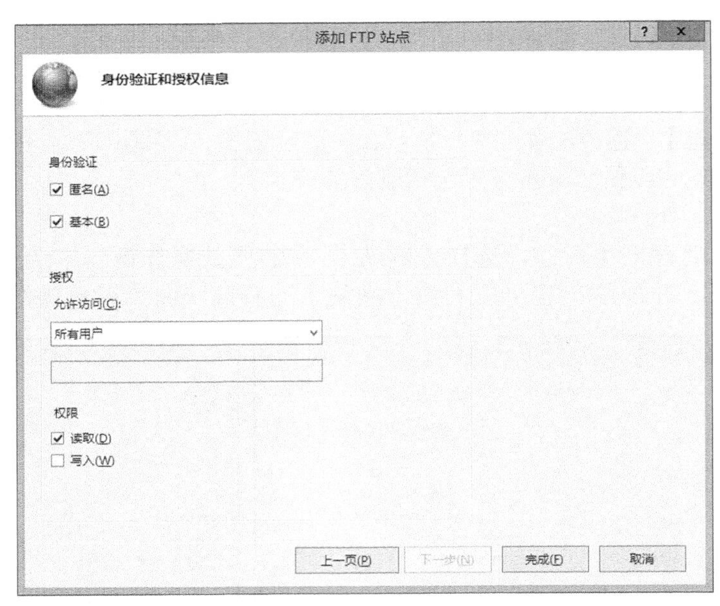

图 9-94　身份验证和授权信息设置

SSL（Secure Sockets Layer，安全套接层）是一个以PKI（Public Key Infrastructure，公钥基础架构）为基础的安全通信协议。网站使用SSL需要向证书颁发机构（CA）申请SSL证书。一般网站不考虑这种高安全性的话，不需要使用SSL。

（5）单击完成(F)按钮，回到IIS管理器界面，在【网站】下面出现了一个【FTP Site】站点，如图9-95所示，这就是我们创建的FTP站点。通过中间的主页窗格可以浏览主目录内的文件，通过右侧的操作窗格可以启动、停止FTP站点的服务。

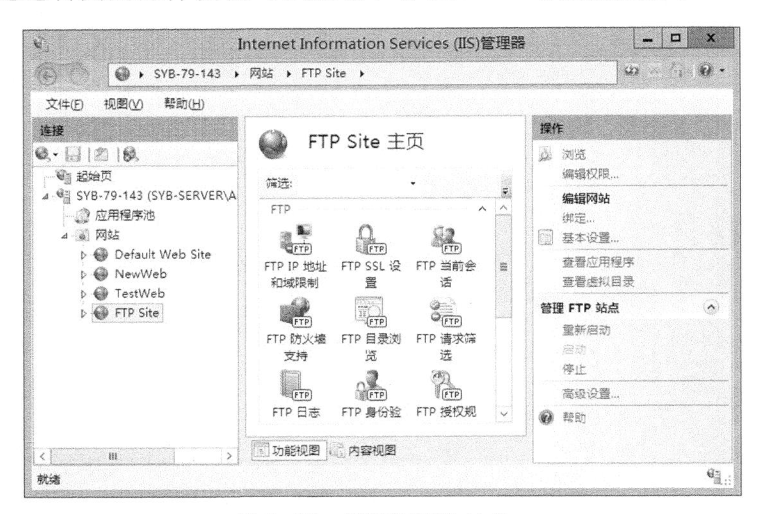

图 9-95　创建的 FTP 站点

除了上述创建 FTP 站点的方法外，还可以建立一个集成到 Web 网站的 FTP 站点，这个站点的主目录就是 Web 网站的主目录，此时可以通过同一个站点来同时管理 Web 网站与 FTP 站点。在 Web 网站上单击鼠标右键，从其快捷菜单中选择【添加 FTP 发布】命令就可以创建这种集成的 FTP 站点，具体方法与前文类似，不再赘述。

需要注意的是，一台服务器上的多个 FTP 站点，其 IP 地址、端口号和虚拟主机名这 3 个属性中至少要有一个是相互不同的。

（四）用户连接 FTP 站点

【任务要求】

FTP 站点建立完成后，其服务会自动开启，用户可以用几种不同的方式来连接 FTP 站点并下载文件。

- 方式一：使用系统内置的 FTP 客户端连接命令，其格式为“ftp 主机名”。
- 方式二：利用文件资源管理器。
- 方式三：使用浏览器。

【操作步骤】

（1）打开命令提示符窗口，输入命令：ftp ftp.newweb.com。

（2）按 Enter 键确定后，要求输入用户名和密码。由于此 FTP 站点支持匿名访问，所以用户名为 anonymous，密码为空。

（3）按 Enter 键确定后，进入 FTP 站点，出现 FTP 提示字符（ftp>）后，输入 dir 命令，就能够查看到站点主目录内的文件列表，如图 9-96 所示。

```
管理员: 命令提示符 - ftp  ftp.newweb.com
C:\>ftp ftp.newweb.com
连接到 www.newweb.com。
220 Microsoft FTP Service
用户(www.newweb.com:(none)): anonymous
331 Anonymous access allowed, send identity (e-mail name) as password.
密码:
230 User logged in.
ftp> dir
200 PORT command successful.
125 Data connection already open; Transfer starting.
05-28-15  02:08PM              1724217 Everything中文绿色版.zip
10-07-11  08:21PM              6027237 FlashBannerCreator1.1.rar
03-15-09  07:32PM              3618626 FlashPaper2.2.rar
05-17-17  04:34AM             11276288 Foxit Reader.exe
10-20-11  09:14PM               569984 ONES-v2.10.rar
03-07-16  09:53AM              3335381 pdf工厂.rar
226 Transfer complete.
ftp: 收到 356 字节，用时 0.05秒 7.57千字节/秒。
ftp> _
```

图 9-96　利用 ftp 命令查看站点内容

在 ftp 提示符下，可以利用？命令或 help 来查看可供使用的命令及含义；若要中断操作，则可以使用 bye 或 quit 命令。

（4）打开文件资源管理器，在位置栏输入 FTP 站点地址“ftp://ftp.newweb.com”，它会自动利用匿名来连接站点，并显示站点中的文件，如图 9-97 所示。

（5）打开 IE 浏览器，在地址栏中输入“ftp://ftp.newweb.com”，按 Enter 键，则浏览器能够打开指定的 FTP 网站，列出其中的文件，如图 9-98 所示。

图 9-97　利用文件资源管理器访问 FTP 站点

（6）单击其中的一个文件，出现图 9-99 所示的对话框，用户可以选择打开文件还是将文件保存下来。

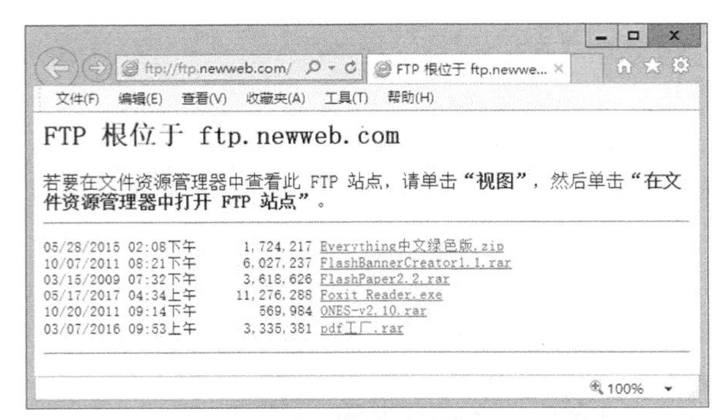

图 9-98　利用浏览器打开 FTP 站点　　　　图 9-99　下载文件

（7）在服务器端，我们可以查看当前连接到 FTP 站点的用户。在 IIS 管理器中，选择 FTP 站点，则在中间主页窗格中，可以看到一个【FTP 当前会话】功能项，双击打开，可见其中列出了当前连接的情况，如图 9-100 所示。若要将某个连接强制中断，则只要选中该连接后，使用鼠标右键菜单中的【断开会话】命令即可。

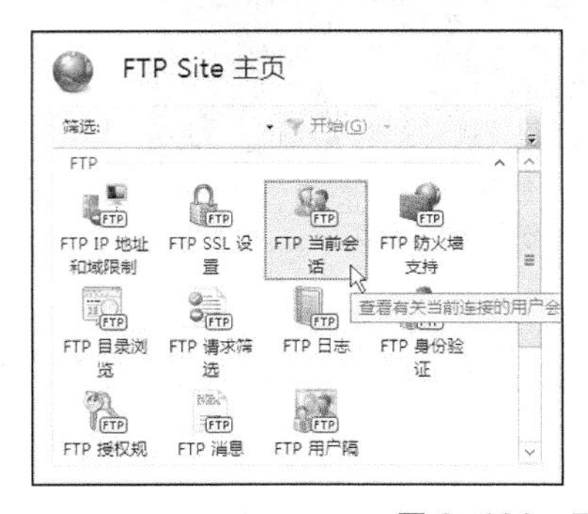

图 9-100　FTP 当前会话

相对于其他专业 FTP 服务器软件而言，IIS 的 FTP 功能是比较弱的。但是对于小型办公网络而言，IIS 的 FTP 还是完全能够满足需要的。在配置 FTP 网站的过程中，一般不允许用户向网站根目录写入内容，因为这样的操作会给服务器的安全带来很大风险。可以通过开设虚拟目录并定义用户的读写权限的方法来限制用户使用。一般要为每个授权用户设置一个账号和密码，以及相对应的虚拟目录。这样，每个用户都可以在自己的虚拟目录中创建和修改文件，对其他的虚拟目录则没有修改权限，从而避免交叉破坏现象的发生。当然，为了使普通匿名用户能够访问网站资源，应将所有目录都对普通用户开放浏览权限。

【知识链接】

除 IIS 外，专业 FTP 服务器软件还有很多，常用的是 Serv-U；在客户端方面，很少直接使用 IE 浏览器，因为它不支持断点续传，而且速率较慢，比较常用的是 CuteFTP。

（1）Serv-U

Serv-U 是一款比较成熟的 FTP 服务器软件，如图 9-101 所示。它操作简便，支持 Windows 操作系统，可以设置多个 FTP 服务器、限定登录用户的权限、定义登录主目录及空间配额、显示活动用户信息等，功能比较完善，在中小型网站上得到了广泛应用。

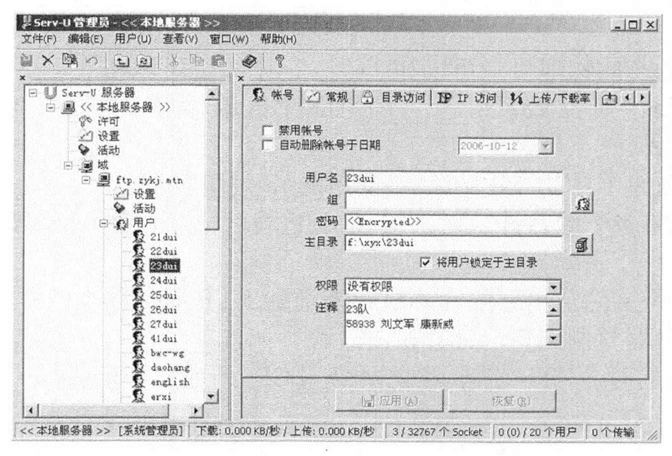

图 9-101　Serv-U 软件操作界面

（2）CuteFTP

CuteFTP 是一款老牌的 FTP 客户端软件，如图 9-102 所示。它功能强大，使用简便，支持断点续传功能，深受广大用户青睐。目前已经有很多汉化版本投入使用。

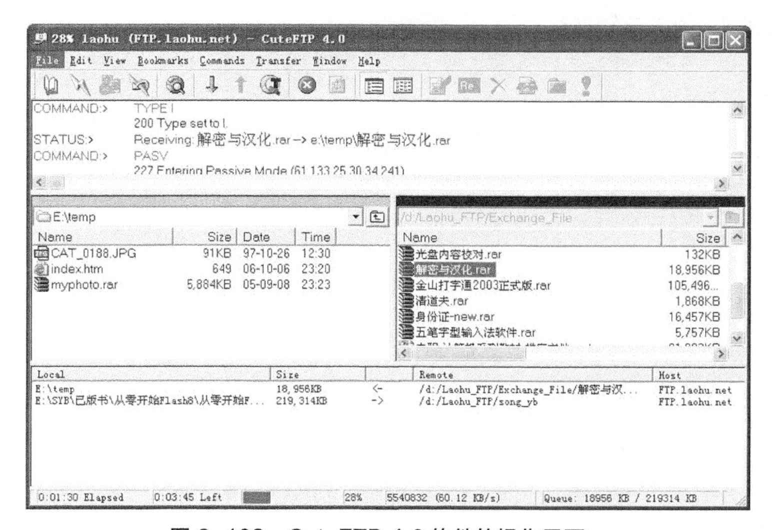

图 9-102　CuteFTP 4.0 软件的操作界面

思考与练习

一、填空题

1. IIS 的英文全称为________，中文名称为________。

2. ________是 WWW 地址中的一个特定名词，指代计算机自身的地址。

3. ________中的应用程序不会受到其他________中应用程序所产生问题的影响。

4. 要确保用户的请求能到达正确的网站，每个网站在________、________和________3 个标识符中的至少一个是不同的。

5. 地址端口号添加的标准格式为________ +________+________。

6. 网站用来验证用户身份的方法主要有________、________、________与________等几种。

7. 虚拟目录的真实物理目录可以在________中，也可以在________上。

8. 正向搜索区域就是从域名到________的映射区域，而反向搜索区域就是从________到________的映射区域。

9. ________就是 DHCP 客户机能够使用的 IP 地址范围。

10. DNS 可以将多个域名都映射为同一个 IP 地址，然后在网站管理中通过________来区分各个网站。

11. 用户将一个文件从自己的计算机上发送到 FTP 服务器上的过程，叫作________；将文件从 FTP 服务器复制到自己计算机的过程，叫作________。

12. 在进行通信时，FTP 需要建立两个 TCP 通道，一个叫作________，另一个叫作________。

13. FTP 服务的默认端口号是________，Web 服务的默认端口号是________。

二、简答题

1. 简述 DHCP 的工作原理。

2. 什么是主机名？它有什么作用？

3. 为什么要为 Web 网站设置主目录？

4. 试分析 FTP 的工作流程。

PART10

项目十

网络安全与故障诊断

■ 使计算机网络能够正常地运转并保持良好的状态，涉及网络管理和信息安全这两个方面的内容。网络管理可以保证计算机网络正常运行，出现了故障等问题能够及时进行处理；信息安全可以保证计算机网络中的软件系统、数据，以及线缆和设备等重要资源不被恶意的行为侵害或干扰。

本项目主要包括以下几个任务。

- 任务一　了解网络安全
- 任务二　诊断网络故障
- 任务三　认识信息安全

学习目标：

- 了解网络安全的基本概念。
- 了解防火墙、IDS的基本原理与应用。
- 熟悉常用网络诊断命令的语法与用法。
- 信息面临的安全威胁与安全防护措施。
- 通过实训掌握Windows网络监视器的用法。

任务一　了解网络安全

网络安全是指网络系统的硬件、软件及其系统中的数据受到保护，不会由于偶然或恶意的原因而遭到破坏、更改、泄露，系统连续、可靠、正常地运行，网络服务不中断。广义来说，凡是涉及网络上信息的保密性、完整性、可用性、真实性和可控性的相关技术和理论都是网络安全所要研究的领域。

（一）网络安全的基本概念

计算机网络涉及很多因素，包括设备、设施、人员、信息系统、数据等。网络的运行需要依赖所有这些因素的正常工作。网络安全就是对这些因素的保护和控制。

1. 网络安全的基本内容

网络安全是一个多层次、全方位的系统工程。根据网络的应用现状和网络的结构，可以将网络安全划分为物理层安全、系统层安全、网络层安全、应用层安全和安全管理。

（1）物理环境的安全性（物理层安全）

该层的安全包括通信线路的安全、物理设备的安全、机房的安全等。物理层的安全主要体现在通信线路的可靠性（线路备份、网管软件、传输介质），软硬件设备安全性（替换设备、拆卸设备、增加设备），设备的备份，防灾害能力、防干扰能力，设备的运行环境（温度、湿度、烟尘），不间断电源保障等方面。

（2）操作系统的安全性（系统层安全）

该层的安全问题来自网络内使用的操作系统的安全，如 Windows 2000/2003/2008等，主要表现在3方面：一是操作系统本身的缺陷带来的不安全因素，主要包括身份认证、访问控制、系统漏洞等；二是对操作系统的安全配置问题；三是病毒对操作系统的威胁。

（3）网络的安全性（网络层安全）

该层的安全问题主要体现在网络方面的安全性，包括网络层身份认证、网络资源的访问控制、数据传输的保密与完整性、远程接入的安全、域名系统的安全、路由系统的安全、入侵检测的手段、网络设施防病毒等。

（4）应用的安全性（应用层安全）

该层的安全问题主要由提供服务所采用的应用软件和数据的安全性产生，包括 Web服务、电子邮件系统、DNS等。此外，还包括病毒对系统的威胁。

（5）管理的安全性（管理层安全）

安全管理包括安全技术和设备的管理、安全管理制度、部门与人员的组织规则等。管理的制度化极大程度地影响着整个网络的安全，严格的安全管理制度、明确的部门安全职责划分、合理的人员角色配置都可以在很大程度上降低其他层的安全漏洞。

2. 计算机信息安全保护等级

计算机信息系统是由计算机及其相关的和配套的设备、设施（含网络）构成的，按照一定的应用目标和规则对信息进行采集、加工、存储、传输、检索等处理的人机系统。

根据强制性国家标准《计算机信息安全保护等级划分准则》的定义，计算机网络安全等级可以划分为以下几级。

（1）第一级：用户自主保护级

具有多种形式的控制能力，对用户实施访问控制，即为用户提供可行的手段，保护用户和用户组信息，避免其他用户对数据的非法读写与破坏。本级具备的安全保护包括以下几点。

- 自主访问控制。
- 身份鉴别。
- 数据完整性。

（2）第二级：系统审计保护级

在第一级的基础上，通过登录规程、审计安全性相关事件和隔离资源，使用户对自己的行为负责。除具备第一级安全措施外，本级还包括以下几点。

- 客体重用。
- 审计。

（3）第三级：安全标记保护级

在第二级的基础上，增加了有关安全策略模型、数据标记，以及主体对客体强制访问控制的非形式化描述；具有准确地标记输出信息的能力；消除通过测试发现的任何错误。除具备第二级安全措施外，本级还包括以下几点。

- 强制访问控制。
- 标记。

（4）第四级：结构化保护级

在第三级的基础上，增加要求将第三级系统中的自主和强制访问控制扩展到所有主体与客体。此外，还要考虑隐蔽通道。计算机信息系统可信计算机的接口也必须经过明确定义，使其设计与实现能够经受更充分的测试和更完整的评审，系统具有相当的抗渗透能力。除具备第三级安全措施外，本级还包括以下几点。

- 隐蔽信道分析。
- 可信路径。

（5）第五级：访问验证保护级

在第四级的基础上，要满足访问监控器需求，排除了那些对实施安全策略来说并非必要的代码；在设计和实现时，从系统工程角度将其复杂性降低到最小程度。系统具有很高的抗渗透能力。除具备第四级安全措施外，本级还包括可信恢复。

（二）防火墙

防火墙是一种用来加强网络之间访问控制，防止外部网络用户以非法手段通过外部网络进入内部网络，访问内部网络资源，保护内部网络操作环境的特殊网络互连设备。它对两个或多个网络之间传输的数据包按照一定的安全策略来实施检查，以决定网络之间的通信是否被允许，并监视网络运行状态。

在逻辑上，防火墙是一个分离器、限制器，也是一个分析器，它有效地监控了内部网络和外部网络之间的通信活动，保证了内部网络的安全。一般来说，防火墙置于外部网络（如 Internet）入口处，确保内部网络与外部网络之间所有的通信均符合用户的安全策略。带有防火墙的网络结构如图 10-1 所示。

防火墙的设计目标如下。

- 进出内部网的通信必须通过防火墙。可以通过物理方法，阻塞除防火墙外的访问途径来做到这一点，可以对防火墙进行各种配置达到这一目的。

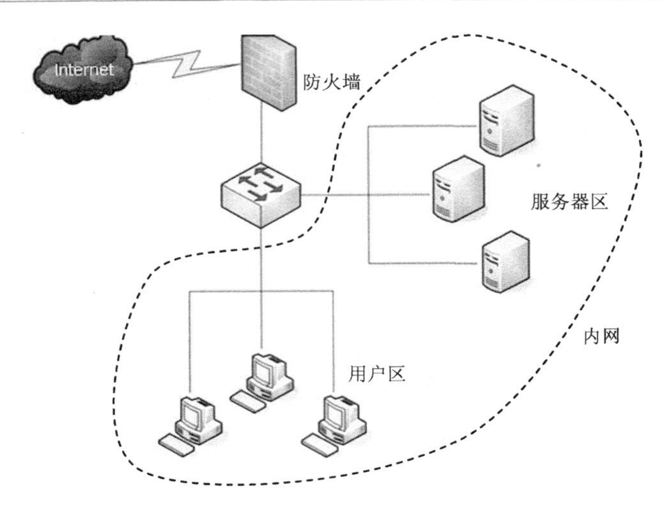

图 10-1　带有防火墙的网络结构

- 只有那些在内部网安全策略中定义了的合法的通信才能够进出防火墙。可以使用各种不同的防火墙来实现各种不同的安全策略。

防火墙就其结构和组成而言，大体可分为如下 3 种。

1. 软件防火墙

软件防火墙又分为个人防火墙和系统网络防火墙。前者主要服务于客户端计算机，Windows 操作系统本身就有自带的防火墙，其他如金山毒霸、卡巴斯基、瑞星、天网、360安全卫士等都是目前较流行的防火墙软件，如图 10-2 所示。用于企业服务器端的软件防火墙运行于特定的计算机上，它需要预先安装好的计算机操作系统的支持，这类防火墙有 Checkpoint 等。

图 10-2　360 安全卫士

2. 硬件防火墙

硬件防火墙是看得到摸得着的硬件产品。硬件防火墙有多种，其中路由器可以起到防火墙的作用，代理服务器同样也具有防火墙的功能。独立的防火墙设备比较昂贵，一般在几千元到几十万元之间。图 10-3 所示为某公司的防火墙产品。较有名的独立防火墙生产厂商有华为、思科、中华卫士、D-Link 等。

图 10-3 防火墙实物图

3. 芯片级防火墙

芯片级防火墙基于专门的硬件平台，没有操作系统。专有的 ASIC 芯片促使它们比其他种类的防火墙速度更快，处理能力更强，性能更高。生产这类防火墙较有名的厂商有 NetScreen 和 FortiNet 等。

（三）入侵检测系统

入侵检测系统（Intrusion-Detection System，IDS）是一种对网络传输进行即时监视，在发现可疑传输时发出警报或者采取主动反应措施的网络安全设备。它与其他网络安全设备的不同之处在于，IDS 是一种积极主动的安全防护技术。

打一个形象的比喻：假如防火墙是一幢大楼的门卫，那么 IDS 就是这幢大楼里的监视系统。一旦小偷爬窗进入大楼，或内部人员有越界行为，只有实时监视系统才能发现情况并发出警告。IDS 入侵检测系统以信息来源的不同和检测方法的差异分为几类，根据信息来源可分为基于主机的 IDS 和基于网络的 IDS，根据检测方法可分为异常入侵检测和滥用入侵检测。不同于防火墙，IDS 入侵检测系统是一个监听设备，没有跨接在任何链路上，无需网络流量经过它便可以工作。因此，对于 IDS 的部署，唯一的要求是：IDS 应当挂接在所有所关注流量都必须流经的链路上。在这里，“所关注流量”指的是来自高危网络区域的访问流量和需要进行统计、监视的网络报文。入侵检测系统的应用如图 10-4 所示。

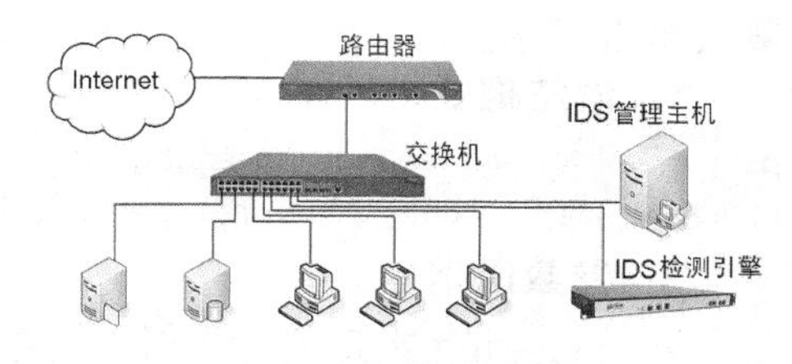

图 10-4 入侵检测系统的应用

入侵检测通过对各种事件的分析，从中发现违反安全策略的行为是入侵检测系统的核心功能。从技术上，入侵检测分为两类：一种基于标志（Signature-Based），另一种基于异常情况（Anomaly-Based）。

对于基于标识的检测技术来说，首先要定义违背安全策略事件的特征，如网络数据包的某些头信息。检测主要判别这类特征是否在所收集到的数据中出现。此方法和杀毒软件类似。

而基于异常的检测技术则是先定义一组系统“正常”情况的数值，如 CPU 利用率、内存利用率、文件校验和等（这类数据可以人为定义，也可以通过观察系统并用统计的办法得出），然后将系统运行时的数值与所定义的“正常”情况比较，得出是否有被攻击的结论。这种检测方式的核心在于如何定义所谓的“正常”情况。

两种检测技术的方法、所得出的结论有非常大的差异。基于异常的检测技术的核心是维护一个知识库。对于已知的攻击，它可以详细、准确地报告攻击类型，但是对未知攻击却效果有限，而且知识库必须不断更新。基于异常的检测技术则无法准确判别出攻击的手法，但它可以（至少在理论上可以）判别更广泛、甚至未发觉的攻击。

IDS 是一种主动保护自己免受攻击的网络安全技术。作为防火墙的合理补充，入侵检测技术能够帮助系统对付网络攻击，扩展了系统管理员的安全管理能力（包括安全审计、监视、攻击识别和响应），提高了信息安全基础结构的完整性。它从计算机网络系统中的若干关键点收集并分析这些信息。入侵检测被认为是防火墙之后的第二道安全闸门，在不影响网络性能的情况下能对网络进行监测。

由于当代网络发展迅速，网络传输速率大大加快，这造成了 IDS 工作的很大负担，也意味着 IDS 对攻击活动检测的可靠性不高。而 IDS 在应对自身的攻击时，对其他传输的检测也会被抑制。同时由于模式识别技术的不完善，IDS 的高虚警率也是它的一大问题。

入侵检测系统在近几年中飞速发展，许多公司投入到这一领域上来。Venustech（启明星辰）、Internet Security System（ISS）、思科、赛门铁克等公司都推出了自己的产品。

任务二　诊断网络故障

Windows 系统提供了一些常用的网络测试命令，可以方便地对网络情况及网络性能进行测试。这些网络命令可以在各个版本的 Windows 操作系统下运行，下面以 Windows 7 操作系统为例，介绍几个常用的网络测试命令。

（一）网络连通测试命令 ping

ping 是一种常见的网络测试命令，可以测试端到端的连通性。ping 的原理很简单，就是通过向对方计算机发送 Internet 控制信息协议（ICMP）数据包，然后接收从目的端返回的这些包的响应，以校验与远程计算机的连接情况。默认情况下发送 4 个数据包。由于使用的数据包的数据量非常小，所以在网上传递的速度非常快，可以快速检测要求的计算机是否可达。

1. 语法格式

```
ping [-t][-a][-n count][-l length][-f][-i ttl][-v tos][-r count][-s count] [[-j computer-list]|[-k computer-list]][-w timeout]destination-list
```

2. 参数说明

- -t：ping 指定的计算机直到中断。
- -a：将地址解析为计算机名。
- -n count：发送 count 指定的 ECHO 数据包数，默认值为 4。
- -l length：发送包含由 length 指定的数据量的 ECHO 数据包。默认为 32 个字节，最大值是 65 500 个字节。
- -f：在数据包中发送“不要分段”标志，数据包就不会被路由上的网关分段。
- -i ttl：将“生存时间”字段设置为 TTL 指定的值。
- -v tos：将“服务类型”字段设置为 tos 指定的值。
- -r count：在“记录路由”字段中记录传出和返回数据包的路由。count 可以指定最少 1 台、最多 9 台计算机。
- -s count：指定 count 指定的跃点数的时间戳。
- -j computer-list：利用 computer-list 指定的计算机列表路由数据包。
- -k computer-list：利用 computer-list 指定的计算机列表路由数据包。
- -w timeout：指定超时间隔，单位为 ms。
- destination-list：指定要 ping 的远程计算机。

3. 常用测试

- ping 127.0.0.1：验证是否在本地计算机上安装 TCP/IP 及配置是否正确。
- ping 网关的 IP 地址：验证默认网关是否运行，以及能否与本地网络上的本地主机通信。
- ping 本地计算机的 IP 地址：验证是否正确地添加到网络。
- ping 远程主机的 IP 地址：验证能否正常连接。

4. 使用举例

（1）图 10-5 所示是向主机 www.163.com 进行的 ping 命令，两机能够正常连通。

图 10-5 表示发送了 4 个测试数据包，并且全部返回。其中“字节=32”表示测试中发送的数据包大小是 32 个字节；“时间<1ms”表示与对方主机往返一次所用的时间小于 1ms；“TTL=61”表示当前测试使用的生存周期（Time to Live）是 61。

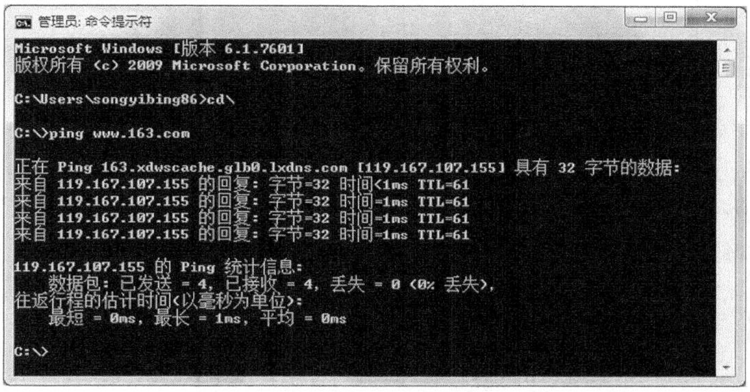

管理员: 命令提示符
Microsoft Windows [版本 6.1.7601]
版权所有 (c) 2009 Microsoft Corporation。保留所有权利。
C:\Users\songyibing86>cd\
C:\>ping www.163.com
正在 Ping 163.xdwscache.glb0.lxdns.com [119.167.107.155] 具有 32 字节的数据:
来自 119.167.107.155 的回复: 字节=32 时间<1ms TTL=61
来自 119.167.107.155 的回复: 字节=32 时间=1ms TTL=61
来自 119.167.107.155 的回复: 字节=32 时间=1ms TTL=61
来自 119.167.107.155 的回复: 字节=32 时间=1ms TTL=61
119.167.107.155 的 Ping 统计信息:
数据包: 已发送 = 4，已接收 = 4，丢失 = 0 (0% 丢失)，
往返行程的估计时间(以毫秒为单位):
最短 = 0ms，最长 = 1ms，平均 = 0ms
C:\>

图 10-5　两机正常连通

（2）图 10-6 所示是向主机 www.sina.com（IP 地址为 192.168.1.177）进行的 ping 命令，两机无法正常连通。

管理员: 命令提示符
C:\>ping www.sina.com
正在 Ping almack.sina.com.cn [218.30.108.232] 具有 32 字节的数据:
请求超时。
请求超时。
请求超时。
请求超时。
218.30.108.232 的 Ping 统计信息:
数据包: 已发送 = 4，已接收 = 0，丢失 = 4 (100% 丢失)，
C:\>

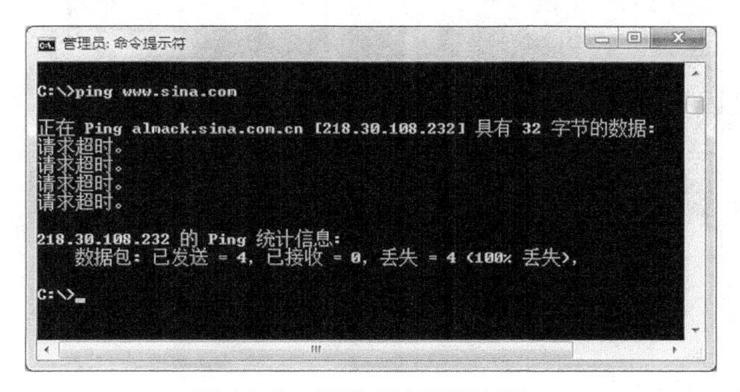

图 10-6　两机无法正常连通

默认情况下，在显示“请求超时”之前，ping 等待 1 000ms（1s）的时间让每个响应返回。如果通过 ping 探测的远程系统经过长时间延迟的链路（如卫星链路），则响应可能会花更长的时间才能返回。可以使用 -w（等待）选项指定更长时间的超时。

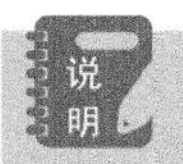

> **说明** ping 命令用 Windows 套接字样式的名称解析时，会将计算机名解析成 IP 地址，如果用 IP 地址 ping 成功，但是用名称 ping 失败，则问题出在地址或名称解析上，而不是网络连通性的问题。

（二）路由追踪命令 tracert

tracert 命令用于确定到目标主机所采取的路由。要求路径上的每个路由器在转发数据包之前至少将数据包上的 TTL 递减 1。数据包上的 TTL 减为 0 时，路由器将“ICMP 已超时”的消息发回源主机。

tracert 先发送 TTL 为 1 的回应数据包，并在随后的每次发送过程中将 TTL 递增 1，直到目标响应或 TTL 达到最大值，从而确定路由。通过检查中间路由器发回的“ICMP 已超时”消息确定路由。某些路由器不经询问直接丢弃 TTL 过期的数据包，这在 tracert 实用程序中看不到。

tracert 命令按顺序打印出返回“ICMP 已超时”消息的路径中的近端路由器接口列表。如果使用-d 选项，则 tracert 实用程序不在每个 IP 地址上查询 DNS。

1. 语法

```
tracert [-d] [-h maximum_hops] [-j computer-list] [-w timeout] target_name
```

2. 参数说明

- /d：指定不将地址解析为计算机名。
- -h maximum_hops：指定搜索目标的最大跃点数。
- -j computer-list：指定沿 computer-list 的松散源路由（路由可以不连续）。
- -w timeout：每次应答等待 timeout 指定的微秒数。
- target_name：目标计算机的名称。

3. 使用举例

图 10-7 所示是程序对发往 www.163.com 网站的数据包进行的跟踪。从中可以看到，数据包从本机到达该网站，需要经过 4 跳（Hops），也就是要经过 4 个路由器的中转。

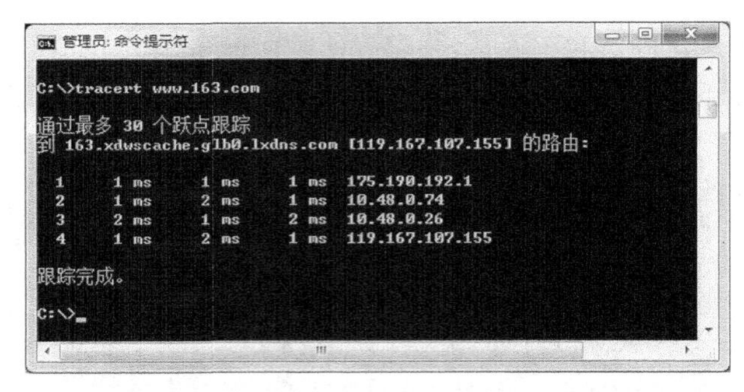

图 10-7 tracert 应用举例

（三）地址配置命令 ipconfig

ipconfig 命令在前面的章节已经使用过，这里再详细解释一下。其作用主要是用于显示所有当前在的 TCP/IP 网络配置值。在运行 DHCP 的系统上，该命令允许用户决定 DHCP 配置的 TCP/IP 配置值。

1. 语法

```
ipconfig [/all | /renew [adapter] | /release [adapter]]
```

2. 参数说明

- /all：产生完整显示。在没有该开关的情况下 ipconfig 只显示 IP 地址、子网掩码和每个网卡的默认网关值。

- /renew [adapter]：更新 DHCP 配置参数。该选项只在运行 DHCP 客户端服务的系统上可用。
- /release [adapter]：发布当前的 DHCP 配置。该选项禁用本地系统上的 TCP/IP，并只在 DHCP 客户端上可用。要指定适配器名称，输入使用不带参数的 ipconfig 命令显示的适配器名称。

如果没有参数，那么 ipconfig 实用程序将向用户提供所有当前的 TCP/IP 配置值，包括 IP 地址和子网掩码。该实用程序在运行 DHCP 的系统上特别有用，允许用户查看由 DHCP 配置的网络地址。

3. 使用举例

图 10-8 所示是某计算机 ipconfig /all 命令的输出结果，显示了该计算机的网卡型号、MAC 地址、IP 地址等信息。

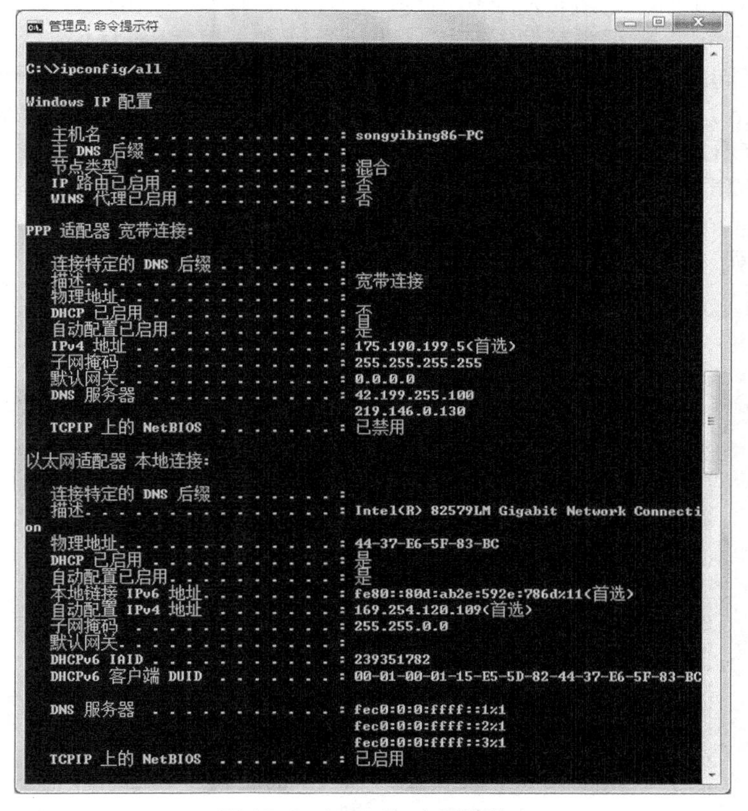

图 10-8 ipconfig 应用举例

（四）路由跟踪命令 pathping

pathping 命令是一个路由跟踪工具，它将 ping 和 tracert 命令的功能和这两个工具未提供的其他信息结合起来。pathping 命令在一段时间内将数据包发送到到达最终目标的路径上的每个路由器，然后基于数据包的计算机结果从每个跃点（路由器）返回。由于命令显示数据包在任何给定路由器或链接上丢失的程度，因此可以很容易地确定可能导致网络问题的路由器或链接。

默认的跃点数是 30，并且超时前的默认等待时间是 3s。默认时间是 250ms，并且沿着路径对每个路由器进行查询的次数是 100。

1. 语法

```
pathping [-n] [-h maximum_hops] [-g host-list] [-p period] [-q num_queries [-w timeout] [-T] [-R] target_name
```

2. 参数说明

- -n：不将地址解析为主机名。
- -h maximum_hops：指定搜索目标的最大跃点数。默认值为 30 个跃点。
- -g host-list：允许沿着 host-list 将一系列计算机按中间网关（松散的源路由）分隔开来。
- -p period：指定两个连续的探测（ping）之间的时间间隔（以毫秒为单位）。默认值为 250ms（1/4s）。
- -q num_queries：指定对路由所经过的每个计算机的查询次数。默认值为 100。
- -w timeout：指定等待应答的时间（以毫秒为单位）。默认值为 3 000ms（3s）。
- -T：在向路由所经过的每个网络设备发送的探测数据包上附加一个 2 级优先级标记（例如 802.1p）。这有助于标识没有配置 2 级优先级的网络设备。该参数必须大写。
- -R：查看路由所经过的网络设备是否支持“资源预留设置协议”（RSVP），该协议允许主机计算机为某一数据流保留一定数量的带宽。该参数必须大写。
- target_name：指定目的端，可以是 IP 地址，也可以是主机名。

3. 使用举例

图 10-9 所示是对主机 www.163.com 的 pathping 命令的输出内容。

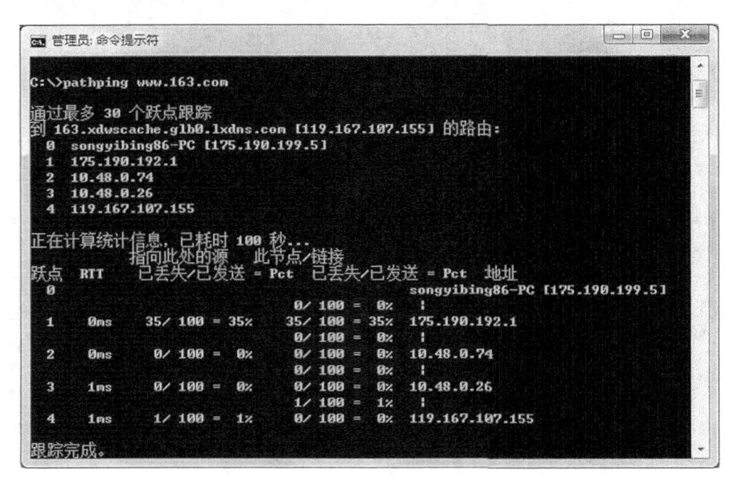

图 10-9　Pathping 应用举例

对图 10-9 所示的运行结果说明如下。

pathping 运行时，首先查看路由的结果，此路径与 tracert 命令所显示的路径相同，然后对下一个 125ms 显示忙消息（此时间根据跃点计数变化）。在此期间，pathping 从以前列出的所有路由器和它们之间的链接之间收集信息，然后显示测试结果。

RTT（Round-Trip Time）表示往返时延，表示从发送端发送数据开始，到发送端收到来自接收端的确认（接收端收到数据后便立即发送确认）总共经历的时延。

“已丢失/已发送=Pct”表示向某个跃点发送数据包的丢失情况。可见，在跃点 1 丢失了 35%的数据包，该丢失表明链路的阻塞情况。对路由器显示的丢失率表明这些路由器的 CPU 可能超负荷运行。这些阻塞的路由器可能也是端对端问题的一个因素，尤其是在软件路由器转发数据包时。

（五）网络状态命令 netstat

netstat 命令用于显示当前正在活动的网络连接的详细信息，可提供各种信息，包括每个网络的接口、网络路由信息等统计资料，可以使用户了解目前都有哪些网络连接正在运行。

1. 语法

```
netstat [-a] [-e] [-n] [-s] [-p protocol] [-r] [interval]
```

2. 参数说明

- -a：显示所有连接和侦听端口。服务器连接通常不显示。
- -e：显示以太网统计。该参数可以与-s 选项结合使用。
- -n：以数字格式显示地址和端口号（而不是尝试查找名称）。
- -s：显示每个协议的统计。默认情况下，显示 TCP、UDP、ICMP 和 IP 的统计。-p 选项可以用来指定默认的子集。
- -p protocol：显示由 protocol 指定的协议的连接。
- -r：显示路由表的内容。
- interval：重新显示所选的统计，在每次显示之间暂停 interval 秒。

3. 使用举例

图 10-10 所示是 netstat 命令的输出结果。

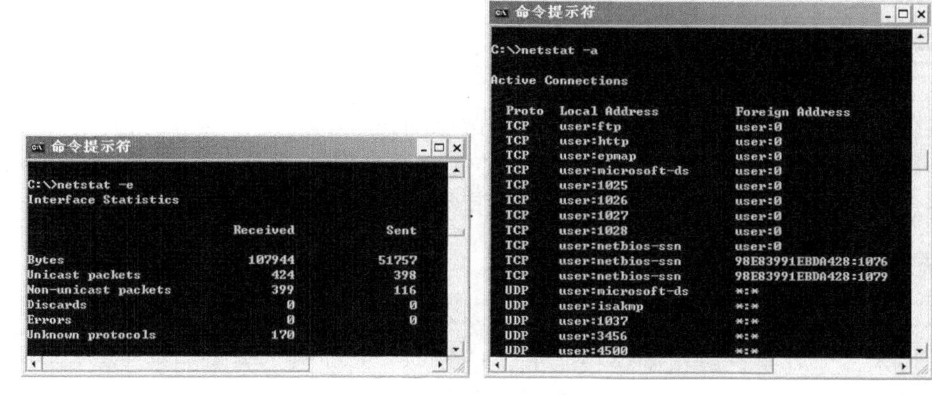

图 10-10　netstat 应用举例

（六）网络连接状态命令 nbtstat

该命令用于解决 NetBIOS 名称解析问题，用来提供 NetBIOS 名字服务、对话服务与数据报服务，显示使用 NBT 的 TCP/IP 连接情况和统计。

1. 语法

```
nbtstat [-a remotename] [-A IP address] [-c] [-n] [-R] [-r] [-S] [-s] [interval]
```

2. 参数说明

- -aremotename：使用远程计算机的名称列出其名称表。

- -AIP address：使用远程计算机的 IP 地址并列出名称表。
- -c：给定每个名称的 IP 地址并列出 NetBIOS 名称缓存的内容。
- -n：列出本地 NetBIOS 的名称。
- -R：清除 NetBIOS 名称缓存中的所有名称后，重新装入 Lmhosts 文件。
- -r：列出 Windows 网络名称解析的名称解析统计。
- -S：显示客户端和服务器会话，只通过 IP 地址列出远程计算机。
- -s：显示客户端和服务器会话。尝试将远程计算机 IP 地址转换成使用主机文件的名称。
- interval：重新显示选中的统计，在每个显示之间暂停 interval 秒。

3. 使用举例

图 10-11 所示为 nbtstat 命令的输出内容。

图 10-11 Nbtstat 应用举例

任务三 认识信息安全

本节将对网络与通信系统所面临的一个重要问题——信息安全进行阐述。在简要介绍当今社会信息安全现状的基础之上，分析了常见的针对信息系统的攻击行为和相应的对策，最终总结出信息安全研究的主要内容及其结构。

（一）信息安全现状

在今天的网络与通信技术产业中，信息安全是急需解决的最重要的问题之一。随着网络与通信技术，尤其是计算机网络技术的快速发展，涌现出了大量的基于网络的应用，网络及其技术也逐步渗透到了社会的方方面面并很好地融入了人们的生活。电子化的信息处理模式已经逐步升级到网络化的信息处理模式，这种模式为人类社会的繁荣提供了强劲的动力。可以设想，如果某一天网络全部崩溃的话，那么现有的人类社会的政治、经济乃至军事、文化等方面的运转都会随之停滞甚至崩溃。简而言之，网络与通信技术对现代社会来说是非常重要的。但是随着网络及应用的急速膨胀，人们看到的却是时常曝光的因黑客事件引发的危机及触目惊心的财产损失数据。而且这些数字还在不断增长着，每一年都要比前一年高出很多，并且采用的手段花样也不断翻新，让人目不暇接。总之，信息安全的问题已经越来越严重了。

1. 恶意代码泛滥

恶意代码是网络用户最经常遇到的问题。在这里，恶意代码泛指计算机病毒、特洛伊木马，以及后门程序等对用户的资源和权利具有侵害作用的程序代码。某些网站往往使用夸张或者具有诱惑性的描述语言来诱使上网用户对其进行访问。在网页访问过程中，恶意代码将自动地下载到用户的主机上并在条件合适的时候激活，从而进行各种危害活动。目前，恶意代码越来越表现出了传播速度快、变形能力强、产生的危害特别大、在制作过程中结合了多种技术手段、隐蔽性强、难以查杀甚至可以反过来攻击查杀软件等特点。从21世纪初开始，“尼姆达”（Nimda）、“蓝色代码”（Bluecode）、“红色代码 I”（Redcode I）、“红色代码 II”（Redcode II）、“求职信”（WantJob）及“熊猫烧香”等病毒及其变种层出不穷并造成了巨大的危害。粗略计算，这些病毒在世界范围内总共感染了数百万甚至上千万台计算机，造成的经济损失也有百亿美元之巨！当前，全世界的计算机病毒已经有9万种左右了，大约每天都要产生5~10种新型的病毒。在人们疲于应对各种计算机病毒时，木马和后门程序异军突起，成为了与病毒程序并列的两大类恶意代码。就以最近在网上流行的“抓鸡”木马程序为例，曾有黑客放言一个晚上可以在网络上抓可供“屠宰”的“肉鸡”万余只！这些所谓的肉鸡其实就是疏于安全防护的用户主机，而抓到一只肉鸡就意味着黑客掌握了一台用户主机的控制权。总之，恶意代码的泛滥及其产生的危害让人极为震惊。

2. 用户安全意识弱

与恶意代码泛滥的情况相对应的却是一种令人感到忧虑的情况。很多的计算机用户对安全问题并不关心，甚至是漠视。以上网人数比较集中的大学校园网为例，很多学生对于计算机的应用知识了解得很多，但是却非常不注意信息的安全防护问题。由于大学生的求知欲旺盛并且好奇心很强，所以他们经常在网络上有目的或者无目的地随意浏览，看到比较新奇的网站链接就要去看个究竟，有新的软件程序也要下载下来使用一下，这样难免会受到恶意代码的侵扰。但是很少有学生安装正版的杀毒软件，大多数人使用的都是从某些网站上下载的破解版杀毒软件。这些软件依据破解的机理及作者的能力不同，杀毒效果与原始的正版杀毒软件都会有或多或少的差异，破解后的杀毒能力与正版保持一致的情况并不多见，大多数用户对于这一点都不是很了解。况且破解版的杀毒软件的服务要差于正版的软件，不能及时地对恶意代码库文件及杀毒引擎进行升级。这些都为恶意代码的查杀工作带来了隐患，甚至有的破解软件的作者就是利用破解软件作为幌子诱使其他用户下载，其实软件内部已经被种植了特定目的的木马程序。此外，所有装载杀毒软件的用户数量，包括正版的和盗版的，与未安装任何安全措施的用户数量相比还是少数。大多数人都存在侥幸心理，认为自己不会是那个倒霉的人，这更加为恶意代码等危害行为提供了可乘之机。这种安全意识薄弱带来的结果就是，某某的QQ或者其他系统的账号密码被别人窃取了，造成了虚拟的或者现实财产的损失，甚至名誉的损害。

3. 恶意攻击行为肆虐

早年的黑客们大多是一群对计算机技术具有强烈的兴趣的计算机专家或者爱好者，他们从事黑客活动的目的是为了检验自己的技术水平或者通过搜索、利用信息系统的安全漏洞来显示自己的能力。但是后来越来越多的人将这些技术作为为自己牟取不正当利益的手段。网络及其应用的急速膨胀，必然使得相关的理论与技术来不及完善，只能在应用的过程中不断地摸索着前进。这就为那些心怀恶意的人带来了可乘之机。2000 年全球发生的重大计算机安全事件只有2万余起，而2002年已达7万多起。1999年发现的计算机软件漏洞只有400余个，而2002年已有3 000余个。目前，这些人往往将黑客技术与病毒、木马、蠕虫等技术结合到一起，对系统进行快速、大规模地感染，使得主机或者服务器瘫痪，数据信息大量泄露或丢失，从而达到自己获取巨大经济利益的目的。这也是现代黑客技术的一个特点。在网络越来越普及的情况下，黑客的攻击很可能构成对网络生存与运行的致命威胁。对于黑客行为的处理已经上升到国家安全的角度来对待了。

4. 缺乏严格的安全管理

诸如黑客攻击的恶意网络行为经常发生的一个重要原因是对信息系统的管理不够严格，甚至可以说系统管理员本身的危机意识还不够强。大多数系统管理人员认为只要保证网络和服务器的正常运行，不出现设备故障，自己的工作就成功完成了。至于在系统中传递的是什么样的信息，这些信息该不该在系统中传输，以及系统中应用的是什么样的软件等问题都不在其关心之列。这就造成了系统中各种级别的数据信息可以自由传递，恶意程序可以自由下载和安装的情况。结果是数据信息泄露，系统被恶意程序破坏。其实这样无形中增加了系统管理人员的工作量。

除了系统管理人员本身的安全意识问题，还有一个重要的问题是信息系统所属的单位或者组织没有一套严格而且完善的管理制度。对于数据信息级别的判断、信息的流向、用户的权限，以及应用程序的使用等都应该有明确的定义并做好责任的划分，但是目前大部分单位或组织关注的都是本身的业务制度，对安全管理制度的重要性认识不足，更不用说制定出来的制度是否完善了。其实好的安全管理制度可以为业务制度提供有力的支持。没有安全保证的网上银行系统谁又敢去使用呢?

5. 信息战

既然针对信息系统的攻击会造成巨大的损失，而且计算机网络已经成为维持人类社会生活正常运转的一个基础工具，那么自然而然也可以利用相关的网络技术来对敌人进行军事、经济和政治上的打击。这个思想的产物就是信息战。其实早在 1991 年的海湾战争中就已经出现信息战的身影了。当时美国特工人员在向伊拉克出口的一批打印机中装上了含有特殊控制代码的芯片，这批打印设备被伊拉克军方用于军队信息的传输，比如命令的下达等。在战争开始之后这些芯片被激活，把军队的重要信息四处传递并且胡乱打印文件。这使得伊拉克军方的计算机系统在战争初期就陷入全面瘫痪，促使伊拉克军队陷入了混乱，无法组织起有效的抵抗，从而加快了美军夺取胜利的进程。如今，“制信息权”能力的大小已经成为国家军队实力的一个重要标志。外太空关于卫星等设备部署的各种摩擦表现的正是信息战技术在不断发展和扩大的过程中对信息空间的圈占。在信息战场上能否取得控制权，是赢得政治、军事和经济斗争胜利的一个重要的先决条件。信息安全问题已成为影响国家安危的战略性问题。

6. 信息系统标准与技术不完善，运营维护水平差异大

纵观人类技术发展的历史，所有新兴的技术都是通过不断的改进使得自己逐渐走向成熟的，从没有过哪个技术或者设备一出现就十分完善。人类社会的发展就是一个自我完善的过程。因此，现阶段的网络与通信技术，尤其是计算机网络技术必然存在着这样或者那样的不足，甚至是严重的缺陷。比如最经常使用的微软公司出品的 Windows 操作系统中，时常可以检测出严重的安全漏洞。黑客可以通过这些漏洞实施信息窃取、销毁用户资料、安装软件程序甚至控制用户计算机等种种网络侵害行为。

对于信息化的标准来说，并没有一个全球公认的唯一标准存在，很多国家从自身利益出发制定的是与别的国家不兼容的规范。这使得数据经过不同系统的时候，对于信息的表示和处理模式存在着差异。这些差异有可能会成为系统的缺陷或漏洞。

制造信息系统的根本目的是为了提供给用户使用，但是对于拥有不同计算机知识水平的用户来说，他们使用信息系统的水平也是不一样的。这造成了信息系统实际的运行环境千差万别，却往往达不到保证信息系统安全的目的，在运行和维护的制度规程上残留有或多或少的可供利用的漏洞。

（二）典型的网络安全威胁

网络安全威胁是指某个人、物或事件对某一资源的机密性、完整性、可用性或合法性所造成的危害。某种攻击就是某种威胁的具体实现。

安全威胁可分为故意的（如黑客渗透）和偶然的（如信息被发往错误的地址）两类。故意威胁又可进一步分为被动和主动两类。表 10-1 列出了一些典型的安全威胁及它们之间的相互关系。

表 10-1 典型的网络安全威胁

威　胁	描　述
授权侵犯	一个被授权以特定目的使用系统的人，却将权力用于其他非授权的目的
旁路控制	攻击者发掘系统的安全缺陷或安全脆弱性，绕过访问控制措施
拒绝服务	对信息或其他资源的合法访问被无条件地拒绝，或推迟与时间密切相关的操作
窃听	从被监视的通信过程的泄露中非法获取数据
辐射截获	从计算机或者其他设备所发出的无线电频率或者电磁辐射中提取数据
假冒	某个实体（人或系统）假装成另一个不同的实体
媒体废弃物	信息被从废弃的纸质文件、光盘等信息载体随意丢弃而造成的信息泄露
物理侵入	入侵者通过对物理控制手段的破坏，达到进入信息系统的目的
重放	利用截获等手段，重新发送曾经的合法通信数据，以达到自己的非法目的
服务欺骗	通过伪造的系统或者组件欺骗合法用户
窃取	盗取某一与信息安全直接相关的物品来获得信息系统的使用权
数据流分析	通过对通信量的观察（有、无、数量、方向、频率）而造成信息被泄露给未授权的实体
陷阱或后门	将某一特殊代码段嵌入到系统中，在输入特定的条件时，可以绕过控制措施进入信息系统
业务否认	参与某次信息交换活动的一方，事后否认参与该次活动或者否认交换了特定的数据
特洛伊木马	含有察觉不出的漏洞或有害程序段的软件，当它被运行时，会损害用户的安全
非法使用	资源被某个非授权的用户使用
人员问题	授权用户因为疏忽或者故意而为，将信息泄露给非授权的人
通信劫持	通信的数据在通信过程中被第三方非法地删除、替换或者重定向，造成对数据完整性的侵害

（三）安全防护措施

既然信息系统要面对那么多的威胁，那么必然要采取一些措施来保证信息系统的安全性。本小节的主要内容就是介绍常用的安全防护手段。

1．制定合理的安全策略

合理的安全策略是信息系统安全保证的基础，只有制订了相关的策略，才能按照这些策略选择相关的安全实现技术并进行参数的配置。可以说，安全策略是安全防护系统的灵魂。合理的安全策略是保证系统能够受到相应级别的安全防护的根本保证。系统管理者在制定安全策略时一般要遵循如下几个原则。

（1）最小权限原则

只赋予用户最少的访问权限，能够满足用户的需要即可。未经仔细考虑而赋予用户过多的权限被证明对系统具有潜在的严重威胁。

（2）木桶原则

木桶装水的多少取决于组成木桶的最短的木板的长度。信息系统也是一样，信息系统的安全性不会高于系统安全性最薄弱的地方所能达到的水平。因此必须要找出整个系统中最薄弱的环节，并采取相应的防范措施。

（3）多层防御原则

事实证明，不存在一个可以执行所有安全策略的完美的安全设备。因此不能把希望全都寄托在某一种安全结构或设备上。每种安全设备都有其特点，应该根据设备特点在系统中分层地进行部署，最大程度地发挥这些设备的安全特性，只有这样才能为系统提供最大可能的安全防护。

（4）陷阱原则

系统防御不能只是被动地挨打，应该反过来学习攻击者的行为特性，确定攻击者的来源和位置。因此应该设置一些陷阱，把攻击者引入其中还不让其察觉，让系统记录下攻击者的所有操作来进行分析和取证。

（5）简单原则

越复杂的系统越容易隐藏一些安全问题，因此应该尽量地降低系统的复杂度。这对于系统服务的配置来说是尤为重要的——不能把所有的服务都安装到一台服务器上，否则这台服务器一定是不安全的。

（6）合作原则

安全问题的解决绝不是一个人、两个人的问题，它涉及系统中所有的操作者和决策者。任何一点的不协调都有可能使得系统产生漏洞或缺陷，因此安全策略的制定，以及安全措施的执行需要所有人的积极参与和合作实现。

2. 采用合适的安全措施

合理的安全策略制定完毕后，要根据这些策略制定与之相应的安全措施。下面将介绍一些常用的安全措施。

（1）使用安全的口令

通过破解用户的口令进入信息系统是黑客常用的手段之一。很多用户并没有养成良好的使用口令的习惯，使得攻击者只需要进行简单的试验就能够获取用户的密码。一般来说，使用口令可以遵循以下原则。

- 配置系统对用户口令的设置情况进行检测，并强制用户定期改变口令。
- 不在不同系统上及不同用户级别上使用同一口令。
- 不在计算机中存储口令，也不要把口令存储到任何介质上。
- 不要向其他人随便泄露自己的口令信息。
- 口令的组成应不规则。不要使用与自己相关的字符或者数字组合，比如姓名或者纪念日等。最好同时使用字符和数字甚至标点符号和控制字符。
- 口令的长度不能太短，最好不要少于8位。
- 输入口令的时候要注意安全，防止眼明手快的人窃取口令。
- 要提高警惕，一旦发现自己的口令不能使用，应立即向系统管理员查询原因。

（2）加密

加密是实现数据保密性的基本手段。它不依赖于网络中的其他条件，只依靠密码算法和密钥的强度来保证加密后的信息不会被非授权的用户破解，从而解决了信息泄露的问题。密码算法一般可以分为对称密钥密码算法和非对称密钥密码算法两类。对称密钥密码算法使用的加密密钥和解密密钥是相同的，或者从一方简单推导即可得出另外一方；非对称密钥密码算法的加密密钥和解密密钥是不同的，而且从一方推导出另外一方在数学上是不可行的。最经典的对称密钥密码算法是数据加密标准算法（Data Encryption Standard，DES），最经典的非对称密钥密码算法是 RSA 算法。目前，密码算法已经从单纯的加密数据拓展到数字签名、身份认证及数字水印等应用中，即从单纯的数据保密性应用拓展到了数据完整性校验和抗抵赖性检测等领域，其在信息安全领域中的地位已经变得越来越重要了。

（3）身份认证

对于网络系统的登录程序来说，最主要的任务就是判断一个用户是否就是它所声称的那个人，即身份的认证问题。身份认证技术可以分为三大类：第一类是根据用户所知道的信息进行身份的确认，即“What you know”类型；第二类是根据用户所拥有的特殊物品进行身份的确认，即“What you have”类型；第三类是根据用户自身的特征进行身份的确认，即“Who you are”类型。

第一种类型的最典型应用就是使用用户名和口令进行登录。第二种类型的应用代表是使用智能卡或动态口令进行认证。在使用动态口令方式时，往往采用挑战-响应的模式，即系统给出一个常量，用户必须按照两者先前商量好的密码算法和密钥算出一个结果送往系统处，系统将该结果与自己计算所得的结果比较判断用户是否合法。第三种类型的应用主要是生物识别技术，即通过生物体独一无二的体征标识生物体，譬如指纹、掌纹及虹膜纹路等，该技术应该是最准确有效的身份认证技术，只是目前技术还不是很成熟，有待进一步地发展。

（4）虚拟专用网

虚拟专用网（Virtual Private Network，VPN）技术的核心是利用基于安全协议的隧道技术，将企业数据加密封装后，通过公共网络进行传输。虚拟专用网的核心技术是基于密码理论的安全协议，如 L2TP、IPSec 等。通过密码技术的使用，像是在不安全的公共网络上建立了一条安全的通信隧道，从而防止了数据的泄露。企业通过在公共网络上建立虚拟专用网，使得利用公共网络连接的各个子公司或者企业的联盟伙伴之间的通信就如同通过自己的内部网络进行一样，具有较高的安全性和可靠性。此外，虚拟专用网的建设周期短，投入资金少，维护费用低而且为移动计算的实现提供了可能。虚拟专用网技术目前已经得到了广泛的应用，兼容性问题也逐步得以改善。

（5）网络分段

这里的网络分段并不仅仅指通常用于控制网络广播风暴、提高网络可靠性的手段，还包括了对网络进行细粒度的安全保护的思想。通常的做法是根据网络所属业务部门的需求分析，对重要部门的网段与传输非敏感信息的公共信道相互隔离，从而防止可能的非法窃听和信息泄露。一般可分为物理分段和逻辑分段两种方式。

（6）划分 VLAN

为了提高网络传输的安全性，还可以利用 VLAN（虚拟局域网）技术，按部门业务的不同将广播式的以太网通信变为部门局部通信的模式，从而防止针对局域网络的窃听行为，但网络的实际拓扑结构不变。VLAN 内部的通信直接通过交换机进行，而 VLAN 与 VLAN 之间的连接则采用路由器进行通信。目前的 VLAN 技术主要有 3 种：基于交换机端口的 VLAN、基于 MAC 地址的 VLAN 和基于应用协议的 VLAN。基于交换机端口的 VLAN 技术比较成熟，在实际应用中效果显著但使用模式不灵活；基于 MAC 地址的 VLAN 技术适合于移动计算的环境但存在遭受 MAC 欺骗攻击的危险；基于协议的 VLAN 技术理论上非常理想，但实际应用还不成熟。

【知识链接】

在监测网络信息时，需要了解帧的传输方式，如单播帧（Unicast Frame）、多播帧（Multicast Frame）和广播帧（Broadcast Frame）等，并应了解广播风暴的形成。

（1）单播帧

单播帧也称“点对点”通信。此时帧的接收和传递只在两个节点之间进行，帧的目的MAC地址就是对方的MAC地址，网络设备（指交换机和路由器）根据帧中的目的MAC地址，将帧转发出去。

（2）多播帧

多播帧可以理解为一个人向多个人（但不是在场的所有人）说话，这样能够提高通话的效率。多播占网络中的比重并不多，主要应用于网络设备内部通信、网上视频会议、网上视频点播等。

（3）广播帧

广播帧可以理解为一个人对在场的所有人说话，这样做的好处是通话效率高，信息可以很快传递到全体。在广播帧中，帧头中的目的MAC地址是“FF.FF.FF.FF.FF.FF”，代表网络上所有主机网卡的MAC地址。

广播帧在网络中是必不可少的，如客户机通过DHCP自动获得IP地址的过程就是通过广播帧来实现的。而且，由于设备之间也需要相互通信，因此在网络中即使没有用户人为地发送广播帧，网络上也会出现一定数量的广播帧。

同单播帧和多播帧相比，广播帧几乎占用了子网内网络的所有带宽。网络中不能长时间出现大量的广播帧，否则会出现所谓的“广播风暴”（每秒的广播帧数在1 000以上）。广播风暴是指网络长时间被大量的广播数据包所占用，使正常的点对点通信无法正常进行，其外在表现为网络速度特别慢。出现广播风暴的原因有很多，一块故障网卡可能长时间地在网络上发送广播包而导致广播风暴。

使用路由器或三层交换机能够实现在不同子网间隔离广播风暴的效果。路由器或三层交换机收到广播帧时并不处理它，使它无法再传递到其他子网中，从而达到隔离广播风暴的目的。因此在由几百台甚至上千台计算机构成的大中型局域网中，为了隔离广播风暴，都要进行子网划分。

项目实训　使用Windows防火墙

Windows操作系统自带的防火墙具有一般防火墙的基本功能,正确使用它能够给我们的计算机或服务器带来良好的安全保障。Windows 7操作系统的防火墙具有较多的网络选项，支持多种防火墙策略，功能更实用，且操作更简单。这里我们就来认识一下。

在使用防火墙之前，我们首先要了解自己的计算机处于什么样的网络位置。

常用的网络位置有以下两种类型。

- 家庭或工作（专用）网络：是一种可信任的网络环境，“网络发现”处于启用状态，允许用户相互查看网络上的其他计算机和设备。
- 公用网络：非安全的网络环境，例如咖啡店或机场等，“网络发现”是禁用的，网络中的计算机互不可见，这样能够帮助保护计算机免受来自Internet的任何恶意攻击。

【操作步骤】

（1）点击【控制面板】/【系统和安全】/【Windows防火墙】功能项，打开Windows防火墙功能页面，如图10-12所示。

（2）如果页面上的颜色为红色，则说明防火墙被禁用。单击 使用推荐设置 按钮，会出现一个错误对话框，如图 10-13 所示，说明防火墙无法更改。

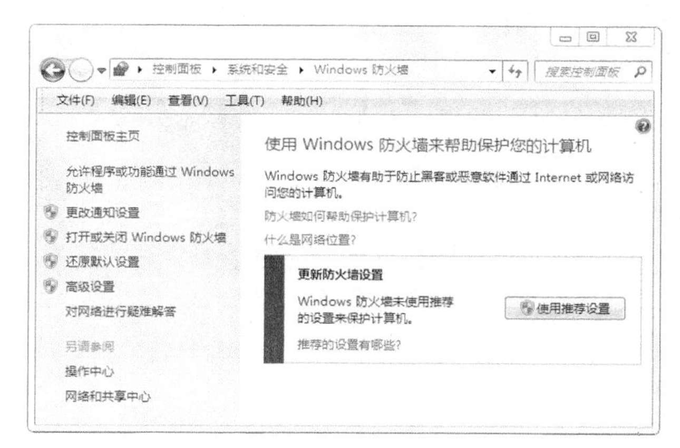

图 10-12 Windows 防火墙功能页面

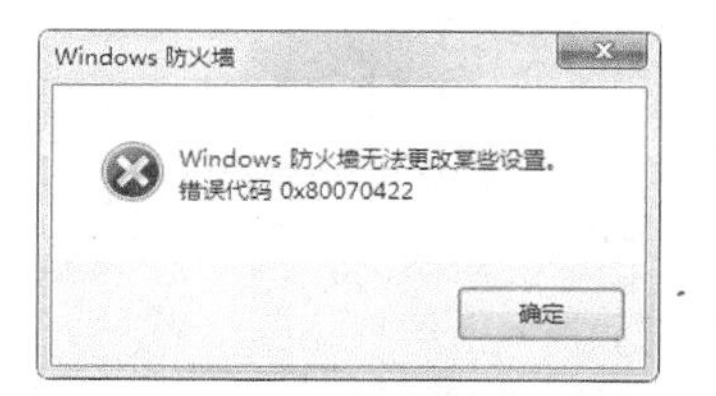

图 10-13 防火墙无法更改

这是因为 Windows 防火墙服务功能被禁止了，需要从系统【服务】中打开。

（3）在【控制面板】/【系统和安全】/【管理工具】中，找到【服务】功能项，如图 10-14 所示。

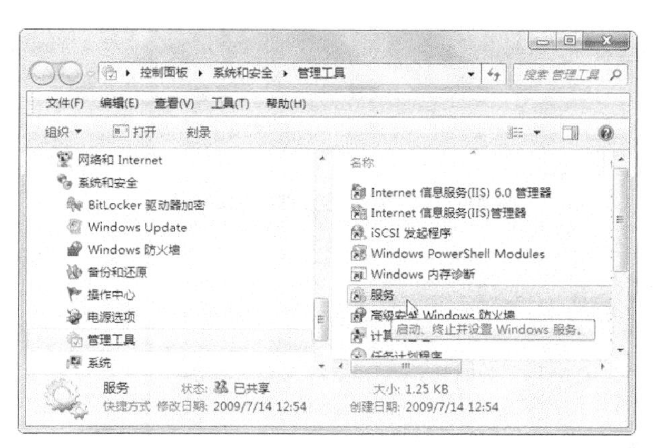

图 10-14 【服务】功能项

（4）双击该功能项，打开【服务】页面，从名称列表中找到“Windows Firewall”项，可见该服务被禁用，如图 10-15 所示。

（5）双击该名称，打开其属性对话框，可见当前【启动类型】为“禁用”状态，【服务状态】为“已停止”。

（6）修改【启动类型】为“自动”，然后单击 应用(A) 按钮，再单击 启动(S) 按钮，则在出现一个启动提示后，【服务状态】改变为“已启动”，如图 10-16 所示。

（7）单击 确定 按钮，关闭对话框，再关闭【服务】页面。

（8）重新打开防火墙页面，可见页面上的颜色变为绿色，说明防火墙可用。这时，我们首先需要确定自己的计算机处于什么样的网络环境，以便系统自动设置适当的防火墙和安全配置，如图 10-17 所示。

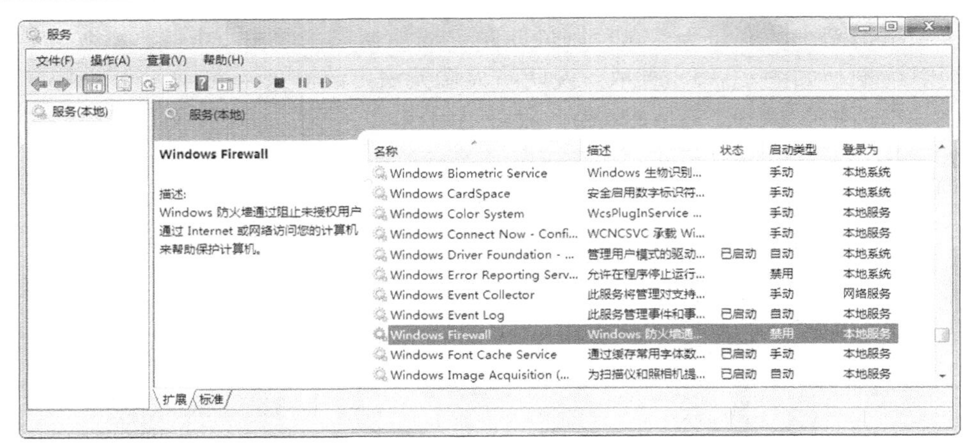

图 10-15　服务被禁用

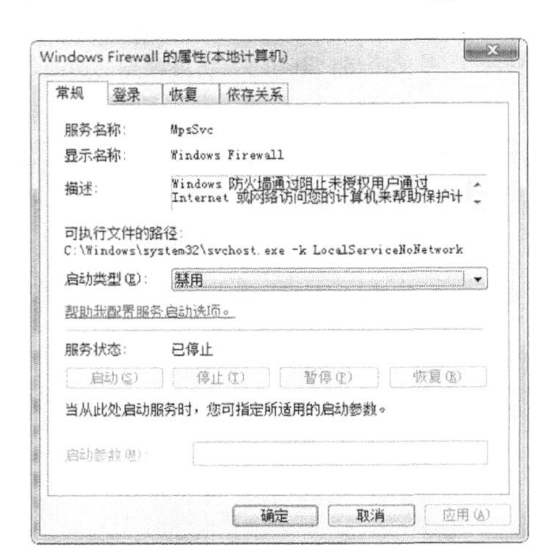

图 10-16　修改防火墙的启动类型

图 10-17　确定计算机的网络环境

（9）单击左侧选项栏的【更改通知设置】或【打开或关闭 Windows 防火墙】，均会出现自定义设置页面，如图 10-18 所示，用户可以选择是否启动防火墙，是否进行消息通知。

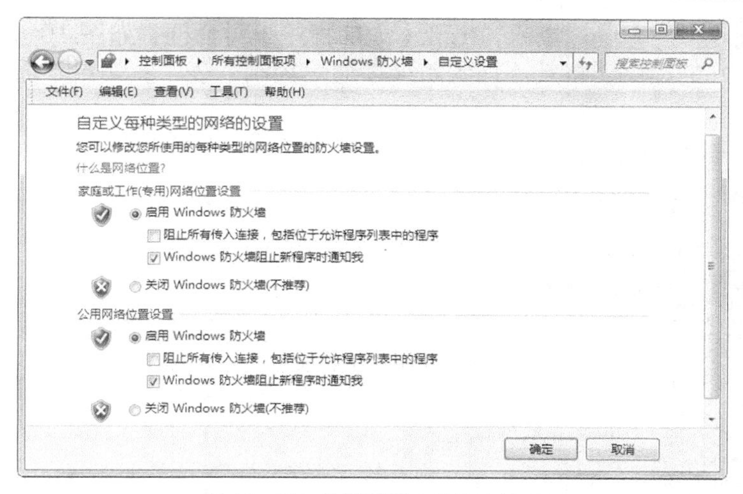

图 10-18 选择是否启动防火墙

（10）单击左侧选项栏的【运行程序或功能通过 Windows 防火墙通讯】，打开允许程序通过防火墙的页面，如图 10-19 所示，在这个页面中可以设置是否允许系统服务或安装的程序通过防火墙。

图 10-19 设置是否允许系统服务或安装的程序通过防火墙

（11）选择一个程序或服务，单击 详细信息(L)... 按钮，能够打开其属性页面，说明程序的名称和功能，如图 10-20 所示。可见，系统服务的属性页面和安装的程序的属性页面是不同的，用户可以根据这些信息判断是否允许其通过防火墙。

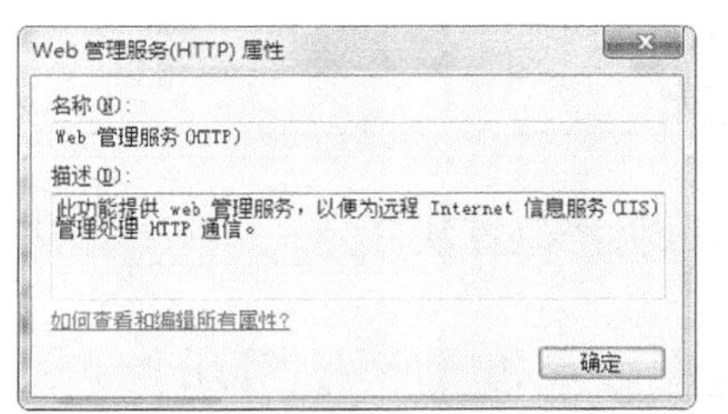

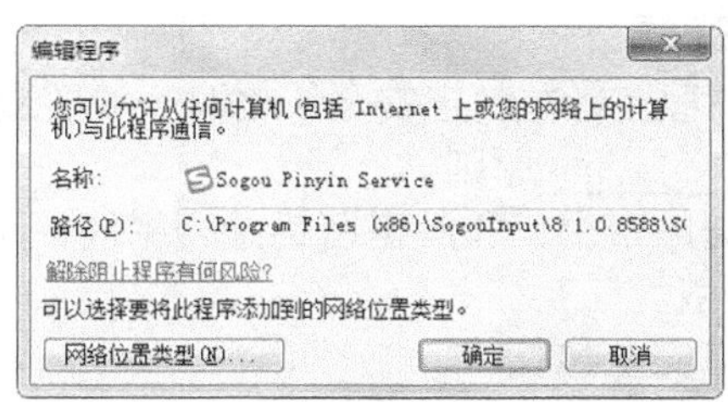

图 10-20 程序或服务的属性页面

（12）单击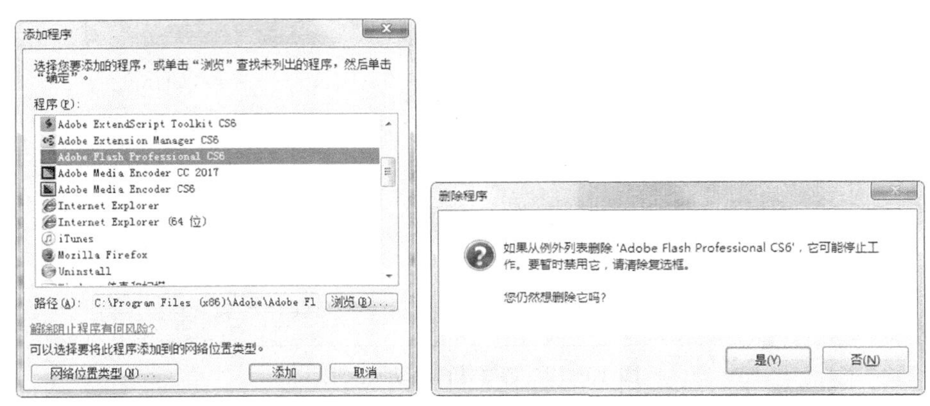按钮，出现【添加程序】对话框，如图 10-21 所示。在此可以选择一个安装好的程序，将其添加到防火墙通信控制列表中；如果不需要，也可以将其从列表中删除。

图 10-21 向防火墙通信控制列表中添加或删除程序

（13）用户还可以通过高级设置对防火墙的出入策略进行单独控制。单击左侧选项栏的【高级设置】，打开高级安全设置页面，其中列出了当前系统所使用的入站、出站安全规则，如图 10-22 所示。用户也可以根据自己的需要新建规则或修改当前规则。

相对来说，Windows 防火墙的功能还是比较简单的，对程序进出的控制也比较宽松。如果用户的计算机连接在互联网上，还是建议安装一个专业的防火墙软件。

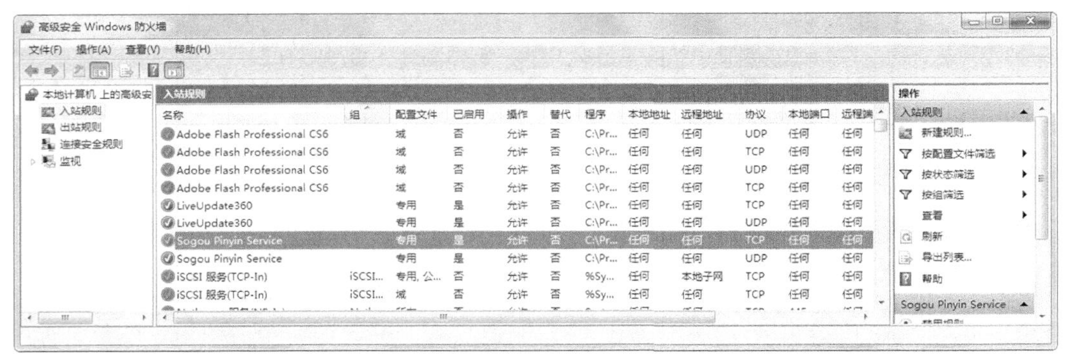

图 10-22 通过高级设置对防火墙的出入策略进行单独控制

思考与练习

一、填空题

1. 系统管理者在制定安全策略时一般要遵循________、________、________、________、________和________原则。

2. 根据加密密钥和解密密钥是否相同，可以将密码算法分为________算法和________算法两种类型。

3. 网络安全包括________、________、________和________等几个部分。

4. 计算机网络安全等级可以划分为________级。

5. IDS 入侵检测系统是一个________，没有跨接在任何链路上，________网络流量流经它便可以工作。

二、简答题

1. 试说明入侵检测系统与防火墙的区别。

2. “因为任意两台计算机的信息表示方式都是相同的，所以它们之间可以直接进行通信”这句话对否？为什么？

3. 本章列举的信息系统的威胁有哪些？

4. 什么是授权侵犯？它与非法使用有什么区别？

5. “记不住口令就应该把口令记在纸上或者存在计算机里”这句话对否？

6. 经常使用的网络安全措施有哪几种？请最少举出 4 种并分别进行说明。